PyTorch 深度学习模型开发实战

[日] 小川雄太郎　著
陈　欢　译

中国水利水电出版社
www.waterpub.com.cn
· 北京 ·

内 容 提 要

人工智能应用已经遍及各行各业，而机器学习和深度学习作为其中的重要组成部分也越来越火热。《PyTorch 深度学习模型开发实战》就以近年来非常流行的 Python 机器学习库 PyTorch 为工具，对深度学习中的迁移学习、图像分类、物体检测、语义分割、姿势识别、图像生成、异常检测、自然语言处理以及视频分类等各种任务进行了详细讲解及深度学习模型的编程实现。这些任务都是为帮助读者积累实践经验，以便能在实际开发中灵活运用深度学习技术精挑细选出来的。读者只要亲自动手，依次对各种任务进行编程实践，并彻底理解其中的原理，就一定能逐步掌握复杂深度学习的应用方法。

《PyTorch 深度学习模型开发实战》内容丰富全面，讲解通俗易懂，特别适合作为有一定基础的 AI 工程师提升技能、中高级机器学习 / 深度学习工程师巩固相关基础的参考书籍。

图书在版编目（CIP）数据

PyTorch 深度学习模型开发实战 / （日）小川雄太郎著 ；陈欢译 .
-- 北京 ：中国水利水电出版社，2022.6（2022.12重印）

ISBN 978-7-5170-9415-9

Ⅰ．①P… Ⅱ．①小… ②陈… Ⅲ．①机器学习 Ⅳ．①TP181

中国版本图书馆 CIP 数据核字（2021）第 026894 号

北京市版权局著作权合同登记号　图字:01-2020-7219

书　　名	PyTorch 深度学习模型开发实战 PyTorch SHENDU XUEXI MOXING KAIFA SHIZHAN
作　　者	［日］小川雄太郎　著
译　　者	陈欢　译
出版发行	中国水利水电出版社 （北京市海淀区玉渊潭南路 1 号 D 座 100038） 网址：www.waterpub.com.cn E-mail：zhiboshangshu@163.com 电话：（010）62572966-2205/2266/2201（营销中心）
经　　售	北京科水图书销售有限公司 电话：（010）68545874、63202643 全国各地新华书店和相关出版物销售网点
排　　版	北京智博尚书文化传媒有限公司
印　　刷	涿州汇美亿浓印刷有限公司
规　　格	190mm×235mm　16 开本　27 印张　756 千字
版　　次	2022 年 6 月第 1 版　2022 年 12 月第 2 次印刷
印　　数	3001—6000 册
定　　价	118.00 元

前　言

本书是一本通过编程实践学习深度学习技术应用方法的图书，其读者对象是对深度学习技术的基础内容（如运用卷积神经网络进行图像分类）有一定编程经验的人。

本书使用PyTorch作为深度学习的编程软件包。书中涉及的任务内容以及深度学习模型如下所示。

- 第1章：图像分类与迁移学习（VGG）
- 第2章：物体检测（SSD）
- 第3章：语义分割（PSPNet）
- 第4章：姿势识别（OpenPose）
- 第5章：基于GAN的图像生成（DCGAN、Self-Attention GAN）
- 第6章：基于GAN的异常检测（AnoGAN、Efficient GAN）
- 第7章：基于自然语言处理的情感分析（Transformer）
- 第8章：基于自然语言处理的情感分析（BERT）
- 第9章：视频分类（3DCNN、ECO）

“如果想在商业应用中灵活运用深度学习技术，需要积累一定的实践经验”，上述这些任务就是以这个想法为目的特别挑选出来的。

本书中介绍和实现的深度学习模型是在编写本书时，各类任务的State-of-the-Art（最高性能模型）的基础。如果能理解本书中涉及的神经网络模型，对大家今后深度学习的研究和开发工作也能有所助益。

本书假设读者是从第1章开始顺序阅读。虽然每章讲解的都是完全不同的任务，但是为了理解各章讲解的深度学习模型，前面章节的知识是必不可少的。读者只要从第1章开始，依次对各种任务进行深度学习模型的编程实现，就一定能逐步掌握复杂的深度学习的应用方法。

如果大家能在实际动手编写深度学习模型代码的同时体验到学习和运用这些技术的乐趣，笔者将非常高兴。

感谢

本书是在mynavi出版社山口正树先生的提案，以及细心的建议和反馈下才得以完成并出版的，在此请允许我表示由衷的感谢。

小川雄太郎

本书的实现代码与执行环境

本书的配套资源包括示例代码文件、图片彩色文件以及正文引用或参考信息的说明或网址文件，读者可根据下面的方式下载后使用。

（1）**网盘下载**：扫描右侧的二维码，或在微信公众号中直接搜索“人人都是程序猿”，关注后输入pyt59并发送到公众号后台，获取资源的下载链接。将链接复制到电脑浏览器的地址栏中，按Enter键即可下载。注意，在手机中不能下载，只能通过电脑浏览器下载。

（2）**作者的 GitHub 下载**：读者也可以从作者的GitHub下载本书的示例代码。

URL：https://github.com/YutaroOgawa/pytorch_advanced

本书代码的执行环境如下所示。此外，本书的示例还需要使用 Anaconda 和 Jupyter Notebook。

- **PC环境**：读者个人的 PC（不需要 GPU 环境），以及使用 Amazon 云服务 AWS 的 GPU 服务器。
- **AWS环境**：p2.xlarge 实例、Deep Learning AMI（Ubuntu）服务器映像文件（OS Ubuntu 16.04|64 位、NVIDIA K80 GPU、Python 3.6.5、conda 4.5.2、PyTorch 1.0.1）。

说明：本书使用的Python版本是3.6，使用的PyTorch版本是1.0。在执行本书示例代码时，对于因PyTorch版本更新导致的问题，请参考作者在GitHub的Issues页面中添加和记载的对应方法解决。

GitHub Issues的运用

关于本书的问题回复和订正内容，作者是通过 GitHub的 Issues页面进行管理的，读者可按上面的URL查看，如果在执行本书示例代码时遇到了意料之外的错误，请查阅 Issues页面中的内容。

沟通和联系方式

读者可加入QQ群：559852966（与本书相关的信息将及时发布在群公告中），与其他读者交流学习。

如果对本书有任何意见或建议，也可通过2096558364@QQ.com与我们联系。

特别声明

- 本书中出现的产品、软件、服务的版本号、画面、功能、URL、产品的规格等信息，全部基于编写原稿时的信息。这些信息之后可能会发生变动，请注意。
- 本书中记载的内容单纯以学习为目的。因此，将本书内容应用于商业用途的读者请根据自身情况进行判定并承担相应的责任，由此带来的一切后果，与作者及出版社无关。
- 虽然本书在制作过程中力求做到准确、正确，但是无论是作者还是出版社对本书内容都不做任何保证，对于利用本书内容导致的任何产品运营问题也不承担任何责任。感谢您的理解。
- 本书中记载的公司名称、产品名称都是各个公司所有的商标和注册商标。本书中省略了©、®、™等标识的显示。

编　者

目 录

第1章 图像分类与迁移学习（VGG）

第1章

图像分类与迁移学习（VGG）

1.1 已完成训练的 VGG 模型的使用方法

本章将通过探讨如何解决图像分类问题，对 VGG（Visual Geometry Group）深度学习模型进行讲解。此外，还将对如何重复利用已经训练好的现有 VGG 模型，以达到只需使用很少的数据就能构建深度学习模型的目的的迁移学习，以及 Fine-tuning 微调等方法进行讲解。

本节将讲述如何使用已经训练好的深度学习模型（VGG 模型）来实现对图像的自动分类处理。本节中的内容将使用 CPU 主机而非 GPU 主机来实现。

本节的学习目标如下。

1. 使用 PyTorch 加载 ImageNet 数据集中已经训练好的模型。
2. 理解什么是 VGG 模型。
3. 实现对输入图像的尺寸及颜色的变换。

本节的程序代码

```
1-1_load_vgg.ipynb
```

1.1.1 ImageNet数据集与VGG-16模型

本节将使用 ImageNet 数据集中已经提前训练好网络参数的 VGG-16 模型来实现对未知图片进行自动分类处理的程序。首先解释 ImageNet 数据集和 VGG-16 模型这两个名词的含义。

ImageNet 数据集是斯坦福大学从互联网上收集大量图片后，并对其进行分类整理而形成的图像数据集合。在 ILSVRC（ImageNet Large Scale Visual Recognition Challenge）竞赛中经常使用到这一数据集。

在 PyTorch 中可以轻松地使用 ImageNet 数据集中的 ILSVRC2012 数据集（分类数：1000 种；训练用数据：120 万张；验证用数据：5 万张；测试用数据：10 万张），以及各种已经训练过的神经网络连接参数和各种已完成学习的模型。

VGG-16 模型是在 2014 年的 ILSVRC 竞赛中分类任务排名第二的卷积神经网络模型[1]。VGG-16 模型是由牛津大学的 VGG 团队设计的 16 层神经网络模型，因此也称为 VGG-16 模型。此外，还有层数为 11、13、19 的 VGG 模型版本。关于 VGG 模型的结构细节本书稍后会做讲解。由于 VGG 模型构造简洁，因而在很多深度学习神经网络应用中都被作为基础网络模型使用。

1.1.2 文件夹的准备

在开始编写代码之前，我们先创建好本节以及本章中的程序所使用的文件夹，并下载相关的文件。下载完本书的实现代码后，请找到文件夹 1_image_ classification 中的文件 make_folders_and_data_ downloads.ipynb并打开，然后尝试执行每一个单元中的代码。

本书中的全部实现代码可以从下面的链接中下载。

笔者的GitHub：

https://github.com/YutaroOgawa/pytorch_advanced

如果从GitHub下载，可以使用下列命令。

```
git clone https://github.com/YutaroOgawa/pytorch_advanced.git
cd pytorch_advanced/
cd 1_image_classification/
```

下载完文件夹1_image_classification后，打开文件make_folders_and_data_downloads.ipynb并执行，程序就会自动生成图1.1.1所示的文件夹结构。

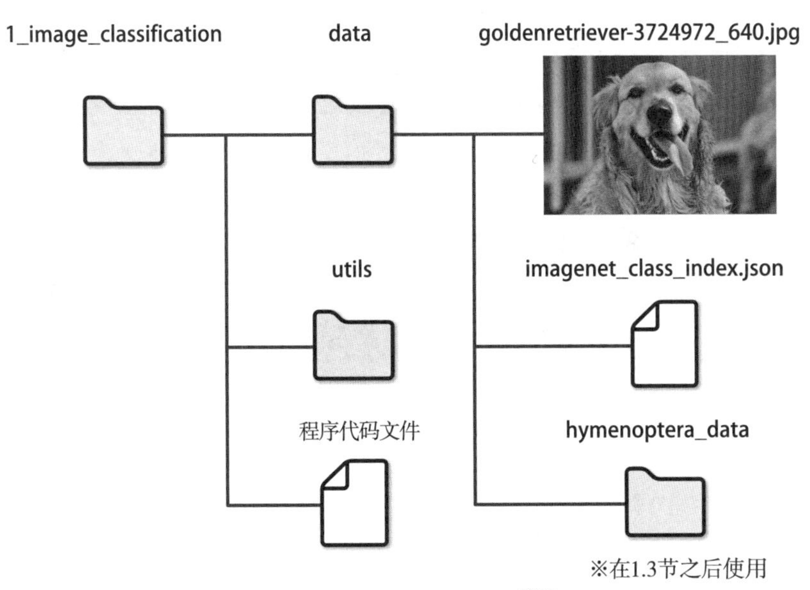

图1.1.1　第1章的文件夹结构[注1]

文件夹1_image_classification中有一个名为data的文件夹，该文件夹中有已经准备好的金毛巡回犬的照片。

此外，保存了ImageNet 的分类列表的文件imagenet_class_index.json和1.3节之后会用到的文件夹hymenotera_data也会被下载下来。

文件夹中的“.gitignore”文件用来指定上传文件到GitHub 网站时需要忽略的文件列表。如文件夹data中可以有很多从其他网站下载的文件，如果全部上传到GitHub会比较浪费资源，因此可以使用该文件来指定哪些文件不需要上传到GitHub。

[注1]本章中使用的金毛巡回犬照片下载自Pixabay网站[2]（图片版权信息：CC0 Creative Commons，对商业用途免费，且无须注明版权所有信息）。

1.1.3 准备工作

本书使用的深度学习软件包是PyTorch。请参考PyTorch的下载站点（https://pytorch.org/getstarted/locally）上的说明，并根据自己使用的操作系统、Python的版本号执行相应的命令下载和安装PyTorch以及torchvision软件包（图1.1.2）。此外，本书中的代码使用的是Python 3.6版。

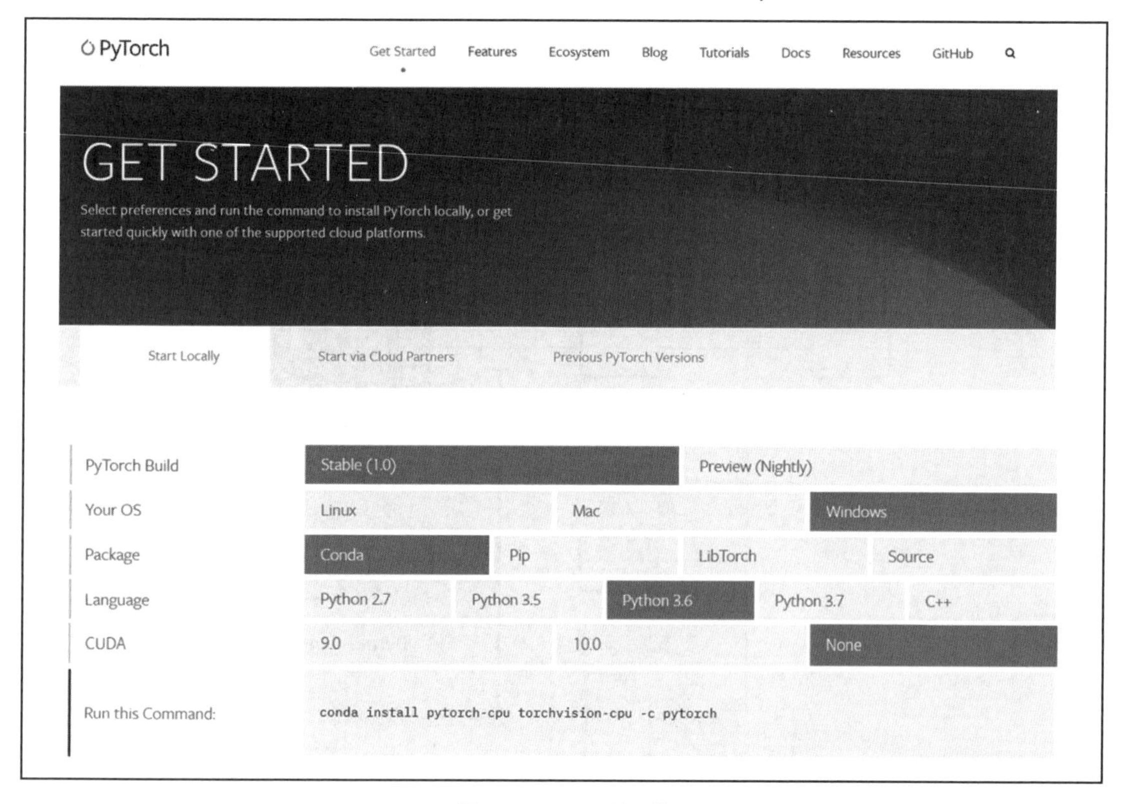

图1.1.2　PyTorch的下载

此外，本章中还会用到另一个软件包Matplotlib。请使用下列命令进行安装（参考）。

- 在Windows（无GPU）环境中，可使用下列conda命令安装PyTorch：

```
conda install pytorch-cpu torchvision-cpu -c pytorch
```

- 安装Matplotlib：

```
conda install -c conda-forge matplotlib
```

1.1.4 软件包的导入及PyTorch版本的确认

接下来开始编写实现代码。将要编写的这个程序的名字是1-1_load_vgg.ipynb。

首先导入本节中使用的软件包，并确认PyTorch的版本号。

```
# 导入软件包
import numpy as np
import json
from PIL import Image
import matplotlib.pyplot as plt
%matplotlib inline

import torch
import torchvision
from torchvision import models, transforms
```

```
# 确认PyTorch的版本号
print("PyTorch Version: ", torch.__version__)
print("Torchvision Version: ", torchvision.__version__)
```

【输出执行结果】

```
PyTorch Version:  1.0.1
Torchvision Version:  0.2.1
```

1.1.5 VGG-16已完成训练模型的载入

本节将利用已经训练好的VGG-16模型，对文件夹data中的金毛巡回犬的照片进行分类处理。

首先，使用ImageNet载入已经训练好参数的VGG-16模型。第一次执行这段代码时，由于需要从网络下载参数数据，因此执行时间会稍微长一些。

```
# 输入已经训练好的VGG-16模型
# 第一次执行时，由于需要从网络下载学习好的参数数据，因此执行时间会稍微长一些

# 生成VGG-16模型的实例
use_pretrained = True  # 使用已经训练好的参数
net = models.vgg16(pretrained=use_pretrained)
net.eval()  # 设置为推测模式

# 输出模型的网络结构
print(net)
```

【输出执行结果】

```
VGG(
  (features): Sequential(
    (0): Conv2d(3, 64, kernel_size=(3, 3), stride=(1, 1), padding=(1, 1))
    (1): ReLU(inplace)
    (2): Conv2d(64, 64, kernel_size=(3, 3), stride=(1, 1), padding=(1, 1))
    (3): ReLU(inplace)
    (4): MaxPool2d(kernel_size=2, stride=2, padding=0, dilation=1, ceil_mode=False)
    (5): Conv2d(64, 128, kernel_size=(3, 3), stride=(1, 1), padding=(1, 1))
    (6): ReLU(inplace)
    (7): Conv2d(128, 128, kernel_size=(3, 3), stride=(1, 1), padding=(1, 1))
    (8): ReLU(inplace)
    (9): MaxPool2d(kernel_size=2, stride=2, padding=0, dilation=1, ceil_mode=False)
    (10): Conv2d(128, 256, kernel_size=(3, 3), stride=(1, 1), padding=(1, 1))
    (11): ReLU(inplace)
    (12): Conv2d(256, 256, kernel_size=(3, 3), stride=(1, 1), padding=(1, 1))
    (13): ReLU(inplace)
    (14): Conv2d(256, 256, kernel_size=(3, 3), stride=(1, 1), padding=(1, 1))
    (15): ReLU(inplace)
    (16): MaxPool2d(kernel_size=2, stride=2, padding=0, dilation=1, ceil_mode=False)
    (17): Conv2d(256, 512, kernel_size=(3, 3), stride=(1, 1), padding=(1, 1))
    (18): ReLU(inplace)
    (19): Conv2d(512, 512, kernel_size=(3, 3), stride=(1, 1), padding=(1, 1))
    (20): ReLU(inplace)
    (21): Conv2d(512, 512, kernel_size=(3, 3), stride=(1, 1), padding=(1, 1))
    (22): ReLU(inplace)
    (23): MaxPool2d(kernel_size=2, stride=2, padding=0, dilation=1, ceil_mode=False)
    (24): Conv2d(512, 512, kernel_size=(3, 3), stride=(1, 1), padding=(1, 1))
    (25): ReLU(inplace)
    (26): Conv2d(512, 512, kernel_size=(3, 3), stride=(1, 1), padding=(1, 1))
    (27): ReLU(inplace)
    (28): Conv2d(512, 512, kernel_size=(3, 3), stride=(1, 1), padding=(1, 1))
    (29): ReLU(inplace)
    (30): MaxPool2d(kernel_size=2, stride=2, padding=0, dilation=1, ceil_mode=False)
  )
  (classifier): Sequential(
    (0): Linear(in_features=25088, out_features=4096, bias=True)
    (1): ReLU(inplace)
    (2): Dropout(p=0.5)
    (3): Linear(in_features=4096, out_features=4096, bias=True)
    (4): ReLU(inplace)
    (5): Dropout(p=0.5)
    (6): Linear(in_features=4096, out_features=1000, bias=True)
  )
)
```

从输出结果中可以看到，VGG-16模型的网络结构是由名为features和classifier的两个模块组成的。在这两个模块中，又分别包含卷积神经网络层和全连接层。

我们可以看到，VGG-16的名字虽然是16，但实际上是由38层网络组成的，而不是16层。这是因为16层指的只是其中的卷积神经网络层和全连接层的数量（其中不包括ReLU激励函数、池化层和Dropout层）。

图1.1.3中展示了VGG-16模型的网络结构。

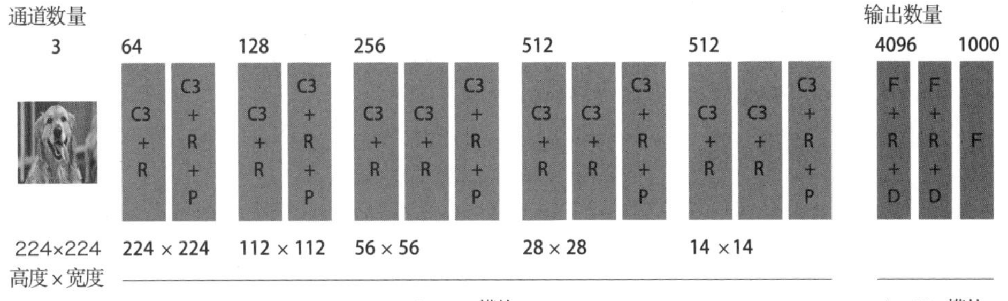

图1.1.3　VGG-16模型的网络结构

网络输入的图像的尺寸是颜色通道数为3的RGB格式，图像的高度和宽度均为224像素（batch_num, 3, 224, 224）。图像尺寸前面的batch_num表示每个小批次处理的数量。图1.1.3中没有显示最小批处理数量。

输入的图像首先两次通过由3×3大小的卷积过滤器（64通道）和ReLU激励函数搭配而成的组合的处理，之后通过一个2×2大小的最大池化，这样就得到了112×112尺寸的一半大小的图像。在总共经过了5次这种卷积层、ReLU激励函数和最大池化的组合处理后，最终通过位于features模块中最后位置的最大池化处理后，数据的尺寸就变为（512，7，7）。此外，使用PyTorch处理的数据对象被称为张量。在本书的后续章节中将统一使用张量这个名称。

输入数据在通过features模块后，接着被传入classifier模块。位于开头的全连接层的输入参数数量为25088，输出参数数量为4096。这里的25088是通过classifier模块的输入图像的总参数数量512×7×7=25088计算得到的。

在全连接层之后，接着会通过ReLU层和Dropout层，然后会再次通过一个全连接层、ReLU层和Dropout层的组合，最后通过一个神经元数量为1000的全连接层。数量为1000的输出神经元对应着ImageNet数据集中的总数为1000的分类类目的数量，用于表示输入图像属于1000个分类中的哪一类。

1.1.6　输入图片的预处理类的编写

现在已经成功地加载了训练好的VGG-16模型，接下来编写在图片被输入VGG-16前的预处理部分的代码。在将图片输入VGG模型之前，必须先对数据进行预处理。

预处理就是将图片的尺寸转化为224×224，并对颜色信息进行标准化处理。对颜色信息进行标准化，就是对每个RGB值用平均值（0.485，0.456，0.406）和标准偏差（0.229，0.224，0.225）进行归一化处理。这种归一化的条件数据是从ILSVRC2012数据集中的监督数据中计算得到的。先前加载的已经训练好的VGG-16模型正是用这一归一化条件对图片进行了预处理之后再进行训练而得到的，因此也需要对输入图片进行同样的预处理操作。

接下来，将编程实现图片的预处理类的代码。首先，创建一个BaseTransform类，并尝试执行代码。

具体的实现代码如下所示。需要注意的是，PyTorch与Pillow（PIL）对图像像素的处理顺序是不同的。在PyTorch中，图像是按照颜色通道、高度、宽度的顺序来处理的，而Pillow（PIL）是按照图像的高度、宽度、颜色通道的顺序处理的。因此，从PyTorch中输出的张量的顺序是通过image_transformed = img_transformed.numpy().transpose((1,2,0))这一语句进行转换的。

此外，__call__()这一函数是Python中的通用函数。该函数是在调用类的实例时，没有指定具体的方法时被调用执行的函数。在生成BaseTransform的实例之后，如果不指定函数名而直接调用实例的变量名，__call__()函数内的代码就会被执行。

```
# 对输入图片进行预处理的类
class BaseTransform():
    """
    调整图片的尺寸，并对颜色进行标准化

    Attributes
    ----------
    resize : int
        指定调整尺寸后图片的大小
    mean : (R, G, B)
        各个颜色通道的平均值
    std : (R, G, B)
        各个颜色通道的标准偏差
    """

    def __init__(self, resize, mean, std):
        self.base_transform = transforms.Compose([
            transforms.Resize(resize),          #将较短边的长度作为resize的大小
            transforms.CenterCrop(resize), #从图片中央截取resize × resize大小的区域
            transforms.ToTensor(),       #转换为Torch张量
            transforms.Normalize(mean, std)         #颜色信息的标准化
        ])

    def __call__(self, img):
        return self.base_transform(img)

#确认图像预处理的结果

#1. 读取图片
image_file_path = './data/goldenretriever-3724972_640.jpg'
img = Image.open(image_file_path)       # [高度][宽度][颜色RGB]
```

```
#2. 显示处理前的图片
plt.imshow(img)
plt.show()

#3. 同时显示预处理前后的图片
resize = 224
mean = (0.485, 0.456, 0.406)
std = (0.229, 0.224, 0.225)
transform = BaseTransform(resize, mean, std)
img_transformed = transform(img)  # torch.Size([3, 224, 224])

#将(颜色、高度、宽度)转换为(高度、宽度、颜色),并将取值范围限制在0~1
img_transformed = img_transformed.numpy().transpose((1, 2, 0))
img_transformed = np.clip(img_transformed, 0, 1)
plt.imshow(img_transformed)
plt.show()
```

图1.1.4所示为图片预处理的输出结果。图像的尺寸被调整为224，颜色信息也进行了归一化处理。

图1.1.4　图片预处理的输出结果

1.1.7　根据输出结果预测标签的后处理类的编写

接下来，需要实现将VGG-16模型1000维的输出结果转化为分类标签的ILSVRCPredictor类。在之前下载的JSON文件imagenet_class_index.json中已经事先保存了ILSVRC的分类标签列表，直接使用即可。

首先对需要实现的功能进行简要说明。从VGG-16模型输出的数值被保存在大小为torch.Size([1,1000])的PyTorch张量中，这里需要将其转换为NumPy型变量。因此，首先调用.detach()，将输出结果从网络中分离出来；然后，对被detach的张量进行.numpy()调用，将其转换为Numpy型变量，并用np.argmax()获取最大索引值。所有这些操作都是在maxid = np.argmax(out.detach().numpy())这一行代码中完成的。之后，从字典类型变量ILSVRC_class_index中获取maxid所对应的标签名。

```
# 载入ILSVRC的分类标签信息，并保存到字典变量中
ILSVRC_class_index = json.load(open('./data/imagenet_class_index.json', 'r'))
ILSVRC_class_index
```

【输出执行结果】

```
{'0': ['n01440764', 'tench'],
 '1': ['n01443537', 'goldfish'],
 '2': ['n01484850', 'great_white_shark'],
...
=============================================================================
#根据输出结果对标签进行预测的后处理类
class ILSVRCPredictor():
    """
    根据ILSVRC数据，从模型的输出结果计算出分类标签

    Attributes
    ----------
    class_index : dictionary
            将类的index与标签名关联起来的字典型变量
    """

    def __init__(self, class_index):
        self.class_index = class_index

    def predict_max(self, out):
        """
        获得概率最大的ILSVRC分类标签名

        Parameters
        ----------
        out : torch.Size([1, 1000])
            从Net中输出结果

        Returns
        -------
        predicted_label_name : str
            预测概率最高的分类标签的名称
        """
```

```
        maxid = np.argmax(out.detach().numpy())
        predicted_label_name = self.class_index[str(maxid)][1]

        return predicted_label_name
```

1.1.8 使用已完成学习的VGG 模型对手头上的图片进行预测

到目前为止，我们成功地创建了图像的预处理类BaseTransform 和网络输出的后处理类ILSVRCPredictor。训练完毕的VGG模型结构如图1.1.5 所示。

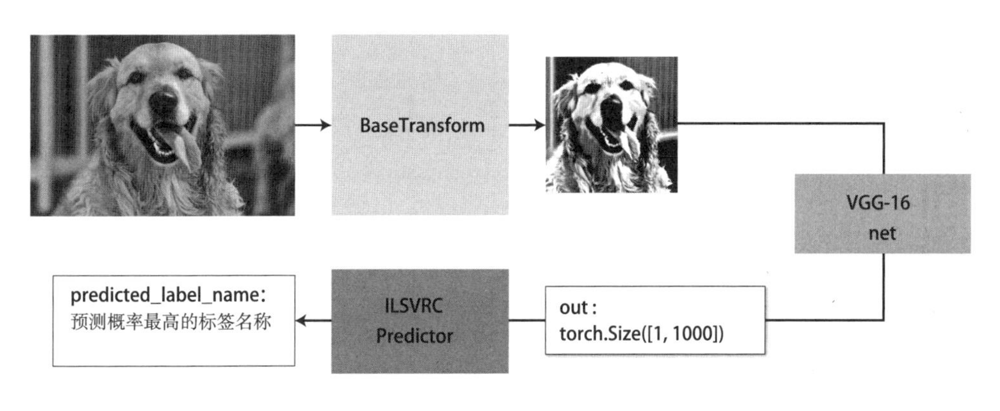

图1.1.5 训练完毕的VGG模型结构

输入的图片经过BaseTransform 的转换后，被作为VGG-16模型的输入数据进行输入。模型输出的1000 维的数据又经过ILSVRCPredictor 的处理，被转换为预测概率最高的分类标签名，并作为最终的输出结果返回。

接下来实现这一连串的处理，并利用已经训练好的VGG 模型对手头的图片进行预测。

具体的代码实现如下所示。在将图片输入PyTorch 网络中时，需要以小批次的形式传递，因此这里使用了unsqueeze_(0)，将小批次的维度追加到输入数据中。

```
#载入ILSVRC的标签信息，并生成字典型变量
ILSVRC_class_index = json.load(open('./data/imagenet_class_index.json', 'r'))

#生成ILSVRCPredictor的实例
predictor = ILSVRCPredictor(ILSVRC_class_index)

#读取输入的图像
image_file_path = './data/goldenretriever-3724972_640.jpg'
img = Image.open(image_file_path)                    #[高度][宽度][颜色RGB]

#完成预处理后，添加批次尺寸的维度
transform = BaseTransform(resize, mean, std)  #创建预处理类
```

```
img_transformed = transform(img)  # torch.Size([3, 224, 224])
inputs = img_transformed.unsqueeze_(0)  # torch.Size([1, 3, 224, 224])

# 输入数据到模型中，并将模型的输出转换为标签
out = net(inputs)  # torch.Size([1, 1000])
result = predictor.predict_max(out)

# 输出预测结果
print("输入图像的预测结果：", result)
```

【输出执行结果】

```
输入图像的预测结果：golden_retriever
```

执行上述代码，就可以得到golden_retriever 这一输出结果，程序准确无误地将图片归类到金毛巡回犬的分类中。

以上就是本节的内容，完整实现了用ImageNet 将已经训练好参数的VGG-16模型载入，并准确地将手头的未知图片（金毛巡回犬的照片）归类到ImageNet 的分类中的程序代码。下一节将对使用PyTorch 实现深度学习的流程进行讲解。

1.2 使用PyTorch进行深度学习的实现流程

1.1节使用已经训练好的模型，将未知图片自动归类到ILSVRC 的1000 种分类标签中。然而，在实际的商业应用中，我们需要预测的分类标签往往与ILSVRC 提供的1000 种分类标签是不同的。因此，就需要使用自己的数据对深度学习模型重新进行训练。

本节将对使用PyTorch 实现深度学习的基本流程进行讲解。在后续的章节中，将对如何使用自己的数据对神经网络重新训练的方法进行讲解。

本节的学习目标如下。

1. 理解PyTorch 的Dataset 和DataLoader。
2. 理解使用PyTorch 实现深度学习的基本流程。

本节的程序代码

无

使用PyTorch 实现深度学习的基本流程

使用PyTorch 进行深度学习的实现流程如图1.2.1 所示。

图1.2.1 使用PyTorch 进行深度学习的实现流程

在使用PyTorch 实现深度学习的整个流程中，首先需要对准备实现的深度学习算法从整体上进行把握。具体来讲，就是对预处理、后处理以及网络模型的输入/输出进行确认。

下一步是创建Dataset。Dataset 就是将输入数据和与其对应的标签组成配对数据进行保存的类。这里将用于处理数据的预处理类的实例指定到Dataset中，并设定其在从文件中读取对象数据时，自动对输入数据进行预处理。如果只从字面上理解Dataset，读者肯定会一头雾水，因此1.3节将演示如何具体编写Dataset 的代码，让读者对Dataset 有更直观的理解。Dataset 是由训练数据、验证数据（以及测试数据）等部分组成的。

接下来是创建DataLoader。DataLoader 是用来设定从Dataset 中读取数据的具体方法的类。在深度学习中，通常都是采用小批次学习的方式，将多个数据同时从Dataset中取出，并传递给神经网络进行学习训练。DataLoader 就是负责简化从Dataset 中取出小批次数据这一操作的类。需要分别创建用于训练数据和验证数据（以及测试数据）的DataLoader，一旦创建好DataLoader，那么也就完成了处理输入数据之前的准备工作。

接下来是创建网络模型。创建网络模型共有三种方式，第一种是从零开始完全靠自己实现整个网络模型；第二种是直接载入已经训练好的网络模型；第三种是以现有训练好的网络模型为基础，将其改造为自己需要的模型。在深度学习的实际应用中，大多数情况是以训练好的网络模型为基础，将其改造为符合自身需要的模型。1.3 节将具体讲解如何通过修改现有的训练完毕的网络模型来创建自己的网络模型的方法。

在成功创建网络模型之后，就需要定义网络模型的正向传播函数（forward）。对于比较简单的网络模型，只需要简单地将数据从前面的层传递给后面的层即可。然而，在深度学习的实际应用中，正向传播大多比较复杂。例如，网络可能在中间产生分支。要实现类似这样复杂的正向传播，就需要比较严谨地定义正向传播函数。对刚接触这些内容的读者来说，理解该如何定义正向传播函数是不太容易的。第2 章中会通过展示具体的实现正向传播函数的示例来进一步加深读者的理解。

在定义好正向传播函数之后，接下来要做的就是定义用于将误差值进行反向传播（Backpropagation）的损失函数。在比较简单的深度学习算法中，会使用均方差这类简单的损失函数；而在深度学习的实际应用中，损失函数的定义有时会非常复杂。

下一步就是设定在对网络模型的连接参数进行训练时使用的优化算法。通过误差的反向传播，可以对连接参数的误差对应的梯度进行计算。优化算法就是指如何根据这一梯度值计算出连接参数的修正量的具体算法。例如，可以使用Momentum SGD 这一优化算法。

通过上述步骤，就完成了进行深度学习所需的所有设置，接下来进行实际的学习和验证操作。通常我们都是以epoch 为单位，对训练数据的性能和验证数据的性能进行比较的，如果验证数据的性能停止提升，之后的训练都会陷入过拟合状态，因此大多数情况下需要及时停止训练。像这类，当验证数据的性能停止提升的情况下，提前终止网络学习的方法被称为early stopping。

学习完成之后，最后将对测试数据进行推测。

以上就是使用PyTorch 实现深度学习的基本流程。1.3 节将以这一流程为参考，具体讲解如何通过手上有限的数据，实现对图片进行自动分类的深度学习网络模型。

1.3 迁移学习的编程实现

本节将使用迁移学习（Transfer Learning）方法，利用手上少量的有限数据，实现我们自己的图像分类深度学习模型，并对具体的实现过程进行讲解。本节将利用PyTorch 教程中使用的蚂蚁和蜜蜂的图片分类模型来进行学习。本节的代码实现基于CPU 主机。

本节的学习目标如下：

1. 掌握根据图像数据创建Dataset 的方法。
2. 掌握由 Dataset 创建 DataLoader 的方法。
3. 掌握将已完成学习的模型的输出层改变成任意形式的方法。
4. 通过单独训练输出层的连接参数的方式实现迁移学习。

本节的程序代码

```
1-3_transfer_learning.ipynb
```

1.3.1 迁移学习

迁移学习是指以学习完毕的模型作为基础，通过替换不同的最终输出层来进行学习的方法，即将学习完毕的模型中最后的输出层替换能够对应我们手头的数据的输出层，并使用我们手头少量的数据对被替换的输出层的连接参数（以及位于其前面的若干层网络的连接参数）进行重新学习，而位于输入层附近的连接参数则仍然继续保持使用之前训练好的参数值不变。

迁移学习是将已完成学习的模型作为基础的部分实现的，因此其优点是即使我们手头的数据的数量很少，也能比较容易地实现深度学习。此外，如果对位于输入层附近的网络层的连接参数也进行更新，则称为微调（Fine Tuning）。有关微调的内容，将在1.5 节中讲述。

1.3.2 准备文件夹

如果在1.1 节中没有执行make_folders_and_data_downloads.ipynb文件，应按顺序执行其中的每个单元。程序会自动在data文件夹内创建名为hymenoptera_data的文件夹。hymenoptera_data文件夹是PyTorch 迁移学习教程[3] 中使用的数据，其中包括蚂蚁和蜜蜂的图片。

1.3.3 准备工作

导入用于在for 循环中测算经过时间和剩余时间的软件包tqdm：

```
conda install -c conda-forge tqdm
```

1.3.4 实现代码的初始设置

接下来开始编写实际的代码。首先导入软件包和设置随机数的种子。此外，在本书后续章节中，将不再重复描述软件包的导入和随机数种子的设置步骤。

```
#导入软件包
import glob
import os.path as osp
import random
import numpy as np
import json
from PIL import Image
from tqdm import tqdm
import matplotlib.pyplot as plt
%matplotlib inline

import torch
import torch.nn as nn
import torch.optim as optim
import torch.utils.data as data
import torchvision
from torchvision import models, transforms


#设置随机数的种子
torch.manual_seed(1234)
np.random.seed(1234)
random.seed(1234)
```

在PyTorch 中，如果需要将深度学习的计算结果设定为可重复再现，那么对于使用了GPU 的场合，需要进行如下设置（关于使用GPU 和云服务器进行深度学习的方法将在1.4 节中进行介绍）：

```
torch.backends.cudnn.deterministic = True
torch.backends.cudnn.benchmark = False
```

需要注意的是，如果开启上述设置，计算速度会变慢，因此在本书示例中都没有使用上述设置。因此，本书中利用GPU 进行计算的示例的结果，即使是相同的代码，实际产生的结果也可能与书中示范的内容有微妙的区别。关于如何在PyTorch 中确保计算结果可以重复再现的设置[4] 请参考索引部分的内容。

1.3.5 创建Dataset

Dataset 的创建共分三个步骤。首先，创建对图像进行预处理操作的ImageTransform类；然后，定义用于将图像文件路径保存到列表变量中的make_datapath_list 函数；最后，使用上述对象创建HymenopteraDataset 类作为Dataset。

如果要实现类似本节中的比较简单的图像分类功能的Dataset，使用torchvision. datasets. ImageFolder 类即可。不过，在第2 章之后各类任务的实现代码中都是采用自己编写Dataset 类的方式来完成深度学习的，而且在本节的任务中也采取了不使用ImageFolder 类的方式。

首先，创建用于图像预处理的ImageTransform 类。这次，我们在训练时和推测时将分别采取不同的预处理方式。训练时将采用数据增强的方式进行处理。数据增强是指对于每一份数据，以epoch 为单位对图像进行变换，以此来给数据注入水分的方法。这里，在训练时将采用RandomResizedCrop 和RandomHorizontalFlip 进行预处理。

预处理类ImageTransform 的具体实现如下所示。在RandomResizedCrop (resize, scale = (0.5, 1.0)) 调用中，scale 指定将图像在0.5 ~ 1.0 的范围内进行放大或缩小，同时图像的宽高比在3/4 ~ 4/3 变化，对图像横向或纵向进行拉伸处理，最后按照resize 指定的大小对图像进行剪裁操作。RandomHorizontalFlip() 调用则是以50% 的概率对图像进行左右翻转处理。经过上述操作，即使是同一张训练图片，每个epoch 中都会自动生成稍有不同的图像。通过此类的对数据进行多样化处理后再学习的方法，可以简单而有效地提高网络模型针对测试数据集所能达到的性能（通用性）。

```
#输入图像的预处理类
#训练时和推测时采用不同的处理方式

class ImageTransform():
    """
    图像的预处理类。训练时和推测时采用不同的处理方式
    对图像的大小进行调整，并将颜色信息标准化
    训练时采用RandomResizedCrop和RandomHorizontalFlip进行数据增强处理

    Attributes
    ----------
    resize : int
        指定调整后图像的尺寸
    mean : (R, G, B)
        各个颜色通道的平均值
    std : (R, G, B)
        各个颜色通道的标准偏差
    """

    def __init__(self, resize, mean, std):
        self.data_transform = {
            'train': transforms.Compose([
                transforms.RandomResizedCrop(
```

```
                resize, scale=(0.5, 1.0)),          #数据增强处理
            transforms.RandomHorizontalFlip(),      #数据增强处理
            transforms.ToTensor(),                  #转换为张量
            transforms.Normalize(mean, std)         #归一化
        ]),
        'val': transforms.Compose([
            transforms.Resize(resize),              #调整大小
            transforms.CenterCrop(resize),#从图像中央截取resize×resize大小的区域
            transforms.ToTensor(),                  #转换为张量
            transforms.Normalize(mean, std)         #归一化
        ])
    }

def __call__(self, img, phase='train'):
    """
    Parameters
    ----------
    phase : 'train' or 'val'
        指定预处理所使用的模式
    """
    return self.data_transform[phase](img)
```

对ImageTransform在训练模式下实行的操作进行确认。从图1.3.1中可以看到，狗的面部附近区域被截取，并被横向拉伸，而且左右被颠倒了。每次执行代码时，图1.3.1的结果都会发生变化。

```
# 对训练时的图像预处理操作进行确认
# 每次执行得到的处理结果图像都会有所变化

# 1. 读入图像文件
image_file_path = './data/goldenretriever-3724972_640.jpg'
img = Image.open(image_file_path)              #[高度][宽度][颜色RGB]

# 2.显示原图像
plt.imshow(img)
plt.show()

# 3.显示预处理前和处理完毕后的图像
size = 224
mean = (0.485, 0.456, 0.406)
std = (0.229, 0.224, 0.225)

transform = ImageTransform(size, mean, std)
img_transformed = transform(img, phase="train")  # torch.Size([3, 224, 224])

#将（颜色、高度、宽度）转换为（高度、宽度、颜色），取值限制在0~1并显示
img_transformed = img_transformed.numpy().transpose((1, 2, 0))
img_transformed = np.clip(img_transformed, 0, 1)
plt.imshow(img_transformed)
plt.show()
```

图1.3.1　ImageTransform的执行结果（图片预处理前后的对比，每次执行结果都会有所变化）

接下来创建用于保存数据文件路径的列表型变量。这次使用的训练数据是蚂蚁和蜜蜂的图片，总共243张，作为验证数据用的图片总共是153张。这里将分别创建用于保存训练数据和验证数据所对应的文件路径的列表变量。

实际的代码如下所示。使用osp.join生成文件路径的字符串，并使用glob获取文件路径。

```
# 创建用于保存蚂蚁和蜜蜂的图片的文件路径的列表变量

def make_datapath_list(phase="train"):
    """
    创建用于保存数据路径的列表

    Parameters
    ----------
    phase : 'train' or 'val'
        指定是训练数据还是验证数据

    Returns
    -------
    path_list : list
        保存了数据路径的列表
    """

    rootpath = "./data/hymenoptera_data/"
    target_path = osp.join(rootpath+phase+'/**/*.jpg')
    print(target_path)
```

```
    path_list = []              # 保存到这里

    # 使用glob取得包括示例目录的文件路径
    for path in glob.glob(target_path):
        path_list.append(path)

    return path_list

# 执行
train_list = make_datapath_list(phase="train")
val_list = make_datapath_list(phase="val")

train_list
```

【输出执行结果】

```
./data/hymenoptera_data/train/**/*.jpg
./data/hymenoptera_data/val/**/*.jpg
['./data/hymenoptera_data/train\\ants\\0013035.jpg',
 './data/hymenoptera_data/train\\ants\\1030023514_aad5c608f9.jpg',
...
```

最后创建Dataset类，并针对训练数据和验证数据分别创建对应的实例。在读取图片数据时，同时使用ImageTransform对图片进行预处理。

在本节中，如果图片是蚂蚁，则将label设置为0；如果是蜜蜂，则将label设置为1。通过继承原生的Dataset类来创建Dataset类时，需要实现用于从Dataset中读取单个数据用的__getitem__()方法和用于返回Dataset中文件数量的__len__()方法。

具体的代码实现如下所示。

```
#创建由蚂蚁和蜜蜂的图片组成的Dataset

class HymenopteraDataset(data.Dataset):
    """
    蚂蚁和蜜蜂图片的Dataset类，继承自PyTorch的Dataset类

    Attributes
    ----------
    file_list : 列表
        列表中保存了图片路径
    transform : object
        预处理类的实例
    phase : 'train' or 'test'
        指定是学习还是验证
    """
```

```
    def __init__(self, file_list, transform=None, phase='train'):
        self.file_list = file_list      #文件路径列表
        self.transform = transform      #预处理类的实例
        self.phase = phase              #指定是train 还是val

    def __len__(self):
        '''返回图片张数'''
        return len(self.file_list)

    def __getitem__(self, index):
        '''
        获取预处理完毕的图片的张量数据和标签
        '''

        #载入第index张图片
        img_path = self.file_list[index]
        img = Image.open(img_path)      #[高度][宽度][颜色RGB]

        #对图片进行预处理
        img_transformed = self.transform(
            img, self.phase)  # torch.Size([3, 224, 224])

        #从文件名中抽取图片的标签
        if self.phase == "train":
            label = img_path[30:34]
        elif self.phase == "val":
            label = img_path[28:32]

        #将标签转换为数字
        if label == "ants":
            label = 0
        elif label == "bees":
            label = 1

        return img_transformed, label

#执行
train_dataset = HymenopteraDataset(
    file_list=train_list, transform=ImageTransform(size, mean, std),
phase='train')

val_dataset = HymenopteraDataset(
    file_list=val_list, transform=ImageTransform(size, mean, std), phase='val')

#确认执行结果
```

```
index = 0
print(train_dataset.__getitem__(index)[0].size())
print(train_dataset.__getitem__(index)[1])
```

【输出执行结果】

```
torch.Size([3, 224, 224])
0
```

1.3.6 创建 DataLoader

下面将使用Dataset 来创建DataLoader。DataLoader 可以直接使用PyTorch的torch.utils.data.DataLoader类创建。训练用的DataLoader 中，设置shuffle = True，按照随机顺序读入图片数据。

接下来创建训练用的DataLoader 和验证用的DataLoader，并将这两个对象保存到dataloaders_dict 字典变量中。之所以将其保存到字典型对象中，是为了在后面进行学习和验证操作时使用起来更方便。

实际的代码如下所示。如果用于执行代码的PC 内存比较小，后面学习的过程中可能会显示“Torch: not enough memory:…”的错误提示，这种情况下请将batch_size 设置为更小的值。

```
#指定小批次尺寸
batch_size = 32

#创建DataLoader
train_dataloader = torch.utils.data.DataLoader(
    train_dataset, batch_size=batch_size, shuffle=True)

val_dataloader = torch.utils.data.DataLoader(
    val_dataset, batch_size=batch_size, shuffle=False)

#集中到字典变量中
dataloaders_dict = {"train": train_dataloader, "val": val_dataloader}

#确认执行结果
batch_iterator = iter(dataloaders_dict["train"])      #转换成迭代器
inputs, labels = next(
    batch_iterator)                                   #取出第一个元素
print(inputs.size())
print(labels)
```

【输出执行结果】

```
torch.Size([32, 3, 224, 224])
tensor([1, 0, 0, 0, 1, 1, 1, 0, 1, 0, 1, 0, 1, 1, 0, 0, 1, 1, 0, 1, 1, 0, 1, 1,
        0, 1, 0, 0, 0, 0, 0, 1])
```

1.3.7 创建网络模型

通过上述步骤，我们就完成了数据的准备工作。接下来将创建网络模型。参考1.1 节的内容，加载已经训练完毕的VGG-16模型。

这次输出神经元数量不再是1000 种，而是只有蚂蚁和蜜蜂这两种。因此，需要替换位于VGG-16模型classifier 模块后面的全连接层。

实际的代码如下所示。其中的代码net.classifier[6] = nn.Linear(in_features=4096, out_features=2) 被执行之后，全连接层被替换为只有2 个神经元的输出。

```
#载入已经学习完毕的VGG-16模型
#创建VGG-16模型的实例
use_pretrained = True                    #指定使用已经训练好的参数
net = models.vgg16(pretrained=use_pretrained)

#VGG-16的最后的输出层替换为蚂蚁和蜜蜂这两个神经元的网络层
net.classifier[6] = nn.Linear(in_features=4096, out_features=2)

#设定为训练模式
net.train()

print('网络设置完毕：载入已经学习完毕的权重，并设置为训练模式')
```

通常实现PyTorch 的深度学习时，需要定义网络模型的正向传播函数。这里由于直接加载的是已经学习完毕的模型，内部已经包含了正向传播函数，因此不需要再自己定义。

1.3.8 定义损失函数

接下来定义损失函数。这次的图像分类任务是常见的分类形式，因此使用交叉熵损失函数。交叉熵损失函数从全连接层的输出数据（这里是蚂蚁和蜜蜂两类），先调用softmax 函数，然后使用负对数似然函数（The Negative Log Likelihood Loss）进行计算。

```
#设置损失函数
criterion = nn.CrossEntropyLoss()
```

1.3.9 设定最优化算法

接下来设定最优化算法。首先，通过迁移学习设置用于需要学习和变化的参数。网络模型的参数中，设置了requires_grad = True 的参数会在误差反向传播中被计算梯度，学习的过程中其值会产生变化。如果想要固定参数的值阻止其更新，则应设置requires_grad = False。

```
#将使用迁移学习进行训练的参数保存到params_to_update变量中
params_to_update = []

#需要学习的参数名称
update_param_names = ["classifier.6.weight", "classifier.6.bias"]

#除了需要学习的那些参数外，其他参数设置为不进行梯度计算，禁止更新
for name, param in net.named_parameters():
    if name in update_param_names:
        param.requires_grad = True
        params_to_update.append(param)
        print(name)
    else:
        param.requires_grad = False

#确认params_to_update的内容
print("-----------")
print(params_to_update)
```

【输出执行结果】

```
classifier.6.weight
classifier.6.bias
-----------
[Parameter containing:
tensor([[ 0.0117,  0.0116,  0.0082,  ..., -0.0072,  0.0059, -0.0065],
        [-0.0071, -0.0131, -0.0117,  ..., -0.0079, -0.0070,  0.0085]],
       requires_grad=True), Parameter containing:
tensor([-0.0087,  0.0008], requires_grad=True)]
```

这里使用Momentum SGD算法，将之前设置为需要学习的params_to_update赋值给函数参数params。

```
#设置最优化算法
optimizer = optim.SGD(params=params_to_update, lr=0.001, momentum=0.9)
```

1.3.10　学习和验证的施行

最后对网络模型进行学习和验证操作。首先定义训练模型用的train_model函数。Train_model函数的作用是让学习和训练以epoch为单位交替进行。学习时，将net设置为训练模式；验证时，将net设置为验证模式。在使用PyTorch进行学习和训练时，之所以需要切换网络模式，是因为有一些在学习和验证时会产生不同行为的网络层的存在（如Dropout层）。

实际的代码如下所示。代码中的with torch.set_grad_enabled(phase =='train')指定只在学习模式下进行梯度计算；而验证时不需要计算梯度，因此予以省略。

```
#创建训练模型用的函数

def train_model(net, dataloaders_dict, criterion, optimizer, num_epochs):

    #epoch循环
    for epoch in range(num_epochs):
        print('Epoch {}/{}'.format(epoch+1, num_epochs))
        print('-------------')

        #每个epoch中的学习和验证循环
        for phase in ['train', 'val']:
            if phase == 'train':
                net.train()             #将模式设置为训练模式
            else:
                net.eval()              #将模式设置为验证模式

            epoch_loss = 0.0            #epoch的合计损失
            epoch_corrects = 0          #epoch的正确答案数量

            #为了确认训练前的验证能力，省略epoch=0时的训练
            if (epoch == 0) and (phase == 'train'):
                continue

            #载入数据并取出小批次的循环
            for inputs, labels in tqdm(dataloaders_dict[phase]):

                #初始化optimizer
                optimizer.zero_grad()

                #计算正向传播（forward）
                with torch.set_grad_enabled(phase == 'train'):
                    outputs = net(inputs)
                    loss = criterion(outputs, labels)       #计算损失
                    _, preds = torch.max(outputs, 1)        #预测标签

                    #训练时的反向传播
                    if phase == 'train':
                        loss.backward()
                        optimizer.step()

                    #计算迭代的结果
                    #更新loss的总和
                    epoch_loss += loss.item() * inputs.size(0)
                    #更新正确答案数量的总和
                    epoch_corrects += torch.sum(preds == labels.data)
```

```
            #显示每个epoch的loss和正解率
            epoch_loss = epoch_loss / len(dataloaders_dict[phase].dataset)
            epoch_acc = epoch_corrects.double(
            ) / len(dataloaders_dict[phase].dataset)

            print('{} Loss: {:.4f} Acc: {:.4f}'.format(
                phase, epoch_loss, epoch_acc))
```

关于迭代部分，这里简单解释为什么每个epoch的损失都需要加上loss.item() * inputs.size(0)这个值。loss中保存的是小批次的平均损失，而.item()负责将该值取出。由于损失是小批次大小的平均值，因此乘以input.size(0)=32，对小批次的合计损失进行计算。

最后执行train_model函数。这里设置为只学习一轮epoch周期，代码执行时间约为6分钟（实际执行时间与PC的性能有关，如果PC运行速度慢，估计需要10分钟）。

```
#开始学习和验证
num_epochs=2
train_model(net, dataloaders_dict, criterion, optimizer, num_epochs=num_epochs)
```

迁移学习的结果如图1.3.2所示。在最初的epoch 0中，使用continue跳过了学习过程。因此，未经过学习的神经网络的分类结果是，验证数据的准确率Acc约为36%，无法正确地对蚂蚁和蜜蜂的图片进行区分。之后，通过一轮epoch的学习后，学习数据的准确率约为74%，验证数据的准确率约提升为93%。通过上述步骤，对于200张左右的学习数据，经过一轮epoch的迁移学习，网络对于蚂蚁和蜜蜂的图片得到了很好的训练。

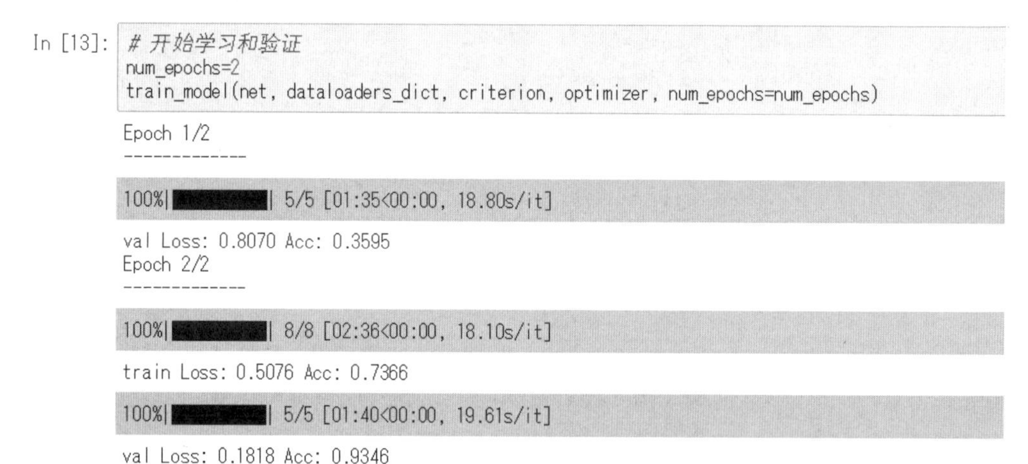

图1.3.2　迁移学习的结果

然而，经过第二轮epoch后，训练数据的准确率比验证数据还低，其原因有两个：

（1）训练数据的学习总共经历了8次迭代，在这一期间网络经过学习，性能得到了提升。因此，第一次迭代的性能相对变得较低。与此相对的是，验证数据是经过8次迭代学习后网络计算得到的推测结果，因此性能更高。

（2）训练数据时使用了数据增强处理，而数据增强处理会导致图像变形，变形严重的情况下自动分类也会变得更为困难。

这次的学习实际上只执行了一轮epoch，如果增加epoch数，训练数据和验证数据的性能差异会越来越小，慢慢就会导致训练数据的过拟合现象发生。其结果就是，训练数据的性能虽然提升了，但是验证数据的性能会下降，此时就应当终止学习（early stopping）。

至此，本节中关于迁移学习的实践就全部完成。这次使用的数据集是蚂蚁和蜜蜂这两种分类，训练数据总共有243张，验证数据总共有153张。使用本节中介绍的利用事先训练好的模型进行迁移学习的方法，可以只使用少量的数据就能实现深度学习。

1.4节将介绍如何在GPU环境中进行深度学习，即讲解如何利用Amazon的云计算服务，来运用GPU环境进行深度学习。

1.4 亚马逊AWS的GPU云计算服务器的使用方法

本节将讲解利用云计算服务使用带有GPU 的主机进行深度学习。本节之后的内容将使用GPU 主机进行计算。本书使用的是亚马逊的云计算服务（Amazon Web Services，AWS）。

本节的学习目标如下。

1. 学习如何创建亚马逊AWS EC2 实例。
2. 学习如何运用深度学习的主机映像，掌握使用已经预先设定了GPU 环境的EC2 实例的方法。
3. 学习如何在EC2 中启动Jupyter Notebook，并在自己的PC 上操作GPU 主机。

本节的程序代码

无

1.4.1 使用云服务器的理由

大家都知道如果要高速地进行深度学习计算，需要使用GPU 和TPU 等硬件加速设备。不仅如此，要实现深度学习的应用方法，还需要很大容量的内存。用于执行深度学习应用的计算机，需要搭载GPU 和64GB 以上的内存（最少也需要32GB）。亚马逊的云服务器中用于深度学习的GPU 服务器最便宜的是p2.xlarge（1 小时费用约100 日元）（编者注，1人民币约15日元），内存容量是64GB。

如果要自己购置搭载GPU 和大容量内存的PC，需要不小的花费。如果从一开始就自己准备GPU 环境，价格会非常昂贵，所以本书推荐使用云服务器的GPU 主机。

本书使用的是亚马逊的云服务器AWS 中最便宜的GPU 主机EC2 实例p2.xlarge。

1.4.2 创建AWS 账号

要使用AWS 服务，需要先创建账号。从AWS 的主页中[5]（https://aws.amazon.com/jp）可以申请创建新的账号（编辑注，本节保留了原书的日文界面，读者可根据需要在中文界面http://aws.amazon.com/cn/注册，学习），AWS 账号的创建流程[6]（https://aws.amazon.com/jp/register-flow）里有创建账户的详细说明。

1.4.3 AWS 管理控制台

成功创建了账号之后，从AWS 的主页可以登录AWS 管理控制台。登录账号之后，就会看到图1.4.1 所示的界面。

图1.4.1 的右上位置显示的是自己的账户名以及现在所属的地区。图1.4.1 中显示的地区是弗吉尼亚北部。

图1.4.1　AWS的管理控制台的主页

在AWS中可以选择使用位于哪个地区（region）的主机。如果是在日本使用，推荐选择通信距离比较近的东京地区的主机。需要注意的是，不同地区的主机服务价格也有所不同（东京地区的主机服务价格相对要贵一些）。

AWS服务不仅可以用于深度学习，其还提供了很多其他的云服务功能。本书中使用的是被称为EC2（Amazon Elastic Compute Cloud）的虚拟主机。

EC2中有各种各样可以选择的CPU和内存配置的主机，这些主机被称为实例类型。另外，具体的每一个主机被称为实例。

深度学习方面的应用可以使用“高速计算”系列的P2、P3实例。其中，P2实例中使用的是NVIDIA K80，P3实例中使用的是NVIDIA Tesla V100。

EC2的实例中又分为按需收费和Spot等类型。本书中使用最基本的按需收费实例（Spot实例相对价格比较低，但是使用方法上也有所限制）。

如果地区选择为美国东部（弗吉尼亚北部），那么p2.xlarge实例（vCPU:4；内存：61GB；GPU：1台）的价格是0.9美元/小时、p3.2xlarge实例（vCPU:8；内存：61GB；GPU：1台）的价格是3.06美元/小时。

如果地区选择为亚太地区（东京），那么p2.xlarge的价格是1.542美元/小时，p3.2xlarge的价格是4.194美元/小时，相较美国东部地区的价格要高（截至2019年5月）。

单击图1.4.1右上方的地区名就可以选择地区，价格比较低的地区有美国东部（弗吉尼亚北部）、美国东部（俄亥俄州）等。

此外，P2、P3中还有多台主机合并的实例，但价格也相应地更加昂贵。

1.4.4　AWS的EC2虚拟主机的创建方法

下面具体解释如何利用EC2的云计算服务创建虚拟主机服务器。单击图1.4.1左上角的服务按钮，打开图1.4.2所示的界面，单击“コンピューティング”（计算）服务中的EC2超链接。

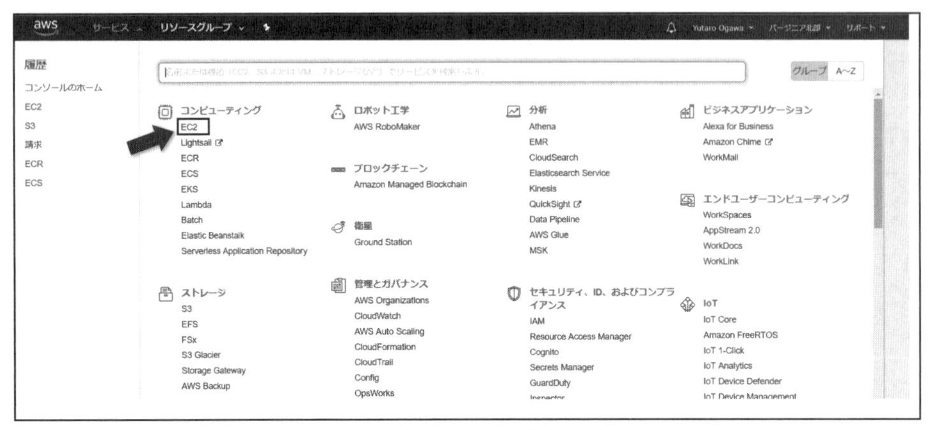

图1.4.2　AWS服务一览表

然后，浏览器就会跳转到图1.4.3所示的EC2控制面板界面。单击“インスタンスの作成”（创建实例）按钮，即可开始创建EC2实例。

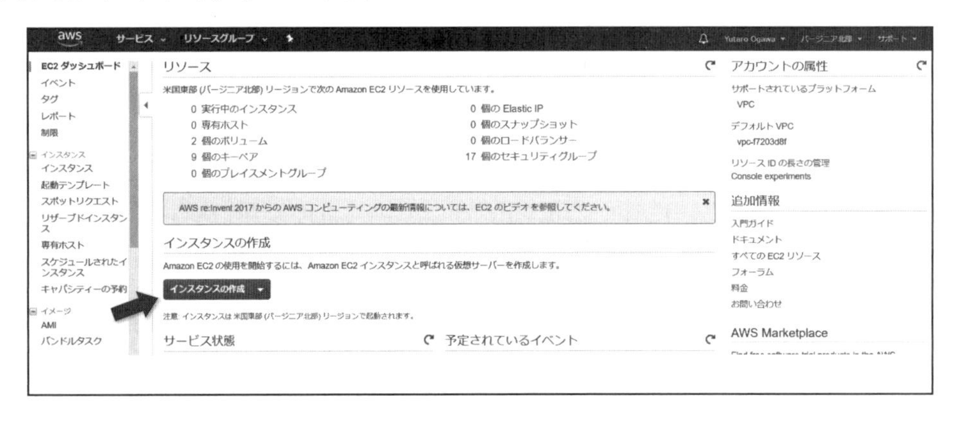

图1.4.3　EC2控制面板界面

进入“手順 1: Amazon マシンイメージ (AMI)”[步骤1：Amazon主机映像（AMI）]界面（图1.4.4），其中AMI（Amazon Machine Image）指的是EC2服务器的雏形。这里使用深度学习专用的雏形Deep Learning AMI（Ubuntu）。Deep Learning AMI（Ubuntu）中PyTorch、TensorFlow、Keras等深度学习专用的软件包和Anaconda已经预先安装好。此外，还预装了用于GPU运算的CUDA模块。EC2服务器启动之后就可以立即使用PyTorch进行基于GPU运算的深度学习。

接下来，在图1.4.4的搜索框中输入deeplearning ubuntu并搜索①。左边的搜索对象标签设置为AWS Marketplace②，名为Deep Learning AMI（Ubuntu）的主机映像就会显示出来，然后单击“選択”（选择）按钮③。接下来会显示确认界面，单击Continue按钮。

进入“手順 2: インスタンスタイプの選択”（步骤2：选择实例类型）界面（图1.4.5），这里选择p2.xlarge映像①，然后单击位于界面右下方的“次の手順：インスタンスの詳細の設定”（下一步：实例的详细设置）按钮②。

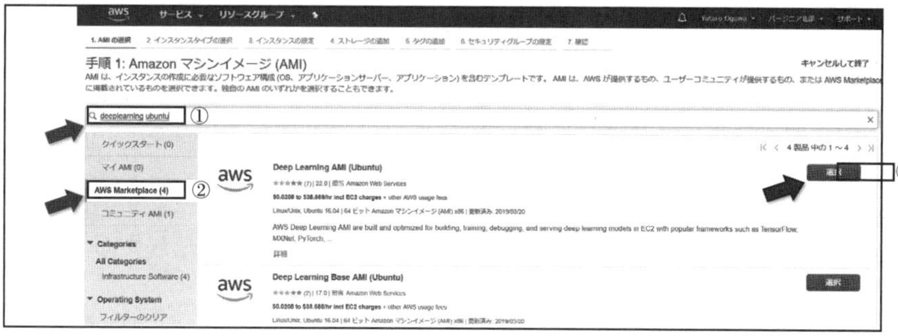

图1.4.4　步骤1：Amazon 主机映像（AMI）

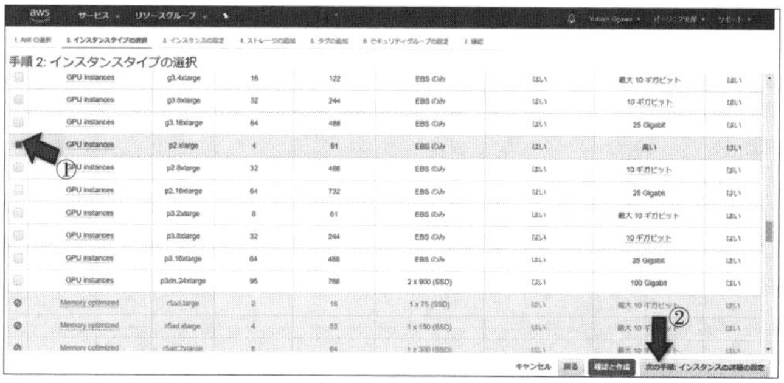

图1.4.5　步骤2：选择实例类型

进入“手順 3: インスタンスの詳細の設定”（步骤3：实例的详细设置）界面，因为这里没有需要特别修改的地方，所以直接单击界面右下方的“次の手順：ストレージの追加”（下一步：添加存储器）按钮。

进入“手順 4: ストレージの追加”（步骤4：添加存储器）界面（图1.4.6），在这里可以设置虚拟服务器的存储器类型和大小。卷类型默认为“汎用SSD (gp2)”[通用SSD（gp2）]①。默认的存储器大小是75GB，推荐设置为200GB 以上②。单击界面右下方的“次の手順：タグの追加”（下一步：添加标签）按钮③，进入下一步。

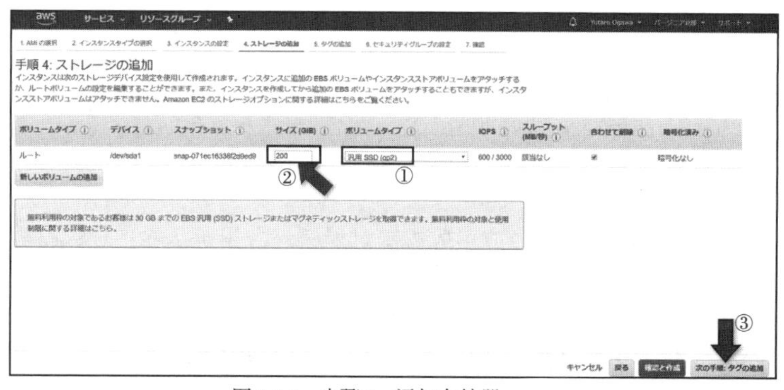

图1.4.6　步骤4：添加存储器

此外，如果存储器内存大小只有200GB左右，那么在学习本书的过程中存储器空间可能就会被占满。这种情况下，可以采取重新创建新的实例等方式来解决。

进入“手順 5: タグの追加”（步骤5：添加标签）界面，这里不需要更改任何设置，直接单击界面右下方的“次の手順：セキュリティグループの設定”（下一步：设置安全分组）按钮。

在“手順 6: セキュリティグループの設定”（步骤6：设置安全分组）界面（图1.4.7）中可以设定服务器的防火墙。Web服务器以及处理重要数据的服务器中，需要设定合适的防火墙规则。本书使用的服务器用于个人学习，并非需要长期运行的服务器，因此保留默认的防火墙规则即可。单击界面右下方的“確認と作成”（确认并创建）按钮，进入下一步。

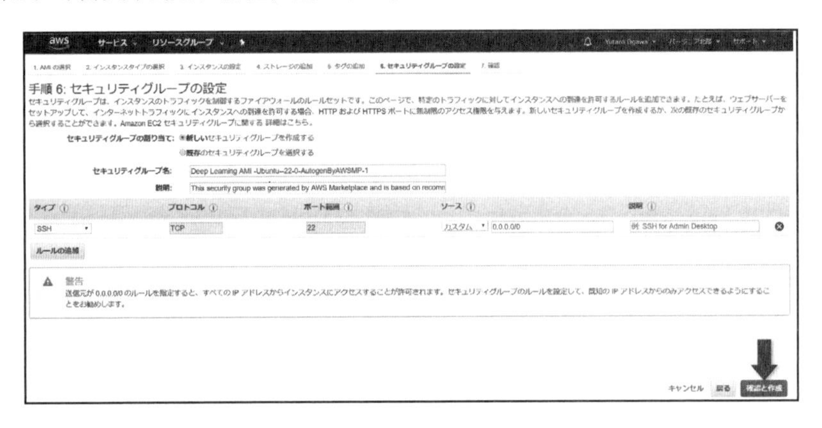

图1.4.7　步骤6：设置安全分组

进入“手順 7: インスタンス作成の確認”（步骤7：确认创建实例）界面（图1.4.8），这里对所选的设置进行确认。单击界面右下方的“作成”（启动）按钮，进入下一步。

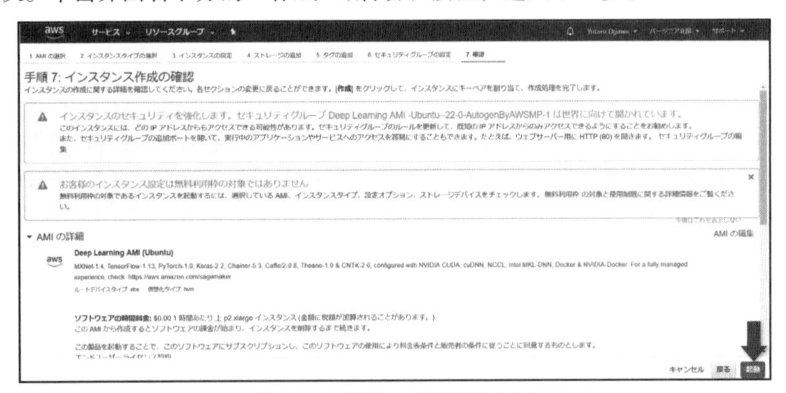

图1.4.8　步骤7：确认创建实例

进入图1.4.9所示的界面，即选择或生成密钥对界面。密钥对是在远程连接到EC2服务器时必须要用到的加密文件。首先，在第一个下拉列表框中选择“新しいキーペアの作成”（生成新的密钥对）①，然后在下面的文本框中输入密钥对的名字，密钥对可以为任意名字（图1.4.9中输入的是keyname_hogehoge）②；然后单击“キーペアのダウンロード”（下载密钥对）按钮③，开始下载.pem文件（这里的文件名是keyname_hogehoge.pem），该文件在远程连接到EC2服务器时是必须的。

下载完毕密钥对文件后，单击“インスタンスの作成”（创建实例）按钮④。然后就会按照设定的内容开始创建EC2服务器。

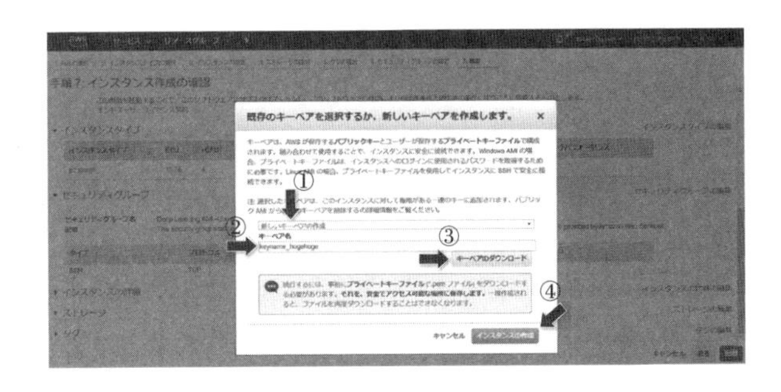

图1.4.9　选择或生成密钥对

一旦开始创建EC2服务器，就会进入图1.4.10所示的状态界面。在这里，单击图1.4.10中箭头所指的实例id名，进入实例管理界面。

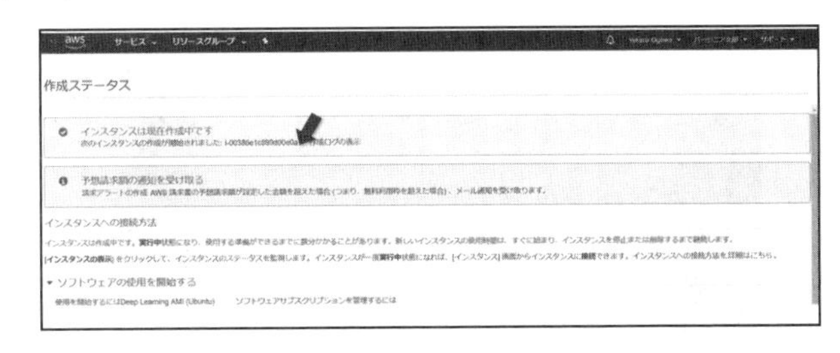

图1.4.10　生成状态

此外，每个地区允许同时启动的p2.xlarge实例的数量是有限制的。启动一个p2.xlarge实例应该是没问题的，如果允许启动的数量为0，则无法启动p2.xlarge实例。这种情况下，可以与AWS的客服取得联系，将允许数量更改为1即可。其具体的操作请与网上实际显示的帮助信息为准。

进入实例管理界面后就可以确认刚刚创建的实例的运行状态（图1.4.11），开始时“ステータスチェック”（检测状态）会显示为“初期化し…”（初始化中……），表示EC2服务器正在初始化和启动中。

图1.4.11　实例管理界面

等待大约5分钟，初始化结束后，“ステータスチェック”（检测状态）变为“2/2のチェ…”（2/2检测……），表示服务器可以使用。

经过上述步骤，用于深度学习的AWS主机就启动完毕。之后，使用图1.4.11中“IPv4 パブリック IP”（IPv4公网IP）处显示的IP地址即可访问深度学习用的服务器。接下来，将介绍访问这台主机的具体操作方法。

1.4.5　EC2服务器的访问与Anaconda的操作

从个人PC访问创建完毕的EC2服务器需要使用SSH（Secure Shell，是一种用于远程访问计算机的通信协议的名称）进行连接。

要使用SSH进行远程连接，需要在个人PC上安装名为SSH客户端的应用软件。SSH客户端软件有Tera Term、Putty、Windows 10：OpenSSH等。本书中将介绍如何使用Tera Term客户端进行远程连接。

首先，请在网上搜索Tera Term，并进行下载安装。

安装完毕后，桌面上会显示Tera Term图标。双击图标，可以看到图1.4.12所示的界面。在“ホスト”（主机）文本框中输入EC2服务器的IP地址①。图1.4.11中“IPv4 パブリック IP”（IPv4公网IP）处显示的就是服务器的IP，将该地址粘贴过来后，单击OK按钮②。

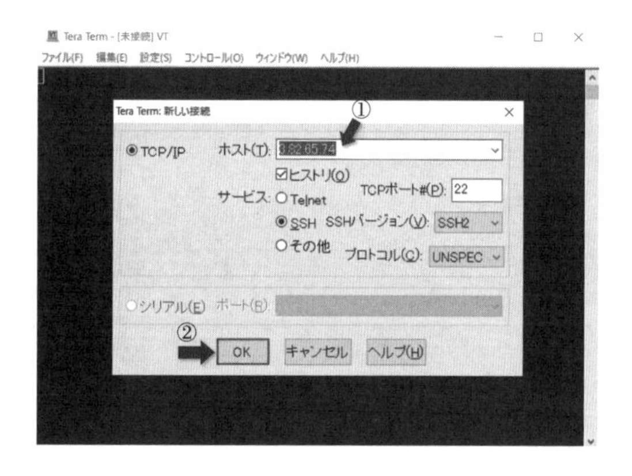

图1.4.12　Tera Term之一

接下来可能会显示图1.4.13所示的安全警告信息，可以直接单击“続行”（继续）按钮，忽略该信息。

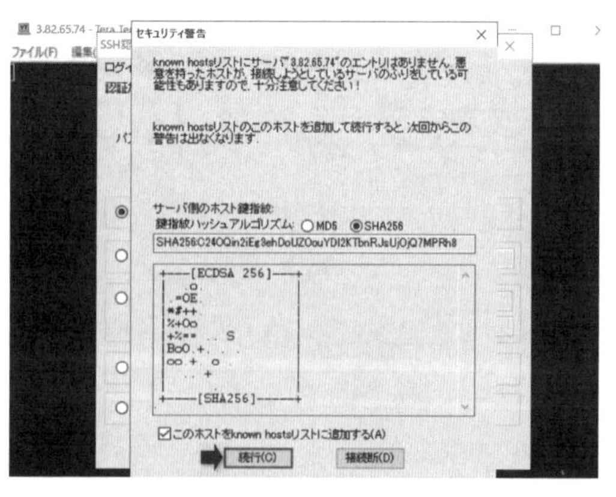

图1.4.13　Tera Term之二

进入SSH的认证界面（图1.4.14）。在“ユーザ名”（用户名）文本框中输入ubuntu①，选中“RSA/DSA/ECDSA/ED25519鍵を使う”（使用RSA/DSA/ECDSA/ED25519密钥）单选按钮②，单击“秘密鍵”（密钥）按钮③，然后就会看到上传密钥文件的界面。选择创建EC2服务器时下载的.pem文件。如果使用Tera Term，默认不会显示扩展名为.pem的文件，因此应如图1.4.15中所示那样，先选择“すべてのファイル”（显示所有文件）④，再选择.pem文件⑤。密钥文件上传完毕后，继续单击图1.4.14中的OK按钮⑥，这样就远程连接到了EC2服务器。

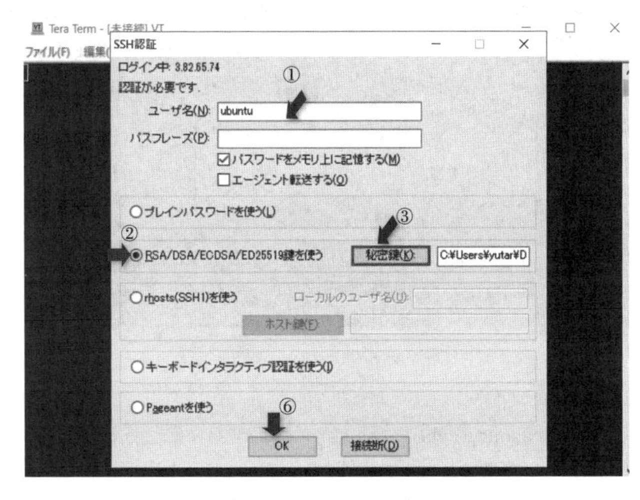

图1.4.14　Tera Term之三

图1.4.15　Tera Term之四

SSH远程连接成功后，就可以看到图1.4.16所示的界面。另外，从公司内部网络访问时，如果有代理服务器，则需要通过Tera Term设置代理连接。Tera Term中通过代理服务器连接的方法这里不再赘述，如有必要，请参考网上相关的帮助信息。

接下来讲解如何启动Anaconda。

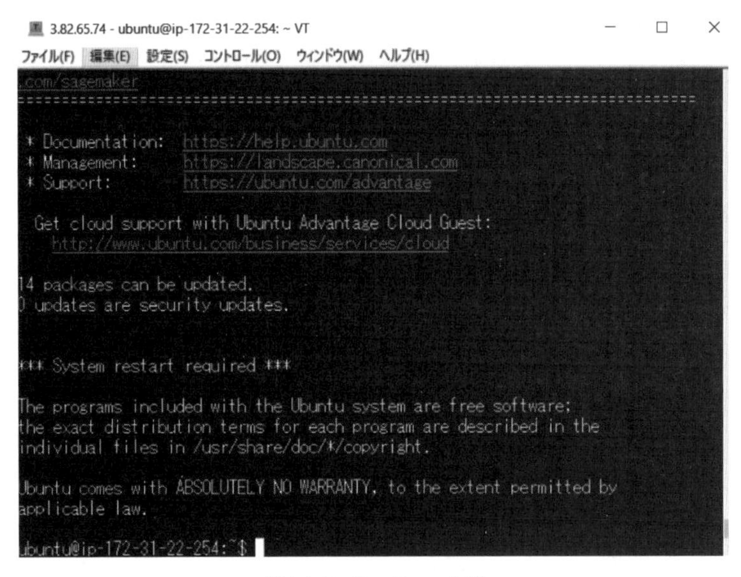

图1.4.16 Tera Term 之五

在图1.4.16 所示界面中输入source activate pytorch_p36⑦，就会进入Anaconda的pytorch_p36 虚拟环境中。如果是初次启动，大概需要等待20 秒。该pytorch_p36 虚拟环境是Python 3.6 和PyTorch 的执行环境。

接着输入jupyter notebook–port 9999⑧，并按Enter键执行（图1.4.17）。该命令表示指定Jupyter Notebook 在9999 端口上启动。默认情况下，Jupyter Notebook 会在8888 端口上启动。如果使用默认的端口启动，会导致与本地主机上启动的Anaconda 相互冲突，进而导致本地主机环境中无法使用Anaconda。这样会影响效率，因此将EC2 服务器端的端口指定为9999 来启动Anaconda，就可以一边调整本地的Anaconda，同时又可以在EC2 服务器上用Anaconda 执行其他程序。

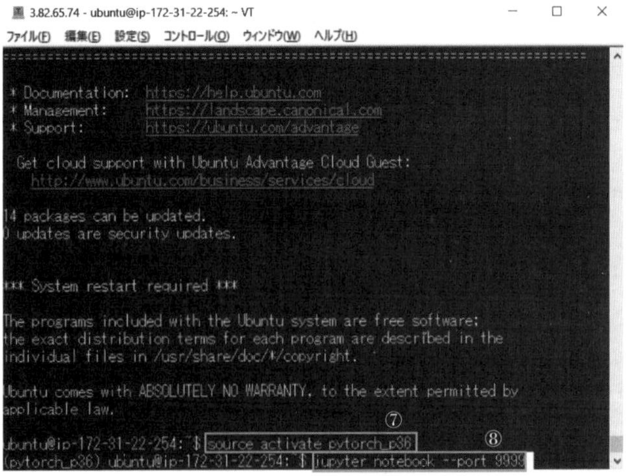

图1.4.17 Tera Term 之六

EC2 服务器创建完毕后，初次执行 jupyter notebook-port 9999 命令大概需要等待 1 分钟，然后就会看到图 1.4.18 所示的 Jupyter Notebook 启动完成的状态。

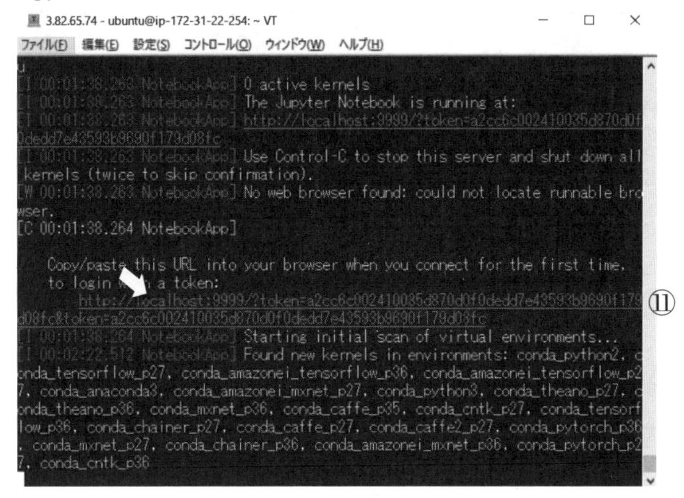

图 1.4.18　Tera Term 之七

复制图 1.4.18 中的“http://localhost:9999/…”URL 链接，并粘贴到本地 PC 的浏览器中访问，会看到 EC2 服务器的 Anaconda 界面。但是，在这之前需要进行 SSH 端口传送设置以将本地 PC 的 9999 端口连接到 EC2 服务器的 9999 端口上。

从 Tera Term 界面中选择“設定”（设置）→“SSH転送”（SSH 传送）命令，进入 SSH 端口传送界面，单击“追加”（添加）按钮。在图 1.4.19 所示的两个地方输入想要连接的端口号 9999⑨，单击 OK 按钮⑩。返回端口传送界面后，再次单击 OK 按钮。

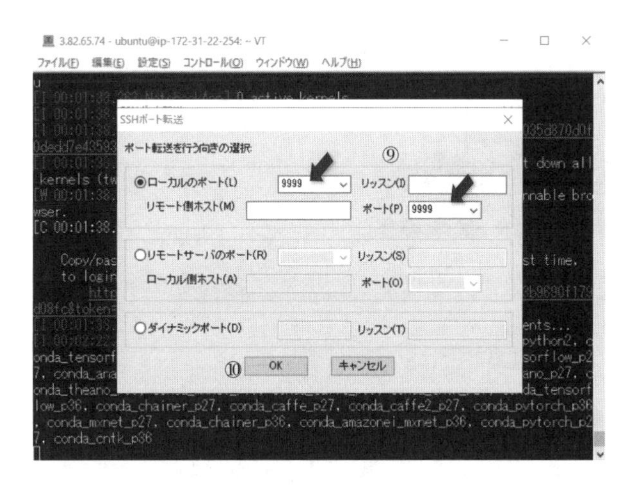

图 1.4.19　Tera Term 之八

接下来复制图 1.4.18 中表示的“http://localhost:9999/…”URL 链接⑪，并启动本地 PC 的浏览器进行访问。

访问该URL后，会看到图1.4.20所示的Jupyter Notebook启动后的界面，之后的操作与在本地访问Jupyter Notebook一样。

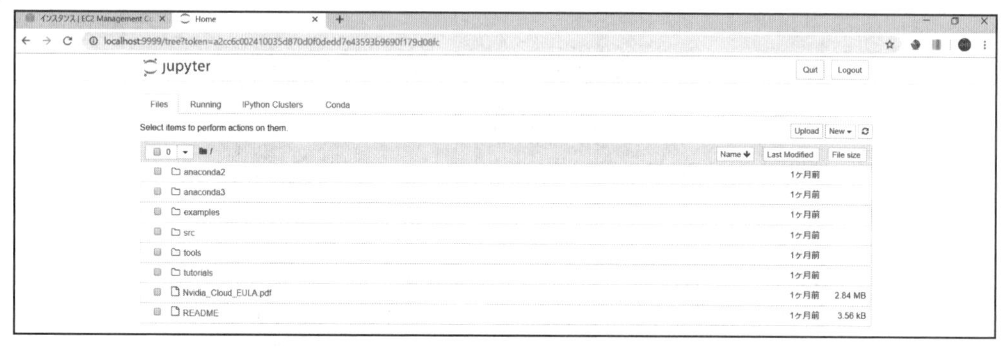

图1.4.20　从本地PC浏览器启动Anaconda

此外，如果从本地PC上传文件到EC2服务器，或者从服务器下载文件，可以单击Jupyter Notebook的Download和Upload按钮。

如果AWS的GPU实例一直保持启动状态，费用会非常高。因此，在编写程序和阅读本书进行学习时建议使用个人PC。

要停止EC2实例，可以如图1.4.21所示，进入AWS的管理主控台中的EC2控制面板界面，打开EC2实例一览，在实例上右击，在弹出的快捷菜单中选择“インスタンスの状態”（实例状态）→“停止”命令。

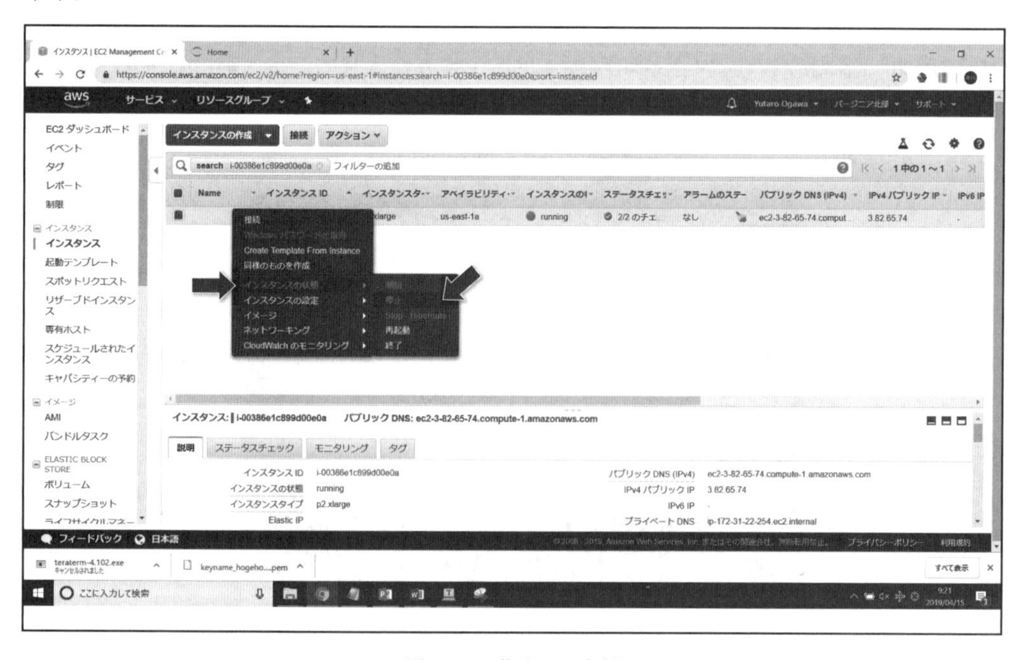

图1.4.21　停止EC2实例

看到询问是否停止这些实例界面时，单击“強制的に停止する”（强制停止）按钮，然后“インスタンスの状態”（实例状态）显示就会变为stopping。完全停止后，“インスタンスの状態”（实例状态）显示会变为stopped。要启动已经停止的EC2服务器，同样地在实例上右击，在弹出的快捷菜单中选择“インスタンスの状態”（实例状态）→“開始”（开始）命令。

此外，对于不再使用的EC2实例，在“インスタンスの状態”（实例状态）中单击“終了”（终止）按钮就可以删除该实例。GPU实例本身如果没有启动是不会计费的，但是即使是停止状态，EC2的SSD存储器（卷）还是会计费。每个月都会收取若干费用，如果长期放置则每个月都会计费，很不划算。因此，如果是不再使用的实例，建议删除。

至此，本节已讲解了如何创建Amazon AWS EC2的GPU主机、从本地PC远程连接GPU服务器，以及Jupyter Notebook的启动方法（编辑注，本节保留了原书的日文界面，读者可根据需要在中文界面http://aws.amazon.com/cn/注册，学习）。1.5节将继续讲解如何使用该AWS的GPU服务器编程实现图像分类的微调。

1.5 微调的实现

本节将讲解如何使用微调去学习手头少量的数据来达到构建自己的图像分类模型的目的。与1.3节类似，本节将对蚂蚁和蜜蜂的图片分类模型进行训练，并使用1.4节中讲解的GPU主机运行程序。此外，本节还将讲解保存完成学习后的网络的连接参数的方法，以及如何加载保存好的参数。

本节的学习目标如下。

1. 学会在PyTorch中使用GPU执行代码。
2. 学习通过设置最优化算法，为每层网络设定不同的学习率来实现微调的编程方法。
3. 掌握如何保存和加载已经完成学习的网络的方法。

本节的程序代码

```
1-5_fine_tuning.ipynb
```

1.5.1 微调

微调是指以已经完成学习的模型为基础，修改输出层等信息构建模型，并用手头现有数据对神经网络模型的连接参数进行训练的方法。连接参数的初始值使用的是已完成学习的模型中的参数。

微调与1.3节中讲解的迁移学习不同，不仅仅是输出层和输出层附近的部分，全部网络层的参数都需要重新训练。但是，将输入层附近的参数的学习率设为较小值（有的情况下可保持不变），将距离输出层近的参数的学习率设为较大值是较为常见的做法。

微调与迁移学习一样，也是以已经学习完毕的模型为基础的，因此具有即使只有很少的现有数据，也能轻松地实现性能良好的深度学习这一优点。

1.5.2 准备文件夹及事先准备

本节使用1.4节中讲解的Amazon EC2的GPU实例，数据为与1.3节相同的蚂蚁和蜜蜂的图片。请将相关文件上传到GPU服务器上（或者直接复制笔者的GitHub仓库），并执行make_folder_and_data_downloads.ipynb，在GPU主机上创建hymenoptera_data文件夹。另外，utils文件夹和其中的内容也需要放到GPU主机上。

1.5.3 创建Dataset和DataLoader

Dataset和DataLoader的创建方法与1.3节的迁移学习相同。1.3节中创建的ImageTransform、make_datapath_list、HymenopteraDataset等类都已经被保存在utils文件夹中的dataloader_image_classification.py

文件中，本节直接导入这些类即可。

```
#将在1.3节中创建的类导入位于同一文件夹中的dataloader_image_classification.py
from utils.dataloader_image_classification import ImageTransform,
make_datapath_list, HymenopteraDataset


#创建用于保存蚂蚁和蜜蜂的图片文件路径列表
train_list = make_datapath_list(phase="train")
val_list = make_datapath_list(phase="val")

#创建Dataset
size = 224
mean = (0.485, 0.456, 0.406)
std = (0.229, 0.224, 0.225)
train_dataset = HymenopteraDataset(
    file_list=train_list, transform=ImageTransform(size, mean, std),
phase='train')

val_dataset = HymenopteraDataset(
    file_list=val_list, transform=ImageTransform(size, mean, std), phase='val')

#创建DataLoader
batch_size = 32

train_dataloader = torch.utils.data.DataLoader(
    train_dataset, batch_size=batch_size, shuffle=True)

val_dataloader = torch.utils.data.DataLoader(
    val_dataset, batch_size=batch_size, shuffle=False)

#集中保存到字典对象中
dataloaders_dict = {"train": train_dataloader, "val": val_dataloader}
```

1.5.4　创建网络模型

该网络模型的创建也与1.3节的迁移学习相同，将1000类的输出层替换成蚂蚁和蜜蜂这两个分类的层。

```
#载入已经学习完毕的VGG-16模型

#创建VGG-16模型的实例
use_pretrained = True              #使用已经学习完毕的参数
net = models.vgg16(pretrained=use_pretrained)

#将VGG-16最后的输出层的输出神经元替换成蚂蚁和蜜蜂这两个分类
net.classifier[6] = nn.Linear(in_features=4096, out_features=2)
```

```
#设置为训练模式
net.train()

print('网络设置完毕：载入已经学习完毕的权重，并设置为训练模式。')
```

1.5.5 定义损失函数

接下来定义损失函数。与1.3节的迁移学习相同，这里也使用交叉熵误差函数。

```
#定义损失函数
criterion = nn.CrossEntropyLoss()
```

1.5.6 设置最优化算法

在微调中，最优化算法的设置部分与迁移学习不同。这里将optimizer设置为全部网络层参数都可进行学习。

首先将各个网络层的学习率都设置为可变。在这里，将VGG-16的前半部分features模块的参数放到变量update_param_names_1中，后半部分的全连接层的classifier模块中的前两个全连接层的参数放到变量update_param_names_2中，然后将被替换的最后的全连接层的参数放到变量update_param_names_3中，并分别设置为不同的学习率。

```
#将微调中需要学习的参数保存到变量params_to_update的1 ~ 3中

params_to_update_1 = []
params_to_update_2 = []
params_to_update_3 = []

#指定需要学习的网络层的名称
update_param_names_1 = ["features"]
update_param_names_2 = ["classifier.0.weight",
                        "classifier.0.bias", "classifier.3.weight", "classifier.3.bias"]
update_param_names_3 = ["classifier.6.weight", "classifier.6.bias"]

#将各个参数分别保存到各个列表中
for name, param in net.named_parameters():
    if update_param_names_1[0] in name:
        param.requires_grad = True
        params_to_update_1.append(param)
        print("保存到params_to_update_1中：", name)
```

```
    elif name in update_param_names_2:
        param.requires_grad = True
        params_to_update_2.append(param)

        print("保存到params_to_update_2中：", name)

    elif name in update_param_names_3:
        param.requires_grad = True
        params_to_update_3.append(param)

        print("保存到params_to_update_3中：", name)

    else:
        param.requires_grad = False
        print("不计算梯度。不进行学习：", name)
```

【输出执行结果】

```
保存到params_to_update_1中： features.0.weight
保存到params_to_update_1中： features.0.bias
...
```

接下来设置各个参数的最优化算法。与1.3 节一样，使用Momentum SGD 算法。这里将update_param_names_1 的学习率设置为1e–4，将update_param_names_2的学习率设置为5e–4，将update_param_names_3 的学习率设置为1e3。Momentum全部设置为0.9。

具体的实现方法如下所示。插入代码“'params': params_to_update_1, 'lr': 1e–4”，将params_to_update_1 的学习率设为1e–4。此外，写在[ ] 外面的参数可以将全部的params 都设置为相同的值。在这里momentum 都是一样的，因此写到[ ] 的外面。

```
#设置最优化算法
optimizer = optim.SGD([
    {'params': params_to_update_1, 'lr': 1e-4},
    {'params': params_to_update_2, 'lr': 5e-4},
    {'params': params_to_update_3, 'lr': 1e-3}
], momentum=0.9)
```

1.5.7 学习和验证的施行

接下来实现学习和验证操作。首先，定义用于训练模型的函数train_model。其基本上与1.3 节的迁移学习相同，只不过这里添加了使用GPU 的设置。

实现代码如下所示。

```
#创建用于训练模型的函数

def train_model(net, dataloaders_dict, criterion, optimizer, num_epochs):

    #初始化设置
```

```
#确认GPU是否能使用
device = torch.device("cuda:0" if torch.cuda.is_available() else "cpu")
print("使用设备：", device)

#将网络输入GPU
net.to(device)

#如果网络达到较稳定的程度，则开启加速
torch.backends.cudnn.benchmark = True

#epoch循环
for epoch in range(num_epochs):
    print('Epoch {}/{}'.format(epoch+1, num_epochs))
    print('-------------')

    #每个epoch中的训练和验证循环
    for phase in ['train', 'val']:
        if phase == 'train':
            net.train()      #将模型设置为训练模式
        else:
            net.eval()       #将模型设置为验证模式

        epoch_loss = 0.0     #epoch的损失总和
        epoch_corrects = 0   #epoch的正确答案数量

        #为了对未学习时的验证性能进行确认，省略epoch=0的训练
        if (epoch == 0) and (phase == 'train'):
            continue

        #从数据加载器中取出小批次数据的循环
        for inputs, labels in tqdm(dataloaders_dict[phase]):

            #如果GPU可用，则将数据装载到GPU中
            inputs = inputs.to(device)
            labels = labels.to(device)

            #初始化optimizer
            optimizer.zero_grad()

            #计算正向传播（forward）
            with torch.set_grad_enabled(phase == 'train'):
                outputs = net(inputs)
                loss = criterion(outputs, labels)       #计算损失值
                _, preds = torch.max(outputs, 1)        #对标签进行预测

                #训练时的反向传播
```

```
                if phase == 'train':
                    loss.backward()
                    optimizer.step()

                #结果的计算
                epoch_loss += loss.item() * inputs.size(0)#更新loss的合计
                #更新正确答案的合计数量
                epoch_corrects += torch.sum(preds == labels.data)

        #显示每轮epoch的loss和准确率
        epoch_loss = epoch_loss / len(dataloaders_dict[phase].dataset)
        epoch_acc = epoch_corrects.double(
        ) / len(dataloaders_dict[phase].dataset)

        print('{} Loss: {:.4f} Acc: {:.4f}'.format(
            phase, epoch_loss, epoch_acc))
```

【输出执行结果】

```
#开始学习和验证
num_epochs = 2
train_model(net, dataloaders_dict, criterion, optimizer, num_epochs=num_epochs)
```

设置为使用GPU是通过device = torch.device("cuda:0" if torch.cuda.is_available() else "cpu") 指定的。在可以使用GPU的情况下，变量device被赋值为cuda:0；只能使用CPU时赋值为cpu。通过使用变量device，可以将网络模型、输入模型中的数据，以及标签数据输送到GPU中。通过对网络模型的变量以及数据变量调用“.to(device)”，就可以将其输送到GPU中。

在PyTorch中，变量device保存着是使用GPU还是CPU的信息，并对所有网络模型数据以及输入数据变量调用“.to(device)”，这样无论是GPU主机还是CPU主机都可以使用同样的代码来执行程序（不过，如果有多个GPU，做法则会不同）。

在PyTorch中，如果每次迭代的神经网络的正向传播函数或者误差函数的计算方法比较固定，则通过设置torch.backends.cudnn.benchmark = True可以提高GPU的计算速度。

微调的结果如图1.5.1所示。在最初的epoch 0中，continue语句跳过了学习过程。因此，未学习的神经网络的分类结果与验证数据的正解率Acc约为44%，与迁移学习一样，最开始无法正确地将蚂蚁与蜜蜂的图片区分开。在之后的第二轮epoch中经过学习，学习数据的正解率约为72%，验证数据的正解率约为95%。

参见图1.5.1的最上方，显示信息“使用设备：cuda：0”表示使用了GPU进行深度学习计算。因此，整体计算所花费的时间约为40秒，计算速度非常快。

但是，有时使用AWS的p2.xlarge映像也会发生device = torch.device("cuda:0" if torch.cuda.is_available() else "cpu") 的输出变量device的值返回为cpu的情况。这时，torch.cuda.is_available() 的执行结果会返回False。如果遇到这种情况，请尝试停止实例，停止后再重新启动。如果重启都无法解决，则只能重新创建实例（当然，也可以仔细查阅错误信息，努力修正系统的设置，不过重新创建实例要更快捷一些）。

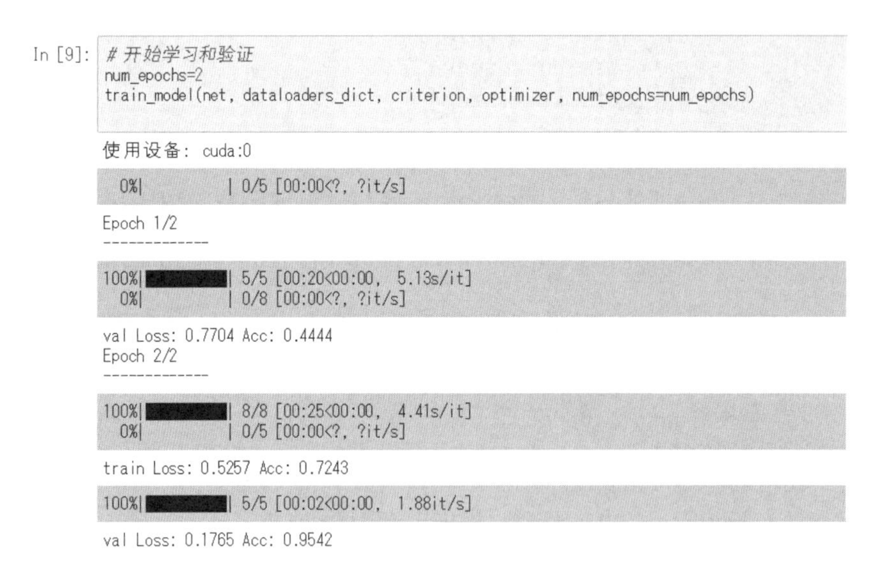

图 1.5.1　微调的结果

1.5.8　保存和读取训练完毕的网络

本节最后将对如何保存学习完毕的网络连接数据，以及读取所保存的数据的方法进行讲解。

如果要保存数据，首先调用网络模型的变量net 的.state_dict() 方法，将参数作为字典型变量取出；然后调用torch.save() 进行保存。变量save_path 是保存文件的路径。

```
# 保存PyTorch的网络参数
save_path = './weights_fine_tuning.pth'
torch.save(net.state_dict(), save_path)
```

如果要载入数据，先调用torch.load() 读取字典型对象，再传递给网络的load_state_dict() 方法进行赋值。如果将在GPU 上保存的数据用CPU 载入，需要使用map_location。实际的代码如下所示，这里的变量net 是网络模型，变量net 中的网络模型必须与需要载入的对象所使用的模型相同。

```
#载入PyTorch的网络参数
load_path = './weights_fine_tuning.pth'
load_weights = torch.load(load_path)
net.load_state_dict(load_weights)

#在GPU上保存的权重用CPU读取的场合
load_weights = torch.load(load_path, map_location={'cuda:0': 'cpu'})
net.load_state_dict(load_weights)
```

以上就是本节中微调操作的全部实现。采用微调方式，仅使用少量的数据就能实现性能良好的深度学习。

小结

至此，第1章关于图像的分类与迁移学习的讲解就全部结束。本章主要讲述了VGG模型、已完成学习的模型的使用方法、迁移学习、微调、AWS的GPU主机的使用方法，以及在PyTorch中实现深度学习的编程流程。第2章将介绍如何用深度学习实现对物体的检测。

另外，如果已经启动了GPU实例而暂时又用不到，建议先将实例关闭。

读书笔记

第2章 物体检测（SSD）

2.1 物体检测概述

本章将探讨如何实现对物体的检测，并深入讲解被称为SSD（Single Shot MultiBox Detector）[1] 的深度学习模型相关的知识。

第2 章是本书中篇幅最长的一章，而且物体检测的深度学习属于各种深度学习应用方法中相对复杂的内容。因此，希望读者能多花些时间深入理解本章的内容。

特别是本章的实现代码比较难，对于需要实现的操作和处理的内容，使用语言表达与使用程序代码表达之间是存在相当大的差异的。相对于第3 章之后的内容，本章的实现代码是最为复杂的，也是本书中最难理解的章节。

首先进行物体检测，然后尝试在概念层面上理解SSD 究竟是如何运行的，以及其内部的处理机制。

本节将对物体检测概要、运用SSD 实现物体检测的数据输入与输出等内容进行讲解。此外，还将介绍本章中使用的VOC 数据集相关的内容。

本节的学习目标如下。

1. 理解物体检测的概念，以及输入和输出的具体内容。
2. 理解VOC 数据集的概念。
3. 理解运用SSD 实现物体检测的6 个步骤。

本节的程序代码

无

2.1.1 物体检测概要

物体检测是指根据一张图片中包含的多个物体，通过分析获取物体所在区域、物体的种类和名称等信息，正确地判断出整个图片中显示的是什么内容。

图2.1.1 中显示的是物体检测的结果，可以看到左侧图片中有一个人和一匹马；右侧图片为物体检测的结果，人和马分别被框了起来。这种用于显示物体位置的方框称为包围盒（Bounding Box）。

图2.1.1 右侧图片方框的左上角显示的是标签名：person:1.00、horse:1.00。标签名表示被检测出来的物体的种类，可以看到照片被明确地检测出人是人，马是马。标签后半部分的数字表示检测的置信度（Confidence），该数字越高（最大为1.00），就说明网络模型对其产生的检测结果越有信心[注1]。

[注1] 该图片是从Pixabay 网站下载的[2]（图片版权信息：商业用途免费，且无须注明版权所有信息）。

图 2.1.1　物体检测的结果

2.1.2　物体检测任务的输入与输出

物体检测的输入数据是图片，而输出数据则可分为以下三类信息。

（1）用于显示图片中物体存在于什么位置的包围盒的位置与大小信息。

（2）用于表示每个包围盒中是什么物体的标签信息。

（3）检测结果的置信度 = confidence。

包围盒的信息包括用于描述矩形形状的信息，如图 2.1.2 中左图所示，其由左边的 xmin 坐标、上边的 ymin 坐标、右边的 xmax 坐标、下边的 ymax 坐标共同确定。

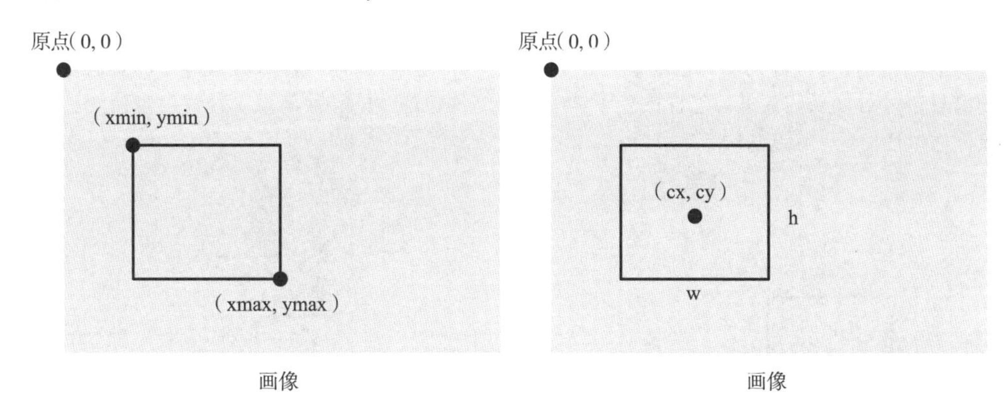

图 2.1.2　包围盒的表示方法（两种）

此外，在 SSD 算法中，也有如图 2.1.2 右图所示，包围盒的形状由中心的 x 坐标 cx、中心的 y 坐标 cy、包围盒的宽度 w、包围盒的高度 h 来表示的方式。

标签信息显示的是，从本次期望检测出的物体的分类数 O，加上不包括任何物体的背景分类，从共计（O+1）种分类中，为每个包围盒确定一个分类标签。

检测的置信度 confidence 表示对每个包围盒与标签的准确度的确信程度。在物体检测中，最终只输出那些置信度很高的包围盒。

2.1.3 VOC 数据集

本章将使用被称为VOC数据集[3]的数据集合。VOC数据集是在物体检测竞赛中使用的数据集，其正式名称是PASCAL Visual Object Classes。PASCAL是欧洲的研究团体Pattern Analysis, Statistical Modelling and Computational Learning的简称。由于是PASCAL举办的竞赛中使用的数据，因此被称为PASCAL VOC。

VOC数据集中，最常用的是2007年和2012年的数据。本章中使用的是2012年的数据集，种类数目为20种，训练数据5717张，验证数据5823张。

20种分类中包括如aeroplane、bicycle、bird、boat等分类，再加上背景分类（background），总共有21种分类在本章中将会被用到。

数据中的所有图像都提供了相应的包围盒的正确信息，包括矩形左侧的xmin坐标、上端的ymin坐标、右侧的xmax坐标、下端的ymax坐标、定义物体分类的标签的标注数据。标注数据是针对每张图像提供的xml格式的文件。

此外，PASCAL VOC的图像数据中，图像左上角的原点的值不是（0，0），而是（1，1）。

2.1.4 基于SSD实现物体检测的流程

本节最后将对本章中所要实现的基于SSD的物体检测实现流程进行讲解。通过对本节的学习，读者可以对SSD的整体流程有一个大概的了解。

SSD的输入图像分为将图像调整为300像素×300像素作为输入的SSD300和将图像调整为500像素×500像素进行处理的SSD512两种模式。本书中将对SSD300的相关内容进行讲解。

SSD中，从图像中计算物体的包围盒时，并非直接输出包围盒的信息，而是使用预先定义好的默认盒，输出的信息是针对该默认盒进行怎样的变形能变成最终的包围盒的转换信息。这些对默认盒进行转换的信息被称为位移信息（图2.1.3）。

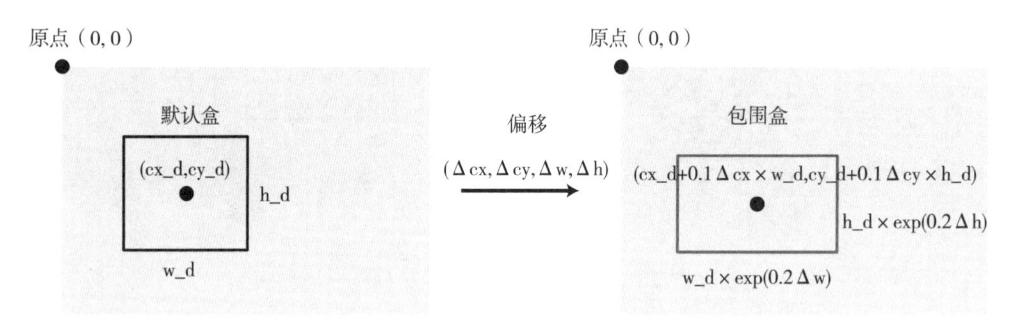

图2.1.3 计算位移信息，将默认盒修正为包围盒

默认盒的信息如果为（cx_d, cy_d, w_d, h_d），位移信息则用（Δcx, Δcy, Δw, Δh）四个变量表示，那么SSD中对包围盒的信息描述就可以使用如下公式进行计算。

$$cx = cx\_d + 0.1\Delta cx \times w\_d$$

$$cy = cy\_d + 0.1\Delta cy \times h\_d$$

$$w = w\_d \times \exp(0.2\Delta w)$$

$$h = h\_d \times \exp(0.2\Delta h)$$

然而，上述计算公式并不是从理论上推导得出的，而是SSD 中约定在深度学习模型进行训练时使用的算法，这就是这些公式出现在这里的原因。

图2.1.4 所示为基于SSD300的物体检测的六步流程。

1. 将图像尺寸调整为300像素 × 300像素

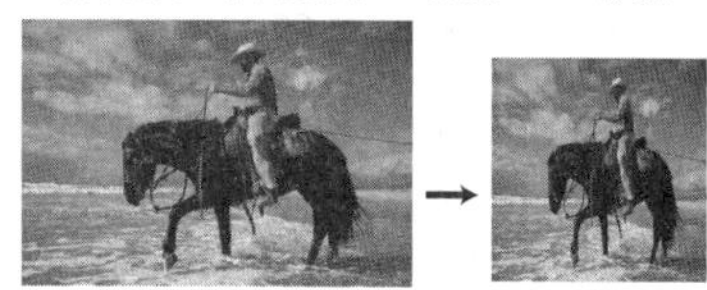

2. 准备8732个默认盒

3. 将图像输入SSD网络中

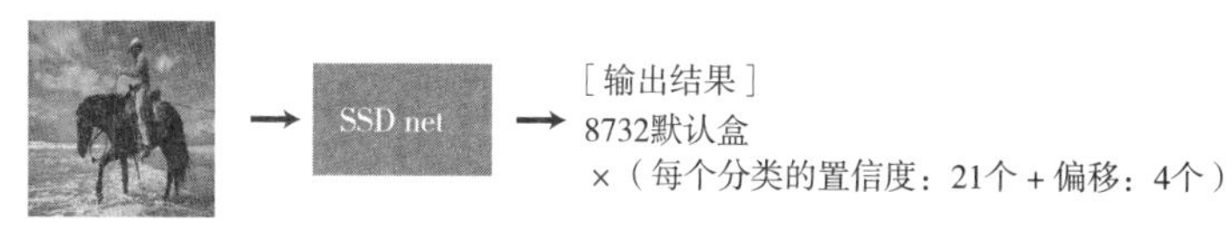

4. 挑选出置信度较高的默认盒

5. 根据偏移信息消除修正和覆盖的部位

6. 将置信度高于一定值的结果作为最终输出

图2.1.4　基于SSD300 的物体检测的六步流程

第一步，对图像进行预处理，将图像尺寸调整为300像素 × 300 像素（实际中还会对颜色信息进行归一化处理）。

第二步，针对各个图像的不同尺寸和宽高比（纵横比）预设默认盒信息。如果使用SSD300，需要预设8732 个默认盒。每个默认盒与输入的图像无关，无论什么图像都预设为相同的默认盒。

第三步，将经过预处理的图像输入SSD 网络中，然后将8732 个默认盒分别修正为包围盒所需的4 个变量的位移信息，加上默认盒对应物体的21个分类的置信度（21 对应的是全部分类的类型数量），总计8732 × (4+21)=218300个数据作为输出信息。

第四步，从8732个默认盒中挑选出置信度最高的top_k 个（如果是SSD300，则为200 个）默认盒。默认盒中虽然附带着21 种分类的置信度信息，但是默认盒对应的标签也将成为其中置信度最高的分类。

第五步，使用位移信息将默认盒转换为包围盒。这里进一步从在第四步中挑选的top_k 个默认盒里筛选出包围盒重叠部分最大的盒子（检测出的物体被认为是同一对象）。如果筛选结果有多个，则仅留下其中置信度最高的包围盒。

第六步，输出最终的包围盒以及其标签。在第六步中需要确定置信度的阈值，将那些置信度高于阈值的包围盒作为最终输出。如果要避免误检，就设置较高的阈值；如果要避免漏检，就设置较低的阈值。

以上六个步骤就是物体检测的基本流程。

综上所述，本节对物体检测概要、VOC 数据集，以及基于SSD的物体检测的六步基本流程进行了讲解。2.2 节将着手实现用于SSD等物体检测任务中的Dataset。

2.2 Dataset的实现

本节将编写SSD的Dataset类的实现代码。本节中介绍的Dataset的创建方法并不仅限于在SSD中使用，对于其他物体检测算法也同样适用。

本节的学习目标如下。此外，本章的实现代码参考了GitHub: amdegroot/ssd.pytorch [4] 中公开的算法实现。

1. 学习创建用于物体检测的Dataset类。
2. 理解在SSD学习中使用的数据增强具体做了哪些处理。

本节的程序代码

```
2-2-3_Dataset_DataLoader.ipynb
```

2.2.1 重温在PyTorch中实现深度学习的流程

这里回顾1.2节中介绍的使用PyTorch实现深度学习的基本流程，如图2.2.1所示。

图2.2.1　在PyTorch中实现深度学习的基本流程

2.1节中讲解了预处理、后处理以及确认网络模型的输入/输出等知识，本节将继续讲解Dataset的创建。

2.2.2 文件夹的准备

现在开始创建在本章中使用的文件夹并下载相关的文件。请下载本章的实现代码make_folders_and_data_downloads.ipynb并执行。

执行make_folders_and_data_downloads.ipynb文件后，会自动生成图2.2.2 中所示的文件夹结构。执行时间与网络环境有关，整个过程大约需要15分钟（使用AWS 的EC2 实例的情况下）。

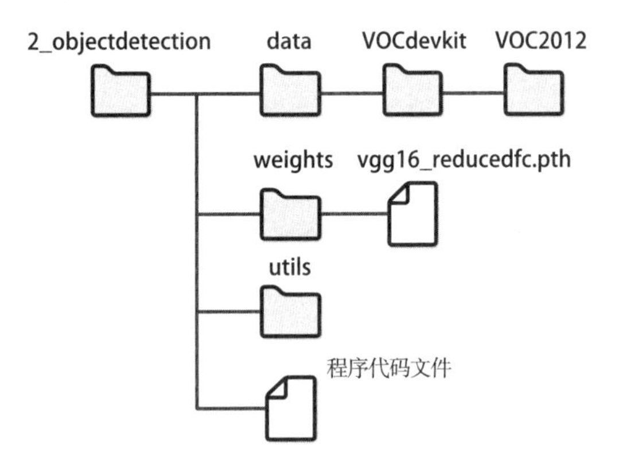

图2.2.2　第2 章的文件夹结构

data文件夹被创建之后，VOC2012 数据集会被自动解压缩到该文件夹中。另外，在初始化SSD 网络时需要使用的网络模型文件被放在weights文件夹的vgg16_reducedfc.pth文件中。关于vgg16_reducedfc.pth文件的内容将在2.7 节中讲解。

有时，VOC 的网页会显示在维护中，导致无法下载VOC 数据集文件。这种情况下，请等待VOC 的网页恢复正常后再继续尝试下载。

2.2.3 准备工作

本章将使用OpenCV，因此请先下载并安装好OpenCV。

```
pip install opencv-python
```

2.2.4 创建图像数据、标注数据的文件路径列表

在实现物体检测的Dataset时，有一点与第1 章的图像分类的Dataset存在很大差别，即需要使用标注数据。在图像分类中，文件名和目录名中包含了分类的名称，作为答案的数据（标注数据）并不存在；在物体检测中，作为物体的位置和标签的答案的标注是包围盒的信息，并作为标注数据被提供。因此，在物体检测中，Dataset需要对图像数据与标注数据同时进行处理。

在物体检测中，对进行图像预处理和训练时使用数据增强对输入图像的尺寸进行转换时，也必须同时更新标注数据中的包围盒信息。这种标注数据的存在是在实现物体检测用的Dataset时需要注意的地方。

首先创建一个列表变量用来保存图像数据和标注数据的文件路径。训练用数据和验证用数据要分别保存，因此总共要创建四个列表变量（train_img_list、train_anno_list、val_img_list、val_anno_list）。

在第1章的图像分类中，训练数据与验证数据是分开保存在不同文件夹中的。而本章中使用的VOC2012数据集则不是分开的，图像文件夹JPEGImages里同时还存放着训练用和验证用的数据。同样地，标注数据中所有的数据都保存在Annotations文件夹中。另外，文件夹ImageSets/Main中的train.txt和val.txt中分别保存着训练用和验证用文件的文件名的id。

因此，首先读取train.txt和val.txt，分别取得训练数据和验证数据的文件名id，并创建图像与标注的文件路径列表。具体的代码实现如下。

```
#创建学习、验证用图像数据和标注数据的文件路径列表

def make_datapath_list(rootpath):
    """
    创建用于保存指向数据路径的列表

    Parameters
    ----------
    rootpath : str
        数据文件夹的路径

    Returns
    -------
    ret : train_img_list, train_anno_list, val_img_list, val_anno_list
        用于保存数据路径的列表
    """

    #创建图像文件与标注文件的路径模板
    imgpath_template = osp.join(rootpath, 'JPEGImages', '%s.jpg')
    annopath_template = osp.join(rootpath, 'Annotations', '%s.xml')

    #分别取得训练和验证用的文件的ID
    train_id_names = osp.join(rootpath + 'ImageSets/Main/train.txt')
    val_id_names = osp.join(rootpath + 'ImageSets/Main/val.txt')

    #创建训练数据的图像文件与标注文件的路径列表
    train_img_list = list()
    train_anno_list = list()

    for line in open(train_id_names):
        file_id = line.strip()                          #删除空格和换行符
        img_path = (imgpath_template % file_id)         #图像的路径
        anno_path = (annopath_template % file_id)       #标注的路径
        train_img_list.append(img_path)                 #添加到列表中
        train_anno_list.append(anno_path)               #添加到列表中
```

```
    #创建验证数据的图像文件和标注文件的路径列表
    val_img_list = list()
    val_anno_list = list()

    for line in open(val_id_names):
        file_id = line.strip()                          #删除空格和换行符
        img_path = (imgpath_template % file_id)         #图像的路径
        anno_path = (annopath_template % file_id)       #标注的路径
        val_img_list.append(img_path)                   #添加到列表中
        val_anno_list.append(anno_path)                 #添加到列表中

    return train_img_list, train_anno_list, val_img_list, val_anno_list
```

创建文件路径列表，并确认执行结果。

```
#创建文件路径列表
rootpath = "./data/VOCdevkit/VOC2012/"
train_img_list, train_anno_list, val_img_list, val_anno_list = make_datapath_list(
    rootpath)

#确认执行结果
print(train_img_list[0])
```

【输出执行结果】

```
./data/VOCdevkit/VOC2012/JPEGImages/2008_000008.jpg
```

2.2.5 将xml格式的标注数据转换为列表

标注数据是以xml格式保存的，因此需要创建将xml 格式转换为Python的列表型变量的Anno_xml2list 类。

具体的代码实现如下所示。通过重载__call__ 方法，使用与类名相同的名字来执行转换函数。__call__ 方法的参数是目标图像的宽度和高度，将用于对包围盒（以下简称BBox）坐标进行的归一化处理中。归一化处理是使用BBox的信息除以图像的宽度或高度。此外，标注数据中物体的名称是以物体的分类名称的字符串形式保存的，因此需要将字符串转换成数值。在生成Anno_xml2list 类的实例时，将VOC 数据集的20 个分类名用列表变量classes 传递给构造函数，label_idx = self.classes.index(name) 语句负责将分类名转换成索引值。

```
#将xml格式的标注转换为列表形式的类

class Anno_xml2list(object):
    """
    使用图像的尺寸信息，对每一张图像包含的xml格式的标注数据进行正规化处理，并保存到列表中
```

```
    Attributes
    ----------
    classes : 列表
        用于保存VOC分类名的列表
    """

    def __init__(self, classes):

        self.classes = classes

    def __call__(self, xml_path, width, height):
        """
        使用图像的尺寸信息，对每一张图像包含的xml格式的标注数据进行正规化处理，并保存到
        列表中

        Parameters
        ----------
        xml_path : str
            xml文件路径
        width : int
            对象图像宽度
        height : int
            对象图像高度

        Returns
        -------
        ret : [[xmin, ymin, xmax, ymax, label_ind], ... ]
            用于保存物体的标注数据的列表。列表元素数量与图像内包含的物体数量相同
        """

        #将图像内包含的所有物体的标注保存到该列表中
        ret = []

        #读取xml文件
        xml = ET.parse(xml_path).getroot()

        #将图像内包含的物体数量作为循环次数进行迭代
        for obj in xml.iter('object'):

            #将标注中注明检测难度为difficult的对象剔除
            difficult = int(obj.find('difficult').text)
            if difficult == 1:
                continue

            #用于保存每个物体的标注信息的列表
            bndbox = []
```

```
            name = obj.find('name').text.lower().strip() #物体名称
            bbox = obj.find('bndbox')                    #包围盒的信息

            #获取标注的xmin、ymin、xmax、ymax，并归一化为0~1的值
            pts = ['xmin', 'ymin', 'xmax', 'ymax']

            for pt in (pts):
                #VOC的原点从(1,1)开始，因此将其减1变为（0, 0）
                cur_pixel = int(bbox.find(pt).text) - 1

                #使用宽度和高度进行正规化
                if pt == 'xmin' or pt == 'xmax':        #x方向时用宽度除
                    cur_pixel /= width
                else:   #y方向时用高度除
                    cur_pixel /= height

                bndbox.append(cur_pixel)

            #取得标注的分类名的index并添加
            label_idx = self.classes.index(name)
            bndbox.append(label_idx)

            #将res加[xmin, ymin, xmax, ymax, label_ind]
            ret += [bndbox]

        return np.array(ret)  # [[xmin, ymin, xmax, ymax, label_ind], ... ]
```

确认Anno_xml2list类的执行结果，输出的是包含标注信息的列表型变量，列表元素的数量就是图像中包含的物体的数量。每个元素又由五个数值的列表组成，这五个数包括BBox的位置信息盒分类的索引值。因此，最终的输出结果表示为[xmin, ymin, xmax, ymax, label_ind, …]。从执行结果中可以看到，图像中包含分类索引为18（train）和14（person）这两个物体。

```
#确认执行结果
voc_classes = ['aeroplane', 'bicycle', 'bird', 'boat',
               'bottle', 'bus', 'car', 'cat', 'chair',
               'cow', 'diningtable', 'dog', 'horse',
               'motorbike', 'person', 'pottedplant',
               'sheep', 'sofa', 'train', 'tvmonitor']

transform_anno = Anno_xml2list(voc_classes)

#使用OpenCV读取图像
ind = 1
image_file_path = val_img_list[ind]
img = cv2.imread(image_file_path)           #[高度][宽度][颜色BGR]
height, width, channels = img.shape         #获取图像的尺寸
```

```
#以列表形式表示标注
transform_anno(val_anno_list[ind], width, height)
```

【输出执行结果】

```
array([[ 0.09      ,  0.03058104,  0.998     ,  1.01529052, 18.        ],
       [ 0.122     ,  0.57798165,  0.164     ,  0.74006116, 14.        ]])
```

2.2.6 创建实现图像与标注的预处理 DataTransform 类

接下来，创建对 BBox 进行预处理操作的 DataTransform 类。DataTransform 类在学习和训练时需要分别设置成不同的动作行为。

学习时，DataTransform 类需要进行数据增强处理。与第 1 章的图像分类不同，在对图像进行转换的同时，还需要更新 BBox 的信息。由于 PyTorch 中没有提供可以同时对图像和 BBox 进行转换的类，因此需要自己来实现。这里将需要引用[4] 的数据增强处理类放在 utils 文件夹的 data_augumentation.py 文件中，需要在预处理类中导入该文件。

训练时的数据增强处理，是指对色调进行变换、尺寸进行调整后，随机地进行截取操作。接下来对图像的大小进行缩放，并减去颜色信息的平均值。

推测时则仅对图像的大小进行调整，并计算颜色的平均值。

在第 1 章中，读取图像数据时使用的是 PIL 的 Image 类，在本章中则是使用 OpenCV 来完成的。使用 OpenCV(cv2) 读取图像时，是按照“高度”“宽度”“颜色 BGR”的顺序来读取数据的，编程时需要注意。特别是颜色通道并不是 RGB，而是 BGR 这一点要特别注意。之所以不用 PIL 而是用 OpenCV，是因为本章参考的程序 v 是使用 OpenCV 编写的，数据增强处理函数的参数可以直接利用。

下面开始编写 DataTransform 类的代码，并确认执行结果。

```
#从utils文件夹中导入data_augumentation.py
#对输入图像进行预处理的类
from utils.data_augumentation import Compose, ConvertFromInts, ToAbsoluteCoords,
PhotometricDistort, Expand, RandomSampleCrop, RandomMirror, ToPercentCoords,
Resize, SubtractMeans

class DataTransform():
    """
    图像和标注的预处理类。训练和推测时分别采用不同的处理
    将图像尺寸调整为300像素 × 300像素
    学习时进行数据增强处理

    Attributes
    ----------
    input_size : int
        需要调整的图像大小
    color_mean : (B, G, R)
```

```
        各个颜色通道的平均值
    """

    def __init__(self, input_size, color_mean):
        self.data_transform = {
            'train': Compose([
                ConvertFromInts(),              #将int转换为float32
                ToAbsoluteCoords(),             #返回标准化后的标注数据
                PhotometricDistort(),           #随机地调整图像的色调
                Expand(color_mean),             #扩展图像的画布尺寸
                RandomSampleCrop(),             #随机地截取图像内的部分内容
                RandomMirror(),                 #对图像进行翻转
                ToPercentCoords(),  #将标注数据进行归一化，使其值在0~1的范围内
                Resize(input_size), #将图像尺寸调整为input_size×input_size
                SubtractMeans(color_mean)       #减去BGR的颜色平均值
            ]),
            'val': Compose([
                ConvertFromInts(),              #将int转换为float
                Resize(input_size), #将图像尺寸调整为input_size×input_size
                SubtractMeans(color_mean)       #减去BGR的颜色平均值
            ])
        }

    def __call__(self, img, phase, boxes, labels):
        """
        Parameters
        ----------
        phase : 'train' or 'val'
            指定预处理的模式
        """
        return self.data_transform[phase](img, boxes, labels)
```

下面确认DataTransform的执行结果。实现代码如下所示，最后会输出原图像、经过预处理的训练时的图像，以及经过预处理的验证时的图像（由于VOC2012的图像版权限制，本书中无法刊登这些图像，因此请读者执行程序代码，并确认执行得到的输出结果）。

训练图像在执行数据增强时会发生变化。在下面的程序代码中，anno_list[:, :4]表示标注数据的BBox坐标信息，而anno_list[:,4]表示物体的分类名称的索引值。

```
#确认执行结果

# 1.读取图像
image_file_path = train_img_list[0]
img = cv2.imread(image_file_path)          #[高度][宽度][颜色BGR]
height, width, channels = img.shape        #获取图像的尺寸

# 2.将标注放入列表中
```

```
transform_anno = Anno_xml2list(voc_classes)
anno_list = transform_anno(train_anno_list[0], width, height)

# 3.显示原图像
plt.imshow(cv2.cvtColor(img, cv2.COLOR_BGR2RGB))
plt.show()

# 4.创建预处理类
color_mean = (104, 117, 123)      #(BGR)颜色的平均值
input_size = 300                  #将图像的input尺寸转换为300像素×300像素
transform = DataTransform(input_size, color_mean)

# 5.显示train图像
phase = "train"
img_transformed, boxes, labels = transform(
    img, phase, anno_list[:, :4], anno_list[:, 4])
plt.imshow(cv2.cvtColor(img_transformed, cv2.COLOR_BGR2RGB))
plt.show()

# 6.显示val图像
phase = "val"
img_transformed, boxes, labels = transform(
    img, phase, anno_list[:, :4], anno_list[:, 4])
plt.imshow(cv2.cvtColor(img_transformed, cv2.COLOR_BGR2RGB))
plt.show()
```

【输出执行结果】

由于版权关系，此处省略。请读者参照程序实际的执行结果。

2.2.7 创建Dataset

最后，通过继承PyTorch的Dataset类创建VOCDataset类。这里还需要使用到在本节前面的内容中创建的Anno_xml2list类和DataTransform类。接着，定义__getitem__()函数，将经过预处理的图像的数据和标注信息转换为张量。由于OpenCV读取的图像数据中数据的格式是“高度”“宽度”“颜色BGR”，因此应将其转换成“颜色BGR”“高度”“宽度”的形式，改变其整体的顺序以及颜色通道的顺序。具体的实现代码如下所示。

```
#创建VOC2012的Dataset

class VOCDataset(data.Dataset):
    """
    创建VOC2012的Dataset的类，继承自PyTorch的Dataset类

    Attributes
```

```
    ----------
    img_list : 列表
        保存图像路径的列表
    anno_list : 列表
        保存标注数据路径的列表
    phase : 'train' or 'test'
        用于指定是进行学习还是训练
    transform : object
        预处理类的实例
    transform_anno : object
        将xml格式的标注转换为列表的实例
    """

    def __init__(self, img_list, anno_list, phase, transform, transform_anno):
        self.img_list = img_list
        self.anno_list = anno_list
        self.phase = phase                          #指定train或val
        self.transform = transform                  #图像的变形处理
        self.transform_anno = transform_anno        #将xml的标注转换为列表

    def __len__(self):
        '''返回图像的张数'''
        return len(self.img_list)

    def __getitem__(self, index):
        '''
        获取经过预处理的图像的张量形式的数据和标注
        '''
        im, gt, h, w = self.pull_item(index)
        return im, gt

    def pull_item(self, index):
        '''经过预处理的图像的张量格式的数据、标注数据，获取图像的高度和宽度'''

        # 1.读入图像
        image_file_path = self.img_list[index]
        img = cv2.imread(image_file_path)           #[高度][宽度][颜色BGR]
        height, width, channels = img.shape         #获取图像的尺寸

        # 2.将xml格式的标注信息转换为列表
        anno_file_path = self.anno_list[index]
        anno_list = self.transform_anno(anno_file_path, width, height)

        # 3.实施预处理
        img, boxes, labels = self.transform(
            img, self.phase, anno_list[:, :4], anno_list[:, 4])
```

```
        #由于颜色通道的顺序是BGR，因此需要转换为RGB的顺序
        #然后将（高度、宽度、颜色通道）的顺序变为（颜色通道、高度、宽度）的顺序
        img = torch.from_numpy(img[:, :, (2, 1, 0)]).permute(2, 0, 1)

        #创建由BBox和标签组合而成的np.array，变量名gt是ground truth（答案）的简称
        gt = np.hstack((boxes, np.expand_dims(labels, axis=1)))

        return img, gt, height, width
```

下面确认Dataset的执行结果。从val_dataset 这个验证用的Dataset中，使用__getitem__方法得到的结果如图2.2.3所示。至此，就完成了物体检测用的Dataset的创建。

```
#确认执行结果
color_mean = (104, 117, 123)      #（BGR）颜色的平均值
input_size = 300                  #将图像的input尺寸转换为300像素×300像素

train_dataset = VOCDataset(train_img_list, train_anno_list, phase="train",
transform=DataTransform(input_size, color_mean), transform_anno=Anno_
xml2list(voc_classes))

val_dataset = VOCDataset(val_img_list, val_anno_list, phase="val",
transform=DataTransform(input_size, color_mean), transform_anno=Anno_
xml2list(voc_classes))

#取出第一个数据
val_dataset.__getitem__(1)
```

【输出执行结果】

```
(tensor([[[   0.9417,    6.1650,   11.1283,  ...,  -22.9083,  -13.2200,
            -9.4033],
          [   6.4367,    9.6600,   13.8283,  ...,  -21.4433,  -18.6500,
           -18.2033],
          [  10.8833,   13.5500,   16.7000,  ...,  -20.9917,  -24.5250,
           -25.1917],
          ...,

                              中间省略

          ...,
          [  36.7167,   43.1000,   56.2417,  ...,  -94.7583,  -96.0000,
          -101.9000],
          [  32.3850,   37.8250,   52.4367,  ...,  -92.1617,  -96.0000,
          -101.8867],
          [  40.1900,   37.0000,   45.3667,  ...,  -94.5017,  -99.7800,
           -99.1467]]]),
 array([[ 0.09      ,  0.03003003,  0.998     ,  0.996997  , 18.        ],
        [ 0.122     ,  0.56756757,  0.164     ,  0.72672673, 14.        ]]))
```

图2.2.3　Dataset的执行结果（验证用的Dataset开头第一个数据的内容）

2.3 DataLoader的实现

本节在进行学习和推测时，由于需要将数据以小批次的形式取出，因此需要编程实现DataLoader类。与Dataset类相同，DataLoader类的创建方法也不是SSD专属的概念，在其他物体检测算法中也同样可以使用。

本节的学习目标如下。

掌握创建用于物体检测的DataLoader类的方法。

本节的程序代码

2-2-3_Dataset_DataLoader.ipynb

创建DataLoader

第1章的图像分类中仅使用了PyTorch的DataLoader类就可以从Dataset中创建了DataLoader，而要实现物体检测的数据加载器，则需要进行一些特别的处理。这是因为从Dataset中取出的标注数据、变量gt的大小（图像内物体的数量）等信息在每幅图像里都是不同的。从Dataset中取出的变量gt是列表型变量，其中的元素个数对应的是图像内包含的物体数量，每个列表元素都包含五个变量（xmin、ymin、xmax、ymax、class_index）。

当从Dataset取出的不同数据的变量的大小不同时，就需要对DataLoader类中默认使用的获取数据用的collate_fn函数进行重新定义。在这里，需要创建一个od_collate_fn函数用于数据获取，其中od是Object Detection的缩写。

具体的代码实现如下所示。关于对这段代码的解释，可以参考代码中的注释，注释的内容非常详尽。

```
def od_collate_fn(batch):
    """
    从Dataset中取出的标注数据的尺寸，对于每幅图像都是不同的
    如果图像内的物体数量为两个，尺寸就是（2,5）；如果是三个，就会变成（3,5）
    要创建能够处理这种不同的DataLoader，就需要对collate_fn进行定制
    collate_fn是PyTorch中从列表创建小批次数据的函数
    在保存了小批次个列表变量batch的前面加入指定小批次的编号，将两者作为一个列表对象输出
    """

    targets = []
    imgs = []
    for sample in batch:
        imgs.append(sample[0])                          # sample[0]是图像img
```

```
        targets.append(torch.FloatTensor(sample[1]))   # sample[1]是标注gt

    #imgs是小批次大小的列表
    #列表的元素是torch.Size([3, 300, 300])
    #将该列表变成torch.Size([batch_num, 3, 300, 300])的张量
    imgs = torch.stack(imgs, dim=0)

    #targets是标注数据的正确答案gt的列表
    #列表的大小与小批次的大小一样
    #列表targets的元素为[n, 5]
    #n对于每幅图像都是不同的，表示每幅图像中包含的物体数量
    #5是[xmin, ymin, xmax, ymax, class_index]

    return imgs, targets
```

接下来，使用od_collate_fn函数创建DataLoader。创建完后进行确认，查看获取的小批次个图像与标注数据是否正确。因此，将对验证用的DataLoader返回的第一个数据进行确认。

```
#创建DataLoader

batch_size = 4

train_dataloader = data.DataLoader(
    train_dataset, batch_size=batch_size, shuffle=True, collate_fn=od_collate_fn)

val_dataloader = data.DataLoader(
    val_dataset, batch_size=batch_size, shuffle=False, collate_fn=od_collate_fn)


#集中到字典型变量中
dataloaders_dict = {"train": train_dataloader, "val": val_dataloader}

#确认执行结果
batch_iterator = iter(dataloaders_dict["val"])  #转换为迭代器
images, targets = next(batch_iterator)          #取出列表中的第一个数据
print(images.size())                            #torch.Size([4, 3, 300, 300])
print(len(targets))
print(targets[1].size())  #小批次的尺寸的列表，每个元素为[n, 5]，其中n是物体数量
```

【输出执行结果】

```
torch.Size([4, 3, 300, 300])
4
torch.Size([2, 5])
```

从DataLoader中得到的图像images的张量尺寸是（小批次数，颜色通道，高度，宽度）。标注信息targets是小批次大小的列表，列表的各个元素是（图像内物体数量，5）尺寸的张量。

综上，就完成了物体检测用DataLoader的创建。最后，确认数据的数量。

```
print(train_dataset.__len__())
print(val_dataset.__len__())
```

【输出执行结果】

```
5717
5823
```

从执行结果中可以看到，训练数据和验证数据分别约为5700张。

至此，本节中物体检测用的DataLoader就完成了。2.4节将开始编写SSD的神经网络的实现代码。

2.4 网络模型的实现

本节将实现SSD的神经网络。2.1节中讲解了SSD是包围盒（BBox）的基础，预先要准备各种不同大小的默认盒（以下简称DBox）。深入理解DBox的实现原理非常重要。

SSD网络模型由四个模块组成。本节首先对网络模型的整体构造进行概述，之后逐一实现这四个模块。

本节的学习目标如下。

1. 理解SSD网络模型是由哪四个模块构成的。
2. 掌握构建SSD网络模型的方法。
3. 理解如何实现SSD中使用的各种大小不同的DBox。

本节的程序代码

```
2-4-5_SSD_model_forward.ipynb
```

2.4.1 SSD网络模型概要

SSD网络模型的结构概览如图2.4.1所示。网络的输入是预处理后的图像数据，图像的尺寸是300像素×300像素。第1章中使用的ImageNet的训练完毕的模型图像是224像素，这次使用的图像要稍大一些。

SSD网络模型的输出是8732个DBox，其中包含位移信息（4个变量：Δcx、Δcy、Δw、Δh）以及21种分类的置信度数据。

SSD网络模型主要包括vgg、extras、loc、conf四个子网络。

输入图像首先被传递给vgg模块，该vgg模块以第1章中使用的VGG-16模型为基础。卷积层的卷积核大小以及所使用的神经元是相同的，但是每个神经元的特征量图的大小与VGG-16不同。

将vgg模块中经过10次卷积的数据（conv4_3的输出）单独提取出来，经过L2Norm层对尺寸进行正规化之后，保存到变量source1中。至于L2Norm层中如何实现正规化，将在稍后实际编程时进行讲解。变量source1的通道数是512，特征量图的大小是38像素×38像素。

然后，继续进行vgg模块的计算，将经过5次卷积的vgg模块的输出数据保存到变量source2中。变量source2的特征量图的大小是19像素×19像素。

接下来将vgg模块的输出传递给extras模块作为输入。在extras模块中不使用最大池化，总共进行8次卷积处理，每两次卷积处理的结果分别保存到变量source3 ~ source6中进行输出。因此，总共输出4个source。每个source的特征量图的大小也不同，分别为10像素×10像素、5像素×5像素、3像素×3像素、1像素×1像素。

这里需要重点注意的是，每个source的特征量图的大小都是不同的。变量source1是将原本300像素×300像素的图像缩小成38像素×38像素的数据，到source6则是缩小到1像素×1像素。在Source1中，要对38×38=1440个区域的各个特征量进行求值，在source6中，则要对1×1=1个区域进行求值。也就是说，source6尝试对原图像中的整个画面检测一个物体是否存在，而source1则分别对原图像的每1/38的区域尝试检测某个物体是否存在。通过这种创建特征量图大小不同的多个特征量source1 ~ source6 的方式，可以有效地从图像中包含的不同大小的物体的特征量分别计算出来（图2.4.2）。

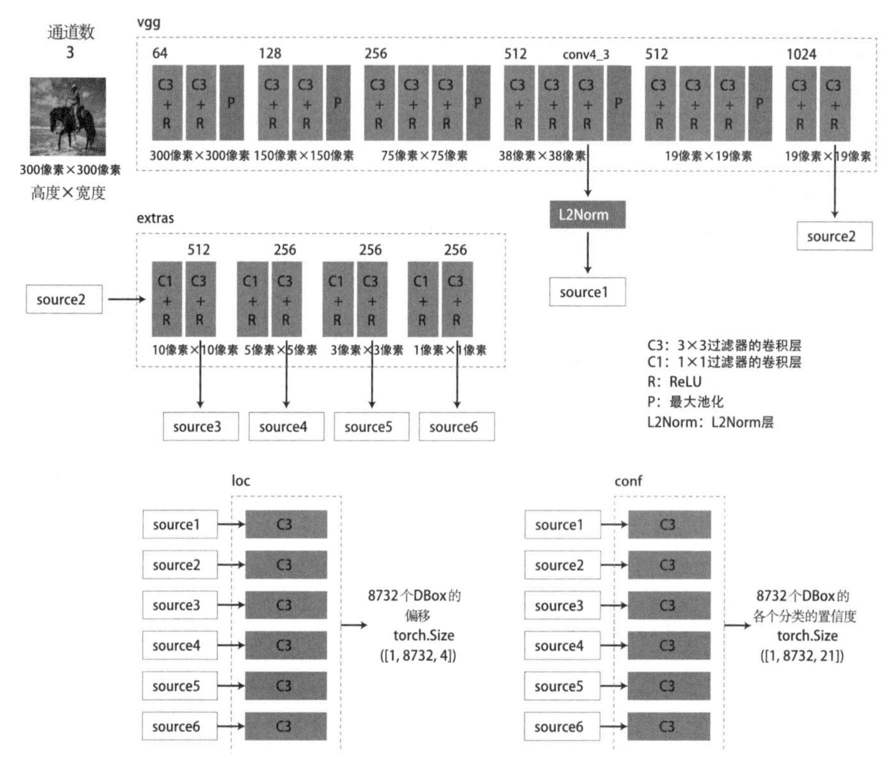

图2.4.1　SSD 网络模型的结构概览

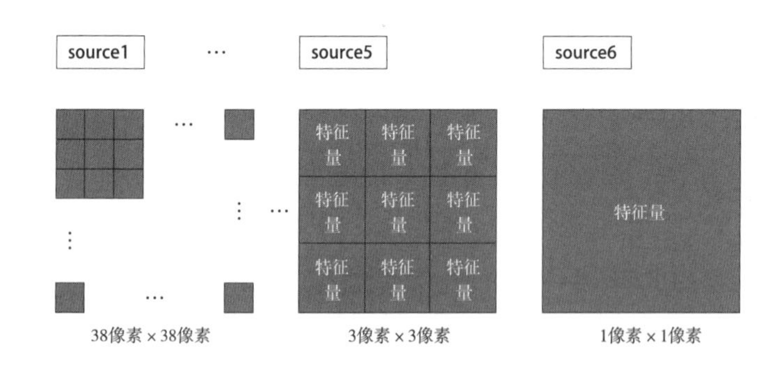

图2.4.2　每个source 都具有不同大小的特征量图

但是，source1 ~ source6执行的卷积处理的次数是不同的。例如，source1这样特征量图尺寸较大（关注较小的物体）的特征量需要处理的卷积计算次数比source6 这些需要处理的次数要少。变量source1 需要进行10 次卷积运算，而变量source6 则需要进行23 次卷积运算。因此，在SSD中，对source1 和source2这类较小的区域的特征量的提取和物体检测是比较弱的，所以对于图像中存在的较小物体的检测精度通常都要低于对较大物体的检测精度。

至此，通过使用vgg模块和extra模块，我们得到了source1 ~ source6，特征量图大小不同的6个source。在SSD中，loc模块负责对每个source进行一次卷积处理，并将8732个DBox的位移信息（4个变量）作为输出。conf模块的作用也一样，对每个source进行一次卷积处理，并将8732个DBox对应的20种分类 + 背景的21种分类的置信度作为输出。

这里解释一下为什么DBox的数量是8732个。如果对每个source只定义一个相应的DBox，那么在使用位移信息对该DBox进行变换时，就需要用到38 × 38 + 19 × 19 + 10 × 10 + 5 × 5 + 3 × 3 + 1 × 1 = 1940个DBox。因此，对每个source的特征量图只准备一个DBox也是可以的，但是如果准备多个DBox则更好。

如果准备了多个DBox，那么各个DBox都可以使用不同的宽高比。因此，对于source1、source5、source6各准备4个DBox，而对source2、source3、source4则各准备6个DBox。在图2.4.3中，source5的3像素 × 3像素特征量图里显示了相对于中心位置的特征量的4种DBox的形状，即较小的正方形、较大的正方形、纵向的长方形、横向的长方形。

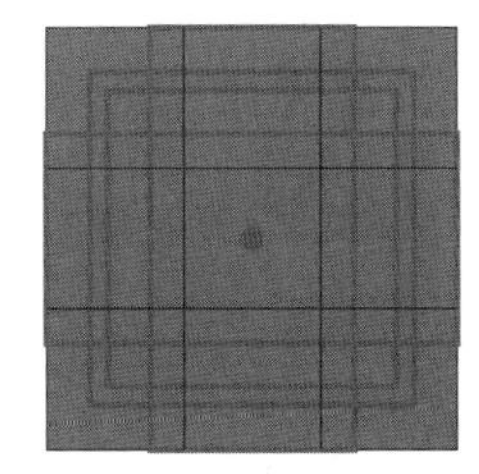

图2.4.3　特征量图与DBox的关系（source5的场合）

像这样对每个特征量图准备多个DBox，因此总共就有38 × 38 × 4 + 19 × 19 × 6 + 10 × 10 × 6 + 5 × 5 × 6 + 3 × 3 × 4 + 1 × 1 × 4 = 8732个DBox，所以最后就得到了8732个DBox。

以上，就完成了对SSD网络模型概要的讲解。

2.4.2　vgg模块的实现

下面开始定义实现图2.4.1的vgg模块的make_vgg函数。如图2.4.1所示，卷积层、ReLU、最大池化总共要准备34个单元。

如果重复编写34次代码，工作量会非常大。因此，这里将各个卷积层的通道数与最大池化层的信息作为配置参数，创建变量cfg=[64, 64, 'M', …]，并根据列表中元素的值创建每个神经元。

在这里，列表型变量cfg的元素'M'表示最大池化层，'MC'表示ceil模式的最大池化层。在计算最大池化层输出的张量尺寸时，默认设置为使用floor模式（地板函数模式），在求整数的张量尺寸时舍去小数点后的数字；而ceil模式（天花板函数模式）则向上取整，舍去小数点后的数字并加1。通过下面的实现代码，即创建具有34层子网络的vgg模块。

具体的代码实现如下所示。此外，ReLU的参数inplace用来指定是将ReLU的输入数据保存在内存中还是直接替换输入数据，不在内存中保存输入数据。变量inplace如果设置为true，输入就会被覆盖，不将输入数据保存在内存中，可以达到节约内存的目的。

```
#创建34层神经网络的vgg模块
def make_vgg():
    layers = []
    in_channels = 3                          #颜色通道数

    #在vgg模块中使用的卷积层和最大池化等的通道数
    cfg = [64, 64, 'M', 128, 128, 'M', 256, 256,
           256, 'MC', 512, 512, 512, 'M', 512, 512, 512]

    for v in cfg:
        if v == 'M':
            layers += [nn.MaxPool2d(kernel_size=2, stride=2)]
        elif v == 'MC':
            #ceil模式输出的尺寸，对计算结果（float）进行向上取整
            #默认情况下输出的尺寸，对计算结果（float）进行向下取整的floor模式
            layers += [nn.MaxPool2d(kernel_size=2, stride=2, ceil_mode=True)]
        else:
            conv2d = nn.Conv2d(in_channels, v, kernel_size=3, padding=1)
            layers += [conv2d, nn.ReLU(inplace=True)]
            in_channels = v

    pool5 = nn.MaxPool2d(kernel_size=3, stride=1, padding=1)
    conv6 = nn.Conv2d(512, 1024, kernel_size=3, padding=6, dilation=6)
    conv7 = nn.Conv2d(1024, 1024, kernel_size=1)
    layers += [pool5, conv6,
               nn.ReLU(inplace=True), conv7, nn.ReLU(inplace=True)]
    return nn.ModuleList(layers)

#确认执行结果
vgg_test = make_vgg()
print(vgg_test)
```

【输出执行结果】

```
ModuleList(
  (0): Conv2d(3, 64, kernel_size=(3, 3), stride=(1, 1), padding=(1, 1))
  (1): ReLU(inplace)
...
```

2.4.3 extras 模块的实现

现在开始编写图2.4.1 中实现vgg 模块的make_extras 函数。如图2.4.1所示，卷积层总共有8 个并列单元。这里将激励函数ReLU 放到SSD 模型的正向传播函数中，不在extras 模块中实现。

```
#创建8层网络的extras模块
def make_extras():
    layers = []
    in_channels = 1024  #从vgg模块输出，作为extras模块的输入图像的通道数

    # extras模块的卷积层的通道数的配置数据
    cfg = [256, 512, 128, 256, 128, 256, 128, 256]

    layers += [nn.Conv2d(in_channels, cfg[0], kernel_size=(1))]
    layers += [nn.Conv2d(cfg[0], cfg[1], kernel_size=(3), stride=2, padding=1)]
    layers += [nn.Conv2d(cfg[1], cfg[2], kernel_size=(1))]
    layers += [nn.Conv2d(cfg[2], cfg[3], kernel_size=(3), stride=2, padding=1)]
    layers += [nn.Conv2d(cfg[3], cfg[4], kernel_size=(1))]
    layers += [nn.Conv2d(cfg[4], cfg[5], kernel_size=(3))]
    layers += [nn.Conv2d(cfg[5], cfg[6], kernel_size=(1))]
    layers += [nn.Conv2d(cfg[6], cfg[7], kernel_size=(3))]

    #激励函数ReLU放到SSD模型的正向传播函数中实现
    #不在extras模块中实现

    return nn.ModuleList(layers)


#确认执行结果
extras_test = make_extras()
print(extras_test)
```

【输出执行结果】

```
ModuleList(
  (0): Conv2d(1024, 256, kernel_size=(1, 1), stride=(1, 1))
  (1): Conv2d(256, 512, kernel_size=(3, 3), stride=(2, 2), padding=(1, 1))
...
```

2.4.4 loc模块与conf模块的实现

现在开始编写图2.4.1 中用于实现loc模块和conf模块的make_loc_conf 函数。如图2.4.1 所示，需要分别创建6 个卷积层。虽然loc模块和conf 模块分别设置了6个卷积层，并共同组成了一个模块，但是这并不表示这6 个卷积层是按照从前向后的顺序进行正向传播的。对从vgg模块和extras模块得到的输出变量

source1 ~ source6，在这6个卷积层中分别进行一次计算。该计算部分将在2.5节的正向传播的实现中定义。

loc模块和conf模块的具体实现如下所示。其中，参数bbox_aspect_num 用来指定每个source使用的DBox 的数量。

```
#loc_layers负责输出DBox的位移值
#创建用于输出对DBox的每个分类的置信度confidence的conf_layers

def make_loc_conf(num_classes=21, bbox_aspect_num=[4, 6, 6, 6, 4, 4]):

    loc_layers = []
    conf_layers = []

    #VGG的第22层，对应conv4_3（source1）的卷积层
    loc_layers += [nn.Conv2d(512, bbox_aspect_num[0]
                             * 4, kernel_size=3, padding=1)]
    conf_layers += [nn.Conv2d(512, bbox_aspect_num[0]
                              * num_classes, kernel_size=3, padding=1)]

    #VGG的最后一层，对应（source2）的卷积层
    loc_layers += [nn.Conv2d(1024, bbox_aspect_num[1]
                             * 4, kernel_size=3, padding=1)]
    conf_layers += [nn.Conv2d(1024, bbox_aspect_num[1]
                              * num_classes, kernel_size=3, padding=1)]

    #extras的对应（source3）的卷积层
    loc_layers += [nn.Conv2d(512, bbox_aspect_num[2]
                             * 4, kernel_size=3, padding=1)]
    conf_layers += [nn.Conv2d(512, bbox_aspect_num[2]
                              * num_classes, kernel_size=3, padding=1)]

    #extras的对应（source4）的卷积层
    loc_layers += [nn.Conv2d(256, bbox_aspect_num[3]
                             * 4, kernel_size=3, padding=1)]
    conf_layers += [nn.Conv2d(256, bbox_aspect_num[3]
                              * num_classes, kernel_size=3, padding=1)]

    #extras的对应（source5）的卷积层
    loc_layers += [nn.Conv2d(256, bbox_aspect_num[4]
                             * 4, kernel_size=3, padding=1)]
    conf_layers += [nn.Conv2d(256, bbox_aspect_num[4]
                              * num_classes, kernel_size=3, padding=1)]

    #extras的对应（source6）的卷积层
    loc_layers += [nn.Conv2d(256, bbox_aspect_num[5]
                             * 4, kernel_size=3, padding=1)]
    conf_layers += [nn.Conv2d(256, bbox_aspect_num[5]
                              * num_classes, kernel_size=3, padding=1)]
```

```
    return nn.ModuleList(loc_layers), nn.ModuleList(conf_layers)

#确认执行结果
loc_test, conf_test = make_loc_conf()
print(loc_test)
print(conf_test)
```

【输出执行结果】

```
ModuleList(
  (0): Conv2d(512, 16, kernel_size=(3, 3), stride=(1, 1), padding=(1, 1))
  (1): Conv2d(1024, 24, kernel_size=(3, 3), stride=(1, 1), padding=(1, 1))
...
```

2.4.5 L2Norm层的实现

现在开始实现在图2.4.1中用于处理conv_4_3的输出数据的L2Norm层。

L2Norm层用于将每个通道的特征量图的统计性特征的差异进行正规化处理。这次传递给L2Norm层的输入数据是（512通道 ×38×38）的张量。这38×38 = 1444个的区域将通过512个通道进行正规化处理。正规化的方法是，对整个1444个区域的每个通道的特征量计算平方值，并将这512个值相加求平方根，再用该平方和的根值与每个通道的每个区域的值相除。

通过对通道进行正规化处理，可以显著地改善每个通道中可能出现的异常情况的问题。

此外，在L2Norm层中对经过正规化处理的512通道 ×38×38的张量，还要将每个通道与系数相乘。这512个系数就是要学习的参数。

具体的代码实现如下所示。其中，需要继承PyTorch的网络层类nn.Module。

```
#对convC4_3的输出进行scale=20的L2Norm的正规化处理的层
class L2Norm(nn.Module):
    def __init__(self, input_channels=512, scale=20):
        super(L2Norm, self).__init__()          #调用父类的构造函数
        self.weight = nn.Parameter(torch.Tensor(input_channels))
        self.scale = scale                      #系数weight的初始值
        self.reset_parameters()                 #对参数进行初始化
        self.eps = 1e-10

    def reset_parameters(self):
        '''将连接参数设置为大小为scale的值，执行初始化'''
        init.constant_(self.weight, self.scale) #weight的值全部设为scale（=20）

    def forward(self, x):
        '''对38×38的特征量，求512个通道的平方和的根值
        使用38×38个值，对每个特征量进行正规化处理后再乘以系数的层'''
```

```
        #对每个通道进行38x38个特征量的通道方向的平方和计算
        #接下来进行正规化处理
        #norm的张量尺寸为torch.Size([batch_num, 1, 38, 38])
        norm = x.pow(2).sum(dim=1, keepdim=True).sqrt()+self.eps
        x = torch.div(x, norm)

        #乘以系数。每个通道1个系数，总共有512个系数
        #因为self.weight的张量尺寸是torch.Size([512])
        #转换为torch.Size([batch_num, 512, 38, 38])
        weights = self.weight.unsqueeze(
            0).unsqueeze(2).unsqueeze(3).expand_as(x)
        out = weights * x

        return out
```

2.4.6 Default Box 的实现

最后，创建用于实现8732个DBox的类。虽然DBox的编码实现看上去比较复杂，其实就是对source1 ~ source6的大小不同的特征量图分别创建出4种或者6种DBox。

当DBox的种类设置为4种时，分别为小正方形、大正方形、1 ∶ 2比例的长方形、2 ∶ 1比例的长方形；当DBox的种类设置为6种时，再加上3 ∶ 1和1 ∶ 3比例的长方形。

具体的代码实现如下所示。代码中的for i,j in product(…) 是将组合取出的命令。例如：

```
for i, j in product(range(2), repeat=2):
    print(i, j)
```

如果执行上述代码，可以将排列组合(i,j)=(0,0)、(0,1)、(1,0)、(1,1) 的值取出来。

将这些组合取出并加以利用，就可以生成DBox 的中心坐标。从执行结果中可以看到，输出了为8732行4列（cx，cy，w，h）的表。

```
#输出DBox的类
class DBox(object):
    def __init__(self, cfg):
        super(DBox, self).__init__()

        #初始化设置
        self.image_size = cfg['input_size']      #图像尺寸为300像素
        #[38, 19, …] 每个source的特征量图的大小
        self.feature_maps = cfg['feature_maps']
        self.num_priors = len(cfg["feature_maps"])  #source的个数=6
        self.steps = cfg['steps']                  #[8, 16, …]DBox的像素尺寸
        self.min_sizes = cfg['min_sizes']#[30, 60, …]小正方形的DBox的像素尺寸
```

```
        self.max_sizes = cfg['max_sizes'] #[60, 111, …]大正方形的DBox的像素尺寸
        self.aspect_ratios = cfg['aspect_ratios'] #长方形的DBox的纵横比

    def make_dbox_list(self):
        '''创建DBox'''
        mean = []
        #'feature_maps': [38, 19, 10, 5, 3, 1]
        for k, f in enumerate(self.feature_maps):
            for i, j in product(range(f), repeat=2):  #创建到f为止的2对排列组
                                                       #合f_P_2个
                #特征量的图像尺寸
                # 300 / 'steps': [8, 16, 32, 64, 100, 300],
                f_k = self.image_size / self.steps[k]

                #DBox的中心坐标x,y  但是，正规化为0 ~ 1的值
                cx = (j + 0.5) / f_k
                cy = (i + 0.5) / f_k

                #宽高比为1的小DBox [cx,cy, width, height]
                #'min_sizes': [30, 60, 111, 162, 213, 264]
                s_k = self.min_sizes[k]/self.image_size
                mean += [cx, cy, s_k, s_k]

                #宽高比为1的大DBox [cx,cy, width, height]
                # 'max_sizes': [60, 111, 162, 213, 264, 315]
                s_k_prime = sqrt(s_k * (self.max_sizes[k]/self.image_size))
                mean += [cx, cy, s_k_prime, s_k_prime]

                #其他宽高比的DBox [cx,cy, width, height]
                for ar in self.aspect_ratios[k]:
                    mean += [cx, cy, s_k*sqrt(ar), s_k/sqrt(ar)]
                    mean += [cx, cy, s_k/sqrt(ar), s_k*sqrt(ar)]

        #将DBox转换成张量torch.Size([8732, 4])
        output = torch.Tensor(mean).view(-1, 4)

        #为防止DBox的大小超出图像范围，将尺寸调整为最小为0，最大为1
        output.clamp_(max=1, min=0)

        return output
```

接下来，确认执行结果。最后的输出为DBox的坐标信息表（8732行 ×4列）。

```
#确认执行结果

#设置SSD300
```

```
ssd_cfg = {
    'num_classes': 21,                              #包含背景类的总类数
    'input_size': 300,                              #图像的输入尺寸
    'bbox_aspect_num': [4, 6, 6, 6, 4, 4],          #要输出的DBox的宽高比的种类
    'feature_maps': [38, 19, 10, 5, 3, 1],          #各个source的图像尺寸
    'steps': [8, 16, 32, 64, 100, 300],             #确定DBox的大小
    'min_sizes': [30, 60, 111, 162, 213, 264],      #确定DBox的大小
    'max_sizes': [60, 111, 162, 213, 264, 315],     #确定DBox的大小
    'aspect_ratios': [[2], [2, 3], [2, 3], [2, 3], [2], [2]],
}

#创建DBox
dbox = DBox(ssd_cfg)
dbox_list = dbox.make_dbox_list()

#确认DBox的输出结果
pd.DataFrame(dbox_list.numpy())
```

2.4.7 SSD类的实现

在本节最后，使用到目前为止创建的模块来实现SSD类。首先，继承PyTorch的网络层类nn.Module。2.5节将定义类SSD的正向传播方法。此外，SSD在训练时和推测时的行为是不同的，推测时使用的是Dectect类，Dectect类的具体实现将在2.5节中讲解。

SSD类的代码实现如下所示。

```
#创建SSD类
class SSD(nn.Module):

    def __init__(self, phase, cfg):
        super(SSD, self).__init__()

        self.phase = phase                          #指定是训练还是推测
        self.num_classes = cfg["num_classes"]       #类的数量=21

        #生成SSD网络
        self.vgg = make_vgg()
        self.extras = make_extras()
        self.L2Norm = L2Norm()
        self.loc, self.conf = make_loc_conf(
            cfg["num_classes"], cfg["bbox_aspect_num"])

        #生成DBox
        dbox = DBox(cfg)
        self.dbox_list = dbox.make_dbox_list()

        #推测时使用Detect类
```

```
        if phase == 'inference':
            self.detect = Detect()

#确认执行结果
ssd_test = SSD(phase="train", cfg=ssd_cfg)
print(ssd_test)
```

【输出执行结果】

```
SSD(
  (vgg): ModuleList(
    (0): Conv2d(3, 64, kernel_size=(3, 3), stride=(1, 1), padding=(1, 1))
    (1): ReLU(inplace)
...
```

至此，我们就成功创建了SSD的网络模型。2.5节将实现SSD模型的正向传播函数。

2.5 正向传播函数的实现

本节将对SSD模型的正向传播函数进行定义。在第1章的图像分类中使用的神经网络是单纯地对模型内的层（神经元）从前向后进行处理，而在物体检测中，则需要进行复杂的正向传播处理。在本节中，被称为Non–Maximum Suppression 的算法将作为新的概念“登场”。

本节的学习目标如下。

1. 理解Non–Maximum Suppression。
2. 理解SSD推测时使用的Detect类的正向传播。
3. 掌握实现SSD的正向传播函数的方法。

本节的程序代码

```
2-4-5_SSD_model_forward.ipynb
```

2.5.1 decode函数的实现

用SSD进行推测时，正向传播的最后使用Detect类处理。现在开始实现在这个Detect类中使用的decode函数。

decode函数使用DBox=(cx_d,cy_d,w_d,h_d) 和从SSD模型中求得的位移信息loc=(Δcx, Δcy, Δw, Δh)来生成BBox的坐标信息。BBox信息的计算公式如下：

$$cx = cx\_d + 0.1\Delta cx \times w\_d$$

$$cy = cy\_d + 0.1\Delta cy \times h\_d$$

$$w = w\_d \times \exp(0.2\Delta w)$$

$$h = h\_d \times \exp(0.2\Delta h)$$

编程实现这些公式，并将BBox的坐标信息从(cx, cy,w, h)的形式变换为(xmin, ymin, xmax, ymax)的形式。具体的代码实现如下所示。

```
#使用位移信息，将DBox转换成BBox的函数
def decode(loc, dbox_list):
    """
    使用位移信息，将DBox转换成BBox

    Parameters
    ----------
    loc:  [8732,4]
        用SSD模型推测位移信息
```

```
    dbox_list: [8732,4]
        DBox的信息

    Returns
    -------
    boxes : [xmin, ymin, xmax, ymax]
        BBox的信息
    """

    #DBox以[cx, cy, width, height]形式被保存
    #loc以[Δcx, Δcy, Δwidth, Δheight]形式被保存

    #从位移信息求取BBox
    boxes = torch.cat((
        dbox_list[:, :2] + loc[:, :2] * 0.1 * dbox_list[:, 2:],
        dbox_list[:, 2:] * torch.exp(loc[:, 2:] * 0.2)), dim=1)
    #boxes的尺寸为torch.Size([8732, 4])


    #BBox的坐标信息从[cx, cy, width, height]变为[xmin, ymin, xmax, ymax]
    boxes[:, :2] -= boxes[:, 2:] / 2     #变换为坐标(xmin,ymin)
    boxes[:, 2:] += boxes[:, :2]         #变换为坐标(xmax,ymax)

    return boxes
```

2.5.2 Non-Maximum Suppression 函数的实现

接下来实现在Detect类中用来进行Non-Maximum Suppression处理的nm_suppression函数。

首先解释一下什么是Non-Maximum Suppression。由于事先准备好了8732个DBox来进行物体检测，因此计算BBox时会出现对同一个物体生成不同的BBox 的问题，图像中的微小变化可能导致多个匹配的结果。为了消除这些冗余的BBox，需要保证每个物体只有一个BBox 被保留下来，这就是Non-Maximum Suppression处理。

对于Non-Maximum Suppression 算法而言，当指向同一个物体分类的BBox存在多个时，如果这些BBox的重叠面积超过了阈值（这次的实现代码中指定的是变量overlap = 0.45）范围，就会将其判定为指向同一物体的冗余BBox，然后只对其中检测的置信度conf最高的BBox 进行保留，其他BBox则做删除处理。用语言解释该算法非常简单，但实际的代码实现还是有些难度的。

下面是Non-Maximum Suppression的代码实现。对每个物体分类进行nm_suppression调用。

参数scores是在对SSD模型的每个DBox计算置信度时，置信度超过一定的值（这次是0.01）的DBox的置信度conf。对每个物体分类进行Non-Maximum Suppression处理，因此参数scores的张量大小是超过置信度阈值DBox的数量。

之所以将经过阈值处理的变量scores作为参数，是因为如果要对8732个DBox全部进行Non-Maximum Suppression处理，计算量太大。

这段代码的实现非常复杂，读者可先从概念层面尝试理解这段代码。

```
#进行Non-Maximum Suppression处理的函数
def nm_suppression(boxes, scores, overlap=0.45, top_k=200):
    """
    进行Non-Maximum Suppression处理的函数
    将boxes中过于重叠的BBox删除

    Parameters
    ----------
    boxes : [超过置信度阈值(0.01)的BBox数量,4]
        BBox信息
    scores :[超过置信度阈值(0.01)的BBox数量]
        conf的信息

    Returns
    -------
    keep :列表
        保存按conf降序通过nms处理的index
    count : int
        通过nms处理的BBox的数量
    """

    #创建return的雏形
    count = 0
    keep = scores.new(scores.size(0)).zero_().long()
    #keep:torch.Size([超过置信度阈值的BBox数量]), 元素全部为0

    #计算各个BBox的面积area
    x1 = boxes[:, 0]
    y1 = boxes[:, 1]
    x2 = boxes[:, 2]
    y2 = boxes[:, 3]
    area = torch.mul(x2 - x1, y2 - y1)

    #复制boxes, 准备用于稍后进行BBox的过重叠度IoU计算时使用的雏形
    tmp_x1 = boxes.new()
    tmp_y1 = boxes.new()
    tmp_x2 = boxes.new()
    tmp_y2 = boxes.new()
    tmp_w = boxes.new()
    tmp_h = boxes.new()

    #将socre按升序排列
    v, idx = scores.sort(0)

    #将前面top_k个(200个)BBox的index取出(也有不到200个的情况)
```

```
        idx = idx[-top_k:]

        #当idx的元素数量不为0时，则执行循环
        while idx.numel() > 0:
            i = idx[-1]          #将现在conf最大的index赋值给i

            #将conf最大的index保存到keep中现在最末尾的位置
            #开始删除该index的BBox和重叠较大的BBox
            keep[count] = i
            count += 1

            #当处理到最后一个BBox时，跳出循环
            if idx.size(0) == 1:
                break

            #keep中保存了目前的conf最大的index，因此将idx减1
            idx = idx[:-1]

            # -------------------
            #开始对keep中保存的BBox和重叠较大的BBox抽取出来并删除
            # -------------------
            #到减去1的idx为止，将BBox放到out指定的变量中
            torch.index_select(x1, 0, idx, out=tmp_x1)
            torch.index_select(y1, 0, idx, out=tmp_y1)
            torch.index_select(x2, 0, idx, out=tmp_x2)
            torch.index_select(y2, 0, idx, out=tmp_y2)

            #对所有的BBox，当前的BBox=index被到i为止的值覆盖（clamp）
            tmp_x1 = torch.clamp(tmp_x1, min=x1[i])
            tmp_y1 = torch.clamp(tmp_y1, min=y1[i])
            tmp_x2 = torch.clamp(tmp_x2, max=x2[i])
            tmp_y2 = torch.clamp(tmp_y2, max=y2[i])

            #将w和h的张量尺寸设置为index减去1后的结果
            tmp_w.resize_as_(tmp_x2)
            tmp_h.resize_as_(tmp_y2)

            #对clamp处理后的BBox求高度和宽度
            tmp_w = tmp_x2 - tmp_x1
            tmp_h = tmp_y2 - tmp_y1

            #如果高度或宽度为负数，则设为0
            tmp_w = torch.clamp(tmp_w, min=0.0)
            tmp_h = torch.clamp(tmp_h, min=0.0)

            #计算经过clamp处理后的面积
```

```
        inter = tmp_w*tmp_h

        #IoU = intersect部分/[area(a) + area(b) - intersect部分]的计算
        rem_areas = torch.index_select(area, 0, idx)   #各个BBox的原有面积
        union = (rem_areas - inter) + area[i]          #对两个区域的面积求与
        IoU = inter/union

        #只保留IoU比overlap小的idx
        idx = idx[IoU.le(overlap)]  #le是进行Less than or Equal to处理的逻辑运算
        #IoU比overlap大的idx，与刚开始选择并保存到keep中的idx对相同的物体进行了
        #BBox包围，因此要删除

    #while跳出循环体，结束执行

    return keep, count
```

2.5.3 Detect 类的实现

在SSD中进行推断时，最后需要调用Detect类，并生成用于输出的张量（batch_num, 21, 200, 5）。该输出张量的第一个参数为最小批的编号维度；第二个参数为分类的索引维度；第三个参数为置信度排前200个的BBox是第几个的维度；第四个参数为BBox的信息，由置信度conf、xmin、ymin、width、height五个元素构成。

Detect类的输入是3个元素，分别为表示SSD模型的位移信息的loc模块的输出数据（batch_num, 8732, 4），表示置信度的conf模块的输出数据（batch_num，8732, 21），以及DBox的信息（8732, 4）。conf模块的输出数据会在程序内使用SoftMax函数调用后，再进行正规化处理。

Detect类继承自torch.autograd.Function类（因为是在继承自nn.module的SSD类的正向传播函数forward内部，这样做是为了能用相同的forward命令执行Detect）。

接下来，对Detect类的正向传播函数的计算进行讲解。整个计算过程大致分为三个步骤：①使用在本节开头创建的decode函数，将DBox信息和位移信息转换成BBox）；②将conf超过阈值（这次的代码中是变量conf_thresh= 0.01）的BBox提取出来；③调用进行Non-Maximum Suppression处理的nm_suppression函数，将指向同一个物体且重叠的BBox删除。经过上述三个步骤，就能得到期望的检测结果的BBox。

上述内容的具体代码实现如下所示，这段代码非常艰深，请读者仔细阅读。

```
#从SSD的推测时的conf和loc的输出数据，得到消除了重叠的BBox并输出

class Detect(Function):

    def __init__(self, conf_thresh=0.01, top_k=200, nms_thresh=0.45):
        self.softmax = nn.Softmax(dim=-1)#准备使用Softmax函数对conf进行正规化处理
        self.conf_thresh = conf_thresh #只处理conf高于conf_thresh=0.01的DBox
        self.top_k = top_k  #对conf最高的top_k个进行nm_supression计算时使用，
                            #top_k = 200
        self.nms_thresh = nms_thresh  #进行nm_supression计算时，如果IoU比nms_
```

```
                                          #thresh=0.45大，就认为是同一物体的BBox

    def forward(self, loc_data, conf_data, dbox_list):
        """
        执行正向传播计算

        Parameters
        ----------
        loc_data:  [batch_num,8732,4]
            位移信息
        conf_data: [batch_num, 8732,num_classes]
            检测的置信度
        dbox_list: [8732,4]
            DBox的信息

        Returns
        -------
        output : torch.Size([batch_num, 21, 200, 5])
           （batch_num、分类、conf的top200、BBox的信息）
        """

        #获取各个尺寸
        num_batch = loc_data.size(0)      #最小批的尺寸
        num_dbox = loc_data.size(1)       #DBox的数量= 8732
        num_classes = conf_data.size(2)  #分类数量= 21

        #使用Softmax对conf进行正规化处理
        conf_data = self.softmax(conf_data)

        #生成输出数据对象。张量尺寸为[minibatch数, 21, 200, 5]
        output = torch.zeros(num_batch, num_classes, self.top_k, 5)

        #将cof_data从[batch_num,8732,num_classes]调整为[batch_num, num_classes,8732]
        conf_preds = conf_data.transpose(2, 1)

        #按最小批进行循环处理
        for i in range(num_batch):

            # 1.从loc和DBox求取修正过的BBox [xmin, ymin, xmax, ymax]
            decoded_boxes = decode(loc_data[i], dbox_list)

            #创建conf的副本
            conf_scores = conf_preds[i].clone()
```

```
        #图像分类的循环（作为背景分类的index=0不进行计算，从index=1开始）
        for cl in range(1, num_classes):

            #2.抽出超过conf阈值的BBox
            #创建用来表示是否超过conf阈值的掩码
            #将阈值超过conf的索引赋值给c_mask
            c_mask = conf_scores[cl].gt(self.conf_thresh)
            #gt表示Greater Than。超过阈值gt返回1，未超过则返回0
            # conf_scores:torch.Size([21, 8732])
            # c_mask:torch.Size([8732])

            #scores是torch.Size([超过阈值的BBox的数量])
            scores = conf_scores[cl][c_mask]


            #如果不存在超过阈值的conf，即当scores=[]时，则不做任何处理
            if scores.nelement() == 0:  #用nelement求取要素的数量
                continue

            #对c_mask进行转换，使其能适用于decoded_boxes的大小
            l_mask = c_mask.unsqueeze(1).expand_as(decoded_boxes)
            # l_mask:torch.Size([8732, 4])

            #将l_mask用于decoded_boxes
            boxes = decoded_boxes[l_mask].view(-1, 4)
            #decoded_boxes[l_mask]调用会返回一维列表
            #因此用view转换为（超过阈值的BBox数，4）的尺寸

            # 3.开始Non-Maximum Suppression处理，消除重叠的BBox
            ids, count = nm_suppression(
                boxes, scores, self.nms_thresh, self.top_k)
            #ids：用于保存按conf降序排列通过Non-Maximum Suppression处理的index
            #count：通过Non-Maximum Suppression处理的BBox的数量

            #将通过Non-Maximum Suppression处理的结果保存到output中
            output[i, cl, :count] = torch.cat((scores[ids[:count]].unsqueeze(1),
                                               boxes[ids[:count]]), 1)

    return output  # torch.Size([1, 21, 200, 5])
```

2.5.4 SSD 模块的实现

本节最后将实现正向传播计算函数，完成SSD 模型的构建。SSD 模型的正向传播原理如图2.4.1所示，

从vgg模块或extras模块进行传播。该过程中会产生source1 ~ source6，source1 ~ source6分别经过一次卷积层处理，将位移信息从loc模块取出；同样地，source1 ~ source6分别经过一次卷积层处理，将置信度信息从conf模块取出。

这里在source1 ~ source6中使用的DBox数量为4或6，尺寸不是统一的，因此在对张量类型进行转换时要特别注意。最后，位移loc的尺寸是（batch_num, 8732, 4），置信度conf的尺寸是（batch_num, 8732, 21），作为DBox的尺寸为（8732, 4）的dbox_list被集中保存到变量output中。

学习模式下，该output = (loc, conf, dbox_list)作为输出数据；推测模式下，该output被传递给Detect类的正向传播函数，最后检测得到的BBox信息（batch_num, 21, 200, 5）作为输出数据。

具体的代码实现如下所示。在保存小批量维度的同时，对张量尺寸进行转换时，要注意每个source对应的DBox数量的不同，可能是4也可能是6。这部分是最难理解的地方，读者第一次读代码时会比较吃力。读者可参考代码中的注释部分，其对张量尺寸变化的解释非常详细。

```
#创建SSD类

class SSD(nn.Module):

    def __init__(self, phase, cfg):
        super(SSD, self).__init__()

        self.phase = phase                          #指定是train 还是inference
        self.num_classes = cfg["num_classes"]   #分类数=21

        #创建SSD神经网络
        self.vgg = make_vgg()
        self.extras = make_extras()
        self.L2Norm = L2Norm()
        self.loc, self.conf = make_loc_conf(
            cfg["num_classes"], cfg["bbox_aspect_num"])

        #创建DBox
        dbox = DBox(cfg)
        self.dbox_list = dbox.make_dbox_list()

        #推测模式下，需要使用Detect类
        if phase == 'inference':
            self.detect = Detect()

    def forward(self, x):
        sources = list()   #保存source1 ~ source6作为loc和conf的输入数据
        loc = list()       #用于保存loc的输出数据
        conf = list()      #用于保存conf的输出数据

        #计算到vgg的conv4_3
        for k in range(23):
            x = self.vgg[k](x)
```

```
#将conv4_3的输出作为L2Norm的输入，创建source1，并添加到sources中
source1 = self.L2Norm(x)
sources.append(source1)

#计算至vgg的末尾，创建source2，并添加到sources中
for k in range(23, len(self.vgg)):
    x = self.vgg[k](x)

sources.append(x)

#计算extras的conv和ReLU
#并将source3 ~ source6添加到sources中
for k, v in enumerate(self.extras):
    x = F.relu(v(x), inplace=True)
    if k % 2 == 1:          # conv→ReLU→cov→ReLU完成后，放到source中
        sources.append(x)

#对source1 ~ source6分别进行一次卷积处理
#使用zip获取for循环的多个列表的元素
#需要处理source1 ~ source6的数据，因此循环6次
for (x, l, c) in zip(sources, self.loc, self.conf):
    #使用Permute调整要素的顺序
    loc.append(l(x).permute(0, 2, 3, 1).contiguous())
    conf.append(c(x).permute(0, 2, 3, 1).contiguous())
    #用l(x)和c(x)进行卷积操作
    #l(x)和c(x)的输出尺寸是[batch_num, 4*宽高比的种类数, featuremap
    #的高度,featuremap的宽度]
    #不同source的宽高比的种类数量不同，处理比较麻烦，因此对顺序进行调整
    #使用Permute调整要素的顺序
    #增加到[minibatch的数量, featuremap的数量, featuremap的数量,
    #4*宽高比的种类数]
    # （注释）
    #torch.contiguous()是在内存中连续设置元素的命令
    #稍后使用view函数
    #为了能够执行view函数，对象的变量在内存中必须是连续存储的

#对loc和conf进行变形
#loc的尺寸是torch.Size([batch_num, 34928])
#conf的尺寸是torch.Size([batch_num, 183372])
loc = torch.cat([o.view(o.size(0), -1) for o in loc], 1)
conf = torch.cat([o.view(o.size(0), -1) for o in conf], 1)

#进一步对loc和conf进行对齐
#loc的尺寸是torch.Size([batch_num, 8732, 4])
#conf的尺寸是torch.Size([batch_num, 8732, 21])
```

```
        loc = loc.view(loc.size(0), -1, 4)
        conf = conf.view(conf.size(0), -1, self.num_classes)

        #最后输出结果
        output = (loc, conf, self.dbox_list)

        if self.phase == "inference":    #推测模式
            #执行Detect类的forward
            #返回值的尺寸是torch.Size([batch_num, 21, 200, 5])
            return self.detect(output[0], output[1], output[2])

        else:                            #学习模式
            return output
            #返回值是(loc, conf, dbox_list)的元组
```

至此，就完成了本节中SSD模型的正向传播函数的代码的编写。2.6节将学习编程实现损失函数的计算方法。

2.6 损失函数的实现

本节将对SSD模型的损失函数进行定义；在尽量减小定义的损失函数的计算结果的前提下，对神经网络的链接参数进行更新和学习。

本节的实现代码非常复杂，建议读者稍后再重新回顾这些代码。本节就先来明确我们的目的是什么，并对需要处理的内容在整体概念上有所把握。

本节的学习目标如下。

1. 理解运用了jaccard系数的match函数的行为。
2. 理解什么是难分样本挖掘。
3. 理解两种损失函数（SmoothL1Loss函数、交叉熵误差函数）的行为。

本节的程序代码

```
2-6_loss_function.ipynb
```

2.6.1 运用了jaccard 系数的match 函数的行为

当定义SSD的损失函数时，首先需要从8732个DBox中将与学习数据的图像的正确答案BBox相近的DBox（正确答案与物体的分类一致，坐标信息也相近的DBox）抽取出来。实现该抽取处理的就是match函数。

抽取与正确答案BBox相近的DBox时，需要使用jaccard系数。图2.6.1所示为jaccard系数的计算方法。两个BBox和DBox的jaccard系数是由两个Box的BBox和DBox的重叠面积（BBox ∩ DBox）与两者的总面积（BBox ∪ DBox）的商确定的。Jaacard系数的取值范围为0 ~ 1，如果两个Box完全相同，jaacard的值就为1；如果完全不重合，就为0（jaccard系数与IoU含义相同）。

使用上述jaccard系数，对于训练数据中正确答案BBox和jaccard系数大于阈值（jaccard_thresh = 0.5）的DBox，就将其作为Positive DBox（图2.6.2）。

在实际编程中，对于8732个DBox将分别做如下处理。

首先，对于jaccard系数超过0.5但没有对应的正确答案BBox的DBox，将该DBox作为Negative DBox处理，并将作为该DBox的预测结果的监督数据的正确答案物体的标签设为0。在这里，物体标签为0意味着其物体分类为背景。

那么，为什么对于那些没有检测出物体的DBox也要准备监督数据呢？是因为我们希望能够识别背景这一物体。因此，对于没有正确答案BBox的DBox，将当作不存在任何物体的背景进行识别，并在损失函数的计算和网络的学习中使用。

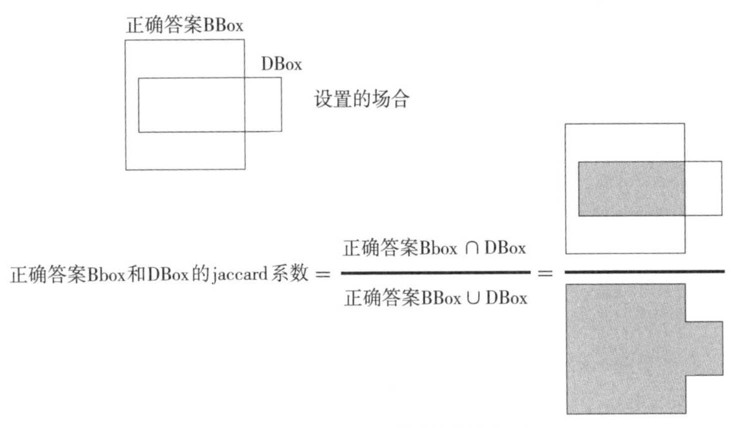

图2.6.1　jaccard 系数的计算方法

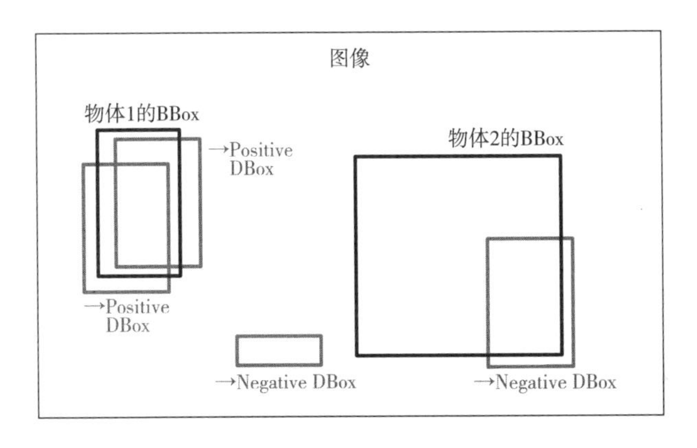

图2.6.2　使用match 函数抽取Positive DBox

另外，对于jaccard系数大于0.5且具有相应的正确答案BBox的DBox，将该DBox作为Positive DBox处理，并将jaccard系数最大的正确答案BBox的物体分类作为预测结果的监督数的正确答案分类。此外，将传递给jaccard系数最大的正确答案BBox和用于转换DBox的位移值作为loc的监督数据。

这里的难点在于，在SSD中，DBox的坐标信息和DBox检测出的物体分类是被分开考虑的。因此，在考虑DBox的jaccard系数时，并不考虑该DBox的分类的置信度conf高低，而只考虑DBox的坐标信息，即仅考虑变量loc。另外，我们处理的也不是修正了DBox的推测BBox和正确答案BBox的jaccard系数，而是用事先准备好的DBox和BBox来计算jaccard系数，并生成每个DBox的监督数据。

Match函数的实现代码非常复杂，本书不自己实现该函数，而是直接引用[4]现有的实现代码。文件夹utils中的程序match.py中有match 函数的实现代码，直接使用这段代码即可。在这段代码中，作为各个DBox 的修正信息loc的正确答案的监督数据被保存在变量loc_t中；作为各个DBox的置信度conf的正确答案的标签的监督数据被保存在变量conf_t_label中，并被作为返回值输出。

这里需要重点注意的是，在match函数中，物体分类的监督数据的标签索引都被加1。这是因为背景分类是作为第0个索引使用的，因此对VOC2012数据集中的物体分类都事先进行了加1处理，并将索引0作为背景分类（background）进行处理。

2.6.2 难分样本挖掘

通过调用match 函数，可成功地从正确答案的BBox 和DBox 的信息生成监督数据loc_t 和conf_t_label，然后就可以将预测结果和监督数据输入损失函数进行损失值的计算。但是，这里还需要用到难分样本挖掘进行预处理。

难分样本挖掘是指对于那些被分类为Negative DBox 的DBox，在学习过程中对这些DBox 的数量进行压缩。

这里只为Positive DBox 提供将DBox 转换为正确答案BBox 的位移的监督数据loc_t，所以也只为Positive DBox 计算位移信息的损失值。

另外，我们为所有的DBox 都提供DBox 的分类的监督数据conf_f_label。但是，共8732个的DBox中的大部分被分类为Negative DBox，而Negative DBox的监督数据的标签是0（背景分类），如果将这些被判定为Negative DBox的DBox全都用于学习，那结果就会变成一直学习如何预测标签0这一分类。其结果会导致对背景以外的实际物体分类的预测相关的学习次数大幅低于针对背景分类的学习次数，因而会在整体上失去平衡。

因此，这里将Negative DBox 的数量限制为Positive DBox 数量的固定倍数（这次的代码中是neg_pos = 3）。

那么在限制数量时，究竟应该如何选择使用Negative DBox 呢？在SSD中的做法是，优先选择那些标签预测的损失值高的（标签预测不太成功的）。标签预测不太成功的Negative DBox 是指，对那些本应该预测为不存在任何物体的背景分类的DBox，没有成功地将其预测为背景分类。因此，就需要对那些没能正确预测背景物体标签的Negative DBox 优先进行学习。

通过上述的难分样本挖掘处理，就能降低学习中使用的Negative DBox的数量。

2.6.3 SmoothL1Loss 函数与交叉熵误差函数

前面通过使用match 函数和难分样本挖掘处理，对计算损失时使用的监督数据和预测结果进行了计算。接下来，将这些计算结果输入损失函数，并计算损失值。

Positive DBox 的位移信息的预测loc是一个对转换到DBox 和正确答案BBox所需的修正值进行预测的回归问题。对于解决回归问题，通常使用的损失函数是误差的平方函数，在SSD中使用的则是对平方差函数稍加改进过的SmoothL1Loss 函数。

SmoothL1Loss 函数属于Huber 损失函数的一种，计算公式如下：

$$\mathrm{loss_i}(\mathrm{loc_t}-\mathrm{loc_p})=\begin{cases}0.5(\mathrm{loc_t}-\mathrm{loc_p})^2, & \text{if } |\mathrm{loc_t}-\mathrm{loc_p}|<1\\ |\mathrm{loc_t}-\mathrm{loc_p}|-0.5, & \text{otherwise}\end{cases}$$

如果监督数据与预测结果的差的绝对值小于1，则使用平方差公式；如果它们的差的绝对值大于1，则用绝对值减去0.5。当监督数据和预测结果的差比较大时，如果使用平方差，损失值就会变得异常大，神经网络的学习就会变得不稳定。因此，在SmoothL1Loss算法中，当监督数据与预测结果的差比较大时，就不再使用平方差计算损失值，而是使用绝对值，这样估计出的损失值就会比用平方差小一些。

位移预测loc 只会被用于那些jaccard 系数超过了阈值的Positive DBox 的预测结果中。Negative DBox 的监督数据的标签是背景0，因此不存在BBox，所以也就没有位移值。

接下来，继续讲解物体分类的标签预测相关的损失函数。标签预测使用的损失函数是在多分类预测中经常使用的交叉熵误差函数。交叉熵误差函数的计算公式如下：

$$\text{loss}_i(\text{conf}, \text{label}_t) = -\log\left(\frac{\exp(\text{conf}[\text{label}_t])}{\sum \exp(\text{conf}[x])}\right)$$

下面举一个交叉熵误差函数计算示例。假设有一个三分类的预测问题，每个分类的置信度预测结果是（-10，10，20）。然后，假设正确答案分类是第一个，即第0个分类的预测置信度是-10，第一个分类的预测置信度是10，第二个分类的预测置信度是20。此时，交叉熵误差函数计算的损失值如下：

$$\text{loss}_i([-10,10,20],1) = -\log\left[\frac{\exp(10)}{\exp(-10)+\exp(10)+\exp(20)}\right] = 4.34$$

如果假设预测结果是（-100,100,-100），在预测非常成功的情况下，损失值几乎为0。

2.6.4 SSD 损失函数MultiBoxLoss类的实现

现在按照以上所述的内容来实现损失函数MultiBoxLoss 类。损失函数MultiBoxLoss 类继承自nn.Module 类，损失值的计算将在forward 中进行。

实际的代码实现如下所示。对应于位移信息的损失值loss_l 和对应于标签预测的损失值loss_c 被分别作为返回值返回。

此外，代码中的变量variance 表示的是将DBox 转换为BBox 的修正计算时使用下列公式的系数，即0.1和0.2。

$$cx = cx\_d + 0.1\,\Delta cx \times w\_d$$
$$cy = cy\_d + 0.1\,\Delta cy \times h\_d$$
$$w = w\_d \times \exp(0.2\,\Delta w)$$
$$h = h\_d \times \exp(0.2\,\Delta h)$$

这一损失函数MultiBoxLoss类的代码实现非常复杂。其中，为了实现高速的物体检测处理，很多代码都编写得非常不直观。读者可以先从大体概念上把握这些代码的含义，然后重新研究具体的实现细节。为了方便读者理解，源代码中加入了比较多的注释，可以作为参考。

```
class MultiBoxLoss(nn.Module):
    """SSD的损失函数的类"""

    def __init__(self, jaccard_thresh=0.5, neg_pos=3, device='cpu'):
        super(MultiBoxLoss, self).__init__()
        self.jaccard_thresh = jaccard_thresh #0.5, match函数的jaccard系数的阈值
        self.negpos_ratio = neg_pos          #3:1, 难分样本挖掘的正负比例
        self.device = device                 #指定使用CPU或GPU进行计算

    def forward(self, predictions, targets):
        """
        损失函数的计算
```

```
Parameters
----------
predictions : SSD网络训练时的输出（元组）
    (loc=torch.Size([num_batch, 8732, 4]),
     conf=torch.Size([num_batch, 8732, 21]), dbox_list=torch.Size [8732,4])

targets : [num_batch, num_objs, 5]
    5表示正确答案的标注信息[xmin, ymin, xmax, ymax, label_ind]

Returns
-------
loss_l : 张量
    loc的损失值
loss_c :张量
    conf的损失值

"""

#由于SSD模型的输出数据类型是元组，因此要将其分解
loc_data, conf_data, dbox_list = predictions

#把握元素的数量
num_batch = loc_data.size(0)     #小批量的尺寸
num_dbox = loc_data.size(1)      #DBox的数量 = 8732
num_classes = conf_data.size(2)  #分类数量 = 21


#创建变量，用于保存损失计算中使用的对象
# conf_t_label：将最接近正确答案的BBox的标签保存到各个DBox中
# loc_t:将最接近正确答案的BBox的位置信息保存到各个DBox中
conf_t_label = torch.LongTensor(num_batch, num_dbox).to(self.device)
loc_t = torch.Tensor(num_batch, num_dbox, 4).to(self.device)

#在loc_t和conf_t_label中保存
#经过match处理的DBox和正确答案标注targets的结果
for idx in range(num_batch):     #以小批量为单位进行循环

    #获取当前的小批量的正确答案标注的BBox和标签
    truths = targets[idx][:, :-1].to(self.device)  # BBox
    #标签[物体1的标签，物体2的标签，…]
    labels = targets[idx][:, -1].to(self.device)

    #用新的变量初始化DBox变量
    dbox = dbox_list.to(self.device)

    #执行match函数，更新loc_t和conf_t_label的内容
```

```
        #（详细）
        #loc_t:保存各个DBox中最接近正确答案的BBox的位置信息
        #conf_t_label：保存各个DBox中最接近正确答案的BBox的标签
        #但是，如果与最接近的BBox之间的jaccard重叠小于0.5
        #将正确答案BBox的标签conf_t_label设置为背景分类0
        variance = [0.1, 0.2]
        #这个variance是从DBox转换到BBox的修正计算公式中的系数
        match(self.jaccard_thresh, truths, dbox,
              variance, labels, loc_t, conf_t_label, idx)

    # ----------
    #位置的损失：计算loss_l
    #使用Smooth L1函数计算损失。这里只计算那些发现了物体的DBox的位移
    # ----------
    #生成用于获取检测到物体的BBox的掩码
    pos_mask = conf_t_label > 0  # torch.Size([num_batch, 8732])

    #将pos_mask的尺寸转换为loc_data
    pos_idx = pos_mask.unsqueeze(pos_mask.dim()).expand_as(loc_data)

    #获取Positive DBox的loc_data和监督数据loc_t
    loc_p = loc_data[pos_idx].view(-1, 4)
    loc_t = loc_t[pos_idx].view(-1, 4)

    #对发现了物体的Positive DBox的位移信息loc_t进行损失（误差）计算
    loss_l = F.smooth_l1_loss(loc_p, loc_t, reduction='sum')

    # ----------
    #分类预测的损失：计算loss_c
    #使用交叉熵误差函数进行损失计算。但是，由于绝大多数DBox的正确答案为背景分
    #类，因此要进行难分样本挖掘处理，将发现物体的DBox和背景分类DBox的比例
    #调整为1:3
    #然后，从预测为背景分类的DBox中，将损失值小的那些从分类预测的损失中去除
    # ----------
    batch_conf = conf_data.view(-1, num_classes)

    #计算分类预测的损失函数(设置reduction='none'，不进行求和计算，不改变维度)
    loss_c = F.cross_entropy(
        batch_conf, conf_t_label.view(-1), reduction='none')

    # -----------------
    #现在开始创建Negative DBox中，用于计算难分样本挖掘处理抽出数据的掩码
    # -----------------

    #将发现了物体的Positive DBox的损失设置为0
    #注意：物体标签大于1，标签0是背景
```

```
num_pos = pos_mask.long().sum(1, keepdim=True)  #以小批量为单位，对物体分类
                                                #进行预测的数量
loss_c = loss_c.view(num_batch, -1)  # torch.Size([num_batch, 8732])
loss_c[pos_mask] = 0      #将发现了物体的DBox的损失设置为0

#开始进行难分样本挖掘处理
#计算用于对每个DBox的损失值大小loss_c进行排序的idx_rank
_, loss_idx = loss_c.sort(1, descending=True)
_, idx_rank = loss_idx.sort(1)

#（注释）
#这里的实现代码比较特殊，不容易直观理解
#上面两行代码是对每个DBox的损失值的大小的顺序，
#用变量idx_rank来表示，这样就可以进行快速的访问。
#
#将DBox的损失值按降序排列，并将DBox的降序的index保存到loss_idx中。
#计算用于对损失值大小loss_c进行排序用的idx_rank。
#在这里，
#如果要将按降序排列的索引数组loss_idx转换为从0到8732升序排列，
#应该使用loss_idx的第几个索引值呢？ idx_rank表示的就是该索引值。
#例如，
#要求idx_rank的第0个元素= idx_rank[0]，loss_idx的值为0的元素，
#即loss_idx[?}=0，?表示要求取的是第几位。在这里就是？ = idx_rank[0]。
#这里，loss_idx[?]=0中的0表示原有的loss_c的第0个元素。
#也就是说，?表示的是，求取原有的loss_c第0位的元素，在按降序排列的
#loss_idx中是第几位这一结果
#? = idx_rank[0] 表示loss_c的第0位元素，如果按降序排列是第几位

#决定背景的DBox数量num_neg。通过难分样本挖掘处理后，
#设为发现了物体的DBox的数量num_pos的三倍（self.negpos_ratio倍）。
#但是，如果超过了DBox的数量，就将DBox数量作为上限值。
num_neg = torch.clamp(num_pos*self.negpos_ratio, max=num_dbox)

#idx_rank表示每个DBox的损失值按从大到小的顺序是第几位
#生成用于读取比背景的DBox数num_neg排位更低的DBox
# torch.Size([num_batch, 8732])
neg_mask = idx_rank < (num_neg).expand_as(idx_rank)

# -----------------
#（结束）现在开始创建从Negative DBox中，用于求取难分样本挖掘抽出的数据的掩码
# -----------------

#转换掩码的类型，合并到conf_data中
#pos_idx_mask是获取Positive DBox的conf的掩码
#neg_idx_mask是获取使用难分样本挖掘提取的Negative DBox的conf的掩码
# pos_mask：torch.Size([num_batch, 8732])→pos_idx_mask：torch.Size([num_
```

```
        # batch, 8732, 21])
        pos_idx_mask = pos_mask.unsqueeze(2).expand_as(conf_data)
        neg_idx_mask = neg_mask.unsqueeze(2).expand_as(conf_data)

        # 从conf_data中将pos和neg取出，保存到conf_hnm中。类型是torch.
        # Size([num_pos+num_neg, 21])
        conf_hnm = conf_data[(pos_idx_mask+neg_idx_mask).gt(0)
                             ].view(-1, num_classes)
        #（注释）gt是greater than (>)的简写。这样就能取出mask为1的index。
        #虽然pos_idx_mask+neg_idx_mask是加法运算，但是只是对index的mask进行集中
        #也就是说，无论是pos还是neg，只要是掩码为1就进行加法运算，合并成一个列表，
        #这里使用gt取得

        #同样地，从作为监督数据的conf_t_label中取出pos和neg，放到conf_t_label_hnm中
        #类型是torch.Size([pos+neg])
        conf_t_label_hnm = conf_t_label[(pos_mask+neg_mask).gt(0)]

        #confidence的损失函数的计算（求元素的总和=sum）
        loss_c = F.cross_entropy(conf_hnm, conf_t_label_hnm, reduction='sum')

        #使用发现了物体的BBox的数量N（整个小批量的合计）对损失进行除法运算
        N = num_pos.sum()
        loss_l /= N
        loss_c /= N

        return loss_l, loss_c
```

至此，就完成了损失函数的编码实现。因为这段代码非常复杂，读者可以稍后回过头来慢慢理解。这里读者只需理解代码想要实现的功能是什么，对损失函数的处理内容在整体概念上有一个认识即可。2.7节将使用到目前为止实现的代码来进行SSD模型的学习训练。

2.7 学习和检测的实现

本节将使用在前几节中编写的SSD模型的代码进行学习和验证。

本节的学习目标如下。

实现SSD的学习和检测。

本节的程序代码

```
2-7_SSD_training.ipynb
```

2.7.1 程序的实现

要实现SSD的学习程序，需要使用2.2～2.6节中创建的多个类和函数。到目前为止，本书编写的代码可以在utils文件夹的ssd_model.py文件中找到。下面，将从该文件直接导入之前创建的类和函数。

学习程序的实现流程如下。

1. 创建DataLoader（创建文件路径列表、Dataset、DataLoader）。
2. 创建网络模型。
3. 定义损失函数。
4. 设置最优化算法。
5. 执行学习和验证。

2.7.2 创建DataLoader

准备DataLoader。内容与2.2节、2.3节的解说相同。

```
from utils.ssd_model import make_datapath_list, VOCDataset, DataTransform,
Anno_xml2list, od_collate_fn

#取得文件路径的列表
rootpath = "./data/VOCdevkit/VOC2012/"
train_img_list, train_anno_list, val_img_list, val_anno_list = make_datapath_list(
    rootpath)

#创建Dataset
voc_classes = ['aeroplane', 'bicycle', 'bird', 'boat',
               'bottle', 'bus', 'car', 'cat', 'chair',
```

```
                'cow', 'diningtable', 'dog', 'horse',
                'motorbike', 'person', 'pottedplant',
                'sheep', 'sofa', 'train', 'tvmonitor']
color_mean = (104, 117, 123)          #(BGR)的颜色平均值
input_size = 300                      #将图像的input尺寸设置为300像素×300像素

train_dataset = VOCDataset(train_img_list, train_anno_list, phase="train",
transform=DataTransform(
    input_size, color_mean), transform_anno=Anno_xml2list(voc_classes))

val_dataset = VOCDataset(val_img_list, val_anno_list, phase="val",
transform=DataTransform(
    input_size, color_mean), transform_anno=Anno_xml2list(voc_classes))

#创建DataLoader
batch_size = 32

train_dataloader = data.DataLoader(
    train_dataset, batch_size=batch_size, shuffle=True, collate_fn=od_collate_fn)

val_dataloader = data.DataLoader(
    val_dataset, batch_size=batch_size, shuffle=False, collate_fn=od_collate_fn)

#集中保存到字典型变量中
dataloaders_dict = {"train": train_dataloader, "val": val_dataloader}
```

2.7.3 创建网络模型

接下来创建网络模型，该内容在2.4节中已经讲解过，这里再补充一点，即关于网络模型的耦合参数的初始化设置。

这里对vgg模块进行初始化时，将使用在ImageNet的图像分类任务中事先训练好的vgg模块的耦合参数。引用[4]中的vgg16_reducedfc.path中有该训练完毕的模型，我们将下载并直接引用该文件。

vgg16_reducedfc.pth是通过执行make_folders_and_data_downloads.ipynb程序下载的，最后被保存在weights文件夹中。

除了这个vgg模块外，其他模块的初始化值使用He的初始值。He的初始值是在使用激励函数ReLU的场合中使用的初始化方法。对于各个卷积层，如果输入通道数为input_n，卷积层的耦合参数的初始值使用的是服从“平均值为0，标准误差sqrt(2/input_n)的高斯分布”的随机数的一种方法。提出这个初始化方法的是Kaiming He，所以在PyTorch中就有了函数名为kaiming_normal_。

具体的代码实现如下所示。

```
from utils.ssd_model import SSD

#设置SSD300
ssd_cfg = {
```

```
    'num_classes': 21,                                  #包含背景分类的总分类数
    'input_size': 300,                                  #图像的输入尺寸
    'bbox_aspect_num': [4, 6, 6, 6, 4, 4],              #输出的DBox的宽高比的种类
    'feature_maps': [38, 19, 10, 5, 3, 1],              #各个source的图像的尺寸
    'steps': [8, 16, 32, 64, 100, 300],                 #设置DBox的大小
    'min_sizes': [30, 60, 111, 162, 213, 264],          #设置DBox的大小
    'max_sizes': [60, 111, 162, 213, 264, 315],         #设置DBox的大小
    'aspect_ratios': [[2], [2, 3], [2, 3], [2, 3], [2], [2]],
}

#SSD网络模型
net = SSD(phase="train", cfg=ssd_cfg)

#设置SSD的初始权重
#将权重载入SSD的vgg部分
vgg_weights = torch.load('./weights/vgg16_reducedfc.pth')
net.vgg.load_state_dict(vgg_weights)

#SSD的其他网络权重使用He的初始值进行初始化

def weights_init(m):
    if isinstance(m, nn.Conv2d):
        init.kaiming_normal_(m.weight.data)
        if m.bias is not None:                          #存在偏差的情况下
            nn.init.constant_(m.bias, 0.0)

#用He的初始值进行设置
net.extras.apply(weights_init)
net.loc.apply(weights_init)
net.conf.apply(weights_init)

#确认是否可以使用GPU
device = torch.device("cuda:0" if torch.cuda.is_available() else "cpu")
print("所使用设备：", device)

print('网络设置完毕：学习完毕的权重已加载完成。')
```

2.7.4 定义损失函数与设置最优化算法

接下来定义损失函数并设置最优化算法，代码实现如下所示。

```
from utils.ssd_model import MultiBoxLoss

#定义损失函数
```

```
criterion = MultiBoxLoss(jaccard_thresh=0.5, neg_pos=3, device=device)

#设置最优化算法
optimizer = optim.SGD(net.parameters(), lr=1e-3,
                      momentum=0.9, weight_decay=5e-4)
```

2.7.5 执行学习与检测

接下来，将实现用于学习和验证的函数train_model，具体代码实现如下所示。验证操作的执行频率是每10轮epoch执行一次，学习与验证的loss值在每一轮epoch中都会被保存到log.output.csv文件中，网络的耦合参数也是每10轮epoch执行一次。

```
#创建用于训练模型的函数

def train_model(net, dataloaders_dict, criterion, optimizer, num_epochs):

    #确认是否可以使用GPU
    device = torch.device("cuda:0" if torch.cuda.is_available() else "cpu")
    print("所使用的设备：", device)

    #将网络放入GPU中
    net.to(device)

    #当网络在一定程度上稳定下来时，开启高速运算
    torch.backends.cudnn.benchmark = True

    #设置迭代计数器
    iteration = 1
    epoch_train_loss = 0.0       #epoch的损失值总和
    epoch_val_loss = 0.0         #epoch的损失值总和
    logs = []

    #epoch的循环
    for epoch in range(num_epochs+1):

        #保存开始时间
        t_epoch_start = time.time()
        t_iter_start = time.time()

        print('-------------')
        print('Epoch {}/{}'.format(epoch+1, num_epochs))
        print('-------------')

        #以epoch为单位进行训练和验证循环
        for phase in ['train', 'val']:
```

```
        if phase == 'train':
            net.train()              #将模型设置为训练模式
            print('(train)')
        else:
            if((epoch+1) % 10 == 0):
                net.eval()           #将模型设置为验证模式
                print('-------------')
                print('(val)')
            else:
                #每10轮进行一次验证
                continue

        #从数据加载器中将小批量一个个取出并进行循环处理
        for images, targets in dataloaders_dict[phase]:

            #如果GPU能用，则将数据输送到GPU中
            images = images.to(device)
            targets = [ann.to(device)
                       for ann in targets]  #将列表的各个元素的张量传输到GPU


            #初始化optimizer
            optimizer.zero_grad()

            #正向传播计算
            with torch.set_grad_enabled(phase == 'train'):
                #正向传播计算
                outputs = net(images)

                #计算损失
                loss_l, loss_c = criterion(outputs, targets)
                loss = loss_l + loss_c

                #训练时的反向传播
                if phase == 'train':
                    loss.backward()              #计算梯度

                    #如果梯度太大，计算会变得不稳定，因此用clip将梯度固定在2.0以下
                    nn.utils.clip_grad_value_(
                        net.parameters(), clip_value=2.0)

                    optimizer.step()  #更新参数

                    if (iteration % 10 == 0):       #每10次迭代显示一次loss
                        t_iter_finish = time.time()
                        duration = t_iter_finish - t_iter_start
```

```
                    print('迭代 {} || Loss: {:.4f} || 10iter: {:.4f}
                          sec.'.format(
                        iteration, loss.item(), duration))
                    t_iter_start = time.time()

                epoch_train_loss += loss.item()
                iteration += 1

            #验证时
            else:
                epoch_val_loss += loss.item()

    #以epoch的phase为单位的loss和准确率
    t_epoch_finish = time.time()
    print('-------------')
    print('epoch {} || Epoch_TRAIN_Loss:{:.4f} ||Epoch_VAL_Loss:{:.4f}'.format(
        epoch+1, epoch_train_loss, epoch_val_loss))
    print('timer:  {:.4f} sec.'.format(t_epoch_finish - t_epoch_start))
    t_epoch_start = time.time()

    #保存日志
    log_epoch = {'epoch': epoch+1,
                 'train_loss': epoch_train_loss, 'val_loss': epoch_val_loss}
    logs.append(log_epoch)
    df = pd.DataFrame(logs)
    df.to_csv("log_output.csv")

    epoch_train_loss = 0.0          #epoch的损失值总和
    epoch_val_loss = 0.0            #epoch的损失值总和

    #保存网络
    if ((epoch+1) % 10 == 0):
        torch.save(net.state_dict(), 'weights/ssd300_' +
                   str(epoch+1) + '.pth')
```

学习总共执行50轮epoch，大约需要6小时。

```
#执行学习和验证
num_epochs = 50
train_model(net, dataloaders_dict, criterion, optimizer, num_epochs=num_epochs)
```

上述代码的执行结果如图2.7.1所示。图2.7.2所示为经过50轮epoch学习后，训练数据与验证数据的损失变化的推移。由于执行这些操作非常耗时，因此这里在完成50轮epoch后就停止执行，而且验证数据的损失值也有下降趋势。

第50轮epoch的网络的参数将作为学习完毕的模型在2.8节中使用。2.8节将使用学习完毕的模型，实现物体检测的推测计算。

```
In [*]: # 执行学习和验证
        num_epochs= 50
        train_model(net, dataloaders_dict, criterion, optimizer, num_epochs=num_epochs)

使用设备: cuda:0
-------------
Epoch 1/50
-------------
 (train)
迭代 10 || Loss: 16.7849 || 10iter: 52.2679 sec.
迭代 20 || Loss: 12.0788 || 10iter: 25.0179 sec.
迭代 30 || Loss: 10.9953 || 10iter: 25.4926 sec.
迭代 40 || Loss: 9.8858 || 10iter: 25.0565 sec.
迭代 50 || Loss: 8.6146 || 10iter: 24.8988 sec.
迭代 60 || Loss: 8.1224 || 10iter: 24.7498 sec.
迭代 70 || Loss: 8.5834 || 10iter: 25.5584 sec.
迭代 80 || Loss: 8.2935 || 10iter: 24.9817 sec.
迭代 90 || Loss: 8.2462 || 10iter: 25.1121 sec.
迭代 100 || Loss: 7.5155 || 10iter: 24.8603 sec.
迭代 110 || Loss: 7.7157 || 10iter: 25.1244 sec.
迭代 120 || Loss: 7.5915 || 10iter: 25.6062 sec.
迭代 130 || Loss: 7.7106 || 10iter: 24.9809 sec.
迭代 140 || Loss: 7.7460 || 10iter: 24.4395 sec.
迭代 150 || Loss: 7.8148 || 10iter: 24.9344 sec.
迭代 160 || Loss: 7.3453 || 10iter: 25.3215 sec.
迭代 170 || Loss: 7.1660 || 10iter: 24.7397 sec.
-------------
epoch 1 || Epoch_TRAIN_Loss:1642.0417 ||Epoch_VAL_Loss:0.0000
timer:  516.8996 sec.
-------------
```

图2.7.1　学习和验证程序的执行结果

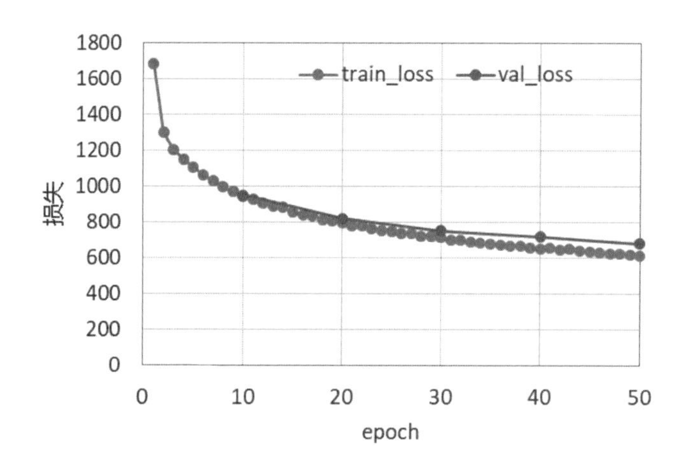

图2.7.2　训练数据与验证数据的损失变化的推移

此外，本书的实现代码设置的学习迭代次数相对于原版的SSD论文[1]要少。在原版论文中，总共要对网络进行约50000次的迭代学习；在本书中，学习的时间被设置为半天，总共约进行8500次迭代学习（1轮epoch大约进行170次迭代，共50轮epoch）。此外，使用的最优化算法的设置也有区别，本书中使用的是最单纯且简单的最优化算法。

2.8 推测的施行

本节将使用在2.7节中训练好的SSD模型对图像进行物体检测操作。

本节的学习目标如下。

掌握SSD推测的实现方法。

本节的程序代码

2-8_SSD_inference.ipynb

现在将使用本章所学内容来实现推测。这里将weights文件夹中的ssd300_50.pth文件作为训练完毕的模型。

此外，笔者按照本章内容事先制作好的SSD300模型也可以直接使用（代码在make_folders_and_data_downloads.ipynb文件的最后一个单元中）。该模型不是必须下载的，不过如果读者想在使用自己训练的SSD网络之前体验已经完成训练的模型，可以用该模型进行测试。要使用该模型进行测试，请手动下载ssd300_50.pth文件，并保存到weights文件夹中。

接下来，进行SSD模型的搭建，并载入事先训练好的参数。

```
from utils.ssd_model import SSD

voc_classes = ['aeroplane', 'bicycle', 'bird', 'boat',
               'bottle', 'bus', 'car', 'cat', 'chair',
               'cow', 'diningtable', 'dog', 'horse',
               'motorbike', 'person', 'pottedplant',
               'sheep', 'sofa', 'train', 'tvmonitor']

#设置SSD300
ssd_cfg = {
    'num_classes': 21,                          #包含背景分类的总分类数
    'input_size': 300,                          #图像的输入尺寸
    'bbox_aspect_num': [4, 6, 6, 6, 4, 4],      #用于输出的DBox的纵横比例的种类
    'feature_maps': [38, 19, 10, 5, 3, 1],      #各个source的图像尺寸
    'steps': [8, 16, 32, 64, 100, 300],         #确定DBox的大小
    'min_sizes': [30, 60, 111, 162, 213, 264],  #确定DBox的大小
    'max_sizes': [60, 111, 162, 213, 264, 315], #确定DBox的大小
    'aspect_ratios': [[2], [2, 3], [2, 3], [2, 3], [2], [2]],
}

#SSD网络模型
```

```
net = SSD(phase="inference", cfg=ssd_cfg)

#设置学习完毕的SSD的权重
net_weights = torch.load('./weights/ssd300_50.pth',
                         map_location={'cuda:0': 'cpu'})

# net_weights = torch.load('./weights/ssd300_mAP_77.43_v2.pth',
#                          map_location={'cuda:0': 'cpu'})

net.load_state_dict(net_weights)

print('网络设置完毕：已成功载入学习完毕的权重。')
```

接下来，继续读取data文件夹中的骑马图片，经过预处理后，交由SSD模型进行推测。

```
from utils.ssd_model import DataTransform

# 1.读入图像数据
image_file_path = "./data/cowboy-757575_640.jpg"
img = cv2.imread(image_file_path)          #[高度][宽度][颜色BGR]
height, width, channels = img.shape        #取得图像的尺寸

# 2.显示原有的图像
plt.imshow(cv2.cvtColor(img, cv2.COLOR_BGR2RGB))
plt.show()

# 3.创建预处理类
color_mean = (104, 117, 123)               #(BGR)颜色的平均值
input_size = 300                           #设置图像的input尺寸为300像素×300像素
transform = DataTransform(input_size, color_mean)

# 4.预处理
phase = "val"
img_transformed, boxes, labels = transform(
    img, phase, "", "")                    #因为不能存在标注，所以设置为""
img = torch.from_numpy(img_transformed[:, :, (2, 1, 0)]).permute(2, 0, 1)

# 5.使用SSD 进行预测
net.eval()                                 #将网络设置为推测模式
x = img.unsqueeze(0)                       #小批量化：torch.Size([1, 3, 300, 300])
detections = net(x)

print(detections.shape)
print(detections)

#output : torch.Size([batch_num, 21, 200, 5])
# = (batch_num，分类，conf的top200，格式化后的BBox信息)
```

```
#格式化后的BBox信息（置信度，xmin，ymin，xmax，ymax）
```

【输出执行结果】

```
torch.Size([1, 21, 200, 5])
tensor([[[[0.0000, 0.0000, 0.0000, 0.0000, 0.0000],
...
```

输出结果是（1,21,200,5）的张量，表示（batch_num，分类，conf的top200，格式化处理后的BBox信息）。格式化处理后的BBox的信息表示（置信度，xmin，ymin，xmax，ymax）信息。

从该输出结果的张量中，将超过一定阈值的BBox取出，并将其绘制在原有图像上。

本书将不对从SSD的输出到推测结果的图像的显示部分进行讲解。笔者已事先准备好名为ssd_predict_show.py的文件并放在了utils文件夹中，同时在其中添加了比较详细的注释，关心这部分实现的读者可以参考该文件。

在从ssd_predict_show.py文件中导入了SSDPredictShow类之后，实现物体检测结果的绘制代码如下所示。在下面的实现代码中，设置只显示那些置信度conf大于0.6的BBox。其具体的执行结果如图2.8.1所示。

```
#对图像进行预测
from utils.ssd_predict_show import SSDPredictShow

#文件路径
image_file_path = "./data/cowboy-757575_640.jpg"

#将预测和预测结果绘制在图像上
ssd = SSDPredictShow(eval_categories=voc_classes, net=net)
ssd.show(image_file_path, data_confidence_level=0.6)
```

图2.8.1　使用构建好的SSD进行物体检测的结果

从图2.8.1中可以看到，人和马被很好地检测并区分开。置信度的结果是person为0.94，horse为0.82，马的BBox比较小。本书中只进行了50轮学习，因此识别精度仍然有提升空间。

此外，在weights文件夹中，引用[4]的GitHub链接中公开的事先训练好的SSD300模型ssd300_mAP_77.43_v2.pth也可以用make_folders_and_data_downloads.ipynb进行下载。如果使用该模型，检测结果如图2.8.2所示。

图2.8.2　使用事先训练好的SSD进行物体检测的结果

至此，本节使用训练完毕的SSD模型，完成了对图像中的物体检测的推测计算。

作为附录，笔者还准备了2-8_SSD_inference_appendix.ipynb文件。该程序使用VOC2012的训练数据集和验证数据集，进行学习完毕的SSD的推测计算，并可以同时将推测结果和正确答案的标注数据显示出来。如果要确认学习好的SSD模型与正确的标注数据的相似度，可以使用该程序。

正如笔者在本章开头所述，本章的实现代码比较复杂，想实现的操作和处理在字面上的理解程度与对实际的实现代码的理解之间有相当大的距离。首先，请读者将自己想实现的功能从概念上用自己的语言进行理解；然后，不要追求一次性对本章中所涉及的具体代码达到完美理解的程度，建议在通过第3章的学习之后，再重新回到本章深入理解这些代码的实现。

小结

至此，就完成了第2章运用SSD进行物体检测的学习。第3章将对图像处理任务之一的语义分割进行深入探讨。

第3章

语义分割（PSPNet）

3.1 语义分割概述

本章将结合图像处理任务之一的语义分割的学习，对被称为PSPNet(Pyramid Scene Parsing Network)[1] 的深度学习模型进行讲解。

本节先对语义分割进行概括介绍，然后对具体所使用的VOC数据集的内容进行说明，最后对运用PSPNet 进行语义分割产生的输入数据和输出数据进行讲解。

本节的学习目标如下。

1. 理解语义分割是输入何种数据输出何种数据的图像处理任务。
2. 理解色彩调色板格式的图像数据。
3. 理解PSPNet语义分析的四个步骤。

本节的程序代码

无

3.1.1 什么是语义分割

语义分割是指对一张图像中所包含的多个物体进行物体的分类和物体名称、像素等级的识别和划分的任务。图3.1.1所示为使用本章中的训练模型进行语义分割处理的结果。在第2章的物体检测中，是使用大的长方形BBox将物体围起来，而语义分割则是在图像的像素级别上添加“从哪里开始到哪里结束的哪种分类的物体”的标签（此外，图3.1.1所示的使用本章内容训练的模型，其设定的学习时间较短，模型也较为简单，因此精度上还有很大的提升空间）。

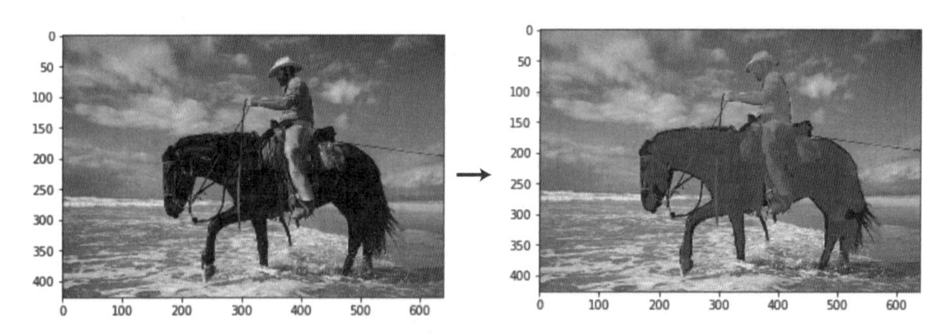

图3.1.1　语义分割的结果（使用的是本章中创建的已学习完毕的简易模型）[注1]

[注1] 骑马图片与第2 章中使用的图片相同，是从Pixabay 网站中下载的[2]（图片版权信息：商业用途免费，且无须注明版权所有信息）。

语义分割在工业制造业上可用于产品瑕疵部位检测，在医疗图像诊断应用中可用于患者病变部位的检测，在无人载具自动驾驶应用中可用于对周围环境进行把握。

3.1.2 语义分割的输入和输出

语义分割的输入数据是图像，输出数据是各个像素所属的分类的标签信息。例如，输入的图像尺寸为高300像素、宽500像素，要区分的物体分类有21种，那么输出结果就是300×500的数组，数组的元素中存储的是表示物体分类信息的0～20的索引值。

如果将这些输出数据（表示每个像素属于哪个物体分类的索引值）显示在图像上，就会得到图3.1.1右图所示的结果。通常，图像数据由三个元素（或者包含透明度A的四个元素）的数组组成。但是，语义分割的输出数据是一个元素的数组，其包含的不是RGB颜色信息，而是包含物体分类的索引值作为标签信息。因此，图3.1.1右图中使用的是被称为调色板形式的图像表示方法。

基于彩色调色板格式的图像表示方法是，针对从0开始顺序排列的数字，准备一套与RGB颜色对应的调色板，并将该数字（这里指物体标签）与RGB值关联起来。例如，物体标签为0的情况下，表示背景分类，其色彩调色板的值为RGB＝（0，0，0）＝黑色；如果物体标签为1，就表示aeroplane（飞机）分类，其色彩调色板的值就为RGB＝（128，0，0）＝红色。这样，如果得到的输出是300×500的数组，数组值为0的部分就是黑色，为1的部分就是红色。通过使用调色板，能够只用一个元素来表示RGB信息。这种表示颜色的方法被称为调色板形式。

3.1.3 VOC数据集

本章与第2章相同，使用PASCAL VOC2012数据集[3]中的数据。但是，这次只使用那些带有语义分割用的标注信息的图像数据。其中，训练数据1464张，验证数据1449张，分类数加上背景总共21个分类。物体分类的内容与第2章中的物体检测相同，如background（背景）、aeroplane、bicycle、bird、boat等。每张图像的标注数据是以使用色彩调色板格式的PNG图像数据的形式提供的。

3.1.4 使用PSPNet进行物体检测的流程

本节最后将对本章中要实现的PSPNet进行概要性的介绍。PSPNet是一种进行语义分割处理的深度学习算法[1]，图3.1.2所示为使用PSPNet进行语义分割处理的四个步骤。在本节中，读者需要对PSPNet的输入/输出信息和算法的概要进行一定程度的理解。

步骤1是预处理，将图像的尺寸调整为475像素×475像素，并对颜色信息进行标准化。PSPNet本身对图像的大小并没有做任何限制，但是在本书中使用475像素的图像。

步骤2是将经过预处理的图像输入神经网络，然后从PSPNet中得到输出数据21×475×475（分类数目、高度、宽度）的数组。输出数组的值就是每个像素对应的物体分类的置信度（≒概率）。

步骤3是根据PSPNet的输出值求取每个像素置信度最高的分类，以及每个像素对应的和预想的分类。计算得到的每个像素的最高置信度的分类信息将作为语义分割处理的输出数据，在当前的场合中是475像素×475像素的图像。

步骤4是将语义分割的输出图像的尺寸调整为与原有输出图像相同。

以上就是使用PSPNet进行语义分割处理的完整流程。

1. 将图像尺寸调整为475像素 × 475像素

2. 将图像输入PSPNet网络中

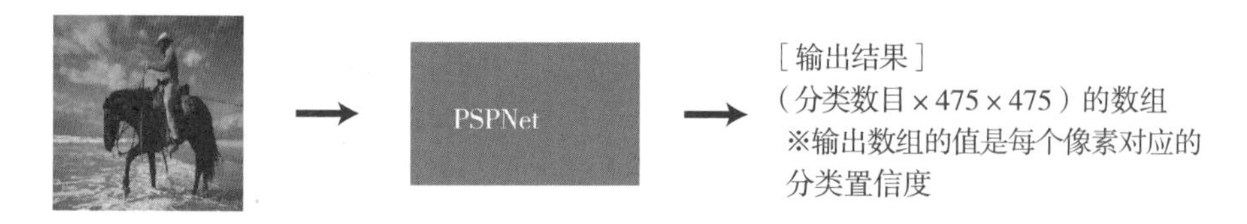

3. 将PSPNet的输出值最大的分类提取出来
（分类数目 × 475 × 475）的数组→（475 × 475）的数组

4. 将步骤3输出的（475 × 475）数组还原成原有图像大小

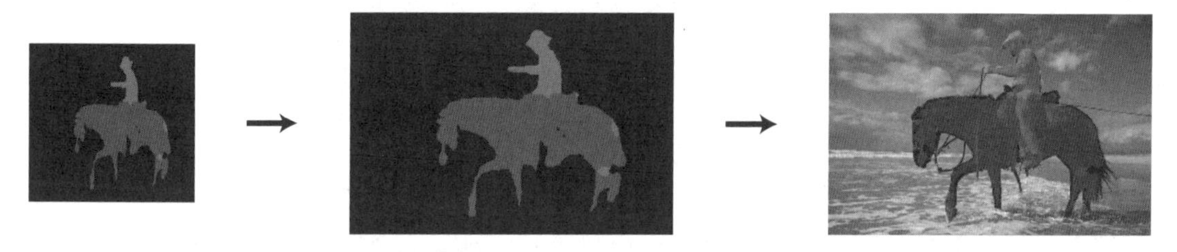

图3.1.2　使用PSPNet进行语义分割处理的四个步骤

以上就是本节中对语义分割概要、语义分割使用的VOC数据集、使用PSPNet进行语义分割的流程的讲解。3.2节将对如何创建PSPNet的DataLoader进行讲解。

3.2 Dataset 和 DataLoader 的实现

本节将对如何创建用于语义分割处理的DataLoader进行讲解。本节使用的数据是VOC2012 数据集。本章中的代码参考了GitHub：hzzhao/PSPNet[4] 的实现。

本节的学习目标如下。

1. 掌握如何创建用于语义分析的DataSet类、DataLoader类。
2. 理解PSPNet的预处理以及数据增强处理等内容。

本节的程序代码

```
3-2_DataLoader.ipynb
```

3.2.1 准备文件夹

在开始编写代码之前，需要先创建好在本节及本章中需要使用的文件夹，并下载相关的文件。

首先请下载本书的实现代码，打开3_semantic_segmentation文件夹内的make_folders_and_data_downloads.ipynb文件，并逐个执行每个单元的代码。

然后，请从Google Drive手动下载笔者制作的用于设置PSPNet初始值的pspnet50_ADE20K.pth文件，并保存到weights文件夹中（下载链接在make_folders_and_data_downloads.ipynb文件的单元中有记载）。

执行完毕后，程序会自动生成图3.2.1所示的文件夹结构。

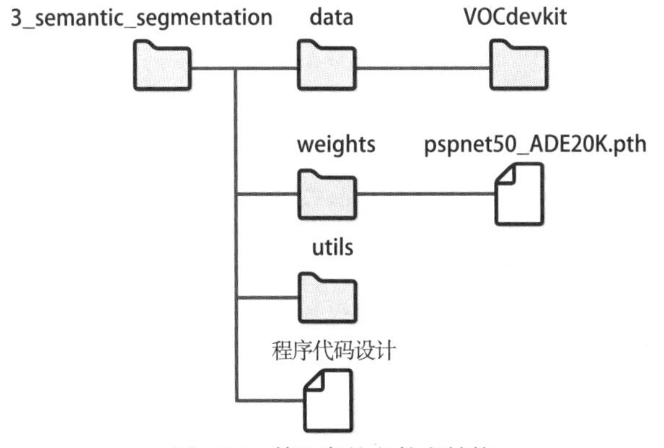

图3.2.1 第3章的文件夹结构

有时，VOC的主页会显示网站正在维护中，导致无法正常下载VOC数据集。这种情况下，建议等待VOC的主页恢复正常后再继续尝试下载。

3.2.2 创建指向图像数据、标注数据的文件路径列表

首先，创建用于保存图像数据、标注数据的文件路径列表变量。文件路径列表变量的创建方法与2.2节相同。

作为语义分割处理对象的文件数据被保存在3_semantic_segmentation/data/VOCdevkit/VOC2012/ImageSets/Segmentation/路径中的train.txt和val.txt文件中。此外，标注数据是保存在3_semantic_segmentation/data/VOCdevkit/VOC2012/SegmentationClass路径中的PNG格式的图像文件。

具体的代码实现和执行结果如下所示。

```
def make_datapath_list(rootpath):
    """
    创建用于学习、验证的图像数据和标注数据的文件路径列表变量

    Parameters
    ----------
    rootpath : str
        指向数据文件夹的路径

    Returns
    -------
    ret : train_img_list, train_anno_list, val_img_list, val_anno_list
        保存了指向数据的路径列表变量
    """

    #创建指向图像文件和标注数据的路径的模板
    imgpath_template = osp.join(rootpath, 'JPEGImages', '%s.jpg')
    annopath_template = osp.join(rootpath, 'SegmentationClass', '%s.png')

    #训练和验证，分别获取相应的文件ID（文件名）
    train_id_names = osp.join(rootpath + 'ImageSets/Segmentation/train.txt')
    val_id_names = osp.join(rootpath + 'ImageSets/Segmentation/val.txt')

    #创建指向训练数据的图像文件和标注文件的路径列表变量
    train_img_list = list()
    train_anno_list = list()

    for line in open(train_id_names):
        file_id = line.strip()                          #删除空格和换行符
        img_path = (imgpath_template % file_id)         #图像的路径
        anno_path = (annopath_template % file_id)       #标注数据的路径
        train_img_list.append(img_path)
        train_anno_list.append(anno_path)

    #创建指向验证数据的图像文件和标注文件的路径列表变量
```

```
    val_img_list = list()
    val_anno_list = list()

    for line in open(val_id_names):
        file_id = line.strip()                          #删除空格和换行符
        img_path = (imgpath_template % file_id)         #图像的路径
        anno_path = (annopath_template % file_id)       #标注数据的路径
        val_img_list.append(img_path)
        val_anno_list.append(anno_path)

    return train_img_list, train_anno_list, val_img_list, val_anno_list



#确认执行结果，获取文件路径列表
rootpath = "./data/VOCdevkit/VOC2012/"

train_img_list, train_anno_list, val_img_list, val_anno_list = make_datapath_list
(rootpath=rootpath)

print(train_img_list[0])
print(train_anno_list[0])
```

【输出执行结果】

```
./data/VOCdevkit/VOC2012/JPEGImages/2007_000032.jpg
./data/VOCdevkit/VOC2012/SegmentationClass/2007_000032.png
```

3.2.3 创建Dataset

在编写Dataset类的代码时，首先需要创建用于对图像和标注进行预处理的DataTransform类。

DataTransform类的功能与第2章中实现的预处理类几乎相同，实现代码的流程也完全一样。其中，需要引用的外部类被保存在utils文件夹的data_augumentation.py文件中。

接下来，导入data_augumentation.py文件中的预处理类，并对其进行说明。本书中不会对预处理类的实现代码进行讲解。笔者在文件中加入了很多注释，对代码的具体实现感兴趣的读者可以参考这些注释。

由于需要将对象图像的数据和对象图像的标注数据成对地进行转换，因此首先创建用于对图像和标注成对地进行转换的Compose类。在Compose类中进行实际的数据转换操作。

接下来，对训练数据进行数据增强处理。数据增强处理是先将图像的尺寸用Scale类进行放大或缩小。在这里将对其进行0.5 ~ 1.5倍的缩放处理。当扩大后的图像尺寸比原有图像的尺寸大时，Scale类会使用原有图像的尺寸从适当的位置将其剪裁出来；如果比原有图像的尺寸小，则使用黑色将图像填充为与原有图像相同大小的尺寸。接下来，使用RandomRotation类对图像进行旋转。这里将在−10° ~ +10°的范围内对图像进行旋转。然后，使用RandomMirror类对图像进行1/2 概率的向左或向右翻转，并使用Resize类将图像尺寸调整为指定的大小。最后，使用Normalize_Tensor类将图像数据转换为PyTorch的张量型变量，并对颜色信息进行正规化处理。

此外，在VOC2012的语义分割的标注数据中，物体的边界被设置为“标签255：'ambigious'”这一分类。在本书的Normalize_Tensor类的代码中，该标签255被转换为标签0的背景分类。此外，在第2章的物体检测中，VOC数据集的标注数据的标签0是aeroplane，实际的代码中对索引值加1；而在用于语义分割的VOC标注数据中，标签0从一开始就代表background。

对于验证数据，不进行数据增强处理，而是使用Resize类将图像调整为指定的尺寸，并在Normalize_Tensor类中进行张量型变量的转换和颜色信息的正规化处理。

实现预处理操作的DataTransform类的实现代码如下所示。

```
#首先导入数据处理类和数据增强类
from utils.data_augumentation import Compose, Scale, RandomRotation, RandomMirror,
Resize, Normalize_Tensor

class DataTransform():
    """
    图像和标注的预处理类。训练和验证时分别采取不同的处理方法
    将图像的尺寸调整为input_size x input_size
    训练时进行数据增强处理

    Attributes
    ----------
    input_size : int
        指定调整图像尺寸的大小
    color_mean : (R, G, B)
        指定每个颜色通道的平均值
    color_std : (R, G, B)
        指定每个颜色通道的标准差
    """

    def __init__(self, input_size, color_mean, color_std):
        self.data_transform = {
            'train': Compose([
                Scale(scale=[0.5, 1.5]),              #图像的放大
                RandomRotation(angle=[-10, 10]),      #旋转
                RandomMirror(),                       #随机镜像
                Resize(input_size),                   #调整尺寸(input_size)
                Normalize_Tensor(color_mean, color_std)#颜色信息的正规化和张量化
            ]),
            'val': Compose([
                Resize(input_size),                   #调整图像尺寸(input_size)
                Normalize_Tensor(color_mean, color_std)#颜色信息的正规化和张量化
            ])
        }
    def __call__(self, phase, img, anno_class_img):
```

```
        """
        Parameters
        ----------
        phase : 'train' or 'val'
            指定预处理的执行模式
        """
        return self.data_transform[phase](img, anno_class_img)
```

接下来，创建Dataset类，类名定为VOCDataset。Dataset类的实现流程与第2 章的物体检测的Dataset 类的实现完全相同。在指定生成VOCDataset实例时所使用的参数时，带入图像数据的列表、标注数据的列表、指定是学习还是训练的变量phase等参数到所创建的实例中。

此外，本章中读取图像并非像第2 章中那样使用OpenCV，而是使用第1章中用到的Pillow（PIL）。因此，颜色信息的格式是按RGB 顺序排列的。

具体的代码实现如下所示。

```
class VOCDataset(data.Dataset):
    """
    用于创建VOC2012的Dataset的类，继承自PyTorch的Dataset类

    Attributes
    ----------
    img_list : 列表
        保存了图像路径列表
    anno_list : 列表
        保存了标注路径列表
    phase : 'train' or 'test'
        设置是学习模式还是训练模式
    transform : object
        预处理类的实例
    """

    def __init__(self, img_list, anno_list, phase, transform):
        self.img_list = img_list
        self.anno_list = anno_list
        self.phase = phase
        self.transform = transform

    def __len__(self):
        '''返回图像的张数'''
        return len(self.img_list)

    def __getitem__(self, index):
        '''
        获取经过预处理的图像的张量形式的数据和标注
        '''
```

```
        img, anno_class_img = self.pull_item(index)
        return img, anno_class_img

    def pull_item(self, index):
        '''获取图像的张量形式的数据和标注'''

        # 1.读入图像数据
        image_file_path = self.img_list[index]
        img = Image.open(image_file_path)            #[高度][宽度][颜色RGB]

        # 2.读入标注图像数据
        anno_file_path = self.anno_list[index]
        anno_class_img = Image.open(anno_file_path)    #[高度][宽度]

        # 3.进行预处理操作
        img, anno_class_img = self.transform(self.phase, img, anno_class_img)

        return img, anno_class_img
```

在创建Dataset的最后对执行结果进行确认，代码实现如下所示，成功地创建了Dataset实例，并将数据取出进行确认。

```
#确认执行结果

#(RGB)颜色的平均值和均方差
color_mean = (0.485, 0.456, 0.406)
color_std = (0.229, 0.224, 0.225)

#生成数据集
train_dataset = VOCDataset(train_img_list, train_anno_list, phase="train",
transform=DataTransform(
    input_size=475, color_mean=color_mean, color_std=color_std))

val_dataset = VOCDataset(val_img_list, val_anno_list, phase="val",
transform=DataTransform(
    input_size=475, color_mean=color_mean, color_std=color_std))

#读取数据的示例
print(val_dataset.__getitem__(0)[0].shape)
print(val_dataset.__getitem__(0)[1].shape)
print(val_dataset.__getitem__(0))
```

【输出执行结果】

```
torch.Size([3, 475, 475])
torch.Size([475, 475])
(tensor([[[ 1.6667,  1.5125,  1.5639,  ...,  1.7523,  1.6667,  1.7009],
...
```

3.2.4 创建DataLoader

最后，创建DataLoader。DataLoader的实现方式与第1章相同，而与第2章不同的是，这次由于标注数据的尺寸是固定的，因此直接使用PyTorch的DataLoader类进行加载。

分别创建用于训练数据和验证数据的DataLoader，并集中保存到字典型变量中，最后确认代码执行结果，代码实现如下所示。

```
#创建数据加载器

batch_size = 8

train_dataloader = data.DataLoader(
    train_dataset, batch_size=batch_size, shuffle=True)

val_dataloader = data.DataLoader(
    val_dataset, batch_size=batch_size, shuffle=False)

#集中保存到字典型变量中
dataloaders_dict = {"train": train_dataloader, "val": val_dataloader}

#确认执行结果
batch_iterator = iter(dataloaders_dict["val"])          #转换为迭代器
imges, anno_class_imges = next(batch_iterator)          #取出第一个元素
print(imges.size())  # torch.Size([8, 3, 475, 475])
print(anno_class_imges.size())  # torch.Size([8, 475, 475])
```

【输出执行结果】

```
torch.Size([8, 3, 475, 475])
torch.Size([8, 475, 475])
```

至此，就完成了用于语义分割的DataLoader的编码。本节中实现的类的代码都保存在utils文件夹的dataloader.py文件中，之后会直接从该文件导入这些类的代码。

作为附加部分，文件32_DataLoader.ipynb的后半部分中有从Dataset图像读取的代码、读取的图像的结果和标注数据的绘制代码。如果需要确认输出图像的结果，可以参考这部分代码。

从3.3节开始，将对PSPNet的网络模型进行讲解和编程实现。

3.3 PSPNet网络的构建与实现

本节将以模块为单位对PSPNet的网络构造进行讲解，并编码实现PSPNet的类。

本节的学习目标如下。

1. 以模块为单位理解PSPNet的网络结构。
2. 理解构成PSPNet网络结构的每个模块的作用。
3. 理解PSPNet的网络类的实现代码。

本节的程序代码

```
3-3-6_NetworkModel.ipynb
```

3.3.1 构建PSPNet的模块

图3.3.1所示为PSPNet的模块结构，其由Feature、Pyramid Pooling、Decoder、AuxLoss四个模块构成。

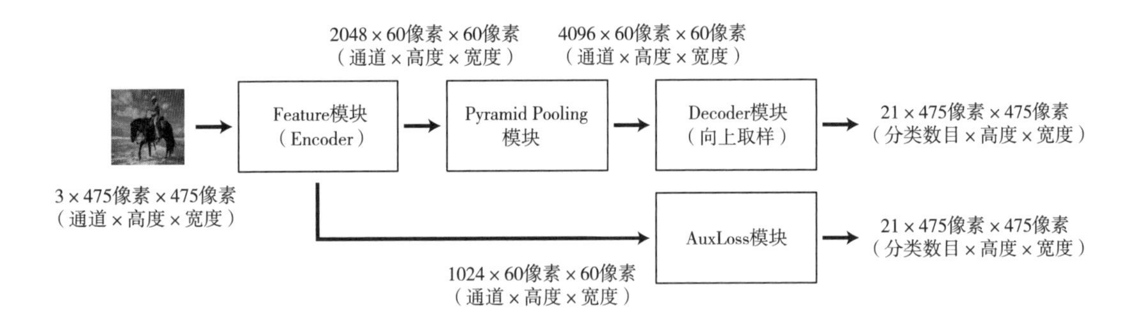

图3.3.1　PSPNet 的模块结构

在本书中，输入PSPNet的图像的尺寸在预处理中被调整为475像素 ×475像素，通道数是RGB这三个，因此input数据的尺寸就是3×475像素 ×475像素（通道 × 高度 × 宽度）。实际处理时是以小批量为单位处理的，因此还会在开头加上批量大小的维度。例如，如果小批量的大小是16，就是16×3×475像素 ×475像素（batch_num× 通道 × 高度 × 宽度），本书的示意图中批量大小的维度被省略了。

PSPNet的第一个模块是Feature模块，其也称为Encoder模块。Feature模块的作用是捕获图像的特征。关于Feature模块的详细的子网络构造将在3.4节进行讲解。Feature 模块的输出是2048×60像素 ×60像素（通道 × 高度 × 宽度）。这里的重点是用于捕捉图像特征的通道数为2048个，而特征量的图像尺寸则是更小的60像素 ×60像素。

PSPNet的第二个模块是Pyramid Pooling模块。该模块是PSPNet的独到之处，其要解决的问题是“为了能计算出某个像素的物体标签，就必须知道这个像素周围的不同尺度范围的信息”。例如，如果只看某个像素点，那么该像素点是在牛背上还是在马背上是无法知道的，因此通过从该像素点周围慢慢扩大的特征量可以逐步做出判断。也就是说，为了能够计算出某个像素点周围的物体标签，不仅要知道该像素点周围的信息，还需要知道更大范围的图像信息。

因此，Pyramid Pooling模块提供了四种不同大小的特征量图，分别为占整个图像画面大小的特征量、占图像1/2大小的特征量、占图像1/3大小的特征量以及占图像1/6大小的特征量。这四种不同大小的特征量由Feature模块进行处理并输出。有关Pyramid Pooling模块的子网络结构将在3.5节中进行详细的讲解。Pyramid Pooling模块的输出数据的尺寸为4096×60像素 ×60像素（通道 × 高度 × 宽度）。

PSPNet的第三个模块是Decoder模块，其也称为向上取样模块。Decoder模块的作用有两个。其中，第一个作用是将Pyramid Pooling模块的输出数据转换为21×60像素 ×60像素（分类数 × 高度 × 宽度）的张量。Decoder模块利用4096个通道的信息，对60像素 ×60像素的图像进行针对每个像素的物体标签的推测和分类。输出数据的值是每个像素对于全部21个分类的从属概率（置信度）。

Decoder模块的第二个作用是对变换得到的21×60像素 ×60像素（分类数 × 高度 × 宽度）的张量对照原有的输入图像的尺寸21×475像素 ×475像素（分类数 × 高度 × 宽度）进行转换。通过Decoder模块的第二个作用，图像尺寸缩小后的张量被还原成原有图像尺寸。Decode模块的输出是21×475像素 ×475像素（分类数 × 高度 × 宽度）。

进行推测时，利用从Decoder 模块得到的输出数据，计算得到概率最大的物体分类，并以此确定每个像素的标签。

从原理上讲，通过上述三个模块就能实现语义分割处理，但是PSPNet为了提升网络的耦合参数的学习效率，还增加了AuxLoss模块。Aux是auxiliary的简称，中文意思是“辅助的”。AuxLoss模块在损失函数进行计算时起到辅助的作用，具体来说，就是从Feature模块中将处理中的张量提取出来，将该张量作为输入数据，与Decoder模块一样，对每个像素对应的物体标签进行所属分类的推测。输入AuxLoss模块的数据的尺寸是1024×60像素 ×60像素（通道 × 高度 × 宽度）；输出则与Decoder模块的分类相同，是21×475像素 ×475像素（分类数 × 高度 × 宽度）。

神经网络进行学习时，将AuxLoss 模块的输出和Decoder模块的输出与图像的标注（正确答案信息）进行损失值的计算，并根据损失值进行反向传播，对网络的耦合参数数据进行更新。

AuxLoss模块是使用Feature 层的中间结果进行语义分割处理的，因此分类精度比较低。但是，进行反向传播时，AuxLoss模块能起到对Feature层中间网络参数的学习进行补充的作用，因此其也被称为auxiliary模块。进行学习时需要使用AuxLoss模块；进行推测时则不会使用AuxLoss模块，而只使用Decoder模块完成语义分割处理。

3.3.2 PSPNet 类的实现

现在，根据上述四个模块对PSPNet类进行编程实现。PSPNet类继承自PyTorch的网络模块类nn.Module，具体的代码实现如下所示。

```
class PSPNet(nn.Module):
    def __init__(self, n_classes):
        super(PSPNet, self).__init__()

        #参数设置
        block_config = [3, 4, 6, 3]      #resnet50
        img_size = 475
        img_size_8 = 60                  #设为img_size的1/8

        #创建组成子网络的四个模块
        self.feature_conv = FeatureMap_convolution()
        self.feature_res_1 = ResidualBlockPSP(
            n_blocks=block_config[0], in_channels=128, mid_channels=64,
            out_channels=256, stride=1, dilation=1)
        self.feature_res_2 = ResidualBlockPSP(
            n_blocks=block_config[1], in_channels=256, mid_channels=128,
             out_channels=512, stride=2, dilation=1)
        self.feature_dilated_res_1 = ResidualBlockPSP(
            n_blocks=block_config[2], in_channels=512, mid_channels=256,
            out_channels=1024, stride=1, dilation=2)
        self.feature_dilated_res_2 = ResidualBlockPSP(
            n_blocks=block_config[3], in_channels=1024, mid_channels=512,
            out_channels=2048, stride=1, dilation=4)

        self.pyramid_pooling = PyramidPooling(in_channels=2048, pool_sizes=[
            6, 3, 2, 1], height=img_size_8, width=img_size_8)

        self.decode_feature = DecodePSPFeature(
            height=img_size, width=img_size, n_classes=n_classes)

        self.aux = AuxiliaryPSPlayers(
            in_channels=1024, height=img_size, width=img_size, n_classes=n_classes)

    def forward(self, x):
        x = self.feature_conv(x)
        x = self.feature_res_1(x)
        x = self.feature_res_2(x)
        x = self.feature_dilated_res_1(x)

        output_aux = self.aux(x)          #将Feature模块中转到Aux模块

        x = self.feature_dilated_res_2(x)

        x = self.pyramid_pooling(x)
        output = self.decode_feature(x)
```

```
        return (output, output_aux)
```

在构造函数中，首先指定用于定义PSPNet的类型的参数，然后指定用于各个模块的对象。Feature模块由feature_conv、feature_res_1、feature_res_2、feature_dilated_res_1、feature_dilated_res_2五个子网络构成，其他模块则分别由一个子网络构成。

PSPNet类只有一个forward方法，顺序地执行各个模块的子网络。不过，AuxLoss被夹在Feature模块的第四个子网络feature_dilated_res_1之后，其输出数据被保存到变量output_aux中。在Forward方法的最后，返回主要的output和output_aux。

在现阶段中，实现代码里还有未解释的子网络的类及其相应的参数，读者理解起来可能会有些困难。在本节中，读者只要理解PSPNet涉及的四个模块，以及forward方法对其进行的正向传播处理即可。从3.4节开始，将详细讲解各个模块的各个子网络，以及构成这些子网络的神经元。

至此，就完成了对组成PSPNet 网络的四个模块的介绍，以及各个模块的作用和张量尺寸的变化，并且也完成了PSPNet类的编码实现。从3.4节开始，将使用PSPNet类来实现各个模块及其子网络。3.4节将介绍Feature模块及其编码实现。

3.4 Feature 模块的说明及编程实现（ResNet）

本节将对构建PSPNet 的Feature 模块的子网络结构进行讲解，并对各个子网络的神经元构成进行说明，最后将完成Feature模块的编码实现。

本节的学习目标如下。

1. 理解Feature 模块的子网络的组成结构。
2. 掌握编程实现FeatureMap_convolution 子网络的方法。
3. 理解什么是Residual Block。
4. 理解什么是Dilated Convolution。
5. 掌握编程实现bottleNeckPSP 和bottleNeckIdentifyPSP 子网络的方法。
6. 掌握编程实现Feature模块的方法。

本节的程序代码

```
3-3-6_NetworkModel.ipynb
```

3.4.1 Feature 模块的子网络结构

图3.4.1所示为Feature 模块的子网络结构。Feature 模块由五个子网络组成，分别是FeatureMap_convolution、两个ResidualBlockPSP以及两个dilated版的ResidualBlockPSP。这里的单词dilated 意思是“扩张”“膨胀”的意思。

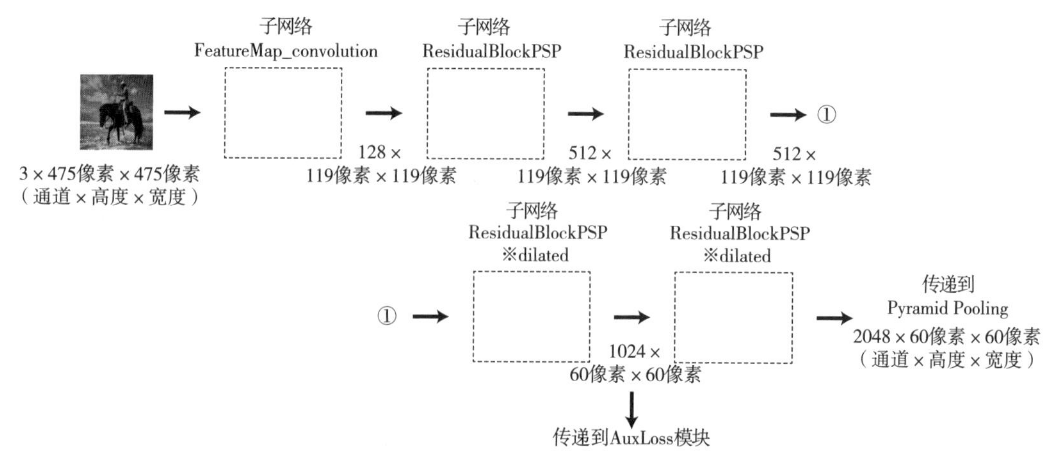

图3.4.1　Feature 模块的子网络结构

Feature模块中需要特别注意的是，第四层子网络dilated版的ResidualBlock PSP的输出张量1024×60像素×60像素（通道×高度×宽度）被输出到AuxLoss模块。AuxLoss模块使用该输出张量对每个像素点的分类进行计算，并将其损失值用于Feature模块的前四个子网络的学习中。由于Feature模块的前四个子网络在学习过程中同时使用Decoder和AuxLoss这两个模块的损失值，因此提升了参数的学习质量。

3.4.2 FeatureMap_convolution 子网络

下面讲解构成Feature 模块的第一个子网络FeatureMap_convolution。

图3.4.2所示为FeatureMap_convolution的神经元结构。FeatureMap_convolution 的输入数据是经过预处理的图像，其尺寸是3×475像素×475像素（通道×高度×宽度）。该张量从FeatureMap_convolution中输出时被转换为128×119像素×119像素。FeatureMap_convolution子网络由四个部分组成，包括卷积层、批次归一化和ReLU 组成的conv2dBatchNormRelu 三层，以及最大池化层。

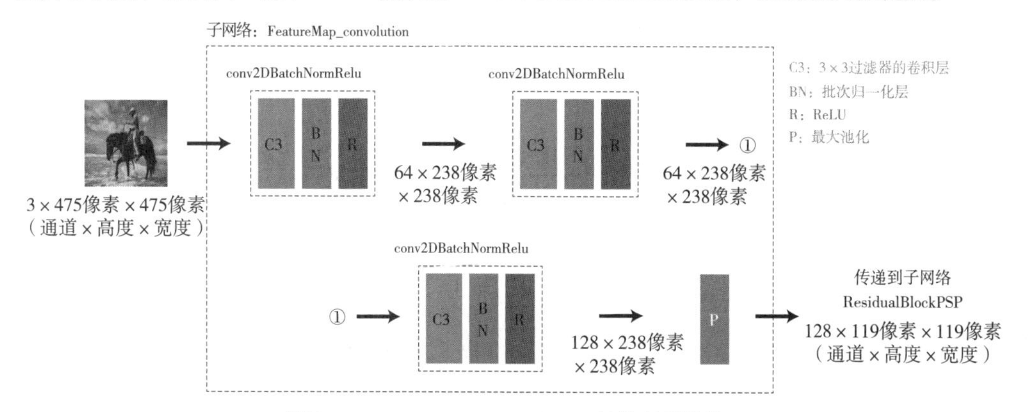

图3.4.2　FeatureMap_convolution 的神经元结构

FeatureMap_convolution子网络的作用就是从卷积、批次归一化、最大池化处理中抽出图像的特征量。

3.4.3 FeatureMap_convolution的实现

现在开始进行FeatureMap_convolution 的编码实现。

首先，创建卷积层、批次归一化以及ReLU 组成的conv2dBatchNormRelu类，实际的代码实现如下所示。

```
class conv2DBatchNormRelu(nn.Module):
    def __init__(self, in_channels, out_channels, kernel_size, stride, padding,
                 dilation, bias):
        super(conv2DBatchNormRelu, self).__init__()
        self.conv = nn.Conv2d(in_channels, out_channels,
                              kernel_size, stride, padding, dilation, bias=bias)
        self.batchnorm = nn.BatchNorm2d(out_channels)
```

```
        self.relu = nn.ReLU(inplace=True)
        #inplase指定不保存输入数据，直接计算输出结果，达到节约内存的目的

    def forward(self, x):
        x = self.conv(x)
        x = self.batchnorm(x)
        outputs = self.relu(x)

        return outputs
```

参数部分指定了在内部使用的卷积层的参数。在ReLU部分中nn.ReLU(inplace=True)中的inplace是在存储器中存储输入/输出数据的实现进行计算的参数，这里设置implace = True，意味着ReLU的输入数据不会在内存中被保存，而是直接计算输出结果。如果希望节约内存的使用量，就需要设置inplace = True。

接下来，使用conv2dBatchNormRelu类创建FeatureMap_convolution类，实际的代码实现如下所示。

```
class FeatureMap_convolution(nn.Module):
    def __init__(self):
        '''创建网络结构'''
        super(FeatureMap_convolution, self).__init__()

        #卷积层1
        in_channels, out_channels, kernel_size, stride, padding, dilation, bias = 3,
        64, 3, 2, 1, 1, False
        self.cbnr_1 = conv2DBatchNormRelu(
            in_channels, out_channels, kernel_size, stride, padding, dilation, bias)

        #卷积层2
        in_channels, out_channels, kernel_size, stride, padding, dilation,
        bias = 64, 64, 3, 1, 1, 1, False
        self.cbnr_2 = conv2DBatchNormRelu(
            in_channels, out_channels, kernel_size, stride, padding, dilation, bias)

        #卷积层3
        in_channels, out_channels, kernel_size, stride, padding, dilation,
        bias = 64, 128, 3, 1, 1, 1, False
        self.cbnr_3 = conv2DBatchNormRelu(
            in_channels, out_channels, kernel_size, stride, padding, dilation, bias)

        #最大池化层
        self.maxpool = nn.MaxPool2d(kernel_size=3, stride=2, padding=1)

    def forward(self, x):
        x = self.cbnr_1(x)
        x = self.cbnr_2(x)
        x = self.cbnr_3(x)
        outputs = self.maxpool(x)
        return outputs
```

构造函数中创建了三个conv2dBatchNormRelu 以及一个最大池化层，然后使用这四者来定义正向传播函数forward。

至此，就完成了Feature 模块中的第一个子网络FeatureMap_convolution的编码实现。

3.4.4 ResidualBlockPSP子网络

接下来，将对构成Feature 模块的两个ResidualBlockPSP，以及两个dilated 版的ResidualBlockPSP子网络进行讲解和编程实现。ResidualBlockPSP使用了被称为残差网络（ResNet）[5]的神经网络中使用的残差模块结构。

图3.4.3所示为ResidualBlockPSP的神经元结构。在ResidualBlockPSP中，最先通过的是bottleNeckPSP，之后经过数次的bottleNeckIdentifyPSP 类处理，最终得到输出结果。在Feature 模块的四个ResidualBlockPSP子网络中，这个bottleNeckIdentifyPSP类被反复执行的次数分别是3、4、6、3 次。该重复次数是可以调整的，本书中设定的重复次数与ResNet-50模型中的设置相同（类似ResNet-101这种重复次数不同的模型也是存在的）。

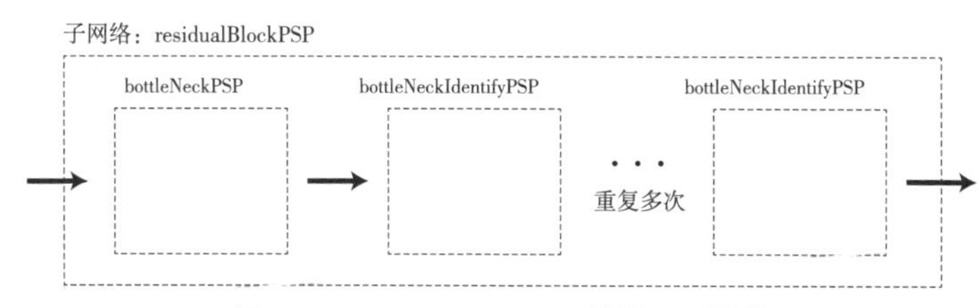

图3.4.3　ResidualBlockPSP 的神经元结构

ResidualBlockPSP子网络的代码实现如下所示。在构造函数中添加一个bottleNeckPSP 和多个bottleNeckIdentifyPSP，bottleNeckPSP类和bottleNeckIdentifyPSP类将在稍后实现。

```
class ResidualBlockPSP(nn.Sequential):
    def __init__(self, n_blocks, in_channels, mid_channels, out_channels, stride,
                 dilation):
        super(ResidualBlockPSP, self).__init__()

        #设置bottleNeckPSP
        self.add_module(
            "block1",
            bottleNeckPSP(in_channels, mid_channels,
                          out_channels, stride, dilation)
        )

        #循环设置bottleNeckIdentifyPSP
        for i in range(n_blocks - 1):
            self.add_module(
                "block" + str(i+2),
                bottleNeckIdentifyPSP(
                    out_channels, mid_channels, stride, dilation)
            )
```

这里的ResidualBlockPSP类中没有定义正向传播函数forward。接下来解释一下这样做的理由。ResidualBlockPSP并不像本书前面章节中那样继承自nn.Module，而是继承自nn.Sequential。由于nn.Sequential已经实现了在构造函数中提供的从前向后执行的forward网络类的正向传播函数，因此不需要再去重复定义forward函数。在本书中，为了便于读者理解，通常都是从nn.Module继承并对forward函数进行明确的定义，但是如果使用nn.Module来实现ResidualBlockPSP类会比较麻烦，因此这里使用的是nn.Sequential。

3.4.5 bottleNeckPSP与bottleNeckIdentifyPSP

接下来，将对在ResidualBlockPSP类中使用的bottleNeckPSP类和bottleNeckIdentifyPSP类的结构进行讲解并编码实现。

图3.4.4所示为bottleNeckPSP 和bottleNeckIdentifyPSP 的结构。这些类的网络结构比较特殊，输入数据是被分成两股进行处理的。从图3.4.4 中可以看到，被分成两股的输入数据中下端的那条数据链路称为跳跃链接（也称为近路链接或旁路链接）。使用这种跳跃链接的子网络称为残差模块（Residual Block）。其中，bottleNeckPSP 与bottleNeckIdentifyPSP的区别是在跳跃链接中是否使用卷积层。bottleNeckPSP的跳跃链接中使用了一次卷积层，而bottleNeckIdentifyPSP的跳跃链接中则没有使用卷积层。

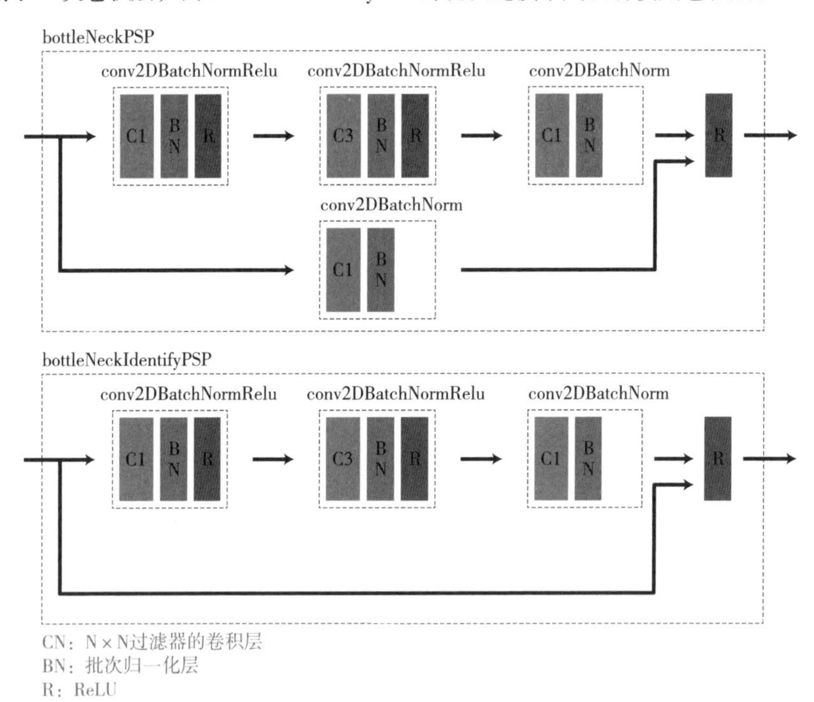

图3.4.4 bottleNeckPSP 和bottleNeckIdentifyPSP 的结构

在残差模块中利用了跳跃链接，几乎是将传递给子网络的输入数据直接作为输出进行链接。下面对该网络结构包含的意义进行直观讲解。

在深度学习中，随着网络层次的增加，众所周知的退化问题（Degradation）也随之而来。层次较深的网络的学习参数数量较多，按理说应该比浅层的神经网络的训练数据的误差要小。然而，现实情况中，深层网络比千层网络的训练误差更大的现象时有发生，该现象就被称为退化问题。

为了避免出现退化问题，首先用跳跃链接对残差模块的输入x 不做任何改变直接输出。如果上侧链路的输出用F(x) 表示，残差模块的输出y 就等于y = x + F(x)。此时，如果上侧链路的各个神经元的学习参数全部为0，那么F(x) 就为0，因此残差模块的输出y 就与输入的x 相同。在这种情况下，该模块的输入被直接作为输出，因此即使重叠多个这一模块也不会对网络的最终结果造成任何影响，即使是层次很深的网络也应该能避免退化问题的发生。

然后，如果能保持网络整体的误差更小地对上侧链路中各个神经元的参数进行学习，即使是深层次的网络也能避免退化问题，同时也能实现更好的网络性能，这就是使用跳跃链接残差模块方案的实现思路。

总之，并不是对模块的输出y 进行学习，而是将传递进来的x 直接通过跳跃链接进行输出，即对期望的输出与传递进来的输入之间的残差（Residual）y − x = F(x) 进行学习，这就是残差模块的做法。

在这里，子网络ResidualBlockPSP的卷积层中设置了dilation（膨胀）参数。Feature模块的四个ResidualBlockPSP子网络中，前面两个子网络的dilation是1，后面两个子网络的dilation则分别被设定为2和4。

通常的卷积层中dilation参数都是1，在卷积层中dilation参数不为1的卷积称为Dilated Convolution（空洞卷积）。图3.4.5中所示为普通卷积和dilation为2的空洞卷积。空洞卷积就是在卷积的感受野中间隔开一定的间隙进行卷积计算，这个间隔的值就是dilation。因此，同样是kernel_size=3的卷积核，dilation的值越大，其所能抽取的特征的范围也就越大，能抽取更大范围的局部特征。这种空洞卷积的实现，在PyTorch中只需将nn.Conv2d的参数dilation设置为2以上的数值即可。

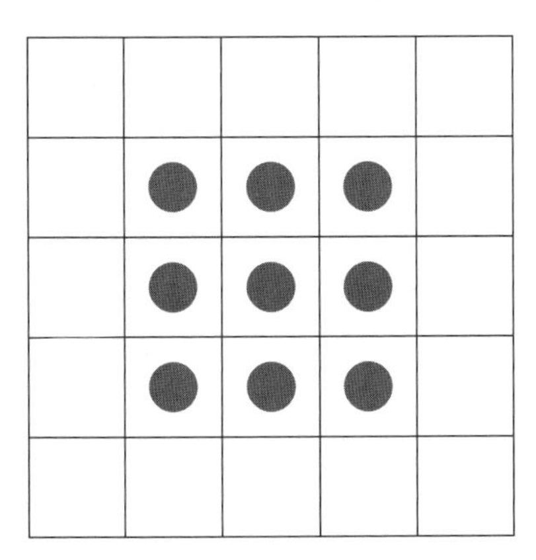

kernel_size=3, dilation=1
的普通卷积层

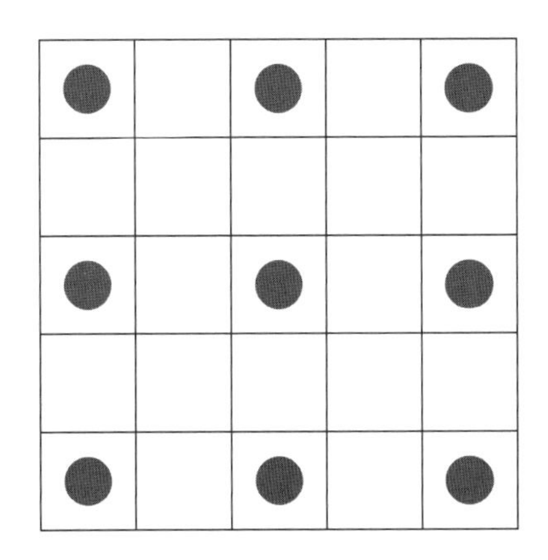

kernel_size=3, dilation=2
的空洞卷积

图3.4.5　普通卷积和空洞卷积（卷积计算中使用的位置用红点表示）

现在，开始编程实现bottleNeckPSP 和bottleNeckIdentifyPSP。首先创建卷积层和批次归一化类conv2DBatchNorm，然后实现bottleNeckPSP类和bottleNeckIdentifyPSP类，代码实现如下所示。

```
class conv2DBatchNorm(nn.Module):
    def __init__(self, in_channels, out_channels, kernel_size, stride, padding,
                 dilation, bias):
        super(conv2DBatchNorm, self).__init__()
        self.conv = nn.Conv2d(in_channels, out_channels,
                              kernel_size, stride, padding, dilation, bias=bias)
        self.batchnorm = nn.BatchNorm2d(out_channels)

    def forward(self, x):
        x = self.conv(x)
        outputs = self.batchnorm(x)

        return outputs

class bottleNeckPSP(nn.Module):
    def __init__(self, in_channels, mid_channels, out_channels, stride, dilation):
        super(bottleNeckPSP, self).__init__()

        self.cbr_1 = conv2DBatchNormRelu(
            in_channels, mid_channels, kernel_size=1, stride=1, padding=0,
            dilation=1, bias=False)
        self.cbr_2 = conv2DBatchNormRelu(
            mid_channels, mid_channels, kernel_size=3, stride=stride,
            padding=dilation, dilation=dilation, bias=False)
        self.cb_3 = conv2DBatchNorm(
            mid_channels, out_channels, kernel_size=1, stride=1, padding=0,
            dilation=1, bias=False)

        #跳跃链接
        self.cb_residual = conv2DBatchNorm(
            in_channels, out_channels, kernel_size=1, stride=stride, padding=0,
            dilation=1, bias=False)

        self.relu = nn.ReLU(inplace=True)

    def forward(self, x):
        conv = self.cb_3(self.cbr_2(self.cbr_1(x)))
        residual = self.cb_residual(x)
        return self.relu(conv + residual)

class bottleNeckIdentifyPSP(nn.Module):
    def __init__(self, in_channels, mid_channels, stride, dilation):
        super(bottleNeckIdentifyPSP, self).__init__()

        self.cbr_1 = conv2DBatchNormRelu(
            in_channels, mid_channels, kernel_size=1, stride=1, padding=0,
```

```
            dilation=1, bias=False)
        self.cbr_2 = conv2DBatchNormRelu(
            mid_channels, mid_channels, kernel_size=3, stride=1, padding=dilation,
            dilation=dilation, bias=False)
        self.cb_3 = conv2DBatchNorm(
            mid_channels, in_channels, kernel_size=1, stride=1, padding=0,
            dilation=1, bias=False)
        self.relu = nn.ReLU(inplace=True)

    def forward(self, x):
        conv = self.cb_3(self.cbr_2(self.cbr_1(x)))
        residual = x
        return self.relu(conv + residual)
```

至此，Feature模块中使用的子网络residualBlockPSP的编码实现就完成了，Feature模块的整体实现也完成了。使用FeatureMap_convolution类和ResidualBlockPSP类完成了Feature模块的五个子网络。3.5节将对Pyramid Pooling模块进行讲解和编程实现。

3.5 Pyramid Pooling模块的说明及编程实现

本节将对组成PSPNet的Pyramid Pooling模块的子网络的结构进行讲解。Pyramid Pooling模块是PSPNet的独到之处，那么，Pyramid Pooling模块是怎样对各种各样不同大小的特征量图进行提取处理的呢？下面将从网络结构开始讲解并进行代码实现。

本节的学习目标如下。

1. 理解Pyramid Pooling模块的子网络结构。
2. 理解Pyramid Pooling模块的多感受野处理的实现方法。
3. 掌握编码实现Pyramid Pooling模块的方法。

本节的程序代码

```
3-3-6_NetworkModel.ipynb
```

3.5.1 Pyramid Pooling模块的子网络结构

Pyramid Pooling模块是由PyramidPooling类实现的单一的子网络结构，如图3.5.1所示。

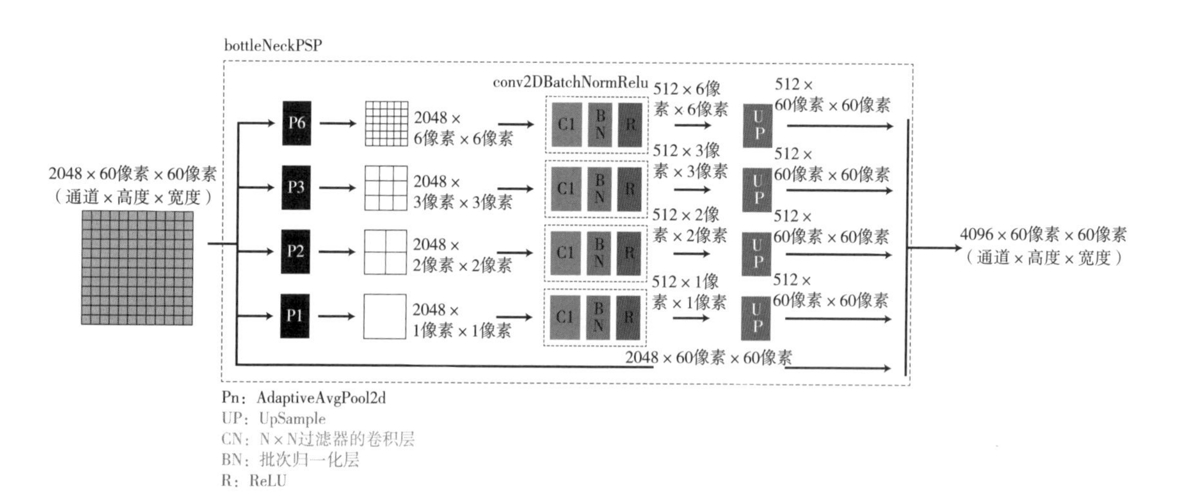

图3.5.1 Pyramid Pooling模块的结构

Pyramid Pooling模块的输入数据是从Feature模块输出的尺寸为2048 × 60像素 × 60像素（通道 × 高度 × 宽度）的张量。这一输入数据被分为五个分支，其中最上面的分支被送到自适应平均池化层（输出=6）。该自适应平均池化层针对图像的尺寸（高度 × 宽度），根据指定的输出尺寸进行图像大小的调整和平均池化。也就是说，如果输入的数据是60像素 ×60像素解析度，其就会被转换成6像素 ×6像素解析度的特征量。如果自适应平均池化层的输出是1，60像素 ×60像素的输入图像（特征量图像）就被转换成1像素 ×1像素的特征量。也就是说，正特征量是1×1的情况下，原有输入图像的整个画面范围内的信息都将被作为提取特征量的对象。

五个分支中有四个分支的输出都被分别传递给6、3、2、1的自适应平均池化层。通过使用这种输出不同尺寸的特征量图的平均池化层，就实现了对原有图像的不同尺寸的特征量的处理（多级分辨率尺度处理）。由于从四个平均池化层输出的特征量图尺寸是逐渐增大的，就像金字塔的形状一样，因此其也被称为金字塔池化，而使用了Pyramid Pooling模块的网络就被称为Pyramid Scene Parsing Network（PSPNet，金字塔场景解析网络）。

经过平均池化层处理过的张量随后被传递给conv2DBatchNormRelu进行处理，最后到达向上采样（UpSample）层。向上采样层将被平均池化层缩小了尺寸的特征量进行放大处理，将被缩小的特征量扩大为与输入Pyramid Pooling模块相同的尺寸（60像素 ×60像素）。其具体的扩大方法就是简单的图像放大处理（对图像进行拉伸），扩大时使用的补偿算法是双线插值处理。

五个分支中的最后一个分支被原封不动地传递给下一层，与四个分支的数据最终连接在一起。经过平均池化层和conv2DBatchNormRelu处理的四个分支的通道数分别是512，总共就是512×4+2048=4096，因此Pyramid Pooling模块的输出张量的尺寸就是4096×60像素 ×60像素（通道 × 高度 × 宽度）。下一步这一输出张量被传递到Decoder模块。

Pyramid Pooling模块输出的张量是经过金字塔池化处理的多级分辨率的信息的张量。本章前面部分曾提到过，金字塔池化想解决的问题是“为了能计算出某个像素的物体标签，就必须知道这个像素周围的不同尺度范围的信息”。Pyramid Pooling模块的输入张量包含多级尺度范围的特征量信息，在判断每个像素点的分类时，就可以利用这些像素点周围不同尺度范围内的特征量信息，因此也就实现了高精度的语义分割处理。

3.5.2 PyramidPooling 类的实现

接下来，编码实现Pyramid Pooling模块。Pyramid Pooling模块是由PyramidPooling类单独实现的，输入数据被划分为五个分支，通过自适应平均池化层、conv2DBatchNormRelu类、UpSample层的处理之后被合并为一个张量，然后进行下一步连接。

实际的实现代码如下所示。这段代码中需要注意的地方是，自适应平均池化层中使用的是nn.AdaptiveAvgPool2d类，UpSample层是通过F.interpolate的运算实现的。最后，合并成一个张量的部分是使用torch.cat(output, dim=1) 命令实现的，即将变量output按照维数1连接在一起。维数0是小批量的大小，维数1是通道数，维数2、3 则分别是高度和宽度。将此通道数的维数作为连接轴，将不同分支的张量连接在一起。

```
class PyramidPooling(nn.Module):
    def __init__(self, in_channels, pool_sizes, height, width):
        super(PyramidPooling, self).__init__()

        #在forward中使用的图像尺寸
```

```
        self.height = height
        self.width = width

        #各个卷积层输出的通道数
        out_channels = int(in_channels / len(pool_sizes))

        #生成每个卷积层
        #该实现方法非常“耿直”，虽然笔者很想用for循环来编写这段代码，但最后还是决定优先
        #以容易理解的方式编写
        #pool_sizes: [6, 3, 2, 1]
        self.avpool_1 = nn.AdaptiveAvgPool2d(output_size=pool_sizes[0])
        self.cbr_1 = conv2DBatchNormRelu(
            in_channels, out_channels, kernel_size=1, stride=1, padding=0,
            dilation=1, bias=False)

        self.avpool_2 = nn.AdaptiveAvgPool2d(output_size=pool_sizes[1])
        self.cbr_2 = conv2DBatchNormRelu(
            in_channels, out_channels, kernel_size=1, stride=1, padding=0,
            dilation=1, bias=False)

        self.avpool_3 = nn.AdaptiveAvgPool2d(output_size=pool_sizes[2])
        self.cbr_3 = conv2DBatchNormRelu(
            in_channels, out_channels, kernel_size=1, stride=1, padding=0,
            dilation=1, bias=False)

        self.avpool_4 = nn.AdaptiveAvgPool2d(output_size=pool_sizes[3])
        self.cbr_4 = conv2DBatchNormRelu(
            in_channels, out_channels, kernel_size=1, stride=1, padding=0,
            dilation=1, bias=False)

    def forward(self, x):

        out1 = self.cbr_1(self.avpool_1(x))
        out1 = F.interpolate(out1, size=(
            self.height, self.width), mode="bilinear", align_corners=True)

        out2 = self.cbr_2(self.avpool_2(x))
        out2 = F.interpolate(out2, size=(
            self.height, self.width), mode="bilinear", align_corners=True)

        out3 = self.cbr_3(self.avpool_3(x))
        out3 = F.interpolate(out3, size=(
            self.height, self.width), mode="bilinear", align_corners=True)
```

```
        out4 = self.cbr_4(self.avpool_4(x))
        out4 = F.interpolate(out4, size=(
            self.height, self.width), mode="bilinear", align_corners=True)

        #最后将结果进行合并，指定dim=1按通道数的维数进行合并
        output = torch.cat([x, out1, out2, out3, out4], dim=1)

        return output
```

3.6 Decoder模块和AuxLoss模块的说明及编程实现

本节将对组成PSPNet的Decoder模块以及AuxLoss模块的子网络的结构进行讲解，并进行编程实现。本节的学习目标如下。

1. 理解Decoder模块的子网络结构。
2. 掌握Decoder模块的实现方法。
3. 理解AuxLoss模块的子网络结构。
4. 掌握AuxLoss模块的实现方法。

本节的程序代码

```
3-3-6_NetworkModel.ipynb
```

3.6.1 Decoder模块和AuxLoss模块的结构

Decoder模块和AuxLoss模块的作用是将Pyramid Pooling模块或Feature模块的输出张量的信息进行解码（Decode），并对每个像素点的物体标签的分类进行推测，最后将图像的尺寸进行向上采样，处理调整为475像素 ×475像素的数据。

图3.6.1所示为Decoder 模块和AuxLoss模块的结构。两个模块的网络结构是相同的，先经过conv2DBatchNormRelu类处理后，再经过Dropout层和卷积层处理，张量的尺寸就变为21×60像素 ×60像素（分类数目 × 高度 × 宽度）。最后经过向上采样层处理，将图像尺寸重新放大为与输入PSPNet的图像尺寸相同的475像素。

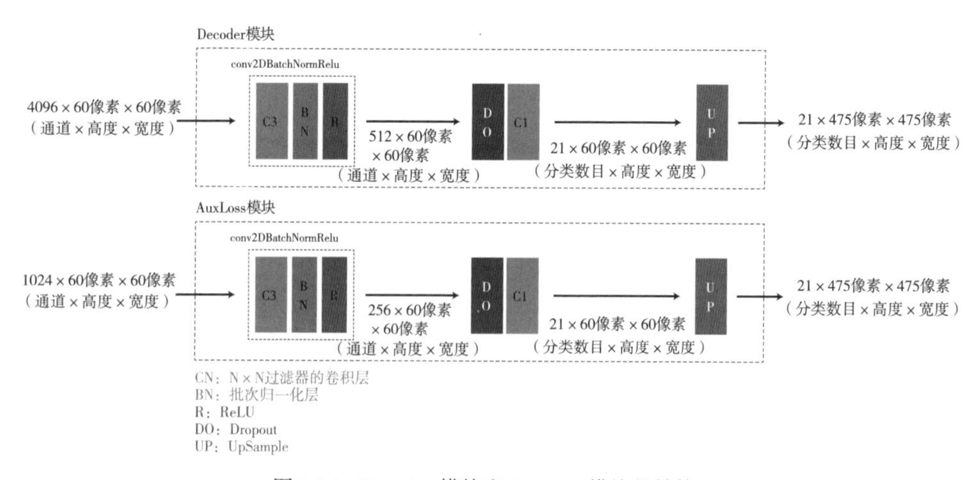

图3.6.1　Decoder 模块和AuxLoss 模块的结构

最终从Decoder模块和AuxLoss模块输出的张量为21×475像素×475像素（分类数目×高度×宽度）。该输出张量表示是每个像素点在21个分类中对应的概率值（置信度）。该值最大的分类就被推测为对应该像素点归属的物体分类标签。

3.6.2 Decoder模块和AuxLoss 模块的实现

现在开始对Decoder模块和AuxLoss模块进行编程实现。Decoder模块由DecodePSPFeature类实现，AuxLoss模块由AuxiliaryPSPlayers类实现。与Pyramid Pooling模块相同，对图像进行放大处理的向上采样使用F.interpolate实现。

实际的代码如下所示。

```
class DecodePSPFeature(nn.Module):
    def __init__(self, height, width, n_classes):
        super(DecodePSPFeature, self).__init__()

        #在forward中使用的图像尺寸
        self.height = height
        self.width = width

        self.cbr = conv2DBatchNormRelu(
            in_channels=4096, out_channels=512, kernel_size=3, stride=1,
            padding=1, dilation=1, bias=False)
        self.dropout = nn.Dropout2d(p=0.1)
        self.classification = nn.Conv2d(
            in_channels=512, out_channels=n_classes, kernel_size=1, stride=1,
            padding=0)

    def forward(self, x):
        x = self.cbr(x)
        x = self.dropout(x)
        x = self.classification(x)
        output = F.interpolate(
            x, size=(self.height, self.width), mode="bilinear", align_corners=True)

        return output



class AuxiliaryPSPlayers(nn.Module):
    def __init__(self, in_channels, height, width, n_classes):
        super(AuxiliaryPSPlayers, self).__init__()

        #在forward中使用的图像尺寸
        self.height = height
        self.width = width
```

```
        self.cbr = conv2DBatchNormRelu(
            in_channels=in_channels, out_channels=256, kernel_size=3, stride=1,
            padding=1, dilation=1, bias=False)
        self.dropout = nn.Dropout2d(p=0.1)
        self.classification = nn.Conv2d(
            in_channels=256, out_channels=n_classes, kernel_size=1, stride=1, padding=0)

    def forward(self, x):
        x = self.cbr(x)
        x = self.dropout(x)
        x = self.classification(x)
        output = F.interpolate(
            x, size=(self.height, self.width), mode="bilinear", align_corners=True)

        return output
```

这段代码有一个特点，即最后的物体分类（self.classification）处理使用的不是全连接层，而是使用与分类数量相同的21个通道、卷积核为1的卷积层。这个卷积核大小为1的卷积层是被称为逐点卷积（pointwise convolution）的特殊方法。逐点卷积相关的知识将在第5章中详细讲解。在这里，只需对PSPNet最后的物体分类使用的不是全连接层，而是卷积核大小为1 的卷积层这一特点在脑海里留下印象即可。

至此，就完成了PSPNet的网络结构以及网络的正向传播计算等全部的代码实现。最后，将生成作为网络模型的PSPNet类的实例，并确认程序执行是否会发生错误，得到的最终计算结果正确与否。

```
#定义模型
net = PSPNet(n_classes=21)
net
```

【输出执行结果】

```
PSPNet(
  (feature_conv): FeatureMap_convolution(
    (cbnr_1): conv2DBatchNormRelu(
...
```

```
#生成伪数据
batch_size = 2
dummy_img = torch.rand(batch_size, 3, 475, 475)

#计算
outputs = net(dummy_img)
print(outputs)
```

【输出执行结果】

```
(tensor([[[[-6.1785e-02, -5.2259e-02, -4.2733e-02,  ..., -2.5489e-01,
          -2.6047e-01, -2.6606e-01],
...
```

至此，就完成了对Decoder模块和AuxLoss模块的讲解及代码实现。到本节为止，就完成了PSPNet的实现。到目前为止的所有实现代码都可以在utils文件夹的pspnet.py文件中找到，之后将直接从该文件导入这些类的定义来使用。3.7节将对PSPNet进行学习和验证。

3.7 用微调进行学习和检测

本节将对PSPNet进行实际的学习和验证操作，会用到前面章节中创建的DataLoader和PSPNet的实现代码。本书并不是从零开始对PSPNet进行训练，而是直接对已经训练完毕的模型进行微调。

本节的学习目标如下。

1. 掌握PSPNet的学习和验证方法。
2. 理解语义分割的微调。
3. 掌握运用调度器动态改变每轮epoch的学习效率的方法。

本节的程序代码

```
3-7_PSPNet_training.ipynb
```

3.7.1 数据的准备

本节将使用已经学习完毕的模型来实现微调操作。3_semantic_segmentation文件夹的make_folders_and_data_downloads.ipynb文件中有笔者的Google Drive的URL，请手动将pspnet50_ADE20K.pth下载到本地，并保存到weights文件夹中。

这个已经训练好的模型pspnet50_ADE20K.pth是笔者将PSPNet的作者赵恒爽本人的Github[4]中提供的caffe的网络模型经过转换而成，通过本书实现的PyTorch的PSPNet模型可以直接读取。

这个原始的caffe模型是使用ADE20K[6]数据集训练而成的。ADE20K是由MIT计算机视觉团队发行的有150种分类、约2万张图片组成的语义分割专用的数据集。本节将使用该数据集训练好的PSPNet的组合参数作为初始值，对VOC2012数据集进行微调。

3.7.2 学习和验证的实现

首先生成DataLoader，实际的代码实现如下所示。小批量的尺寸为在1GPU的内存中设定为8个。输出图像的尺寸是475像素 × 475像素，因此小批量的尺寸如果设置过大，是无法载入到一个GPU的内存中的。

```
from utils.dataloader import make_datapath_list, DataTransform, VOCDataset

#创建文件路径列表
rootpath = "./data/VOCdevkit/VOC2012/"
train_img_list, train_anno_list, val_img_list, val_anno_list = make_datapath_list(
    rootpath=rootpath)
```

```
#创建Dataset
#(RGB)颜色的平均值和均方差
color_mean = (0.485, 0.456, 0.406)
color_std = (0.229, 0.224, 0.225)

train_dataset = VOCDataset(train_img_list, train_anno_list, phase="train",
transform=DataTransform(
    input_size=475, color_mean=color_mean, color_std=color_std))

val_dataset = VOCDataset(val_img_list, val_anno_list, phase="val", transform=DataTransform(
    input_size=475, color_mean=color_mean, color_std=color_std))

#生成DataLoader
batch_size = 8

train_dataloader = data.DataLoader(
    train_dataset, batch_size=batch_size, shuffle=True)

val_dataloader = data.DataLoader(
    val_dataset, batch_size=batch_size, shuffle=False)

#集中保存到字典型变量中
dataloaders_dict = {"train": train_dataloader, "val": val_dataloader}
```

接下来创建网络模型。首先，准备ADE20K的网络模型。需要注意的是，输出的分类数量变为150种，与ADE20K数据集中的定义一致。在该模型中，首先载入pspnet50_ADE20k.pth作为学习完毕的参数。之后，由于最终的输出层要改成Pascal VOC的21种分类，因此需要替换Decoder模块和AuxLoss模块的分类用的卷积层，变成与PSPNet对应的21种分类。

在被替换的卷积层中，使用Xavier初始值的权重初始化方法。Xavier初始值是指，在每个卷积层中，当输入的通道数量为input_n时，对应的卷积层的耦合参数的初始值是根据“1/sqrt(input_n)的均方差的高斯分布”产生的随机数来设置的。

在第2章中，使用ReLU作为激励函数，因此使用的是“He初始值”。在这里，则是分类用的神经元的最终层，之后使用的激励函数是Sigmoid函数。当激励函数使用的是Sigmoid函数时，就需要使用被称为Xavier初始值的方法进行初始化。

```
from utils.pspnet import PSPNet

#通过微调创建PSPNet
#使用ADE20K数据集中事先训练好的模型，ADE20K的分类数量是150
net = PSPNet(n_classes=150)

#载入ADE20K中事先训练好的参数
state_dict = torch.load("./weights/pspnet50_ADE20K.pth")
```

```
net.load_state_dict(state_dict)

#将分类用的卷积层替换为输出数量为21的卷积层
n_classes = 21
net.decode_feature.classification = nn.Conv2d(
    in_channels=512, out_channels=n_classes, kernel_size=1, stride=1, padding=0)

net.aux.classification = nn.Conv2d(
    in_channels=256, out_channels=n_classes, kernel_size=1, stride=1, padding=0)

#对替换的卷积层进行初始化。由于激励函数是Sigmoid，因此使用Xavier进行初始化

def weights_init(m):
    if isinstance(m, nn.Conv2d):
        nn.init.xavier_normal_(m.weight.data)
        if m.bias is not None:                    #如果bias存在
            nn.init.constant_(m.bias, 0.0)

net.decode_feature.classification.apply(weights_init)
net.aux.classification.apply(weights_init)

print('网络设置完毕：成功载入了事先训练完毕的权重。')
```

接下来实现损失函数。这里使用用于多个分类的损失函数——交叉熵误差函数来实现，主要的损失和AuxLoss的损失的和将作为总的损失进行计算。但是，AuxLoss的损失要乘以系数0.4，使其权重低于主要损失。

```
#设置损失函数
class PSPLoss(nn.Module):
    """PSPNet的损失函数类"""

    def __init__(self, aux_weight=0.4):
        super(PSPLoss, self).__init__()
        self.aux_weight = aux_weight                #aux_loss的权重

    def forward(self, outputs, targets):
        """
        损失函数的计算

        Parameters
        ----------
        outputs : PSPNet的输出(tuple)
            (output=torch.Size([num_batch, 21, 475, 475]), output_aux=torch.
                Size([num_batch, 21, 475, 475]))。

        targets : [num_batch, 475, 4755]
```

```
        正解的标注信息

    Returns
    -------
    loss :张量
        损失值
    """

    loss = F.cross_entropy(outputs[0], targets, reduction='mean')
    loss_aux = F.cross_entropy(outputs[1], targets, reduction='mean')

    return loss+self.aux_weight*loss_aux

criterion = PSPLoss(aux_weight=0.4)
```

3.7.3 利用调度器调整每轮epoch的学习率

最后，将对参数的最优化方法进行定义。由于是微调，因此将靠近输入的模块的学习率调低，将包含被替换的卷积层的Decoder模块和AuxLoss模块的学习率调高。实际的代码实现如下所示。

```
#由于使用的是微调，因此要降低学习率
optimizer = optim.SGD([
    {'params': net.feature_conv.parameters(), 'lr': 1e-3},
    {'params': net.feature_res_1.parameters(), 'lr': 1e-3},
    {'params': net.feature_res_2.parameters(), 'lr': 1e-3},
    {'params': net.feature_dilated_res_1.parameters(), 'lr': 1e-3},
    {'params': net.feature_dilated_res_2.parameters(), 'lr': 1e-3},
    {'params': net.pyramid_pooling.parameters(), 'lr': 1e-3},
    {'params': net.decode_feature.parameters(), 'lr': 1e-2},
    {'params': net.aux.parameters(), 'lr': 1e-2},
], momentum=0.9, weight_decay=0.0001)

#设置调度器
def lambda_epoch(epoch):
    max_epoch = 30
    return math.pow((1-epoch/max_epoch), 0.9)

scheduler = optim.lr_scheduler.LambdaLR(optimizer, lr_lambda=lambda_epoch)
```

这里使用PyTorch的调度器功能来对每轮epoch的学习率进行动态调整。scheduler = optim.lr_scheduler.LambdaLR(optimizer,lr_lambda = lambda_epoch)对其进行了定义，这行代码的意思是根据lambda_epoch的内容，对optimizer实例的学习率进行调整。

Lambda_epoch函数设置最大epoch数为30，并伴随epoch的运行逐渐减小学习率。从lambda_epoch函数返回的值与optimizer的学习率进行乘法运算。如果要通过调度器来动态改变学习率，需要在进行网络学习时调用scheduler.step()方法。我们将在稍后使用到这个命令。

调度器的具体使用模式有两种，一种是在每次迭代中对学习率进行更改，一种是在每轮epoch中对学习率进行更改。这里是在每轮epoch中调整学习率。

至此就完成了开始学习前的准备工作。最后，将实现学习和验证用的函数train_model。这次实现的train_model 函数与第2章中的学习和验证函数train_model 的实现基本相同，不过有两个地方是有区别的。

第一个是使用了调度器。为了对调度器进行更新操作，这里加入了scheduler.step()语句。

第二个是使用了multiple minibatch[7]。在PSPNet 中使用了批量正规化操作，即对每个批次中的输入数据进行正规化处理。为了实现符合统计学规律的正规化处理，需要使用较大的小批量。但是，现实情况中GPU的内存大小是有限的，这里将小批量的大小设置为8个已经接近极限了。然而，设置为8个数据量仍比较少，批量正规化处理的结果也会不太稳定。

为了解决这个问题，通常使用Synchronized Multi-GPU Batch Normalization方法。这种批量正规化算法在PyTorch中并没有提供，需要使用第三方软件库来实现。Synchronized Multi-GPU Batch Normalization 是一种使用多个GPU 和比较大的小批量尺寸进行批量正规化处理的方法。PyTorch本身提供了对多个GPU的支持，但是PyTorch的多GPU批量正规化是在各个GPU上分别计算小批量，并不是严谨地对较大的小批量进行批量正规化处理，因此也称为Asynchronized Multi-GPU Batch Normalization。因此，这里将采用第三方软件库Synchronized Multi-GPU Batch Normalization 来实现。

但是，在AWS 实例上使用多GPU费用会很高，因此本书中采用的是在单GPU上进行类似Asynchronized Multi-GPU Batch Normalization处理的multiple minibatch方法。

multiple minibatch方法对损失loss的计算和计算梯度的backward操作进行多次处理，对每个参数使用从多个小批量中计算得的梯度进行求和，并对该梯度和进行optimizer.step() 操作，从而达到经过多次处理才更新一次参数的目的。其行为表现与Asynchronized Multi-GPU Batch Normalization 非常类似。

本书代码中定义了batch_multiplier=3，即每3次进行一次optimizer.step() 调用，因此虚拟的小批量的尺寸就是24个。

实际的代码实现如下所示。

```
#创建对模型进行训练的函数

def train_model(net, dataloaders_dict, criterion, scheduler, optimizer,
                num_epochs):

    #确认GPU是否可用
    device = torch.device("cuda:0" if torch.cuda.is_available() else "cpu")
    print("使用的设备：", device)

    #将网络载入GPU中
    net.to(device)

    #如果网络相对固定，开启高速处理选项
    torch.backends.cudnn.benchmark = True

    #图像的张数
```

```
num_train_imgs = len(dataloaders_dict["train"].dataset)
num_val_imgs = len(dataloaders_dict["val"].dataset)
batch_size = dataloaders_dict["train"].batch_size

#设置迭代计数器
iteration = 1
logs = []

# multiple minibatch
batch_multiplier = 3

#epoch的循环
for epoch in range(num_epochs):

    #保存开始时间
    t_epoch_start = time.time()
    t_iter_start = time.time()
    epoch_train_loss = 0.0                    #epoch的损失和
    epoch_val_loss = 0.0                      #epoch的损失和

    print('-------------')
    print('Epoch {}/{}'.format(epoch+1, num_epochs))
    print('-------------')

    #对每轮epoch进行训练和验证的循环
    for phase in ['train', 'val']:
        if phase == 'train':
            net.train()                       #将模式设置为训练模式
            scheduler.step()                  #更新最优化调度器
            optimizer.zero_grad()
            print('(train)')

        else:
            if((epoch+1) % 5 == 0):
                net.eval()                    #将模型设置为验证模式
                print('-------------')
                print('(val)')
            else:
                #每5轮进行1次验证
                continue

        #从数据加载器中读取每个小批量并进行循环
        count = 0  # multiple minibatch
        for imges, anno_class_imges in dataloaders_dict[phase]:
            #如果小批量的尺寸是1，批量正规化处理会报错，因此需要避免
            if imges.size()[0] == 1:
```

```
                continue

            #如果GPU可用，将数据传输到GPU中
            imges = imges.to(device)
            anno_class_imges = anno_class_imges.to(device)

            #使用multiple minibatch对参数进行更新
            if (phase == 'train') and (count == 0):
                optimizer.step()
                optimizer.zero_grad()
                count = batch_multiplier

            #正向传播计算
            with torch.set_grad_enabled(phase == 'train'):
                outputs = net(imges)
                loss = criterion(
                    outputs, anno_class_imges.long()) / batch_multiplier

                #训练时采用反向传播
                if phase == 'train':
                    loss.backward()                   #梯度的计算
                    count -= 1                        #multiple minibatch

                    if (iteration % 10 == 0):        #每10次迭代显示一次loss
                        t_iter_finish = time.time()
                        duration = t_iter_finish - t_iter_start
                        print('迭代 {} || Loss: {:.4f} || 10iter: {:.4f}
                              sec.'.format(
                            iteration,
                            loss.item()/batch_size*batch_multiplier,
                            duration))
                        t_iter_start = time.time()

                    epoch_train_loss += loss.item() * batch_multiplier
                    iteration += 1

                #验证时
                else:
                    epoch_val_loss += loss.item() * batch_multiplier

    #每个epoch的phase的loss和正解率
    t_epoch_finish = time.time()
    print('-------------')
    print('epoch {} || Epoch_TRAIN_Loss:{:.4f} ||Epoch_VAL_Loss:{:.4f}'.format(
        epoch+1, epoch_train_loss/num_train_imgs, epoch_val_loss/num_val_imgs))
    print('timer:  {:.4f} sec.'.format(t_epoch_finish - t_epoch_start))
```

```
        t_epoch_start = time.time()

        #保存日志
        log_epoch = {'epoch': epoch+1, 'train_loss': epoch_train_loss /
                     num_train_imgs, 'val_loss': epoch_val_loss/num_val_imgs}
        logs.append(log_epoch)
        df = pd.DataFrame(logs)
        df.to_csv("log_output.csv")

    #保存最终的网络
    torch.save(net.state_dict(), 'weights/pspnet50_' +
               str(epoch+1) + '.pth')
```

最后执行学习和验证操作，完成整个计算大约需要12小时（图3.7.1）。

```
#执行学习和验证操作
num_epochs = 30
train_model(net, dataloaders_dict, criterion, scheduler, optimizer,
            num_epochs=num_epochs)
```

```
In [*]: #执行学习和验证操作
        num_epochs = 30
        train_model(net, dataloaders_dict, criterion, scheduler, optimizer, num_epochs=num_epochs)

        使用的设备： cuda:0
        -------------
        Epoch 1/30
        -------------
         (train)
        迭代 10 || Loss: 0.3835 || 10iter: 83.2019 sec.
        迭代 20 || Loss: 0.2189 || 10iter: 50.9118 sec.
        迭代 30 || Loss: 0.1510 || 10iter: 50.8032 sec.
        迭代 40 || Loss: 0.1658 || 10iter: 50.7695 sec.
        迭代 50 || Loss: 0.0886 || 10iter: 50.6645 sec.
        迭代 60 || Loss: 0.0728 || 10iter: 50.6198 sec.
        迭代 70 || Loss: 0.1165 || 10iter: 50.9016 sec.
        迭代 80 || Loss: 0.1351 || 10iter: 50.4392 sec.
        迭代 90 || Loss: 0.2174 || 10iter: 50.6154 sec.
```

图3.7.1　学习与验证程序执行示例

经过30轮学习之后，学习数据与验证数据的损失的变化推移如图3.7.2所示。至此，就完成了对VOC2012数据集的PSPNet的学习。

这里在ADE20K和VOC2012这两种相似的数据集之间进行了微调处理，使用的是基于单个GPU的multiple minibatch方法。但是，如果是从零开始学习，或者使用ADE20K中的黑白医疗图片这类特征差异较大的数据集进行微调，使用Synchronized Multi-GPU Batch Normalization方法是更为推荐的做法。

3.8节将对语义分割的推测进行编程实现。

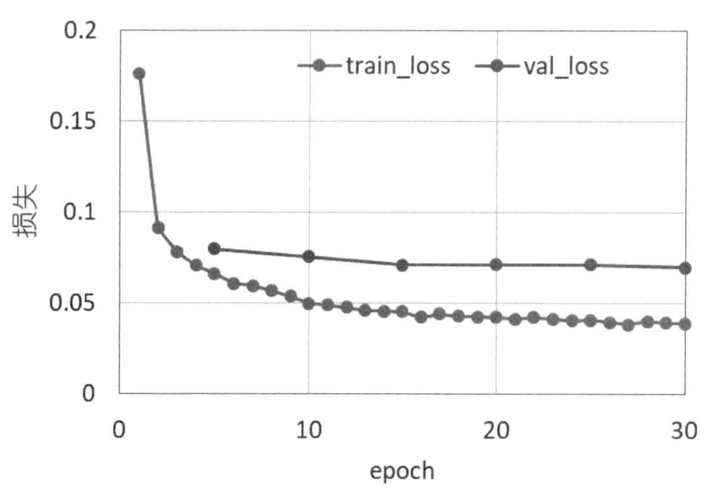

图3.7.2　学习数据与验证数据的损失的变化推移

3.8 语义分割的推测

本节将使用经过训练的PSPNet进行推测部分的编程实现。

本节的学习目标如下。

掌握语义分割的推测处理的实现。

本节的程序代码

```
3-8_PSPNet_inference.ipynb
```

3.8.1 准备

在3.7节中训练好的权重参数pspnet50_30.pth可以在weights文件夹中找到。

此外，笔者也提供了使用本章内容创建的学习完毕的模型的下载链接（可以在make_folders_and_data_downloads.ipynb文件最后的单元里找到）。

3.8.2 推测

首先，创建文件路径列表。本节虽然并非对VOC数据集的图像进行推测，而是对手上现成的骑马图片进行推测，但是仍需要使用一张合适的标注图像。

之所以需要用一张恰当的标注图像，有两个原因。第一个原因是，如果没有标注图像，预处理类的函数就无法正常执行。因此，虽然在实际推测中不需使用，但仍需要作为伪数据传递给函数。第二个原因是，如果不准备好一张标注图像，并从中读取图像的彩色调色板信息，就没有对应物体标签的颜色信息可用。基于上述原因，我们需要使用VOC2012标注数据中的图像。为了下载标注数据的文件，需要创建如下文件列表。

```
from utils.dataloader import make_datapath_list, DataTransform

#创建文件路径列表
rootpath = "./data/VOCdevkit/VOC2012/"
train_img_list, train_anno_list, val_img_list, val_anno_list = make_datapath_list(
    rootpath=rootpath)

# 之后将只使用标注图像
```

接下来，继续创建PSPNet对象。

```
from utils.pspnet import PSPNet

net = PSPNet(n_classes=21)

#载入已经训练完毕的参数
state_dict = torch.load("./weights/pspnet50_30.pth",
                        map_location={'cuda:0': 'cpu'})
net.load_state_dict(state_dict)

print('网络设置完毕：成功载入了训练完毕的权重。')
```

然后，执行推测操作。实际的实现代码如下所示。原有图像、使用PSPNet推测的标注图像以及推测的结果将被覆盖在原有的图像上并绘制显示出来。

```
# 1.显示原有图像
image_file_path = "./data/cowboy-757575_640.jpg"
img = Image.open(image_file_path)             #[高度][宽度][颜色RGB]
img_width, img_height = img.size
plt.imshow(img)
plt.show()

# 2.创建预处理类
color_mean = (0.485, 0.456, 0.406)
color_std = (0.229, 0.224, 0.225)
transform = DataTransform(
    input_size=475, color_mean=color_mean, color_std=color_std)

# 3.预处理
#准备好适当的标注图像，并从中读取彩色调色板信息
anno_file_path = val_anno_list[0]
anno_class_img = Image.open(anno_file_path)     #[高度][宽度]
p_palette = anno_class_img.getpalette()
phase = "val"
img, anno_class_img = transform(phase, img, anno_class_img)

# 4.使用PSPNet进行推测
net.eval()
x = img.unsqueeze(0)         #小批量化：torch.Size([1, 3, 475, 475])
outputs = net(x)
y = outputs[0]               #忽略AuxLoss，y的尺寸是torch.Size([1, 21, 475, 475])

# 5.从PSPNet的输出结果求取最大分类，并转换为颜色调色板格式，将图像尺寸恢复为原有尺寸
y = y[0].detach().numpy()
y = np.argmax(y, axis=0)
anno_class_img = Image.fromarray(np.uint8(y), mode="P")
```

```
anno_class_img = anno_class_img.resize((img_width, img_height), Image.NEAREST)
anno_class_img.putpalette(p_palette)
plt.imshow(anno_class_img)
plt.show()

# 6.将图像透明化并重叠在一起
trans_img = Image.new('RGBA', anno_class_img.size, (0, 0, 0, 0))
anno_class_img = anno_class_img.convert('RGBA') #将彩色调色板格式转换为RGBA格式

for x in range(img_width):
    for y in range(img_height):
        #获取推测结果的图像的像素数据
        pixel = anno_class_img.getpixel((x, y))
        r, g, b, a = pixel

        #如果是(0, 0, 0)的背景，直接透明化
        if pixel[0] == 0 and pixel[1] == 0 and pixel[2] == 0:
            continue
        else:
            #将除此之外的颜色写入准备好的图像中
            trans_img.putpixel((x, y), (r, g, b, 150))
            #150指定的是透明度大小

img = Image.open(image_file_path)                    #[高度][宽度][颜色RGB]
result = Image.alpha_composite(img.convert('RGBA'), trans_img)
plt.imshow(result)
plt.show()
```

推测的执行结果如图3.8.1所示。从推测结果中可以看到，图像被贴上了person和horse的标签，成功地判断出了人和马的存在。但是，如果仔细看会发现人的脚变成了马的一部分，而马的一部分被识别为人。尽管结果还不是那么完美，但大体上还是实现了在像素层次上对物体的识别。

如果想提升语义分割的精度，可增加学习的epoch轮数。这里出于本书的演示目的，是按照epoch数设为较短的30轮，确保一晚上能学习完毕的程度设置的（大约7000次迭代）。在PSPNet论文中，使用VOC数据集的情况下，设置的是使用30000次迭代的学习。

作为本节的附录，笔者提供了事先创建好的3-8_PSPNet_inference_appendix.ipynb文件。该文件的功能是针对VOC2012数据集，对训练完毕的PSPNet进行推测，并将推测结果和作为正确答案的标注数据一同显示。如果想确认训练好的PSPNet模型与正确的标注数据之间的接近程度，可以使用文件中的代码。

图3.8.1　推测的执行结果（颜色和物体对应的信息转载自[8]）

小结

至此，第3章语义分割介绍完毕。本章对语义分割、PSPNet的算法、网络的结构、正向传播函数、损失函数等内容进行了讲解和编程实现，第4章将开始学习姿势识别。

第4章 姿势识别（OpenPose）

4.1 姿势识别与OpenPose概述

本章将对图像处理任务中的姿势识别（Pose Estimation）进行探索，并对OpenPose[1, 2]深度学习模型进行讲解。

本节将首先对姿势识别进行概览性的介绍，并对将在本章中使用的MS COCO（The Microsoft Object in Context）数据集[3]的内容进行说明，最后对如何使用姿势识别的深度学习模型OpenPose实现姿势识别的三步流程进行讲解。此外，在本书中我们只是以学习为目的，简单地对OpenPose的网络学习进行讲解，并对整体实现流程有所把握，因此不会涉及太艰深的内容。本章的实现代码参考了GitHub:tensorboy/pytorch_Realtime_Multi-Person_Pose_Estimation[4]中的开源代码。

本节的学习目标如下。

1. 理解什么是姿势识别，以及输入/输出的是什么内容。
2. 理解MS COCO Keypoints数据。
3. 理解PAFs的概念。
4. 理解使用OpenPose实现姿势识别的三步流程。

本节的程序代码

无

4.1.1 姿势识别概述

姿势识别是指对一张图像中包含的多个人物进行识别，并对人体的各个部位，如左肩、头部所在的位置进行测算，并计算出将这些部位联系起来的连线（链接）的技术。其直观上的表现就是将线条人的图形绘制在图片中的人物上。

进行姿势识别处理最终可以得到类似图4.1.1所示的结果。对这一人物的身体各个部位的链接进行计算的过程就被称为姿势识别。

→

图4.1.1　姿势识别的处理结果[5][注1]

[注1]　业余棒球比赛图片是从Pixabay网站中下载的[5](图片版权信息：商业用途免费，且无须注明版权所有信息)。

接下来进一步说明在本书中姿势识别处理所能检测出的人体部位具体有哪些。在本书中，图4.1.2左图所示的18个部位是需要被识别出来的。这18个部位分别如下：

0—鼻子；1—脖子；2—右肩；3—右手肘；4—右手腕；5—左肩；6—左手肘；7—左手腕；8—右臀；9—右膝；10—右脚腕；11—左臀；12—左膝；13—左脚腕；14—右眼；15—左眼；16—右耳；17—左耳。

此外，还要对连接这18个部位之间的37 根连线进行计算，如图4.1.2右图所示。需要注意的是，总共要计算37个链接，而图4.1.1和图4.1.2所示的链接只是其中一部分。

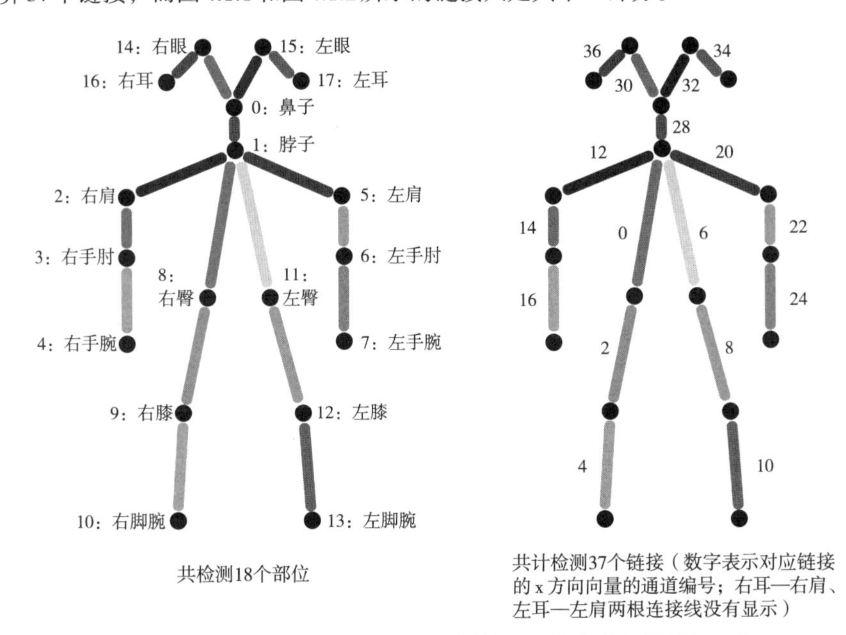

共检测18个部位

共计检测37个链接（数字表示对应链接的x方向向量的通道编号；右耳—右肩、左耳—左肩两根连接线没有显示）

图4.1.2　使用姿势识别检测出的身体部位及各部位间的链接一览

一旦使用姿势识别技术计算出人体各部位之间的链接，就为进一步深入分析这个人物的动作和姿态提供了可能。

4.1.2　MS COCO 数据集与姿势识别的标注数据

本章使用名为MS COCO 的数据集[3]。MS COCO并不只用于姿势识别处理，而是一组可用于任何需要使用图像数据的深度学习任务的通用数据集。其中除了包括图像数据之外，还包括可用于图像分类、物体识别、语义分割、姿势识别等不同应用所需的正确答案的标注数据。除此之外，在MS COCO 数据集中还包括对图像内容进行解释的标题（图像说明）的标注数据，因此也可作为将图像转换成标题的深度学习任务的数据集使用。

本章使用的MS COCO数据包含人物图像的照片，以及表示人体部位之间的链接的标注数据。这类MS COCO中用于姿势识别的专用数据，常被用于COCO Keypoint Detection Task任务中。

接下来，对这次要使用的标注数据的格式和内容进行说明。下面以业余棒球比赛图片作为标注示例进行讲解，如图4.1.3所示。

图4.1.3　标注说明中使用的图像[5]

实际的标注数据是图4.1.4所示的JSON格式的信息。图像中主要人物的信息（joint_self）和图像中其他人物的信息（joint_others）是分开注明的，即在MS COCO数据集中，即使是同一张图片也可能存在主要人物不同的标注数据。

```
{'dataset': 'COCO_val',
 'isValidation': 1.0,
 'img_paths': 'val2014/COCO_val2014_000000000488.jpg',
 'img_width': 640.0,
 'img_height': 406.0,
 'objpos': [233.075, 275.815],
 'image_id': 488.0,
 'bbox': [180.76, 210.3, 104.63, 131.03],
 'segment_area': 4851.846,
 'num_keypoints': 15.0,
 'joint_self': [[266.0, 231.0, 1.0],
  [0.0, 0.0, 2.0],
  [264.0, 229.0, 1.0],
  [0.0, 0.0, 2.0],
  [256.0, 231.0, 1.0],
  [261.0, 239.0, 1.0],
  [238.0, 239.0, 1.0],
  [267.0, 259.0, 1.0],
  [222.0, 262.0, 1.0],
  [272.0, 267.0, 1.0],
  [243.0, 256.0, 1.0],
  [244.0, 278.0, 1.0],
  [229.0, 279.0, 1.0],
  [269.0, 297.0, 1.0],
  [219.0, 310.0, 1.0],
  [267.0, 328.0, 1.0],
  [192.0, 329.0, 1.0]],
 'scale_provided': 0.356,
 'joint_others': [[[0.0, 0.0, 2.0],
   [0.0, 0.0, 2.0],
   [0.0, 0.0, 2.0],
```

图4.1.4　标注示例[注1]

标注数据的键名dataset会根据数据是训练用数据还是验证用数据的不同，分别被赋值为COCO或者COCO_val；键名isValidation在训练数据中被赋值为0.0，如果是验证数据就被赋值为1.0；键名img_paths中保存的是图像数据的链接；键名num_keypoints中保存的是照片中的主要人物的人体部位被标注的数量，最大值为17。

图4.1.2中需要识别的身体部位总共有18个，但在MS COCO的标注数据中只有17个，没有对应脖

[注1] MS COCO数据集的图像是从Flickr网站中下载的图片，因此本书无法刊登图4.1.4的标注数据对应的图像（MS COCO中并未公开原图片文件的URL信息）。图4.1.3的业余棒球比赛图片，是参考图4.1.4的标注数据的原有图像COCO_val2014_000000000488.jpg后选择的。本书基于图4.1.3所示图片进行讲解。

子部位的标注数据（判断脖子所在位置的方法将在4.2节中讲解）。

键名joint_self中包含除脖子以外的17个部位的x、y坐标信息以及相应部位的能见度数据。当能见度值为0时，虽然标注中有坐标信息，但是在图像内相应的身体部位是看不到的；当值为1时，标注的身体部位在图像中是可见的；当值为2时，对应的身体部位不仅在图片中不可见，而且标注数据也不存在。

键名scale_provided中保存的是图像中将主要人物框起来的BBox的高度368像素的倍数；键名joint_others中保存的是图像中其他人物的身体部位信息，主要被用于对标注信息进行姿势识别处理的训练数据中。

4.1.3 使用OpenPose进行姿势识别的流程

本节最后将对使用OpenPose进行姿势识别的三步流程进行讲解。OpenPose是卡耐基梅隆大学（Carnegie Mellon University，CMU）的Zhe Cao等人于2017年发表的论文*Realtime mutiperson 2d pose estimation using part affinity fields*[2]的基础上，开发的一套软件库。此外，2018年12月推出了最新版本arXiv [1]。最新版本相较于2017年的初期版本有很多变化，但是作为姿势识别算法的本质内容仍然是相同的。本书将对2017年的初期版本进行讲解和实践。

姿势识别的本质实际上与第3章中实现的语义分割基本相同。语义分割是对图像中的物体进行像素级别的判断得到物体的标签，姿势识别也一样。例如，将左手肘和左手腕等身体部位的分类作为物体的标签，如果使用语义分割，左手肘周围的像素就被判断为左手肘，左手腕周围的像素就被判断为左手腕。

但是，第3章中的语义分割是对像素级别的物体类别进行分类，而基于OpenPose的姿势识别则是在像素级别上进行物体识别的回归问题。

那究竟是对什么进行回归呢？实际上就是每个像素对应18个身体部位以及其他部分一起，合计19个物体的概率。例如，将图像的每个像素对应左手肘部位的概率作为回归问题进行求解，将左手肘的分类概率最高的像素标记为左手肘的坐标，就能达到从图像中识别出人体的左手肘部位的目的。

姿势识别要解决的问题，就是在图像内包含多个人物的情况下，计算出各个身体部位之间是如何连接在一起的。

例如，当一张图片中包含两个人物时，就需要对两个左手肘和两个左手腕进行识别，这时就会面临如何对它们进行配对连接（链接对）的问题。解决该问题有两种方式，一种是自上而下（top-down）的方式（single-person estimation），另一种是自下而上（bottom-up）的方式（multi-person estimation）。

自上而下的方式就是第2章中介绍的，使用物体检测对人物进行识别，只切取出一个人物来进行姿势识别处理。通过物体检测处理切取出来的人物只有一个，因此也就不存在如何对连接进行配对的问题。但是，使用自上而下的方式存在一个很大的问题，即当图片中有很多个人物时，处理时间会大幅增加，姿势识别结果的精度也很依赖物体检测的精度。

与此相对，OpenPose使用的是自下而上的方式。在OpenPose中，为了解决连接配对的问题，专门引入了PAFs（Part Affinity Fields）这一新的概念。Affinity的中文含义为亲和性、一体感等。也就是说，引入PAFs这个概念来作为表示“人体部位之间的亲和度”的指标。

由于PAFs的概念比较难以理解，因此这里以图4.1.5为例进行说明。

（a）原图像

（b）左手肘

（c）左手腕

（d）左手肘和左手腕的PAFs

图4.1.5　PAFs

图4.1.5（a）是原图像，下面对这张图片里的击球手和接球手进行姿势识别（图4.1.5中显示了推测结果，其中不包含作为正解信息的标注数据）。

经过对图4.1.5的图像每个像素的回归计算，最终得到的左手肘和左手腕的像素的概率结果如图4.1.5（b）和（c）所示。图像中左手肘和左手腕所在位置上颜色最红的点就是左手肘和左手腕的坐标像素。在OpenPose中，经过一次推测就可以识别出图像中左手肘和左手腕的位置（但是，图4.1.5中位于远处的椅子上的人物由于太小，因此无法检测出左手肘和左手腕。）

图4.1.5（b）和（c）分别识别出了两个左手肘和左手腕，如何将它们连接在一起就是需要解决的问题。因此，需要创建一个“左手肘和左手腕之间的像素”的类，并对该类也进行类似的像素层次的回归计算。“左手肘和左手腕之间的像素”类就是左手肘和左手腕的PAFs。

图4.1.5（d）就是左手肘和左手腕的PAFs，可以看到连接左手肘和左手腕的像素显示为红色。通过使用“左手肘和左手腕之间的像素”这个PAFs以及左手肘、左手腕的位置信息，很自然地就能计算出哪个左手肘应该与哪个左手腕进行配对连接。

通过上述操作，我们不仅可以知道左手肘和左手腕之间的关系，还可以对全身的部位进行检测。对于包含多个人物的图像，也可以使用自下而上的方式进行姿势识别。

图4.1.6所示为使用OpenPose进行姿势识别的三步流程。在本节中，读者需对OpenPose的输入/输出以及流程有一个大概的理解。

步骤1 是预处理，将图像尺寸调整为368像素 ×368像素，并对颜色信息进行标准化处理。

步骤2 是将经过预处理的图像输入OpenPose 的神经网络中。然后，就会得到作为输出数据的19×368像素 ×368像素（分类数 × 高度 × 宽度）的数组和38×368像素 ×368像素的数组。这两个数组分别对应的是身体部位的分类和PAFs 的分类。身体部位数组的通道数是身体部位18个 + 非任何身体部位共计19 个；PAFs表示有19个链接的x和y方向的向量坐标，共计38 个通道。数组里保存的值是每个像素对应各个分类的置信度（≒概率）。

1. 将图像尺寸调整为368像素 × 368像素

2. 将图像输入OpenPose的神经网络中

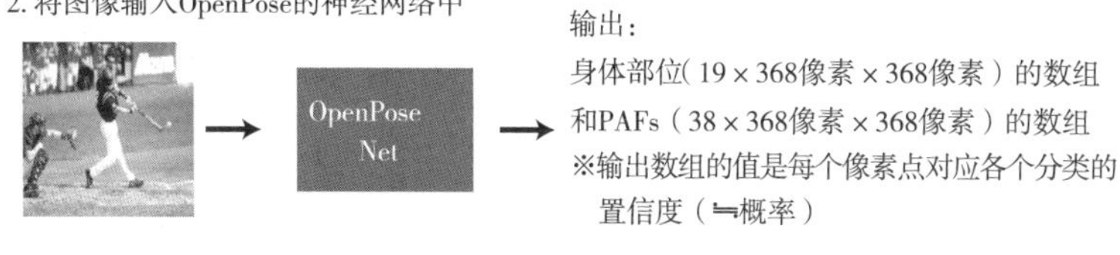

3. 根据身体部分和PAFs确定链接，最后还原成原有图像大小

图4.1.6　使用OpenPose 进行姿势识别的三步流程

步骤3 是将身体部位的输出结果按照每个部位定位成一个点，并结合 PAFs 信息对链接进行计算。最后，将图像尺寸重新恢复为原有图像大小。

以上就是使用OpenPose 进行姿势识别的基本流程。

以上就是本节对姿势识别技术概要、MS COCO 数据集和标注信息、使用OpenPose进行姿势识别的基本流程等内容的讲解。4.2 节将对如何实现 OpenPose 的 Dataset 和 DataLoader 进行讲解。

4.2 Dataset 和 DataLoader 的实现

本节将对在OpenPose中使用的DataLoader的创建方法进行讲解，使用的数据是4.1节中介绍的MS COCO数据集。

本节的学习目标如下。

1. 理解掩码数据。
2. 掌握OpenPose中使用的Dataset和DataLoader的实现方式。
3. 理解OpenPose的预处理和数据增强处理的具体内容。

本节的程序代码

```
4-2_DataLoader.ipynb
```

4.2.1 掩码数据概述

在开始DataLoader的正式编程实现之前，首先了解一下OpenPose学习中使用的掩码数据相关的知识。

在训练和验证数据中，有的图片中虽然包含人物，但是与其对应的姿势信息的标注数据却没有提供。造成该问题的原因有很多，如人物拍摄得太小，或者漏掉了标注数据等。类似这种图片包含人物却没有提供完整的标注信息的问题对姿势识别的学习过程的影响非常大。

因此，对于训练和验证图像数据中那些没有相应的姿势标注数据的人物，需要将其涂黑。这种涂黑遮掩的数据被称为掩码数据。

在OpenPose的学习过程的处理中，损失函数会对图像中的身体部位和检测出的坐标位置进行比较，如果是被掩码遮盖的像素，则损失函数进行计算时将忽略。

4.2.2 文件夹的准备

接下来，创建在本章中需要使用到的文件夹，并下载相应的文件。本书的实现代码下载后，可以在4_pose_estimation文件夹内找到。请打开make_folders_and_data_downloads.ipynb文件，并按顺序执行各个单元的代码。

本书将直接使用OpenPose的训练数据，不进行从零开始的完整训练处理。这样做的理由有两点：一是训练数据的容量太庞大；二是在姿势识别中进行迁移学习和微调处理的机会非常少，直接使用训练好的模型基本上就能解决问题。因此，本书将以让读者感受如何用较小的验证数据集对OpenPose网络模型进行学习的具体操作为主要目标。因此，在逐项执行完毕make_folders_and_data_downloads.ipynb文件的各个单元后，程序将只会自动下载MS COCO的2014年竞赛用的验证数据2014Val images。

该验证数据的图像集合为6GB，下载和解压缩需要花费一定的时间（在AWS环境中大约需要10分钟）。

接下来，手动下载MS COCO的标注数据以及掩码数据[4]。请根据make_folders_and_data_downloads.ipynb文件的单元内的说明，将标注数据COCO. json和掩码数据的压缩文件mask.tar.gz保存到data文件夹中。

最后，请执行make_folders_and_data_downloads.ipynb文件的最后一个单元，将mask.tar.gz 文件进行解压缩。

经过上述操作，即可得到图4.2.1 所示的文件夹结构。

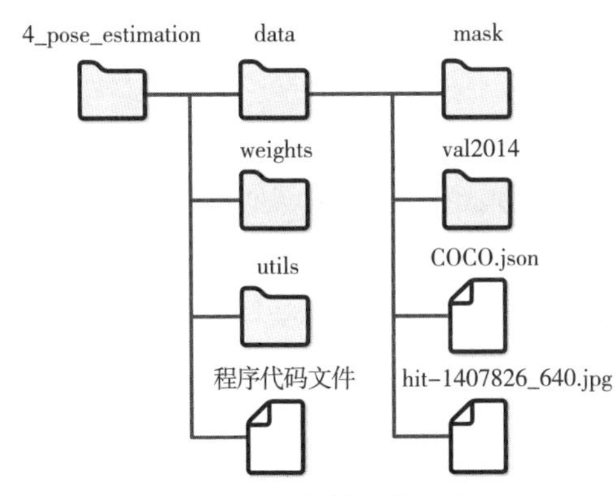

图4.2.1 第4 章的文件夹结构

4.2.3 创建图像数据、标注数据、掩码数据的文件路径列表

接下来，将创建图像数据、标注数据以及掩码数据的文件路径列表，其具体的创建方法与之前的章节完全相同。

但是，由于data/val2014文件夹中还包含在姿势识别中不需要使用的图像数据，因此最终不会使用全部图像，而只使用COCO.json文件中注明的那些图像数据。

文件路径列表的具体实现代码如下所示。由于需要读取大量的JSON数据，因此整个执行过程大约需要10秒。

```
def make_datapath_list(rootpath):
    """
    创建学习、验证的图像数据、标注数据、掩码数据的文件路径列表
    """

    #读取标注数据的JSON文件
    json_path = osp.join(rootpath, 'COCO.json')
    with open(json_path) as data_file:
        data_this = json.load(data_file)
        data_json = data_this['root']

    #保存index
```

```
num_samples = len(data_json)
train_indexes = []
val_indexes = []
for count in range(num_samples):
    if data_json[count]['isValidation'] != 0.:
        val_indexes.append(count)
    else:
        train_indexes.append(count)

#保存图像数据的文件路径
train_img_list = list()
val_img_list = list()

for idx in train_indexes:
    img_path = os.path.join(rootpath, data_json[idx]['img_paths'])
    train_img_list.append(img_path)

for idx in val_indexes:
    img_path = os.path.join(rootpath, data_json[idx]['img_paths'])
    val_img_list.append(img_path)

#保存掩码数据的文件路径
train_mask_list = []
val_mask_list = []

for idx in train_indexes:
    img_idx = data_json[idx]['img_paths'][-16:-4]
    anno_path = "./data/mask/train2014/mask_COCO_tarin2014_" + img_idx+'.jpg'
    train_mask_list.append(anno_path)

for idx in val_indexes:
    img_idx = data_json[idx]['img_paths'][-16:-4]
    anno_path = "./data/mask/val2014/mask_COCO_val2014_" + img_idx+'.jpg'
    val_mask_list.append(anno_path)

#保存标注数据
train_meta_list = list()
val_meta_list = list()

for idx in train_indexes:
    train_meta_list.append(data_json[idx])

for idx in val_indexes:
    val_meta_list.append(data_json[idx])

return train_img_list, train_mask_list, val_img_list, val_mask_list,
```

```
    train_meta_list, val_meta_list


#确认执行结果（实际执行时间大约为10秒）
train_img_list, train_mask_list, val_img_list, val_mask_list, train_meta_list, 
val_meta_list = make_datapath_list(
    rootpath="./data/")

val_meta_list[24]
```

【输出执行结果】

```
{'dataset': 'COCO_val',
 'isValidation': 1.0,
 'img_paths': 'val2014/COCO_val2014_000000000488.jpg',
 'img_width': 640.0,
...
```

4.2.4　确认掩码数据的执行结果

接下来对掩码数据的执行结果进行确认。执行下列实现代码后，可以看到业余棒球比赛图片及其掩码数据，图片中远处的人物会被遮挡。

```
index = 24

#图像
img = cv2.imread(val_img_list[index])
img = cv2.cvtColor(img, cv2.COLOR_BGR2RGB)
plt.imshow(img)
plt.show()

#掩码
mask_miss = cv2.imread(val_mask_list[index])
mask_miss = cv2.cvtColor(mask_miss, cv2.COLOR_BGR2RGB)
plt.imshow(mask_miss)
plt.show()

#合成结果
blend_img = cv2.addWeighted(img, 0.4, mask_miss, 0.6, 0)
plt.imshow(blend_img)
plt.show()
```

【输出执行结果】

```
省略
```

4.2.5 创建图像的预处理类

在创建Dataset 类之前，首先需要创建负责对图像和标注数据进行预处理的DataTransform类。DataTransform 类的具体实现与之前章节中DataTransform类的实现方式大致相同，实现代码的流程也一样，其中需要使用到的外部代码可以在utils文件夹中的data_augumentation.py 文件中找到。

data_augumentation.py 文件中的实现代码本书不再罗列，该文件中有很多注释，读者理解这些代码时可以参考注释信息。接下来对预处理的具体内容进行讲解。

首先，需要将图像数据、标注数据以及掩码数据成组地进行转换，因此需要创建一个 Compose 类来完成这些操作。具体的数据转换操作在Compose类内部实现。

在get_anno类中将对训练数据，从JSON 格式的标注数据转换为Python的字典类型变量。之后，在add_neck类中创建脖子的标注数据的坐标位置，然后将身体部位的标注从MS COCO的排列顺序转换到OpenPose中使用的标注的排列顺序（图4.1.2）。

在这里，脖子的位置信息是通过计算MS COCO 标注数据中的右肩和左肩的中间位置得到的。之所以要添加新的脖子的标注数据，是因为如进行推测时，即使图像内存在能看到脖子，但是看不到右肩的人物，也能够通过对脖子位置的推测处理使得从脖子到下面的臀部或者腿部的位置的推测变得更加简单，同时也能提高姿势识别的精度。

接下来，继续进行数据增强处理。在数据增强处理中，首先使用aug_rotate类对图像尺寸进行放大或缩小，这里设置尺寸转化范围为0.5 ~ 1.1倍。之后，继续在aug_rotate类中对图像进行 -40° ~ +40°范围内的旋转处理。然后，在aug_croppad类中将图像截取出来。在对图像进行截取时，将标注数据的键名joint_self指定的主要人物作为中心，截取高宽为364像素范围的内容。接下来使用aug_flip类，以50% 的概率对图像进行左右镜像变换。

最后，在remove_illegal_joint类中对被截取的图像中身体部位被去掉的标注数据信息进行修正。在上述图像增强处理过程中，可能会出现中心人物的身体的某部分，或者键名joint_others中标注的人物被意外切掉的问题。对于这类身体部位超出了截取图像的显示范围的情况，需要将标注数据的坐标信息的“能见度”更改为“图像内不可见、无标注信息”（关于标注数据的三种能见度的定义已在4.1节中解释过）。

预处理的最后一个步骤是使用Normalize_Tensor 类对颜色信息进行标准化处理，将NumPy 的Array型变量转换成PyTorch 的张量。但是，在本节的实现代码中，为了方便对图像的预处理结果进行确认，使用的是省略了颜色信息标准化处理的no_Normalize_Tensor类。

对于验证数据也需要进行同样的预处理操作，但是本书的目标是轻松体验OpenPose 的学习过程，因此将省略使用验证数据的步骤。

图像的预处理操作的具体实现代码如下所示。

```
#导入用于数据处理的类和数据增强处理的类
from utils.data_augumentation import Compose, get_anno, add_neck, aug_scale,
aug_rotate, aug_croppad, aug_flip, remove_illegal_joint, Normalize_Tensor,
```

```
no_Normalize_Tensor

class DataTransform():
    """
    图像和掩码、标注的预处理类
    在学习和推测时分别采取不同的操作
    在学习时进行数据增强处理
    """

    def __init__(self):

        self.data_transform = {
            'train': Compose([
                get_anno(),               #将标注信息从JSON转换为字典型变量
                add_neck(),               #对标注数据重新排序，并添加脖子的标注数据
                aug_scale(),              #放大/缩小
                aug_rotate(),             #旋转
                aug_croppad(),            #截取图片
                aug_flip(),               #左右翻转
                remove_illegal_joint(),   #将超出图像范围的标注数据删除
                # Normalize_Tensor()      #颜色信息的标准化和张量化
                no_Normalize_Tensor()     #只限本节使用，省略颜色信息的标准化处理
            ]),
            'val': Compose([
                #在本书中省略此处的实现
            ])
        }

    def __call__(self, phase, meta_data, img, mask_miss):
        """
        Parameters
        ----------
        phase : 'train' or 'val'
            指定预处理的模式
        """
        meta_data, img, mask_miss = self.data_transform[phase](
            meta_data, img, mask_miss)

        return meta_data, img, mask_miss


#确认执行结果
#读取图像数据
index = 24
img = cv2.imread(val_img_list[index])
mask_miss = cv2.imread(val_mask_list[index])
```

```
meat_data = val_meta_list[index]

#对图像进行预处理
transform = DataTransform()
meta_data, img, mask_miss = transform("train", meat_data, img, mask_miss)

#显示图像
img = img.numpy().transpose((1, 2, 0))
plt.imshow(img)
plt.show()

#显示掩码
mask_miss = mask_miss.numpy().transpose((1, 2, 0))
plt.imshow(mask_miss)
plt.show()

#统一成RGB格式后进行合并
img = Image.fromarray(np.uint8(img*255))
img = np.asarray(img.convert('RGB'))
mask_miss = Image.fromarray(np.uint8((mask_miss)))
mask_miss = np.asarray(mask_miss.convert('RGB'))
blend_img = cv2.addWeighted(img, 0.4, mask_miss, 0.6, 0)
plt.imshow(blend_img)
plt.show()
```

【输出执行结果】

```
省略
```

4.2.6 创建作为训练数据的正确答案信息的标注数据

接下来，将创建作为训练数据的正确答案信息的标注数据。到目前为止，我们都是围绕MS COCO的标注数据进行讲解的，但是要进行OpenPose的学习和验证，需要对标注数据做进一步的处理。

首先，对身体部位信息的标注数据进行讲解。MS COCO的标注数据表示对身体部位信息进行像素级别的定位坐标，因此即使是相差一个像素也会导致错误产生。然而，身体部位的标注坐标毕竟是人工进行标注的，出现差错也在所难免。

例如，假设对同一个图像中的多个人物进行标注，要求所有对图像进行标注的人在看到左手肘的位置时，标注出来的位置坐标相差不超过一个像素显然是不现实的。因此，必须能容许MS COCO的标注信息存在小的误差。

为了解决这个问题，需要将MS COCO的标注信息的像素坐标作为中心，并使用高斯分布将身体部位信息的标注数据转换成OpenPose专用的数据，并将中心点的像素周围作为此身体部位的概率值加大。此后，对于这一身体部位信息的标注，我们将其称为heatmaps。

接下来，需要创建作为身体部位和身体部位的链接信息的PAFs的标注信息。由于PAFs是

OpenPose的专有概念，因此其在MS COCO数据集中没有对应的标注信息。PAFs其实就是将位于身体部位之间的直线上的像素设置为1，其他像素设置为0得到的类似长方形的矩形（准确地说，其并不是完全由像素组成的一条直线，而是稍微有一定宽度的类似长方形的矩形）。

用于创建上述heatmaps和PAFs的程序代码是作为外部类在utils文件夹内的data_loader.py文件里的get_ground_truth函数中实现的，该函数与参考文档[4]中使用的代码基本一样。

在本书中，关于heatmaps以及PAFs 的创建方法只进行概念程度的讲解。读者如果希望深入理解其内部实现，请参考原论文[1, 2]、本书的实现代码data_augumentation.py以及data_loader.py文件中的代码（其中包含很多注释）。

此外，执行get_ground_truth函数生成的heatmaps和PAFs的图像尺寸由原先的368像素调整为1/8，即46像素 ×46像素。这样做的原因是，4.3节中将介绍的OpenPose 网络的开头部分的Feature模块中，图像尺寸是原尺寸的1/8，即46像素 ×46像素。

实现上述内容以及确认执行结果的实现代码如下所示。

```
from utils.dataloader import get_ground_truth

#读入图像数据
index = 24
img = cv2.imread(val_img_list[index])
mask_miss = cv2.imread(val_mask_list[index])
meat_data = val_meta_list[index]

#对图像进行预处理
meta_data, img, mask_miss = transform("train", meat_data, img, mask_miss)

img = img.numpy().transpose((1, 2, 0))
mask_miss = mask_miss.numpy().transpose((1, 2, 0))

#创建OpenPose用的标注数据
heat_mask, heatmaps, paf_mask, pafs = get_ground_truth(meta_data, mask_miss)


#确认左手肘的heatmap

#原图像
img = Image.fromarray(np.uint8(img*255))
img = np.asarray(img.convert('RGB'))

#左手肘
heat_map = heatmaps[:, :, 6]              #6是左手肘
heat_map = Image.fromarray(np.uint8(cm.jet(heat_map)*255))
heat_map = np.asarray(heat_map.convert('RGB'))
heat_map = cv2.resize(
    heat_map, (img.shape[1], img.shape[0]), interpolation=cv2.INTER_CUBIC)
#注意：heatmap是图像尺寸的1/8，因此需要放大
```

```
#合成图像并显示
blend_img = cv2.addWeighted(img, 0.5, heat_map, 0.5, 0)
plt.imshow(blend_img)
plt.show()
```

【输出执行结果】

```
省略
```

```
#左手腕
heat_map = heatmaps[:, :, 7]                #7是左手腕
heat_map = Image.fromarray(np.uint8(cm.jet(heat_map)*255))
heat_map = np.asarray(heat_map.convert('RGB'))
heat_map = cv2.resize(
    heat_map, (img.shape[1], img.shape[0]), interpolation=cv2.INTER_CUBIC)

#合成图像并显示
blend_img = cv2.addWeighted(img, 0.5, heat_map, 0.5, 0)
plt.imshow(blend_img)
plt.show()
```

【输出执行结果】

```
省略
```

```
#确认左手肘和左手腕的PAFs
paf = pafs[:, :, 24]                        #24是链接左手肘和左手腕的x矢量的PAFs

paf = Image.fromarray(np.uint8((paf)*255))
paf = np.asarray(paf.convert('RGB'))
paf = cv2.resize(
    paf, (img.shape[1], img.shape[0]), interpolation=cv2.INTER_CUBIC)

#合成图像并显示
blend_img = cv2.addWeighted(img, 0.3, paf, 0.7, 0)
plt.imshow(blend_img)
plt.show()
```

【输出执行结果】

```
省略
```

```
#仅显示PAFs
paf = pafs[:, :, 24]                    #24是链接左手肘和左手腕的x矢量的PAFs
paf = Image.fromarray(np.uint8((paf)*255))
paf = np.asarray(paf.convert('RGB'))
paf = cv2.resize(
    paf, (img.shape[1], img.shape[0]), interpolation=cv2.INTER_CUBIC)
plt.imshow(paf)
```

【输出执行结果】

```
省略
```

4.2.7 创建Dataset

接下来创建Dataset，Dataset将在COCOkeypointsDataset类中实现。Dataset的具体实现与本书之前章节中Dataset的实现流程相同。

生成COCOkeypointDataset的实例时，需要传递给构造函数的参数包括图像数据的列表、标注数据的列表、掩码数据的列表、指定是学习还是验证的变量phase，以及预处理类的实例DataTransform。

在这里，掩码数据以RGB格式表示为（255，255，255）或者（0，0，0），需要遮盖的部分用（0，0，0）表示。通过将RGB的三维数据降为一维数据，需要掩盖对其无视的部分用0表示，其他部分则用1表示。此外，掩码数据传递进来时位于通道的最后一个维度，我们将其移到开头的部分。

Dataset的代码以及确认执行结果的具体实现如下所示。此外，由于本书的目标是轻松体验OpenPose的学习过程，因此不会下载训练数据。因此，训练用的Dataset中传递的也是验证用的文件列表val_img_list等参数。

```
from utils.dataloader import get_ground_truth

class COCOkeypointsDataset(data.Dataset):
    """
    用于创建MSCOCO的Cocokeypoints的Dataset类，继承自PyTorch的Dataset类

    Attributes
    ----------
    img_list : 列表
        用于保存图像路径列表
    anno_list : 列表
        用于保存标注数据路径列表
    phase : 'train' or 'test'
        指定是学习还是训练
    transform : object
        预处理类的实例
```

```
    """

    def __init__(self, img_list, mask_list, meta_list, phase, transform):
        self.img_list = img_list
        self.mask_list = mask_list
        self.meta_list = meta_list
        self.phase = phase
        self.transform = transform

    def __len__(self):
        '''返回图像的张数'''
        return len(self.img_list)

    def __getitem__(self, index):
        img, heatmaps, heat_mask, pafs, paf_mask = self.pull_item(index)
        return img, heatmaps, heat_mask, pafs, paf_mask

    def pull_item(self, index):
        '''获取图像的张量形式的数据、标注、掩码'''

        #1.读取图像数据
        image_file_path = self.img_list[index]
        img = cv2.imread(image_file_path)        #[高度][宽度][颜色BGR]

        #2.读取掩码数据和标注数据
        mask_miss = cv2.imread(self.mask_list[index])
        meat_data = self.meta_list[index]

        #3.图像的预处理
        meta_data, img, mask_miss = self.transform(
            self.phase, meat_data, img, mask_miss)

        #4.获取正确答案标注数据
        mask_miss_numpy = mask_miss.numpy().transpose((1, 2, 0))
        heat_mask, heatmaps, paf_mask, pafs = get_ground_truth(
            meta_data, mask_miss_numpy)

        #5.掩码数据是RGB格式的(1,1,1)或(0,0,0),因此对其进行降维处理
        #掩码数据在被遮盖的部分的值为0,其他部分的值为1
        heat_mask = heat_mask[:, :, :, 0]
        paf_mask = paf_mask[:, :, :, 0]

        #6.由于通道在末尾,因此对顺序进行调整
        #例如,paf_mask:torch.Size([46, 46, 38])
        # → torch.Size([38, 46, 46])
        paf_mask = paf_mask.permute(2, 0, 1)
```

```
        heat_mask = heat_mask.permute(2, 0, 1)
        pafs = pafs.permute(2, 0, 1)
        heatmaps = heatmaps.permute(2, 0, 1)

        return img, heatmaps, heat_mask, pafs, paf_mask

#确认执行结果
train_dataset = COCOkeypointsDataset(
    val_img_list, val_mask_list, val_meta_list, phase="train",
transform=DataTransform())
val_dataset = COCOkeypointsDataset(
    val_img_list, val_mask_list, val_meta_list, phase="val",
transform=DataTransform())

#读取数据的示例
item = train_dataset.__getitem__(0)
print(item[0].shape)             #img
print(item[1].shape)             #heatmaps,
print(item[2].shape)             #heat_mask
print(item[3].shape)             #pafs
print(item[4].shape)             #paf_mask
```

【输出执行结果】

```
torch.Size([3, 368, 368])
torch.Size([19, 46, 46])
torch.Size([19, 46, 46])
torch.Size([38, 46, 46])
torch.Size([38, 46, 46])
```

4.2.8 创建DataLoader

最后创建DataLoader，其具体实现与本书前面章节中DataLoader的实现相同。对训练数据和验证数据分别创建DataLoader，并集中保存到字典型变量中，同时对执行结果进行确认操作。

```
#创建数据加载器
batch_size = 8

train_dataloader = data.DataLoader(
    train_dataset, batch_size=batch_size, shuffle=True)

val_dataloader = data.DataLoader(
    val_dataset, batch_size=batch_size, shuffle=False)
```

```
#集中保存到字典型变量中
dataloaders_dict = {"train": train_dataloader, "val": val_dataloader}

#确认执行结果
batch_iterator = iter(dataloaders_dict["train"])        #转换为迭代器
item = next(batch_iterator)                              #读取第一个元素
print(item[0].shape)                                     #img
print(item[1].shape)                                     #heatmaps
print(item[2].shape)                                     #heat_mask
print(item[3].shape)                                     #pafs
print(item[4].shape)                                     #paf_mask
```

【输出执行结果】

```
torch.Size([8, 3, 368, 368])
torch.Size([8, 19, 46, 46])
torch.Size([8, 19, 46, 46])
torch.Size([8, 38, 46, 46])
torch.Size([8, 38, 46, 46])
```

至此，就完成了使用OpenPose进行姿势识别所需使用的Dataset以及DataLoader的编程实现。本节中的程序代码可以在utils文件夹的dataloder.py文件中找到，稍后会直接导入该文件来使用。4.3节将对OpenPose的网络模型进行讲解和编程。

4.3 OpenPose网络的构建与实现

本节将对OpenPose的网络构成进行讲解。首先，对网络以模块为单位进行大体介绍，然后对每个模块的目的和用途进行讲解，最后对OpenPose的网络类进行编程实现。

本节的学习目标如下：

1. 以模块为单位理解OpenPose的网络结构。
2. 掌握OpenPose网络类的实现方法。

本节的程序代码

```
4-3-4_NetworkModel.ipynb
```

4.3.1 组成OpenPose的模块

图4.3.1所示为OpenPose的模块结构。OpenPose共由7个模块组成，包括用于提取图像特征量的Feature模块、用于输出heatmaps和PAFs的Stage模块。其中，Stage模块由Stage1 ~ Stage6 6个模块构成。

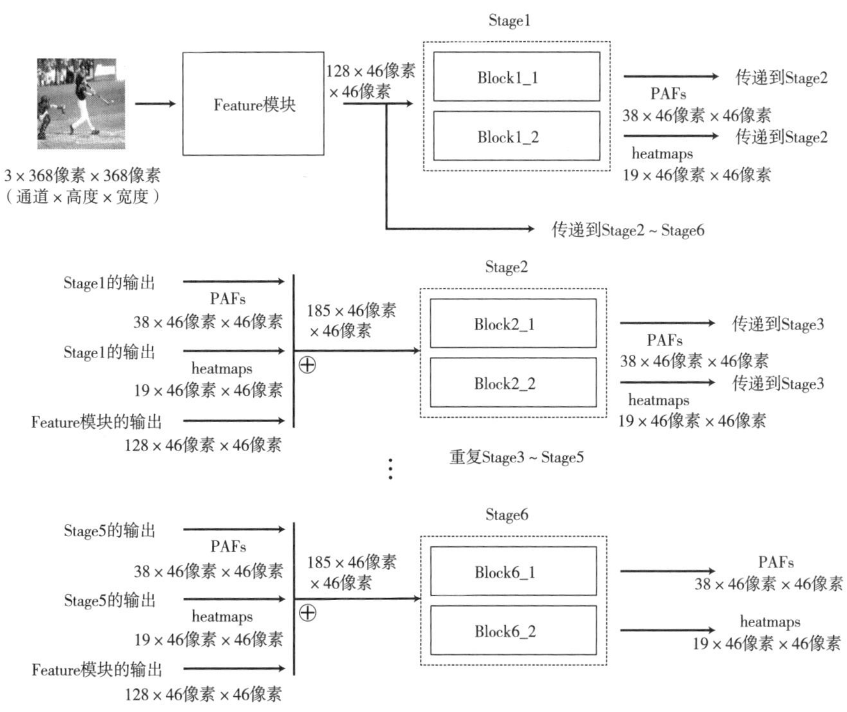

图4.3.1　OpenPose的模块结构

经过预处理的图像首先进入Feature模块，并被转换成128通道的特征量。关于Feature模块的结构将在4.4节中进行详细的介绍，这次实现的Feature 模块中将使用VGG-19，输出的图像尺寸为源图像尺寸的1/8。因此，Feature模块的最终输出是128×46像素 ×46像素（通道数 × 高度 × 宽度）的数组（开头的小批量维度被省略）。

Feature模块的输出数据被送到Stage1或者Stage2 ~ Stage6进行处理。在Stage1中，Feature模块的输出被分别输入两个子网络中。这两个子网络分别称为block1_1和block1_2。其中，block1_1是输出PAFs的子网络，而block1_2是输出heatmaps的子网络。因此，block1_1的输出张量的尺寸是38×46像素 ×46像素，而block1_2的输出张量的尺寸是19×46像素 ×46像素。

如果只想进行简单的姿势识别处理，使用block1_1输出的PAFs和block1_2输出的heatmaps即可，不过能够达到的识别精度非常有限。要想获得更高精度的PAFs和heatmaps，就需要将Stage1输出的PAFs和heatmaps与Feature模块的输出数据结合使用。

将Stage1的PAFs和heatmaps以及Feature模块输出的张量的所有通道合并在一起，输出的是185×46像素 ×46像素的张量。185是由38+19+128计算得到的通道数。

接下来，将Stage1的输出张量（185×46像素 ×46像素）输入Stage2的block2_1和block2_2中。block2_1 和block2_2 这两个子网络将从Feature 模块得到的输出数据，加上在Stage1中计算得到的PAFs和heatmaps作为输入，就可以得到PAFs（38×46像素 ×46像素）和heatmaps（19×46像素 ×46像素）的输出。使用从Stage2输出的PAFs和heatmaps就能得到比使用Stage1的输出精度更高的姿势识别结果。

还可以继续叠加Stage，反复执行这一处理直到Stage6。Stage6的输入数据是在Stage5计算得到的PAFs(38×46像素 ×46像素)、heatmaps(19×46像素 ×46像素)，以及Feature(128×46像素 ×46像素)模块的输出数据。将这些张量合并在一起转换成185×46像素 ×46像素的张量，并作为Stage6的输入数据。Stage6的子网络block6_1输出PAFs(38×46像素 ×46像素)的张量，block6_2输出的是heatmaps(19×46像素 ×46像素)的张量。在OpenPose中，最终是使用Stage6 的输出的PAFs 和heatmaps 进行姿势识别的推测。

以上就是Feature模块和Stage1 ~ Stage6共计7个模块组成的OpenPose的网络结构。

4.3.2 OpenPoseNet的实现

通过上述讲解，接下来对OpenPose的网络类进行编程实现。Feature模块和Stage模块的代码类将在4.4节中实现。

具体的代码实现如下所示。在构造函数中对每个模块进行创建，并对正向传播函数forward进行定义。Forward函数的实现正如之前所讲解的，将Feature模块的输出数据与前面的Stage的输出合并成一个张量作为每个Stage的输入数据。

此外，对OpenPose网络进行学习时，首先需要针对每个Stage的PAFs和heatmaps计算相对于监督数据的PAFs和heatmaps的损失值；然后将每个Stage的PAFs和heatmap的输出集中保存到列表型变量saved_for_loss中。Forward函数的最终输出结果由Stage6的PAFs、heatmap以及saved_for_loss组成。

```
class OpenPoseNet(nn.Module):
    def __init__(self):
        super(OpenPoseNet, self).__init__()
```

```
        #Feature模块
        self.model0 = OpenPose_Feature()

        #Stage模块
        #PAFs部分
        self.model1_1 = make_OpenPose_block('block1_1')
        self.model2_1 = make_OpenPose_block('block2_1')
        self.model3_1 = make_OpenPose_block('block3_1')
        self.model4_1 = make_OpenPose_block('block4_1')
        self.model5_1 = make_OpenPose_block('block5_1')
        self.model6_1 = make_OpenPose_block('block6_1')

        #confidence heatmap部分
        self.model1_2 = make_OpenPose_block('block1_2')
        self.model2_2 = make_OpenPose_block('block2_2')
        self.model3_2 = make_OpenPose_block('block3_2')
        self.model4_2 = make_OpenPose_block('block4_2')
        self.model5_2 = make_OpenPose_block('block5_2')
        self.model6_2 = make_OpenPose_block('block6_2')

    def forward(self, x):
        """定义正向传播函数"""

        #Feature模块
        out1 = self.model0(x)

        #Stage1
        out1_1 = self.model1_1(out1)                    #PAFs部分
        out1_2 = self.model1_2(out1)                    #confidence heatmap部分

        #Stage2
        out2 = torch.cat([out1_1, out1_2, out1], 1)     #用一维的通道进行合并
        out2_1 = self.model2_1(out2)
        out2_2 = self.model2_2(out2)

        #Stage3
        out3 = torch.cat([out2_1, out2_2, out1], 1)
        out3_1 = self.model3_1(out3)
        out3_2 = self.model3_2(out3)

        #Stage4
        out4 = torch.cat([out3_1, out3_2, out1], 1)
        out4_1 = self.model4_1(out4)
        out4_2 = self.model4_2(out4)

        #Stage5
```

```
        out5 = torch.cat([out4_1, out4_2, out1], 1)
        out5_1 = self.model5_1(out5)
        out5_2 = self.model5_2(out5)

        #Stage6
        out6 = torch.cat([out5_1, out5_2, out1], 1)
        out6_1 = self.model6_1(out6)
        out6_2 = self.model6_2(out6)

        #保存每个Stage的结果，用于损失计算
        saved_for_loss = []
        saved_for_loss.append(out1_1)                    #PAFs部分
        saved_for_loss.append(out1_2)                    #confidence heatmap部分
        saved_for_loss.append(out2_1)
        saved_for_loss.append(out2_2)
        saved_for_loss.append(out3_1)
        saved_for_loss.append(out3_2)
        saved_for_loss.append(out4_1)
        saved_for_loss.append(out4_2)
        saved_for_loss.append(out5_1)
        saved_for_loss.append(out5_2)
        saved_for_loss.append(out6_1)
        saved_for_loss.append(out6_2)

        #最后输出PAFs的out6_1和confidence heatmap的out6_2，以及
        #保存着用于损失计算的每个Stage的PAFs和heatmap的saved_for_loss变量
        #out6_1：torch.Size([minibatch, 38, 46, 46])
        #out6_2：torch.Size([minibatch, 19, 46, 46])
        #saved_for_loss:[out1_1, out_1_2, ···, out6_2]

        return (out6_1, out6_2), saved_for_loss
```

至此，就完成了对OpenPose网络结构的讲解以及模型的编程实现。4.4节将对网络中的Feature模块和Stage模块进行详细的讲解并编程实现。

4.4 Feature模块和Stage模块的结构与实现

本节将对组成OpenPose的Feature模块的子网络结构进行讲解和编程实现，同时将对组成Stage模块的block子网络结构进行讲解和编程实现。

本节的学习目标如下。

1. 理解Feature模块的子网络的结构。
2. 掌握Feature模块的实现方法。
3. 理解组成Stage模块的block的子网络。
4. 掌握Stage模块的实现方法。

本节的程序代码

```
4-3-4_NetworkModel.ipynb
```

4.4.1 Feature 模块的结构与实现

本书将使用VGG-19作为OpenPose的Feature模块，其结构与在第1、2章中使用的VGG-16基本相同。图4.4.1所示为Feature模块的子网络结构。

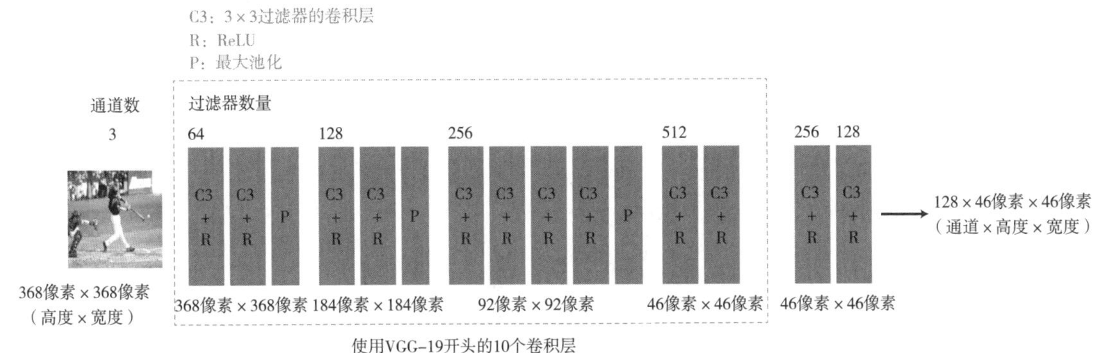

图4.4.1　Feature 模块的子网络结构

在Feature模块中，直接使用VGG-19开头的10个卷积层作为最前面的网络层，再加上ReLU和最大池化层，共同对应了第0～22层的网络。经过两个卷积层+ReLU的处理，作为Feature模块的最终输出结果。输出的图像尺寸为输入尺寸的1/8，即368像素的1/8——46像素。因此，输出的张量尺寸为128×46像素 ×46像素（通道数 × 高度 × 宽度）。

具体的代码实现如下所示。

```
class OpenPose_Feature(nn.Module):
    def __init__(self):
        super(OpenPose_Feature, self).__init__()

        #使用VGG-19开头的10个卷积层
        #第一次执行时，由于需要载入模型的权重参数，因此所需执行时间较长
        vgg19 = torchvision.models.vgg19(pretrained=True)
        model = {}
        model['block0'] = vgg19.features[0:23]  #到VGG-19开头的10个卷积层为止

        #再准备两个新的卷积层
        model['block0'].add_module("23", torch.nn.Conv2d(
            512, 256, kernel_size=3, stride=1, padding=1))
        model['block0'].add_module("24", torch.nn.ReLU(inplace=True))
        model['block0'].add_module("25", torch.nn.Conv2d(
            256, 128, kernel_size=3, stride=1, padding=1))
        model['block0'].add_module("26", torch.nn.ReLU(inplace=True))

        self.model = model['block0']

    def forward(self, x):
        outputs = self.model(x)
        return outputs
```

4.4.2 Stage 模块的block 的结构与实现

接下来，将对Stage1 ~ Stage6的PAFs以及输出heatmaps的子网络block的相关结构及其实现方法进行讲解。各个Stage的各个block的结构如图4.4.2所示。

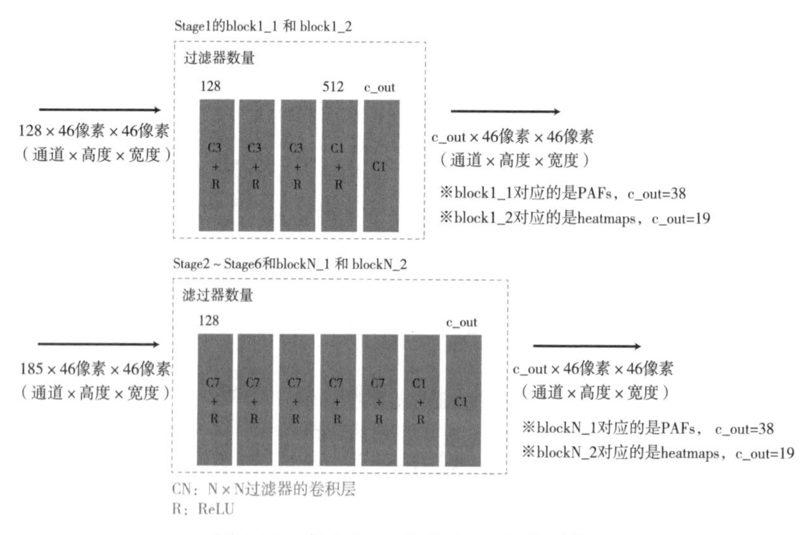

图4.4.2　各个Stage 的各个block 的结构

Stage1接收来自Feature模块输出的张量（128×46像素×46像素）作为输入；而Stage2～Stage6除了接收Feature模块的输出结果之外，还要加上位于其前面的Stage的PAFs和heatmaps，因此输入的张量为（185×46像素×46像素）。各个Stage的各个block都是由卷积层和ReLU组成的。

每个Stage的block1输出的是PAFs，block2 输出的是heatmaps。各个Stage中的block1和block2 除了最终输出的通道数分别是38和19之外，其他结构完全相同。此外，Stage1和Stage2～Stage6的卷积层的数量和种类是不同的。

在使用nn.Sequential编写的make_OpenPose_block函数中完成网络模型的创建操作。

make_OpenPose_block 函数的具体实现中包含以下四个步骤：①对组成子网络的单元的配置进行设置，将卷积层的配置参数以列表形式保存在字典型变量中。在这里，需要提供针对所有Stage和所有block的配置参数，并使用传递进来的block_name参数进行设置。②根据配置参数的设置创建卷积层和ReLU，并保存到layers列表变量中。③使用layers 变量中的单元信息，并创建nn.Sequential类的网络模型net。④对变量net 中的卷积层的权重进行初始化。以上就是block的创建过程。

具体的实现代码如下所示。

```
def make_OpenPose_block(block_name):
    """
    根据配置参数变量创建OpenPose的Stage模块的block
    这里使用的不是nn.Module，而是nn.Sequential
    """

    #1. 创建配置参数的字典型变量blocks，并用其创建网络
    #从一开始就设置好全部模式的字典，创建时只使用block_name参数指定的值
    blocks = {}
    # Stage 1
    blocks['block1_1'] = [{'conv5_1_CPM_L1': [128, 128, 3, 1, 1]},
                          {'conv5_2_CPM_L1': [128, 128, 3, 1, 1]},
                          {'conv5_3_CPM_L1': [128, 128, 3, 1, 1]},
                          {'conv5_4_CPM_L1': [128, 512, 1, 1, 0]},
                          {'conv5_5_CPM_L1': [512, 38, 1, 1, 0]}]

    blocks['block1_2'] = [{'conv5_1_CPM_L2': [128, 128, 3, 1, 1]},
                          {'conv5_2_CPM_L2': [128, 128, 3, 1, 1]},
                          {'conv5_3_CPM_L2': [128, 128, 3, 1, 1]},
                          {'conv5_4_CPM_L2': [128, 512, 1, 1, 0]},
                          {'conv5_5_CPM_L2': [512, 19, 1, 1, 0]}]

    #Stages 2 ～Stages 6
    for i in range(2, 7):
        blocks['block%d_1' % i] = [
            {'Mconv1_stage%d_L1' % i: [185, 128, 7, 1, 3]},
            {'Mconv2_stage%d_L1' % i: [128, 128, 7, 1, 3]},
            {'Mconv3_stage%d_L1' % i: [128, 128, 7, 1, 3]},
            {'Mconv4_stage%d_L1' % i: [128, 128, 7, 1, 3]},
            {'Mconv5_stage%d_L1' % i: [128, 128, 7, 1, 3]},
```

```
            {'Mconv6_stage%d_L1' % i: [128, 128, 1, 1, 0]},
            {'Mconv7_stage%d_L1' % i: [128, 38, 1, 1, 0]}
        ]

        blocks['block%d_2' % i] = [
            {'Mconv1_stage%d_L2' % i: [185, 128, 7, 1, 3]},
            {'Mconv2_stage%d_L2' % i: [128, 128, 7, 1, 3]},
            {'Mconv3_stage%d_L2' % i: [128, 128, 7, 1, 3]},
            {'Mconv4_stage%d_L2' % i: [128, 128, 7, 1, 3]},
            {'Mconv5_stage%d_L2' % i: [128, 128, 7, 1, 3]},
            {'Mconv6_stage%d_L2' % i: [128, 128, 1, 1, 0]},
            {'Mconv7_stage%d_L2' % i: [128, 19, 1, 1, 0]}
        ]

    #取出block_name参数的配置参数字典
    cfg_dict = blocks[block_name]

    #2.将配置参数的内容保存到列表变量layers中
    layers = []

    #创建从0层到最后一层的网络
    for i in range(len(cfg_dict)):
        for k, v in cfg_dict[i].items():
            if 'pool' in k:
                layers += [nn.MaxPool2d(kernel_size=v[0], stride=v[1],
                                        padding=v[2])]
            else:
                conv2d = nn.Conv2d(in_channels=v[0], out_channels=v[1],
                                   kernel_size=v[2], stride=v[3],
                                   padding=v[4])
                layers += [conv2d, nn.ReLU(inplace=True)]

    #3.将layers传入Sequential
    #但是，由于最后的ReLU是不需要的，因此在那之前截止
    net = nn.Sequential(*layers[:-1])

    #4.设置初始化函数，对卷积层进行初始化

    def _initialize_weights_norm(self):
        for m in self.modules():
            if isinstance(m, nn.Conv2d):
                init.normal_(m.weight, std=0.01)
                if m.bias is not None:
                    init.constant_(m.bias, 0.0)

    net.apply(_initialize_weights_norm)
```

```
    return net
```

4.4.3 确认执行结果

至此，就完成了OpenPose的网络的构建。最后，对执行结果进行确认。

```
#定义模型
net = OpenPoseNet()
net.train()

#生成伪数据
batch_size = 2
dummy_img = torch.rand(batch_size, 3, 368, 368)

#计算
outputs = net(dummy_img)
print(outputs)
```

【输出执行结果】

```
((tensor([[[[ 5.7086e-05,  4.7046e-05,  7.5011e-05,  ...,  8.2016e-05,
            6.2884e-05,  5.6380e-05],
...
```

到目前为止，本节中实现的程序代码在utils文件夹的openpose_net.py文件中都可以找到，稍后将直接导入该文件。

至此，就完成了对OpenPose的网络模型中使用的Feature模块和Stage模块的讲解以及编程实现，OpenPose网络的编程也就完成了。4.5节将对被称为tensorboardX的TensorFlow的可视化工具Tensorboard的PyTorch版本的使用方法进行讲解。

4.5 利用tensorboardX实现网络的可视化

本节将对被称为tensorboardX的PyTorch的数据和网络模型的第三方可视化工具的使用方法进行讲解，并对之前实现的OpenPoseNet类处理输入张量的过程进行确认。

本节的学习目标如下。

1. 掌握构建tensorboardX执行环境的方法。
2. 学会使用tensorboardX将OpenPoseNet类作为对象，进行网络（graph）可视化操作的创建方法。
3. 学会使用浏览器绘制tensorboardX的graph文件，并对张量尺寸进行确认。

本节的程序代码

4-5_TensorBoardX.ipynb

4.5.1 tensorboardX

本节介绍的tensorboardX是深度学习的代表性软件TensorFlow的可视化程序库TensorBoard被移植到PyTorch的版本，可以在PyTorch环境中直接使用第三方软件包。

简单地讲，tensorboardX的作用就是将PyTorch的模型转换成可以与各种软件库兼容的通用神经网络格式ONNX（Open Neural Network Exchange，模型交换格式），并传递给TensorBoard进行处理。虽然其在某些PyTorch函数中无法正确地执行，但是作为观察模型内的张量尺寸的变化情况的工具来使用还是非常方便的。

在开始使用tensorboardX之前，需要安装TensorFlow和tensorboardX软件包。请参考下面的命令安装这两个软件。

```
pip install tensorflow
pip install tensorboardx
```

4.5.2 创建graph文件

接下来为需要可视化的网络模型创建文件，这种文件称为graph文件。首先，生成在4.4节中创建的OpenPose的网络模型类的实例。

```
from utils.openpose_net import OpenPoseNet
#准备网络模型
net = OpenPoseNet()
net.train()
```

然后，编写用于保存graph文件的Writer类，导入SummaryWriter并生成writer的实例。

具体的实现代码如下所示。在下面的实现中，graph文件将被保存在tbX文件夹中。如果tbX文件夹不存在，程序会自动创建。当然，也可以将文件保存在tbX以外的任意文件夹中。

将创建张量dummy_img作为伪数据输出到net模型中。当成功创建了作为输入数据的伪数据后，通过调用writer.add_graph命令，使用writer保存net和dummy_img对象，最后对writer调用close函数进行关闭。

```
#1.调用保存tensorboardX的类
from tensorboardX import SummaryWriter

#2.准备用于保存到tbX文件夹中的writer
#如果tbX文件夹不存在，就自动创建
writer = SummaryWriter("./tbX/")

#3.创建用于传递给网络的伪数据
batch_size = 2
dummy_img = torch.rand(batch_size, 3, 368, 368)

#4.针对OpenPose的实例net，将伪数据
#dummy_img传入时的graph保存到writer中
writer.add_graph(net, (dummy_img, ))
writer.close()

#5.打开命令行程序，找到tbX文件夹
#进入4_pose_estimation文件夹中
#并执行下面的命令

#tensorboard --logdir="./tbX/"

#之后，通过浏览器访问http://localhost:6006
```

执行上述代码之后，在tbX文件夹中会自动生成类似events.out.tfevents.1551087976.LAPTOPKCN90D43这样名字的文件。

在终端窗口中，使用命令进入包含tbX的文件夹（目录）中，改变当前的目录路径。然后，在终端窗口中输入下列命令并执行。

```
tensorboard --logdir="./tbX/"
```

执行完成命令后，会看到类似图4.5.1所示界面。打开浏览器并访问http://localhost:6006，就会看到类似图4.5.2所示界面被绘制出来（在AWS环境中执行此命令时，需要设置对6006端口进行转发）。

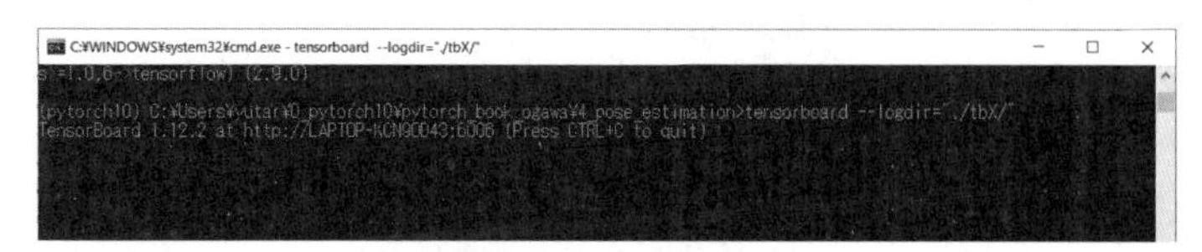

图4.5.1 TensorBoard的执行

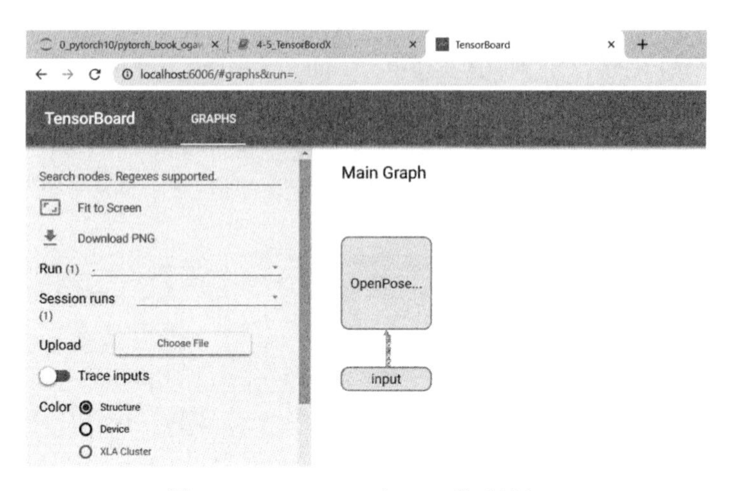

图4.5.2　TensorBoard中graph的示例之一

在图4.5.2中双击OpenPose…按钮，会看到类似图4.5.3中的模型被展开并显示出来。

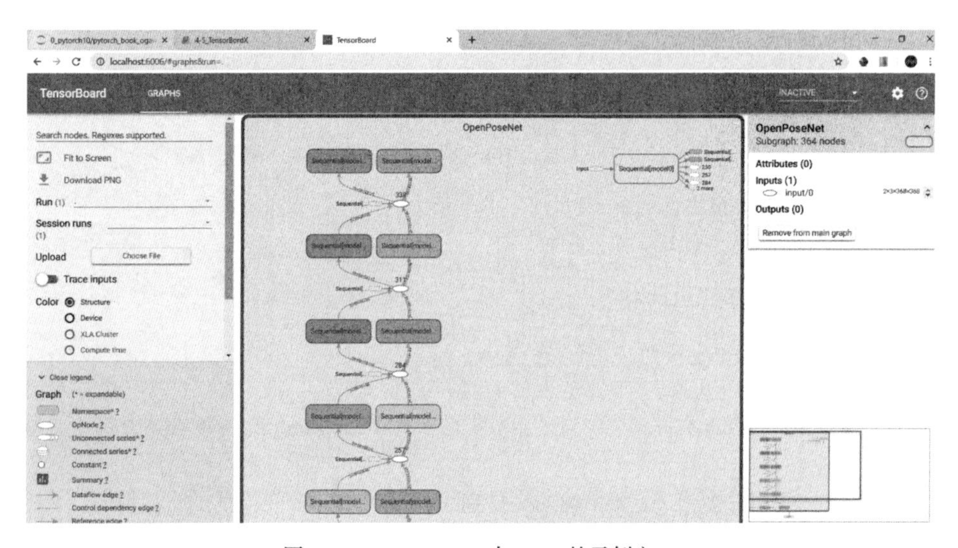

图4.5.3　TensorBoard中graph的示例之二

图4.5.3中右上方为Feature模块。单击该模块并放大，就会看到类似图4.5.4这样的Feature模块的各个单元的输入和输出的张量尺寸被显示出来，方便我们对其进行确认。

要结束在浏览器中对图形的绘制，可以在终端窗口中按Ctrl+C组合键。

至此，就完成了本节中对利用tensorboardX进行PyTorch网络模型的可视化操作方法的讲解。

由于本书使用的是第三方软件，实际运行中难免会出现一些问题，如在对第3章中使用的nn.AdaptiveAvgPool2d等数据进行绘制时会显示错误信息（截至撰写本书时，如果使用nn.AdaptiveAvgPool2d发生错误，可以通过将其替换成nn.AvgPool2d的方式来回避tensorboardX报错的问题）。因此，虽然有时在从PyTorch转换到ONNX格式时（可能是这个原因）会导致程序报错，但在大多数情况下，使用tensorboardX都可以极大地方便我们对网络模型内的张量尺寸进行确认。所以，将

tensorboardX作为候选工具之一是非常好的选择。

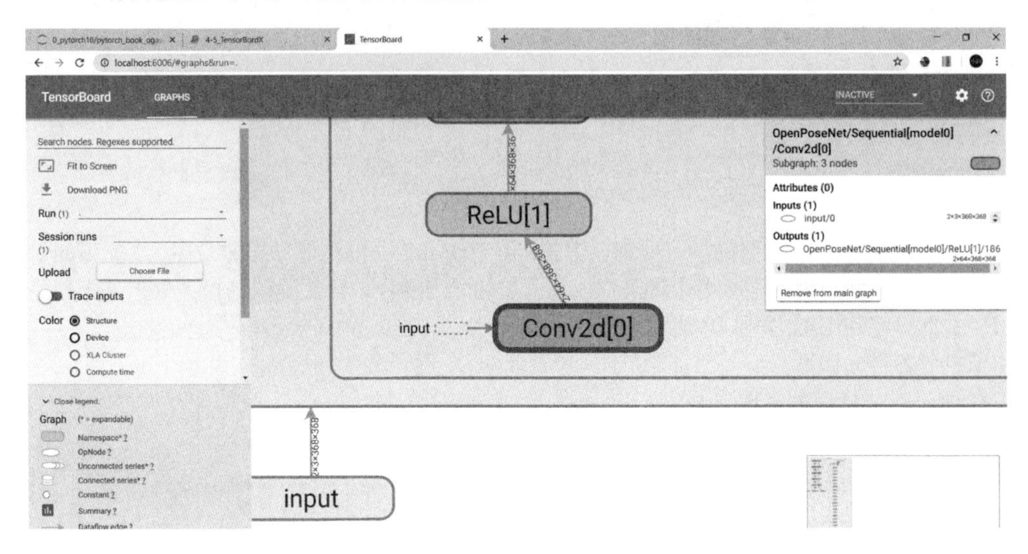

图4.5.4　TensorBoard中graph的示例之三

4.6节将开始OpenPose网络的学习操作。

4.6 OpenPose 的学习

本节将实现OpenPose网络的学习处理。但是，由于OpenPose的训练数据非常庞大，完整的学习过程将会花费不少时间。因此，本书中将采取较为简单的学习操作，只要确认到损失处于下降趋势就停止学习。在此，将使用4.2节和4.3节中创建的DataLoader类和OpenPoseNet类。

本节的学习目标如下。

掌握OpenPose学习的实现方法。

本节的程序代码

```
4-6_OpenPose_training.ipynb
```

4.6.1 学习的注意点

在实现OpenPose的学习过程中，需要注意的地方是损失函数的定义。关于损失函数的定义将在本节的相关部分进行讲解。此外，正如在本章开头所述，学习过程中将不会使用庞大的训练数据。因此，本节使用验证数据作为训练数据。

4.6.2 创建DataLoader和Network

首先，创建Dataset和DataLoader，实际的实现代码如下所示，使用val_img_list、val_mask_list、val_meta_list来创建train_dataset。由于不需要创建验证用的DataLoader，因此将用于集中保存训练和验证用DataLoader的字典型变量dataloaders_dict的val设置为None。此外，小批量的尺寸是按照接近GPU内存的最大允许范围32设置的。

```
from utils.dataloader import make_datapath_list, DataTransform, COCOkeypointsDataset

#创建MS COCO的文件路径列表
train_img_list, train_mask_list, val_img_list, val_mask_list, train_meta_list,
    val_meta_list = make_datapath_list(rootpath="./data/")

#生成Dataset
#需要注意的是，在本书中由于考虑到数据量的问题，在这里train是用val_list生成的
train_dataset = COCOkeypointsDataset(
    val_img_list, val_mask_list, val_meta_list, phase="train", transform=DataTransform())

#这次进行的是简单的学习，不需要创建验证数据
```

```
#val_dataset = CocokeypointsDataset(val_img_list, val_mask_list, val_meta_list,
#phase="val", transform=DataTransform())

#创建DataLoader
batch_size = 32

train_dataloader = data.DataLoader(
    train_dataset, batch_size=batch_size, shuffle=True)

# val_dataloader = data.DataLoader(
#    val_dataset, batch_size=batch_size, shuffle=False)

#集中保存到字典型变量中
# dataloaders_dict = {"train": train_dataloader, "val": val_dataloader}
dataloaders_dict = {"train": train_dataloader, "val": None}
```

接下来，创建OpenPose_Net类的实例。

```
from utils.openpose_net import OpenPoseNet
net = OpenPoseNet()
```

4.6.3 定义损失函数

OpenPose的损失函数的作用是将heapmaps和PAFs分别与正确答案标注数据进行回归的误差计算。也就是说，在heatmap和PAFs中，对于每个像素的值与监督数据的值的接近程度，需要对每个像素的值进行回归计算来确定。

第3章中讲解的语义分割处理是对所属的分类进行推测的分类任务。然而，在OpenPose中类似以像素为单位计算左手肘的置信度的heatmap的值的问题则属于回归问题，而不是分类问题。因此，其损失函数的实现也与语义分割有所不同。

由于OpenPose的损失函数属于回归问题，因此这里使用最为常用的均方差函数，具体体现在代码中是使用F.mse_loss函数。在OpenPose中总共准备了六个Stage，每个Stage都输出heatmaps和PAFs。因此，与监督数据之间的误差也是以各个Stage的输出为单位进行计算的。网络模型的整体误差则是简单地将各个Stage的heatmaps和PAFs的所有误差进行相加得到的。

在这里需要注意的是，对于那些出现在图像内但是没有相应的姿势的标注数据的人物是不包含在损失计算内的。因此，无论是对监督数据的标注（heatmaps和PAFs）还是各个Stage推测的内容（heatmaps和PAFs），都与mask进行乘法运算（被忽略的部分的值为0，其他部分的值为1）。

综上所述，损失函数的具体实现代码如下所示。

```
#设置损失函数
class OpenPoseLoss(nn.Module):
    """这是OpenPose的损失函数类"""

    def __init__(self):
```

```
        super(OpenPoseLoss, self).__init__()

    def forward(self, saved_for_loss, heatmap_target, heat_mask, paf_target,
                paf_mask):
        """
        损失函数的计算

        Parameters
        ----------
        saved_for_loss : OpenPoseNet的输出(列表)

        heatmap_target :  [num_batch, 19, 46, 46]
            正确答案部分的标注信息

        heatmap_mask :  [num_batch, 19, 46, 46]
            heatmap图像的mask mask

        paf_target :  [num_batch, 38, 46, 46]
            正确答案的PAFs的标注信息

        paf_mask :  [num_batch, 38, 46, 46]
            PAFs图像的mask

        Returns
        -------
        loss : 张量
            损失值
        """

        total_loss = 0
        #以Stage为单位进行计算
        for j in range(6):

            # 对于PAFs和heatmaps，被掩码的部分将被忽略（paf_mask=0等）
            # PAFs
            pred1 = saved_for_loss[2 * j] * paf_mask
            gt1 = paf_target.float() * paf_mask

            # heatmaps
            pred2 = saved_for_loss[2 * j + 1] * heat_mask
            gt2 = heatmap_target.float()*heat_mask

            total_loss += F.mse_loss(pred1, gt1, reduction='mean') + \
                F.mse_loss(pred2, gt2, reduction='mean')

        return total_loss

criterion = OpenPoseLoss()
```

4.6.4 开始学习

在OpenPose应用中，最优化算法通常都设置为以epoch为单位使学习率逐步降低的方式变化。由于本书的目标只是让读者体验OpenPose的学习的流程，因此采用较为简单的设置方式。

```
optimizer = optim.SGD(net.parameters(), lr=1e-2,
                      momentum=0.9,
                      weight_decay=0.0001)
```

接下来定义学习函数，其具体的实现基本上与前面章节相同，但是这里将省略验证阶段的处理。另外，与前面章节不同的是，"if images.size()[0]==1:"这部分代码会检查小批量的尺寸是否变为了1。在PyTorch中，进行训练处理时会对批次进行正规化处理，如果小批量的尺寸为1会导致系统报错（批次正规化处理是对小批量的数据的均方差进行计算，因此如果采样数为1是无法进行计算的）。

```
#创建用于训练模型的函数

def train_model(net, dataloaders_dict, criterion, optimizer, num_epochs):

    #确认是否能够使用GPU
    device = torch.device("cuda:0" if torch.cuda.is_available() else "cpu")
    print("使用的设备：", device)

    #将网络载入GPU中
    net.to(device)

    #如果网络结构比较固定，则开启硬件加速
    torch.backends.cudnn.benchmark = True

    #图像的张数
    num_train_imgs = len(dataloaders_dict["train"].dataset)
    batch_size = dataloaders_dict["train"].batch_size

    #设置迭代计数器
    iteration = 1

    #epoch循环
    for epoch in range(num_epochs):

        #保存开始时间
        t_epoch_start = time.time()
        t_iter_start = time.time()
        epoch_train_loss = 0.0          #epoch的损失和
        epoch_val_loss = 0.0            #epoch的损失和
```

```
        print('-------------')
        print('Epoch {}/{}'.format(epoch+1, num_epochs))
        print('-------------')

        #每轮epoch的训练和验证循环
        for phase in ['train', 'val']:
            if phase == 'train':
                net.train()              #将模型设置为训练模式
                optimizer.zero_grad()
                print('(train)')

            #这次跳过验证处理
            else:
                continue
                # net.eval()             #将模型设置为验证模式
                # print('-------------')
                # print('(val)')

            #从数据加载器中将小批量逐个取出进行循环处理
            for imges, heatmap_target, heat_mask, paf_target,
                paf_mask in dataloaders_dict[phase]:
                #如果小批量的尺寸为1，会导致批次正规化处理失败，因此需要避免
                if imges.size()[0] == 1:
                    continue

                #如果GPU可以使用，则将数据输送到GPU中
                imges = imges.to(device)
                heatmap_target = heatmap_target.to(device)
                heat_mask = heat_mask.to(device)
                paf_target = paf_target.to(device)
                paf_mask = paf_mask.to(device)

                #初始化optimizer
                optimizer.zero_grad()

                #正向传播计算
                with torch.set_grad_enabled(phase == 'train'):
                    #由于(out6_1, out6_2)是不使用的，因此用_ 代替
                    _, saved_for_loss = net(imges)

                    loss = criterion(saved_for_loss, heatmap_target,
                                     heat_mask, paf_target, paf_mask)

                    #训练时进行反向传播
                    if phase == 'train':
                        loss.backward()
```

```
                optimizer.step()

                if (iteration % 10 == 0):  #每10次迭代显示一次loss
                    t_iter_finish = time.time()
                    duration = t_iter_finish - t_iter_start
                    print('迭代 {} || Loss: {:.4f} || 10iter: {:.4f}
                          sec.'.format(
                        iteration, loss.item()/batch_size, duration))
                    t_iter_start = time.time()

                epoch_train_loss += loss.item()
                iteration += 1

            #验证时
            # else:
                #epoch_val_loss += loss.item()

        #epoch的每个phase的loss和准确率
        t_epoch_finish = time.time()
        print('-------------')
        print('epoch {} || Epoch_TRAIN_Loss:{:.4f} ||Epoch_VAL_Loss:{:.4f}'.format(
            epoch+1, epoch_train_loss/num_train_imgs, 0))
        print('timer:  {:.4f} sec.'.format(t_epoch_finish - t_epoch_start))
        t_epoch_start = time.time()

    #保存最终的网络
    torch.save(net.state_dict(), 'weights/openpose_net_' +
               str(epoch+1) + '.pth')
```

最后，开始实际的学习操作。执行了两轮epoch后，确认损失值处于下降趋势。每一轮的执行时间大约为25分钟（AWS的p2.xlarge的场合）。图4.6.1所示为OpenPose的效果。第一轮epoch执行结果是每张图片的平均损失为0.0043，第二轮epoch执行结果为0.0015，因此可以确认损失值是在下降的。

```
#执行学习和验证处理
num_epochs = 2
train_model(net, dataloaders_dict, criterion, optimizer, num_epochs=num_epochs)
```

至此，对于OpenPose学习的讲解就结束了。4.7节将继续讲解使用OpenPose的已经训练完毕的网络进行推测处理的方法，以及具体的编程实现。

```
In [*]: #执行学习和验证操作
        num_epochs = 2
        train_model(net, dataloaders_dict, criterion, optimizer, num_epochs=num_epochs)

        使用的设备 : cuda:0
        -------------
        Epoch 1/2
        -------------
         (train)
        迭代 10 || Loss: 0.0094 || 10iter: 113.7127 sec.
        迭代 20 || Loss: 0.0082 || 10iter: 90.4145 sec.
        迭代 30 || Loss: 0.0069 || 10iter: 88.4890 sec.
        迭代 40 || Loss: 0.0058 || 10iter: 90.9961 sec.
        迭代 50 || Loss: 0.0050 || 10iter: 90.8274 sec.
        迭代 60 || Loss: 0.0042 || 10iter: 89.7553 sec.
        迭代 70 || Loss: 0.0038 || 10iter: 91.1155 sec.
        迭代 80 || Loss: 0.0031 || 10iter: 91.3307 sec.
        迭代 90 || Loss: 0.0027 || 10iter: 91.7214 sec.
        迭代 100 || Loss: 0.0026 || 10iter: 92.2645 sec.
        迭代 110 || Loss: 0.0023 || 10iter: 91.7421 sec.
        迭代 120 || Loss: 0.0020 || 10iter: 90.7930 sec.
        迭代 130 || Loss: 0.0020 || 10iter: 91.3045 sec.
        迭代 140 || Loss: 0.0019 || 10iter: 91.6105 sec.
        迭代 150 || Loss: 0.0016 || 10iter: 90.2619 sec.
        -------------
        epoch 1 || Epoch_TRAIN_Loss:0.0043 ||Epoch_VAL_Loss:0.0000
        timer:  1462.0789 sec.
        -------------
```

图4.6.1　OpenPose学习的效果

4.7 OpenPose的推测

本节将对训练完毕的OpenPose模型的载入和对图像中人物姿势的识别等部分的功能进行编程实现。但是，有关从heatmaps和PAFs推测身体部位之间的节点部分的内容，本书中将只做概念性的讲解，不包括对实现代码的讲解。

本节的学习目标如下。

1. 掌握载入已训练完毕的OpenPose模型的方法。
2. 掌握对OpenPose进行推测的实现方法。

本节的程序代码

4-7_OpenPose_inference.ipynb

准备

首先，通过make_folders_and_data_downloads.ipynb中记载的公开链接[4]下载通过PyTorch学习OpenPose的已预先训练完毕的pose_model_scratch.pth模型文件，并将其保存到weights文件夹中。

接下来，将训练完毕的网络参数载入这次的模型中。实际的代码实现如下所示。由于本书中的OpenPose的网络与链接[4]中的OpenPose网络的各个子网络名称不同，因此在加载权重时，需要做一些相应的处理。由于网络的结构是相同的，因此可以将已经训练完毕的权重net_weights按顺序读取出来，并按顺序保存到新的变量weights_load中，然后传递给这次使用的网络net变量中。

```
from utils.openpose_net import OpenPoseNet

#由于事先训练好的模型与本章中的模型的网络层名称不同，因此需要顺序地对应加载
#定义模型
net = OpenPoseNet()


#载入事先训练完毕的参数
net_weights = torch.load(
    './weights/pose_model_scratch.pth', map_location={'cuda:0': 'cpu'})
keys = list(net_weights.keys())

weights_load = {}

#将载入的内容复制到本书构建的模型的
```

```
#参数名net.state_dict().keys中
for i in range(len(keys)):
    weights_load[list(net.state_dict().keys())[i]
                ] = net_weights[list(keys)[i]]

#将复制的内容传递给模型
state = net.state_dict()
state.update(weights_load)
net.load_state_dict(state)

print('网络设置完毕：成功地载入了已经训练好的权重。')
```

接下来，根据make_folders_and_data_downloads.ipynb文件中的说明，将在本章的数据准备中从pixabay.com下载的业余棒球比赛图片载入并显示出来，然后对其进行预处理。最终读入的图片如图4.7.1所示。

```
#读入图片并对其进行预处理
#从pixabay.com网站中下载
#图片版权信息：Pixabay License 商业使用免费，不需要显示所有权信息

test_image = './data/dancing-632740_640.jpg'
oriImg = cv2.imread(test_image)                    #B、G、R的顺序

#将BGR转换为RGB进行显示
oriImg = cv2.cvtColor(oriImg, cv2.COLOR_BGR2RGB)
plt.imshow(oriImg)
plt.show()

#调整图像尺寸
size = (368, 368)
img = cv2.resize(oriImg, size, interpolation=cv2.INTER_CUBIC)

#图像的预处理
img = img.astype(np.float32) / 255

#颜色信息的标准化
color_mean = [0.485, 0.456, 0.406]
color_std = [0.229, 0.224, 0.225]

preprocessed_img = img.copy()[:, :, ::-1]       #BGR→RGB

for i in range(3):
    preprocessed_img[:, :, i] = preprocessed_img[:, :, i] - color_mean[i]
    preprocessed_img[:, :, i] = preprocessed_img[:, :, i] / color_std[i]
```

```
#（高度、宽度、颜色）→（颜色、高度、宽度）
img = preprocessed_img.transpose((2, 0, 1)).astype(np.float32)

#将图像输送到Tensor中
img = torch.from_numpy(img)

#小批量化：torch.Size([1, 3, 368, 368])
x = img.unsqueeze(0)
```

图4.7.1　在OpenPose中进行推测的测试图片

接下来，将经过预处理的图像输入OpenPose的网络中，并计算heat maps和PAFs。然后，将其输出结果中的heatmaps和PAFs张量转换为NumPy格式，并分别将图像尺寸放大到与原图像尺寸相同的大小。

```
#使用OpenPose计算heatmaps和PAFs
net.eval()
predicted_outputs, _ = net(x)

#将图像由张量转换为NumPy，并恢复图像尺寸
pafs = predicted_outputs[0][0].detach().numpy().transpose(1, 2, 0)
heatmaps = predicted_outputs[1][0].detach().numpy().transpose(1, 2, 0)

pafs = cv2.resize(pafs, size, interpolation=cv2.INTER_CUBIC)
heatmaps = cv2.resize(heatmaps, size, interpolation=cv2.INTER_CUBIC)

pafs = cv2.resize(
    pafs, (oriImg.shape[1], oriImg.shape[0]), interpolation=cv2.INTER_CUBIC)
heatmaps = cv2.resize(
    heatmaps, (oriImg.shape[1], oriImg.shape[0]), interpolation=cv2.INTER_CUBIC)
```

然后，对左手肘和左手腕的heatmap，以及连接左手肘和左手腕的PAFs进行可视化操作。

```
#左手肘和左手腕的heatmap，并对连接左手肘和左手腕的PAFs的x矢量进行可视化
#左手肘
heat_map = heatmaps[:, :, 6]                          #6是左手肘
heat_map = Image.fromarray(np.uint8(cm.jet(heat_map)*255))
heat_map = np.asarray(heat_map.convert('RGB'))

#合并图像并显示
blend_img = cv2.addWeighted(oriImg, 0.5, heat_map, 0.5, 0)
plt.imshow(blend_img)
plt.show()

#左手腕
heat_map = heatmaps[:, :, 7]                          #7是左手腕
heat_map = Image.fromarray(np.uint8(cm.jet(heat_map)*255))
heat_map = np.asarray(heat_map.convert('RGB'))

#合并图像并显示
blend_img = cv2.addWeighted(oriImg, 0.5, heat_map, 0.5, 0)
plt.imshow(blend_img)
plt.show()

#连接左手肘和左手腕的PAFs的x矢量
paf = pafs[:, :, 24]
paf = Image.fromarray(np.uint8(cm.jet(paf)*255))
paf = np.asarray(paf.convert('RGB'))

#合并图像并显示
blend_img = cv2.addWeighted(oriImg, 0.5, paf, 0.5, 0)
plt.imshow(blend_img)
plt.show()
```

从图4.7.2中可以看到每个人物的左手肘和左手腕的位置，连接各个人物的左手肘和左手腕的PAFs也都被正确推测了出来。

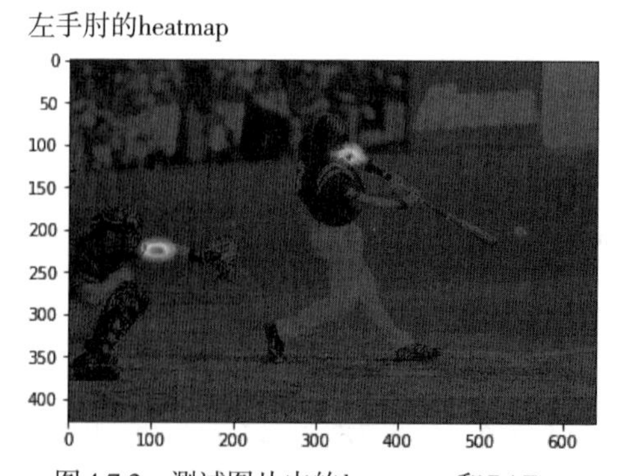

图4.7.2　测试图片中的heatmaps 和PAFs

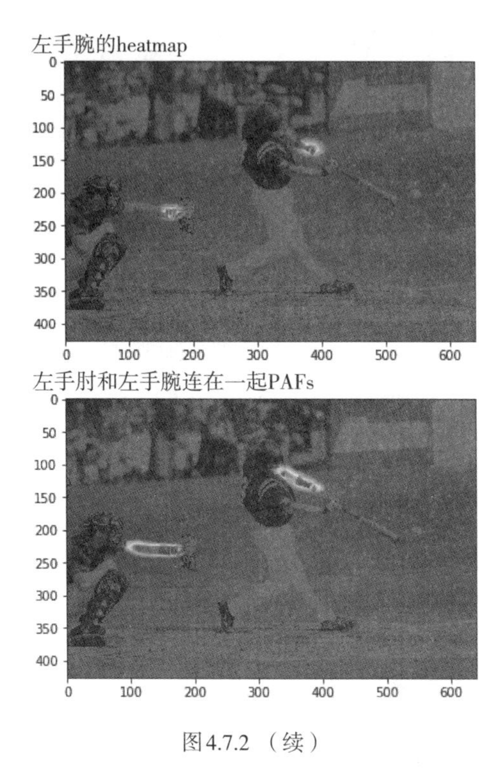

图4.7.2 （续）

最后，创建用于从heatmaps和PAFs计算连接每个人物的各个身体部位之间的链接的decode_pose函数。将原图像、heatmaps和PAFs作为参数传递给decode_pose函数后，就会得到在原图像上绘制出来的姿势。

本书不会对用来推测链接的decode_pose函数的代码进行详细的讲解。该函数的代码是对参考文件[4]中的decode_pose函数经过少量修改得到的。这里将对decode_pose函数的大体概念以及其实现的操作进行概括说明。

首先，因为heatmaps对身体部位的位置的描述并不精确，所以求取其中的最大值的像素点，对左手肘和左手腕等身体部位的位置进行识别。其具体的计算方法就是，简单地与周围像素进行比较看是否较大，而且超过了一定的阈值，对于满足这些条件的像素点就将其认定为对应身体部位的像素点。

然后，对提取出来的每个身体部位之间连接的可能性进行计算。因为定义的身体部位有18个，所以排列组合后有18 × 17/2=153种配对方式。另外，这是针对一个人物的情况，如果照片中存在多个人物，相应地身体部位数也会增加，因此连接的可能性也会相应增加。但是，由于OpenPose只考虑PAFs的19个链接，因此可以认为只需考虑19种身体部位间的连接方式即可。

在通过heatmaps对身体部位进行定位之后，如果计算左手肘和左手腕之间的配对连接，可以看到在图4.7.2中左手肘和左手腕分别识别出来两个。在这里为了方便，我们称其为左手肘1、左手肘2、左手腕1和左手腕2。对于每个左手肘应该与哪个左手腕进行连接的问题，就可以使用左手肘的坐标和每个左手腕的坐标之间的PAFs的值来计算其可能性。

例如，在对左手肘1和左手腕1之间的连接程度进行计算时，可以使用图4.7.3所示的长方形，将左手肘1和左手腕1的坐标分别作为长方形对角线上的两个顶点，然后对左手肘1和左手腕1之间位于链接直线上的像素的PAFs进行求和运算。另外，对于位于连接左手肘1和左手腕1的直线之外的地方的PAFs，将根据其偏离程度（斜度）将PAFs的值减小，然后与PAFs的和相加。通过这样对左手肘1和左手腕1的连接区域内的PAFs的值进行求和计算，就能得知左手肘1和左手腕1之间连接在一起的可能性有多大。

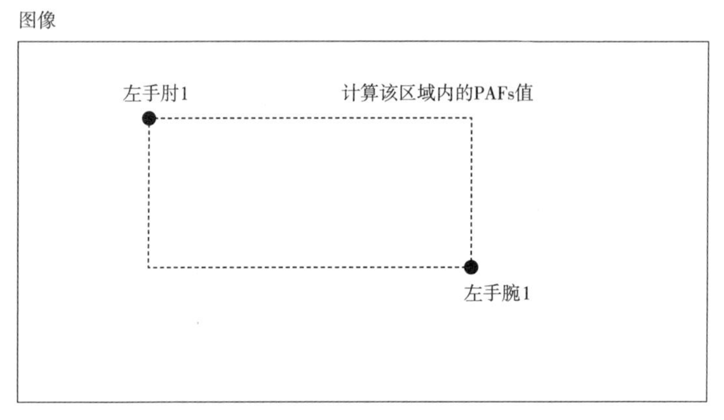

图4.7.3　用PAFs计算左手肘1 和左手腕1 之间连接的可能性

同样地，也对左手肘1和左手腕2的PAFs的总和进行计算，再与左手腕1的结果进行比较，最后将值比较大的结果作为最终链接。

不仅是左手肘和左手腕，还需要对PAFs中的19种链接都进行身体各个部位间的连接程度的计算。

在这里，只对左手肘和左手腕进行连接程度的计算，但是实际上左肩1、左肩2等部位也应当考虑在内。只有对包括左肩、左手肘、左手腕在内的所有被检测出的身体部位的排列组合进行最大PAFs值的计算，才能正确确定一个人物包含的链接。但是，如果考虑全部身体部位的排列组合，严格地对全身部位的连接程度进行计算，运算量将会非常庞大。因此，在OpenPose中不会对全身进行计算，而是对连接各身体部位之间的PAFs信息进行计算来确定最终的链接。

像这样对各个身体部位的排列组合，如果对每个链接的连接程度进行遍历计算，也可能会遇到存在两个脖子的情况。之所以会出现这种情况，是因为如果只是对全部18个人体部位进行连接，在该场合中总共只需要对17个链接进行计算，但是为了提高识别精度，加入了冗余数据对19 个链接进行计算。为了进一步降低计算所需的代价，正如前文所述，不考虑全身的连接，而只根据两个部位之间的PAFs值来确定链接。这样一来，就会导致链接到同一个部位时会出现存在两个脖子的情况。在对链接进行遍历时，如果遇到类似这种同一个部位被链接多次的情况，就可以认为是由于混合了两个人物以上的身体部位导致的，因此只需要采用适当的方法对链接进行分割处理即可。

通过上述操作（通过heatmaps 对身体部位进行定位，利用PAFs对身体部位之间的连接程度进行计算，确定19种链接。如果存在多个人物，则对混合的人体部位进行分割处理），就能根据heatmaps和PAFs来对人物的姿势进行识别。

此外，显示的姿势不是19 种链接，而是只绘制了最低限度的17 种链接。上述内容的实现代码位于utils文件夹decode_pose.py文件内的decode_pose函数中。

实际的实现代码如下所示。

```
from utils.decode_pose import decode_pose
_, result_img, _, _ = decode_pose(oriImg, heatmaps, pafs)
```

最后，对decode_pose函数输出的result_img进行绘制。

```
#绘制结果
plt.imshow(oriImg)
plt.show()

plt.imshow(result_img)
plt.show()
```

从图4.7.4所示的对测试图像的推测结果中可以看到，基本上实现了对人物姿势的识别，但是仍存在一些感觉奇怪的地方（如接球手的脚部没有完整地被识别出来等）。

图4.7.4　OpenPose对测试图像进行姿势识别处理的结果

本节中实现的OpenPose的推测处理是简易版本。在实际应用中，如果要提高OpenPose的推测精度，还需要对被推测对象的测试图像进行数据增强处理。具体来说，就是首先对原图像进行左右翻转、分割、放大和缩小，从而产生更多的测试图像；然后对所有这些经过数据增强处理的测试图像进行姿势识别的计算；最后将所有计算结果结合在一起，确定最终的姿势识别的结果。

小结

本书对早期版本的OpenPose论文*Realtime multiperson 2d pose estimation using part affinity fields*[2]进行了讲解和编程实现。截至笔者撰写本书时，已发表的最新版本的论文*OpenPose: Realtime Multi-Person 2D Pose Estimation using Part Affinity Fields*[1]的内容在本质上没有太大变化，但是有三个地方有所不同。

（1）在最新版本的论文中，网络的形状和使用的卷积层的卷积核尺寸有所变化。做出这些变动的目的是进一步提升网络的识别精度和处理速度。从感觉上看，相对于heatmaps而言，PAFs对于姿势识别的正确性影响更大，因此新的论文中对网络结构的调整更加重视对PAFs的正确推测。

（2）身体部位有所增加。具体来说，就是增加了脚部这一新的标注类型进行学习。

（3）增加了PAFs数量。在原有19个PAFs的基础上增加了冗余的PAFs。

通过（2）（3）的改进，对于包含重叠人物的图片也可以对每个人物的姿势进行正确的识别。因此，最新版本的代码与本书中的实现是有所不同的，但是作为对使用OpenPose进行姿势识别处理的算法本质内容的讲解，本书中的内容仍然适用。

至此，就完成了对姿势识别应用的深度学习模型OpenPose的讲解以及编程实现。第5章将使用GAN技术来实现图像的自动生成。

第5章

基于GAN的图像生成（DCGAN、Self-Attention GAN）

5.1 使用GAN生成图像的原理及DCGAN的实现

本章将对生成技术之一的GAN（Generative Adversarial Network，生成对抗网络）进行实践，并对DCGAN（Deep Convolution Generative Adversarial Network，深度卷积生成对抗网络）[1] 以及Self-Attention GAN（SAGAN）[2] 等深度学习模型进行讲解和编程实现。

本节将对基于GAN 的图像生成技术的原理进行概要性的讲解。

GAN网络中包含两种神经网络。一个是用于生成图像的神经网络Generator（生成器，以下简称G）；另一个是用来区分图像是使用G生成的伪造图像，还是属于训练数据中提供的图像的神经网络Discriminator（判别器，以下简称D）。G为了能更好地“欺骗”D，不断加强学习来生成更加接近训练数据的图像；D为了能更好地防止被G“欺骗”，不断加强学习来提高辨别真伪的能力。两者通过不断地相互学习，最终让G掌握自动生成类似训练数据中提供的真实图像的能力，这种技术称为GAN。

以上是对GAN技术的一般性解释。本节将对如何通过编程实现上述技术进行讲解，让读者对这项技术的原理和实现有一个初步印象。

本节的学习目标如下。

1. 理解生成器生成图像的机制与其网络构造之间的联系。
2. 理解判别器对图像进行判断的机制与其网络构造之间的联系。
3. 理解GAN 常用的损失函数的实现及其神经网络学习的流程。
4. 掌握编程实现DCGAN 网络的方法。

本节的程序代码

```
5-1-2_DCGAN.ipynb
```

5.1.1 文件夹的准备

本章将使用GAN网络自动生成手写数字的图像。首先，创建在本节及本章中使用的文件夹，并下载相关的文件。

由于需要使用scikit-learn软件包，因此可以通过执行下列命令进行安装。在笔者撰写本书时，AWS的AMI 映像中包含的scikit-learn的版本是0.19。本书中使用的是2.0版本，因此请执行下列命令，完成对软件包的升级。

```
pip install -U scikit-learn
```

然后，下载本书的实现代码，并打开5_gan_generation文件夹中的make_folders_and_data_downloads.ipynb文件，逐项执行各个单元的代码。

接下来，下载MNIST的图像数据作为手写数字图像的监督数据。由于MNIST提供的数据不是图像文件格式，因此可以通过执行make_folders_and_data_ downloads.ipynb文件中的代码进行格式转换。虽然笔者也希望能运用GAN网络自动生成0 ~ 9的手写数字图像，但是为了节约时间，本章中将只使用7和8这两种数字的图像。MNIST的数据集中分别提供了200张7和8的数字图像。本章将图像的尺寸从原有的28像素放大到64像素后再使用。

执行上述代码之后，程序会自动生成如图5.1.1所示的文件夹结构。

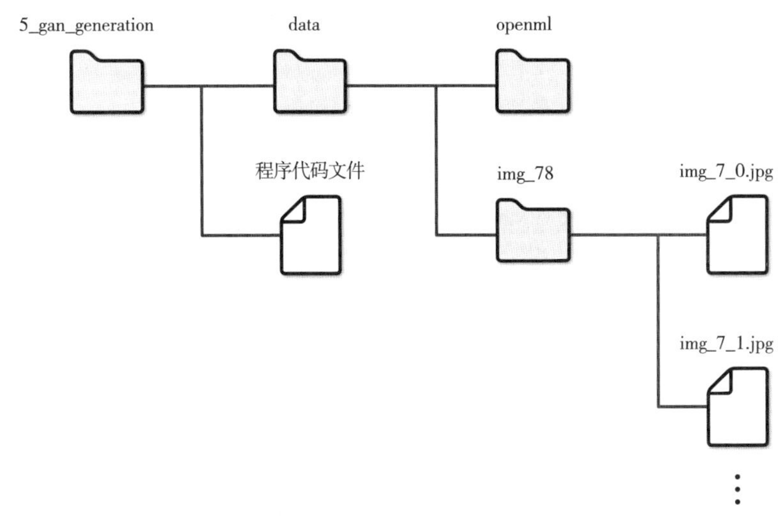

图5.1.1　第5章的文件夹结构

5.1.2　生成器的原理

本章的目标是生成手写数字（7和8）图像，这里需要使用MNIST的图像数据作为监督数据。因此，让网络能够自动生成类似MNIST的手写数字图像就是本章的学习目标。

下面介绍GAN网络中生成器G的原理。

这次要生成的图像大小是64像素 ×64像素，颜色通道是黑白单通道，颜色值是从0 到255 的灰阶值。因此，一张图片中就包含64 × 64 = 4096 个单元，每个单元又分为256个灰阶，因此总共有256^{4096}种可能存在的图像模式。

在256^{4096}种模式的图像中，在普通人眼里会被识别为数组的图像模式可能有上亿种，甚至上万亿种。实际上没有人知道其中究竟存在多少种可能的图像模式。而用来自动生成这种在普通人眼里看上去是数字图案的程序就是生成器G。

然而，如果生成器G 每次生成的图像都相同，或者生成的图像与监督数据完全一样，那么将毫无意义，必须要能够自动地生成各种不同的图像。因此，需要在生成器G的神经网络的输入数据中加入用于产生各种不同图像模式的随机数，生成器G则根据输入的随机数自动输出生成的图像。

虽然我们希望使用生成器G 就可以完成手写数字图像的自动生成，但是如果没有任何监督数据则是无法实现的。因此，需要将在普通人看来是数字的图像作为监督数据输入生成器G。就好比像“【开发者】这个图像看上去是手写数字哟”，“【G】好的，那么这个图像看上去也是手写数字图像吧”这样。

生成器G输出的是，图像的模式与所提供的作为监督数据的图像不同，但是在普通人看来就是手写数字图像。

也就是说，生成器G将从256^{4096}种图像模式中，根据在普通人看来是手写数字的图像模式，或者根据监督数据中的图像提供的线索，学习并掌握那些在普通人看来是手写数字的图像模式的规律。生成器G就是根据这一规律（完成学习的神经网络的连接参数）和输入的随机数来实现图像的自动生成的。

接下来对生成器G的实现方法进行讲解。要实现生成器G，就需要根据输入的随机数生成图像，因此需要对数据的维数进行放大，并增加各个维度中的元素数量。实现这些操作的网络层就是nn.ConvTranspose2d，其在英语中称为transposed convolution或Deconvolution，在中文中称为转置卷积。简单地说，ConvTranspose2d实现的是与神经网络中的卷积相反的操作。

图5.1.2所示为对二维数据进行普通的卷积操作和转置卷积操作。普通的卷积是使用卷积核对相邻的单元格进行集中运算，可以用来对消除了图像内物体的微小偏移产生的影响的局部特征量进行求解。普通的卷积运算的结果，即特征量的尺寸通常会比输入数据的尺寸小。

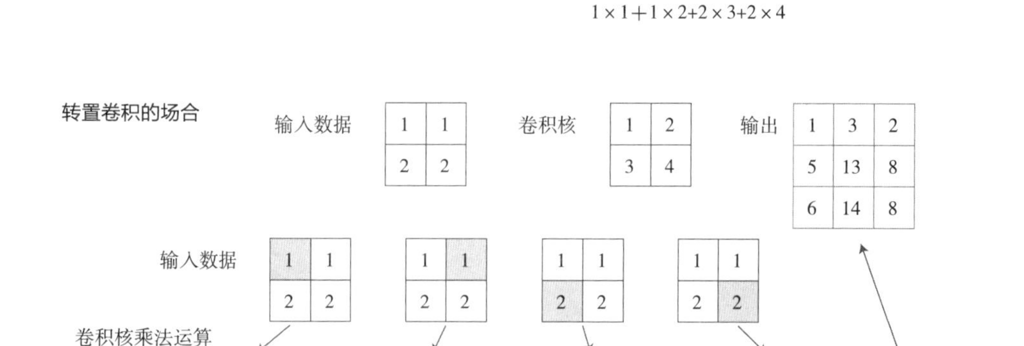

图5.1.2　对二维数据进行普通的卷积操作和转置卷积操作

与之相对，转置卷积则是以每个输入数据的单元格为单位计算卷积核。以一个单元格为单位与卷积核进行乘法运算，最后将所有单元格的乘法运算结果相加。例如，对一个2×2的数据，如果使用2×2的卷积核进行计算，结果就会得到一个3×3的数据。

由此可见，普通的卷积操作是将多个输入数据的单元格与卷积核进行对应的计算（通常使用与卷积核尺寸的大小数量相同的单元格进行计算），而转置卷积操作则是将一个输入数据的单元格与卷积核进行计算，因此卷积核对应的输入数据的单元格的数量有很大的差别。

从图5.1.2中可以看到，将尺寸为2×2的输入数据进行转置卷积后，得到的是尺寸变大了的3×3的计算结果。因此，可以通过提供随机数给GAN的生成器G作为输入数据，经过反复转置卷积操作后，特征量图的元素数量就会增加，就能得到所需大小的像素尺寸的图像（在本章中是64像素×64像素）。

只要让神经网络对该转置卷积的卷积核的值进行充分的学习，就能实现在普通人看来是手写数字的图像的自动生成。

此外，在第3章的语义分割和第4章的姿势识别中，对于经过反复卷积操作后尺寸变小的图像，使用了F.interpolate进行向上采样处理。但是，在F.interpolate中是不存在卷积核这一概念的，而只是单纯地对图像尺寸进行拉伸，对单元格之间的空隙使用某种函数进行填充的图像放大操作。尽管F.interpolate和转置卷积都能对特征量进行放大处理，但是正是由于卷积核这一概念的存在，转置卷积操作能够实现更为复杂的图像放大处理。

5.1.3 生成器的实现

接下来，对运用转置卷积ConvTranspose2d的生成器进行编程实现。本节将对被称为DCGAN[1]的GAN进行编程实现。生成器G是通过将由ConvTranspose2d、批量归一化、ReLU等操作组成的网络层进行四次重复来实现对特征量进行逐步放大的。

具体的实现代码如下所示。在各个网络层中，最开头的网络层中的转置卷积使用的通道数量是最多的，然后逐渐减少通道数量。

在经过了四个网络层的处理后，最后ConvTranspose2d的输出通道数量变为1（对应黑白图像的通道数1），所使用的激励函数不是ReLU而是Tanh，因此输出层的输出范围是-1 ~ +1。在代码中，变量z表示随机数。

此外，输入的随机数的维度被设置为z_dim=20，不过这里的20并没有什么特殊含义，只要确保使用的维数可以生成具有多样性的图像即可。这里只是随意地将其设为了20。

```
class Generator(nn.Module):

    def __init__(self, z_dim=20, image_size=64):
        super(Generator, self).__init__()

        self.layer1 = nn.Sequential(
            nn.ConvTranspose2d(z_dim, image_size * 8,
                               kernel_size=4, stride=1),
            nn.BatchNorm2d(image_size * 8),
            nn.ReLU(inplace=True))

        self.layer2 = nn.Sequential(
            nn.ConvTranspose2d(image_size * 8, image_size * 4,
                               kernel_size=4, stride=2, padding=1),
            nn.BatchNorm2d(image_size * 4),
            nn.ReLU(inplace=True))

        self.layer3 = nn.Sequential(
            nn.ConvTranspose2d(image_size * 4, image_size * 2,
                               kernel_size=4, stride=2, padding=1),
            nn.BatchNorm2d(image_size * 2),
            nn.ReLU(inplace=True))
```

```
        self.layer4 = nn.Sequential(
            nn.ConvTranspose2d(image_size * 2, image_size,
                               kernel_size=4, stride=2, padding=1),
            nn.BatchNorm2d(image_size),
            nn.ReLU(inplace=True))

        self.last = nn.Sequential(
            nn.ConvTranspose2d(image_size, 1, kernel_size=4,
                               stride=2, padding=1),
            nn.Tanh())
        #注意：由于是黑白图像，因此输出通道数量为1

    def forward(self, z):
        out = self.layer1(z)
        out = self.layer2(out)
        out = self.layer3(out)
        out = self.layer4(out)
        out = self.last(out)

        return out
```

下面将使用上述生成器G的实现代码来生成图像。执行如下所示的动作确认代码，就可以得到图5.1.3中所示的沙尘暴般的图像。只要让网络对生成器G的转置卷积的卷积核的权重参数和神经元之间的连接参数进行学习，让G从当前这种只能生成类似沙尘暴般的图像的状态转移到能够生成在普通人看来是手写数字图像的状态，就一定可以实现让G自动生成我们所期望的手写数字图像。

```
#确认程序执行
import matplotlib.pyplot as plt
%matplotlib inline

G = Generator(z_dim=20, image_size=64)

#输入的随机数
input_z = torch.randn(1, 20)

#将张量尺寸变形为(1, 20, 1, 1)
input_z = input_z.view(input_z.size(0), input_z.size(1), 1, 1)

#输出伪造图像
fake_images = G(input_z)

img_transformed = fake_images[0][0].detach().numpy()
plt.imshow(img_transformed, 'gray')
plt.show()
```

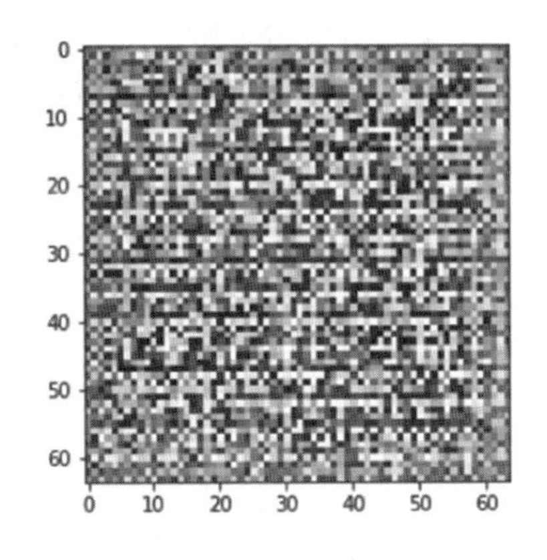

图5.1.3　使用生成器G生成的图像示例（学习之前）

5.1.4　判别器的原理

前面对生成器G的原理和实现方法进行了讲解，只需要对生成器G使用的损失函数进行定义，并让神经网络完成学习即可。但是，要如何定义这个损失函数才能做到让生成的图像在普通人看来是手写数字图像呢?

由于期望生成在普通人看来是数字的图像，因此需要将生成器G所生成的图像在普通人眼里与数字图像的接近程度作为损失进行计算。

那么最直接的方法应该就是找一个人为每次生成图像添加标签（0：看上去不是数字图像；1：看上去是数字图像）。然而，该方法并不可行，原因有两个。

第一个原因是，深度学习中的学习需要进行次数非常多的反复尝试，如果采用人工方式进行判断，数量过于庞大。

第二个原因是，在刚开始时生成器G生成的图像如图5.1.3中所示，看不出是明显的数字图像，因此如果采用人工方式进行判断，会认为刚开始生成的图像全都不是数字图像（设置标签为0）。如此一来，从生成器G的角度看就会是下面这种情形。

G："哪怕你说我生成的图像中只有一幅是数字图像也好啊，结果你说我生成的所有图像全都不对，那你让我上哪知道怎么学习才能改进自己的连接参数呢？"

也就是说，在生成器G的初始学习阶段中，如果采用人工方式对图像进行完美地鉴别和判断并设置标签，就会导致生成器G无法脱离初始的学习状态而前进到下一状态中。

因此，在GAN中并不是采用人工方式对图像进行检查并判断是否是数字图像，而是采用名为判别器D的神经网络进行判断。判别器D就是一个对图像进行分类的深度学习网络，并输出判断结果（0：看上去不是数字；1：看上去是数字）。为了让网络学习判断怎样的图像才是看上去是数字图像这一知识，我们需要为其提供监督数据。这一监督数据在普通人看来就是手写数字图像（这次使用MNIST数据集中的图像）。根据这一监督数据，判别器D对输入的图像进行分类判断，将其分别归为生成器G的生成图像（标签0）和监督数据（标签1）这两类。

在刚开始时，判别器D是还没有进行学习的神经网络。因此，与人工进行判断得到的结论不同，判别器D的判断结果会非常不成熟（会误将生成器G生成的图像分类为监督数据）。这样一来，生成器G就会从判别器D的不成熟的判断结论中产生类似"我生成的这幅图像被认为有点像手写数字的图像呢。太好了，那我就对参数进行学习，继续保持这个感觉生成新的图像”这样的想法。

如此一来，还不成熟的生成器G与还不成熟的判别器D彼此相互“欺骗”，并在这一“尔虞我诈”的过程中推进学习的前进，并最终实现让生成器G获得可以生成与真正的图像相差无几的图像的能力。这种通过相互“欺骗”的方式进行的学习也称为GAN。

5.1.5 判别器的实现

接下来将对判别器D进行编程实现。实际上，判别器D就是一个可以对图像进行分类的神经网络模型，其网络结构也与生成器G类似，由四个网络层和位于最后的last五层网络层组成。

具体的实现代码如下所示。每个网络层layer中都使用了卷积层Conv2d。Conv2d的通道数刚开始比较少，越往后面的网络层通道数也越多。此外，last的网络层layer输出的通道数为1，输出的这一个通道对应的是表示输入图像是由生成器G生成的图像还是监督数据中的图像的判断值。

```
class Discriminator(nn.Module):

    def __init__(self, z_dim=20, image_size=64):
        super(Discriminator, self).__init__()

        self.layer1 = nn.Sequential(
            nn.Conv2d(1, image_size, kernel_size=4,
                      stride=2, padding=1),
            nn.LeakyReLU(0.1, inplace=True))
        #注意：由于是黑白图像，因此输入通道数量为1

        self.layer2 = nn.Sequential(
            nn.Conv2d(image_size, image_size*2, kernel_size=4,
                      stride=2, padding=1),
            nn.LeakyReLU(0.1, inplace=True))

        self.layer3 = nn.Sequential(
            nn.Conv2d(image_size*2, image_size*4, kernel_size=4,
                      stride=2, padding=1),
            nn.LeakyReLU(0.1, inplace=True))

        self.layer4 = nn.Sequential(
            nn.Conv2d(image_size*4, image_size*8, kernel_size=4,
                      stride=2, padding=1),
            nn.LeakyReLU(0.1, inplace=True))

        self.last = nn.Conv2d(image_size*8, 1, kernel_size=4, stride=1)

    def forward(self, x):
        out = self.layer1(x)
        out = self.layer2(out)
```

```
        out = self.layer3(out)
        out = self.layer4(out)
        out = self.last(out)

        return out
```

对于GAN中的判别器D，有一些地方是需要注意的。在普通的图像分类神经网络中，卷积层后面一般使用ReLU作为激励函数，但是在GAN中则使用LeakyReLU作为激励函数。

如果输入的值是负数，ReLU产生的输出值是0；而如果将LeakyReLU作为激励函数，输出值就是"输入值 × 系数"得到的值。实现代码中使用的系数是0.1。也就是说，当输入数据是−2时，ReLU产生的输出是0，而LeakyReLU产生的输出是−0.2。

至于为什么这里不使用ReLU而是使用LeakyReLU作为激励函数，将在5.2节的GAN的损失函数和学习中进行详细的讲解。

下面对判别器D的执行结果进行确认。使用由生成器G生成的图像作为输入数据交与判别器D进行判断。这里需要判别器D对分类结果（如果是由生成器G生成的伪造图像，则标签为0；如果是监督数据，则标签为1）进行输出，因此将其产生的输出值乘以Sigmoid函数，将其转换为0 ~ 1的值。

执行下列代码后，会得到约为0.5的输出结果。由于判别器D还没有真正开始学习，因此无法产生接近0或1的判断结果，只能输出位于中间值0.5左右的值。

```
#确认程序执行
D = Discriminator(z_dim=20, image_size=64)

#生成伪造图像
input_z = torch.randn(1, 20)
input_z = input_z.view(input_z.size(0), input_z.size(1), 1, 1)
fake_images = G(input_z)

#将伪造的图像输入判别器D中
d_out = D(fake_images)

#将输出值d_out乘以Sigmoid函数，将其转换成0 ~ 1的值
print(nn.Sigmoid()(d_out))
```

【输出执行结果】

```
tensor([[[[0.4999]]]], grad_fn=<SigmoidBackward>)
```

至此，就完成了对GAN的概要、DCGAN的生成器G和判别器D的编程实现及讲解。5.2节继续对DCGAN的损失函数和学习方法进行讲解，并尝试实际运用DCGAN来生成手写数字图像。

5.2 DCGAN的损失函数、学习、生成的实现

本节将对DCGAN的损失函数的相关知识进行讲解，并尝试对生成器G和判别器D进行训练，并最终实现手写数字图像的自动生成。

本节的学习目标如下。

1. 理解GAN中使用的损失函数。
2. 编程实现DCGAN，并完成手写数字图像的自动生成。

本节的程序代码

```
5-1-2_DCGAN.ipynb
```

5.2.1 GAN 的损失函数

5.1节完成了对GAN的生成器G和判别器D的编程实现，接下来只需要对它们的损失函数进行定义即可。

由于判别器D就是图像分类神经网络，因此其损失函数也很简单。下面将对常用的分类器涉及的数学知识进行讲解[实际上，由于是对由生成器G生成的图像和监督数据中的图像进行分类处理，因此其与普通的分类任务还是有所不同的，涉及詹森•香农散度（Jensen–Shannon divergence）相关的知识，这里只做简要讲解]。

假设当输入的图像数据为x时，判别器D的输出值就为$y = D(x)$。不过，这里输出的y是乘以5.1节中提到的Sigmoid函数后的值，即被转换为0 ~ 1的值。

正确标签l将由生成器G产生的伪造数据设置为标签0，将监督数据设置为标签1。因此，判别器D的输出结果是否是正确答案就可以用公式$y^l(1-y)^{1-l}$来表示。在公式$y^l(1-y)^{1-l}$中，如果正确标签l与预测的输出值y相同，结果就为1；如果不同或者预测错误，结果就为0。实际上，y的取值范围为0 ~ 1，并不会除去0或1这样的极端值，因此$y^l(1-y)^{1-l}$的计算结果也在0 ~ 1之间。

由于这一判断结果存在小批次的数据数量为M个，因此其并发率可以表示为如下公式：

$$\prod_{i=1}^{M} y_i^{l_i}(1-y_i)^{1-l_i}$$

对上述公式取对数，得到如下公式：

$$\sum_{i=1}^{M}[l_i \log y_i + (1-l_i)\log(1-y_i)]$$

对于判别器D而言，其学习目标是通过学习实现对预测数据i的正确标签l_i的y_i进行输出。也就是说，神经网络希望通过学习使该公式（对数似然值）产生最大的输出值。由于在编程时考虑如何实现最大化是比较困难的，因此可以对其最小化并加上负号。最后得到如下公式，即判别器D的神经网络的损失函数公式：

$$-\sum_{i=1}^{M}[l_i \log y_i + (1-l_i)\log(1-y_i)]$$

使用torch.nn.BCEWithLogitsLoss可以非常简单地实现判别器D的损失函数。这里的BCE是Binary Cross Entropy的缩写，表示二进制交叉熵函数。而WithLogits则表示将结果乘以Logistic函数。也就是说，BCEWithLogitsLoss的定义与上述公式完全相同。这里的标签l_i为1是根据监督数据得到的判断结论，而标签l_i为0则是根据生成数据得到的判断结论，因此在编写代码时是分开实现的。

综上所述，判别器D的损失函数的实现代码可以编写为如下所示的形式。在下面的实现代码中，由于变量x还未定义，因此直接执行会导致运行时产生错误。这里公布判别器D的实现代码的目的是方便读者从实现代码的层面对判别器D的损失函数的数学公式进行理解。

```
#判别器D的误差函数的代码实现
# maximize log(D(x)) + log(1 - D(G(z)))

#由于x尚未定义，因此执行会导致运行时产生错误
# ---------------

#创建正确答案标签
mini_batch_size = 2
label_real = torch.full((mini_batch_size,), 1)

#创建伪造数据标签
label_fake = torch.full((mini_batch_size,), 0)

#定义误差函数
criterion = nn.BCEWithLogitsLoss(reduction='mean')

#对真正的图像进行判定
d_out_real = D(x)

#生成伪造的图像并进行判定
input_z = torch.randn(mini_batch_size, 20)
input_z = input_z.view(input_z.size(0), input_z.size(1), 1, 1)
fake_images = G(input_z)
d_out_fake = D(fake_images)

#计算误差
d_loss_real = criterion(d_out_real.view(-1), label_real)
d_loss_fake = criterion(d_out_fake.view(-1), label_fake)
d_loss = d_loss_real + d_loss_fake
```

接下来，对生成器G的损失函数的相关知识进行讲解。由于生成器G的目的就是成功地“欺骗”判别器D，因此凡是由生成器G生成的图像，要尽量做到让判别器D做出错误的判断。

也就是说，判别器D为了对由生成器G生成的图像做出正确的判断，就需要对下列公式进行最小化：

$$-\sum_{i=1}^{M}[l_i \log y_i + (1-l_i)\log(1-y_i)]$$

因此，从生成器G的立场来讲，就只需要将上述公式进行最大化即可。所以，实际的损失函数可用下列公式表示：

$$\sum_{i=1}^{M}[l_i \log y_i + (1-l_i)\log(1-y_i)]$$

由于当标签l_i为伪造图像时取值为0，因此上述公式的第一项就可以消除。又因为$(1 - l_i) = 1$、$y = D(x)$，而生成器G又是根据z_i生成图像的，因此生成器G的小批次的损失函数可表示为如下形式：

$$\sum_{i=1}^{M}\log\{1-D[G(z_i)]\}$$

只要能够尽量减小由该公式计算得到的损失值，生成器G就能成功地生成可以欺骗判别器D的图像。

遗憾的是，使用上述公式进行生成器G的学习并不是一件容易的事情。在GAN中使用不成熟的判别器D来代替人进行图像的判断，然而生成器G在初始阶段生成的图像与监督数据的差别是非常大的，纵然是由还不成熟的判别器D进行判断，也可能产生正确的判断结果。这样一来，在上述公式中，$1-D[G(z_i)] = 1-0 = 1$，而log 1的值为0，因此生成器G的损失值就会几乎为0。损失值几乎为0就意味着生成器G的学习无法向前推进。

这样来看，只要让$D[G(z_i)]$的判断结果为1即可达到目的。因此，可以将如下公式作为DCGAN的损失函数：

$$-\sum_{i=1}^{M}\log D[G(z_i)]$$

如果生成器G能够成功“欺骗”判别器D，log内的$D[G(z_i)]$的值就为1，损失函数的值就为0；相反，如果被判别器D识破，log内的部分值就为0 ~ 9，而log 0 ~ log 1是较大的负数值。考虑到公式开头的负号，当被判别器D识破时，损失值为较大的正数。

也就是说，如果使用原有公式，即使生成器G生成的图像被判别器D识破，损失值也为0，从而导致生成器G无法推进学习前进；但是如果使用替换后的公式，被判别器D识破时会产生较大的损失值，因此生成器G就可以成功地推进学习前进。

综上所述，可以使用如下公式来表示生成器G的损失函数。与编写判别器D损失函数代码时类似，这里使用了BCEWithLogitsLoss函数。

$$-\sum_{i=1}^{M}\log D[G(z_i)]$$

为了实现上述生成器G的损失函数，代码中使用了criterion(d_out_fake.view(-1),label_real)语句，这部分内容较难理解。

```
#G的误差函数的代码实现
# maximize log(D(G(z)))

#由于变量x尚未定义，执行会导致运行时产生错误
#---------------

#生成伪造的图像并进行判定
input_z = torch.randn(mini_batch_size, 20)
input_z = input_z.view(input_z.size(0), input_z.size(1), 1, 1)
fake_images = G(input_z)
d_out_fake = D(fake_images)

#计算误差
g_loss = criterion(d_out_fake.view(-1), label_real)
```

至此，就完成了对判别器D和生成器G的损失函数的定义及其编程实现。在实际进行学习时，只要将这些损失值分别进行反向传播处理，就可以使判别器D或判别器G的神经网络参数产生变化，进而实现推进学习前进的目的。

下面解释一下为何这里要将LeakyReLU 函数作为神经网络的激励函数。当前生成器G使用了如下损失函数：

$$-\sum_{i=1}^{M}\log D[G(z_i)]$$

很显然，当对生成器G的损失进行计算时，同时也使用了判别器D做出的判断结果。

也就是说，当对生成器G 的神经网络进行更新时，首先要将损失值反向传播给判别器D进行处理，然后从生成器G的输出端传递到输入部分的网络层中。

如果将ReLU作为判别器D的激励函数，由于当输入值为负数时ReLU的输出值为0，因此反向传播处理会就此终止。也就是说，在ReLU的计算结果为0 的路径中的误差无法被传播到位于ReLU层前面的网络层，损失值无法从判别器D被反向传播到生成器G中。为了避免陷入这种状态，确保损失值的反向传播的梯度计算不会在判别器D中被终止，能够成功地反馈到生成器G中，才使用了LekyReLU作为判别器D的激励函数（即使当输入为负数时，LekyReLU函数的输出值也不会为0，因此反向传播的处理过程不会被中途打断）。通过采用LekyReLU作为激励函数，就能确保判别器D产生的误差能被成功地反馈到生成器G中，这样就能更加容易地推进生成器G的神经网络的学习前进。

看完上述解释，读者可能会产生如下疑问：

这么说的话，那是不是以后在深度学习时可以不使用ReLU函数，而直接使用LeakyReLU函数呢？因为这样可以确保位于下面的网络层的误差被成功地反馈到上层网络中。

实际上，在笔者印象中，使用LeakyReLU作为深度学习的激励函数的案例是很少的。

从笔者的个人理解来看，尽管使用LeakyReLU函数可以确保将误差传递给位于上层的网络，但是这就等于将那些在ReLU函数看来应当尽量在下层的网络中消除的误差“推卸”给位于上层的神经网络

去学习和处理，这种不负责任的做法并不是我们所期望的。在GAN网络中，如果要让生成器G进行学习，就必须首先通过判别器D进行误差计算，所以不得不采用LeakyReLU函数进行计算。然而，如果将深度学习中的激励函数全部换成LeakyReLU，就等于将误差的计算责任全部推给位于上层的网络进行处理，从性能上看这样的做法肯定是不好的。

5.2.2 DataLoader 的实现

接下来，对DCGAN的学习开始实际的编码实现。首先，编写负责处理作为监督数据的手写数字图像部分的DataLoader代码，具体的代码与前面章节中的DataLoader代码基本一样。不过，这里不会将Dataset 划分为学习和验证两个部分。

DataLoader的实现代码如下所示。

```
def make_datapath_list():
    """创建用于学习和验证的图像数据及标注数据的文件路径列表"""

    train_img_list = list()             #保存图像文件的路径

    for img_idx in range(200):
        img_path = "./data/img_78/img_7_" + str(img_idx)+'.jpg'
        train_img_list.append(img_path)

        img_path = "./data/img_78/img_8_" + str(img_idx)+'.jpg'
        train_img_list.append(img_path)

    return train_img_list


class ImageTransform():
    """图像的预处理类"""

    def __init__(self, mean, std):
        self.data_transform = transforms.Compose([
            transforms.ToTensor(),
            transforms.Normalize(mean, std)
        ])

    def __call__(self, img):
        return self.data_transform(img)



class GAN_Img_Dataset(data.Dataset):
    """图像的Dataset类，继承自PyTorchd的Dataset类"""

    def __init__(self, file_list, transform):
```

```
        self.file_list = file_list
        self.transform = transform

    def __len__(self):
        '''返回图像的张数'''
        return len(self.file_list)

    def __getitem__(self, index):
        '''获取经过预处理后的图像的张量格式的数据'''

        img_path = self.file_list[index]
        img = Image.open(img_path)          #[高度][宽度]黑白

        #图像的预处理
        img_transformed = self.transform(img)

        return img_transformed


#创建DataLoader并确认执行结果

#创建文件列表
train_img_list=make_datapath_list()

#创建Dataset
mean = (0.5,)
std = (0.5,)
train_dataset = GAN_Img_Dataset(
    file_list=train_img_list, transform=ImageTransform(mean, std))

#创建DataLoader
batch_size = 64

train_dataloader = torch.utils.data.DataLoader(
    train_dataset, batch_size=batch_size, shuffle=True)

#确认执行结果
batch_iterator = iter(train_dataloader)      #转换为迭代器
imges = next(batch_iterator)                  #取出位于第一位的元素
print(imges.size())                           # torch.Size([64, 1, 64, 64])
```

【输出执行结果】

```
torch.Size([64, 1, 64, 64])
```

输出结果中的1表示通道数，这里没有使用RGB格式而是黑白的灰阶图像，因此颜色通道数为1；第一个64表示小批次的尺寸；第2和3个64分别表示图像的高度和宽度。

使用上述代码，即可完成作为监督数据的DataLoader的变量train_dataloader的创建。

5.2.3 DCGAN的学习

接下来，对网络进行初始化操作，编写学习部分的实现代码并让网络进行学习。

首先实现网络的初始化操作。将转置卷积核卷积层的权重设为服从平均值为0、标准差为0.02的正态分布，将批次归一化的权重设为服从平均值为1、标准差为0.02的正态分布，并将它们的偏置的初始值设为0。

这里之所以要使用类似（平均值、标准差）的值进行归一化处理操作的初始化，并非基于理论上的推导，而是基于人们在DCGAN的实际运用中总结出的经验，采用这样的初始化处理方法往往能得到较为理想的结果。

```
#网络的初始化处理
def weights_init(m):
    classname = m.__class__.__name__
    if classname.find('Conv') != -1:
        #Conv2d和ConvTranspose2d的初始化
        nn.init.normal_(m.weight.data, 0.0, 0.02)
        nn.init.constant_(m.bias.data, 0)
    elif classname.find('BatchNorm') != -1:
        #BatchNorm2d的初始化
        nn.init.normal_(m.weight.data, 1.0, 0.02)
        nn.init.constant_(m.bias.data, 0)

#开始初始化
G.apply(weights_init)
D.apply(weights_init)

print("网络已经成功地完成了初始化")
```

接下来继续编写学习函数的实现代码。关于学习函数部分的说明可以参考代码中的注释。这里使用本节前半部分中讲解的损失函数的实现代码。

```
#创建用于训练模型的函数

def train_model(G, D, dataloader, num_epochs):

    #确认是否能够使用GPU加速
    device = torch.device("cuda:0" if torch.cuda.is_available() else "cpu")
    print("使用设备：", device)

    #设置最优化算法
    g_lr, d_lr = 0.0001, 0.0004
    beta1, beta2 = 0.0, 0.9
```

```
g_optimizer = torch.optim.Adam(G.parameters(), g_lr, [beta1, beta2])
d_optimizer = torch.optim.Adam(D.parameters(), d_lr, [beta1, beta2])

#定义误差函数
criterion = nn.BCEWithLogitsLoss(reduction='mean')

#使用硬编码的参数
z_dim = 20
mini_batch_size = 64

#将网络载入GPU中
G.to(device)
D.to(device)

G.train()                       #将模型设置为训练模式
D.train()                       #将模型设置为训练模式

#如果网络相对固定，则开启加速
torch.backends.cudnn.benchmark = True

#图像张数
num_train_imgs = len(dataloader.dataset)
batch_size = dataloader.batch_size

#设置迭代计数器
iteration = 1
logs = []

#epoch循环
for epoch in range(num_epochs):

    #保存开始时间
    t_epoch_start = time.time()
    epoch_g_loss = 0.0          #epoch的损失总和
    epoch_d_loss = 0.0          #epoch的损失总和

    print('-------------')
    print('Epoch {}/{}'.format(epoch, num_epochs))
    print('-------------')
    print(' (train) ')

    #以minibatch为单位从数据加载器中读取数据的循环
    for imges in dataloader:

        # --------------------
        #1.判别器D的学习
```

```
# --------------------
#如果小批次的尺寸设置为1，会导致批次归一化处理产生错误，因此需要避免
if imges.size()[0] == 1:
    continue

#如果能使用GPU，则将数据送入GPU中
imges = imges.to(device)

#创建正确答案标签和伪造数据标签
#在epoch最后的迭代中，小批次的数量会减少
mini_batch_size = imges.size()[0]
label_real = torch.full((mini_batch_size,), 1).to(device)
label_fake = torch.full((mini_batch_size,), 0).to(device)

#对真正的图像进行判定
d_out_real = D(imges)

#生成伪造图像并进行判定
input_z = torch.randn(mini_batch_size, z_dim).to(device)
input_z = input_z.view(input_z.size(0), input_z.size(1), 1, 1)
fake_images = G(input_z)
d_out_fake = D(fake_images)

#计算误差
d_loss_real = criterion(d_out_real.view(-1), label_real)
d_loss_fake = criterion(d_out_fake.view(-1), label_fake)
d_loss = d_loss_real + d_loss_fake

#反向传播处理
g_optimizer.zero_grad()
d_optimizer.zero_grad()

d_loss.backward()
d_optimizer.step()

#--------------------
#2.生成器G的学习
#--------------------
#生成伪造图像并进行判定
input_z = torch.randn(mini_batch_size, z_dim).to(device)
input_z = input_z.view(input_z.size(0), input_z.size(1), 1, 1)
fake_images = G(input_z)
d_out_fake = D(fake_images)

#计算误差
g_loss = criterion(d_out_fake.view(-1), label_real)
```

```
            #反向传播处理
            g_optimizer.zero_grad()
            d_optimizer.zero_grad()
            g_loss.backward()
            g_optimizer.step()

            #--------------------
            #3. 记录结果
            #--------------------
            epoch_d_loss += d_loss.item()
            epoch_g_loss += g_loss.item()
            iteration += 1

        #epoch的每个phase的loss和准确率
        t_epoch_finish = time.time()
        print('-------------')
        print('epoch {} || Epoch_D_Loss:{:.4f} ||Epoch_G_Loss:{:.4f}'.format(
            epoch, epoch_d_loss/batch_size, epoch_g_loss/batch_size))
        print('timer:  {:.4f} sec.'.format(t_epoch_finish - t_epoch_start))
        t_epoch_start = time.time()

    return G, D
```

最后，开始实际的学习操作。这里设置为进行200轮epoch处理，如果使用GPU执行，大约需要6分钟。

```
#执行学习和验证操作
#大约需要执行6分钟
num_epochs = 200
G_update, D_update = train_model(
    G, D, dataloader=train_dataloader, num_epochs=num_epochs)
```

对于学习的结果，可以使用如下代码进行可视化处理（图5.2.1）。

```
#将生成的图像和训练数据可视化
#反复执行本单元中的代码，直到生成感觉良好的图像为止

device = torch.device("cuda:0" if torch.cuda.is_available() else "cpu")

#生成用于输入的随机数
batch_size = 8
z_dim = 20
fixed_z = torch.randn(batch_size, z_dim)
fixed_z = fixed_z.view(fixed_z.size(0), fixed_z.size(1), 1, 1)

#生成图像
```

```
fake_images = G_update(fixed_z.to(device))

#训练数据
batch_iterator = iter(train_dataloader)        #转换成迭代器
imges = next(batch_iterator)                   #取出位于第一位的元素

#输出结果
fig = plt.figure(figsize=(15, 6))
for i in range(0, 5):
    #将训练数据放入上层
    plt.subplot(2, 5, i+1)
    plt.imshow(imges[i][0].cpu().detach().numpy(), 'gray')

    #将生成数据放入下层
    plt.subplot(2, 5, 5+i+1)
    plt.imshow(fake_images[i][0].cpu().detach().numpy(), 'gray')
```

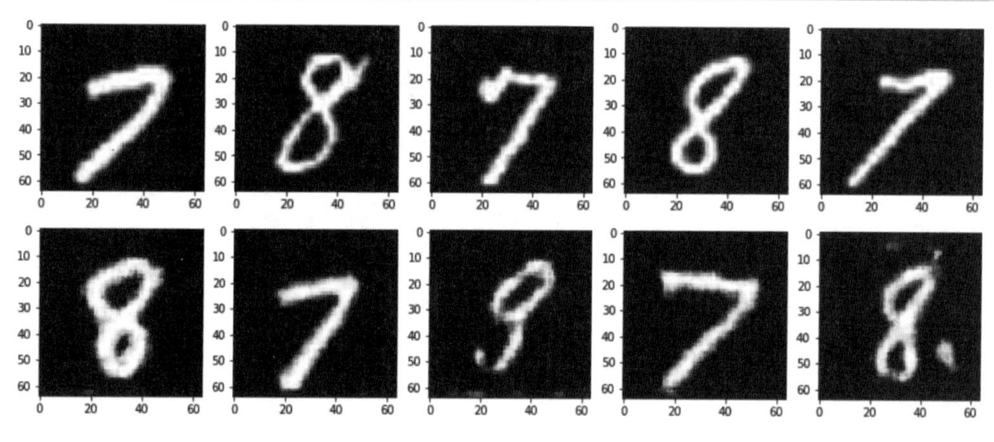

图5.2.1　使用DCGAN生成图像的示例（上层为监督数据，下层为生成数据）

图5.2.1中，上层是训练数据，下层是由DCGAN生成的图像，可以看到DCGAN成功地生成了可以认为是手写数字的图像。

此外，需要注意的是，在本章以及下一章的GAN程序中，即使反复多次执行Jupyter Notebook单元中的代码，也很难生成与本书中完全相同的图像。建议读者亲自动手尝试最终能生成怎样的数字图像。

这里为了节省时间，只为数字7和8分别准备了200张图像作为监督数据。如果进一步加大学习的epoch次数，就会导致生成器G只能生成数字7的图像。其原因是数字7的图像在结构上要比数字8的图像更简单，因此生成能够“瞒过”识别器D的图像要更为简单，因而生成器G就会倾向于只生成数字7的图像。将这种只能生成类似监督数据中一部分数据的现象称为模式崩溃。因此，要让GAN网络稳定地进行学习并非易事。

至此，就完成了本节中对DCGAN的损失函数和学习方法的讲解，并用实际代码实现了使用DCGAN模型生成手写数字图像。5.3节将对DCGAN的衍生技术Self-Attention GAN的相关知识进行讲解并编写相应的实现代码。

5.3 Self-Attention GAN概要

本节将对Self-Attention GAN的相关知识进行概括讲解，讲解角度会与DCGAN有所不同。Self-Attention GAN是由GAN技术的倡导者Ian Goodfellow于2018年提出的新的GAN技术方案[2]。截至笔者撰写本书为止，作为史上非常强的GAN技术标杆之一的BigGAN[3]也是基于Self-Attention GAN技术构建的。

本节将对Self-Attention、逐点卷积（pointwise convolution）、频谱归一化（Spectral Normalization）三种深度学习技术的相关知识进行讲解。这三种技术都比较复杂，如果仅通读一遍是很难真正理解的。因此，建议反复阅读本节内容，并参考5.4节的内容，在亲自动手编写代码的基础上进一步巩固对本节内容的理解。

本节的学习目标如下。

1. 理解什么是Self-Attention。
2. 理解1×1卷积（逐点卷积）的含义。
3. 理解频谱归一化操作的意义。

本节的程序代码

无

5.3.1 传统GAN 中的问题

图5.3.1中显示的是与图5.1.2中相同的转置卷积ConvTranspose2d的示意图。在GAN的生成器G中，是通过反复进行转置卷积计算来对特征量图进行放大处理的，但是同时也存在“转置卷积只能对局部信息进行放大处理”这一问题。

例如，观察图5.1.2中位于左下部分的内容（输入数据左上方，值为1的单元格对应的部分）。在新生成的四方形九宫格中，左上方是（1，2，3，4）。这里的（1，2，3，4）是由位于输入数据左上方的单元格（值为1）与卷积核进行乘法计算得到的结果，新生成的特征量图中的左上部分是对输入ConvTranspose2d的数据中的左上部分的局部信息经过强化后的反映。也就是说，新生成的特征量图是ConvTranspose2d 的局部信息在经过局部放大后形成的产物。

由此可见，通过反复进行转置卷积ConvTranspose2d操作，得到的是将被放大的局部信息连接在一起形成的结果。很显然，为了能够生成更为完美的图像，在进行图像放大处理时，需要引入一种可以将全局范围的信息纳入计算对象的机制。

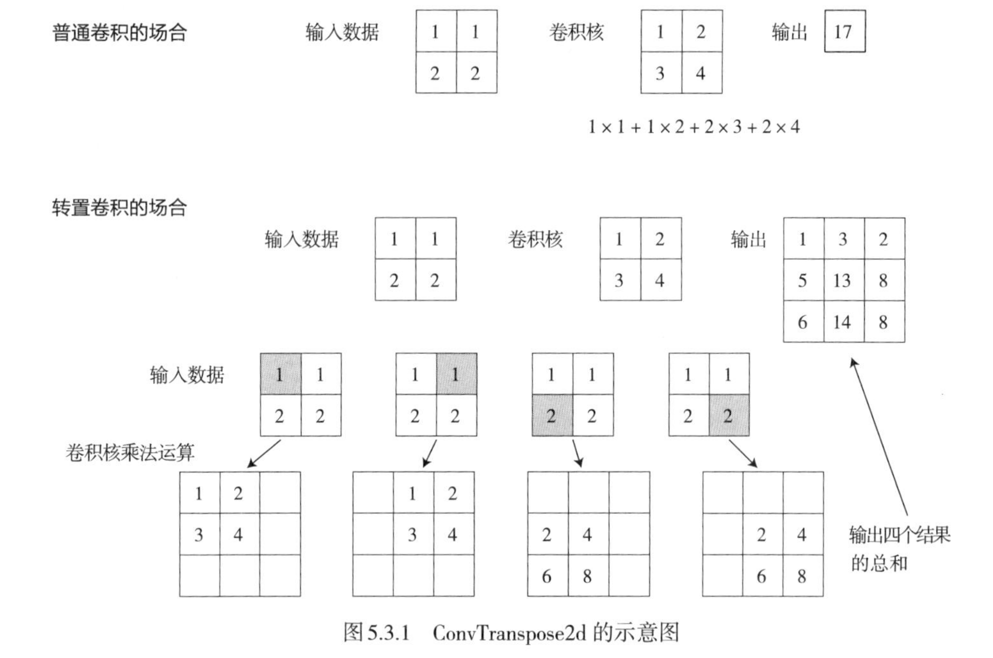

图 5.3.1　ConvTranspose2d 的示意图

5.3.2　Self-Attention的引入

由于GAN网络的生成器G是通过反复地转置卷积操作ConvTranspose2d对图像进行放大处理的，因此难以避免地造成了在进行放大处理时，只使用局部信息而忽视了全局信息的问题。为了解决这一问题，需要引入Self-Attention技术。

有关Self-Attention的概念较为复杂，因此建议读者在学习时反复阅读本节内容，以加强理解。需要注意的是，Self-Attention技术不仅是本章重点内容，同时也是第7章和第8章中讲解的自然语言处理的深度学习模型中非常重要的技术。

本章中实现的生成器G是由四层layer和last共计五层的网络层构成的网络模型，图像通过这五个网络层逐渐被放大。将中间层的输出设为x，x的张量尺寸则为（通道数 × 高度 × 宽度），用C × H × W来表示。需要将x作为下一层的layer输入数据来对其进行放大处理，此时可以考虑使用如下公式，将包括全局信息的x 作为输入数据来对放大处理进行改进。

$$y = x + \gamma o$$

式中，y为经过调整后，包括对全局信息的考量的对应x产生的特征量，y将被作为下一层layer的输入数据；γ为可以设置的系数；o为使用全局信息对x进行调整的数值，变量o被称为Self-Attention Map。

那么，应当如何创建这个被称为Self-Attention Map的变量o 呢？可行的方案之一是使用全连接层（Fully Connected Layer）。但是，如果使用全连接层，计算成本会很高，而且只能生成尺寸为C × H × W的x的各个元素的线性和，因此其表现力较为贫乏，而这里需要的是每个元素的乘积。

因此，需要先将输入变量x 的尺寸由C × H × W 变形为C × N（图5.3.2），以便进行矩阵运算，其中N是W × H。

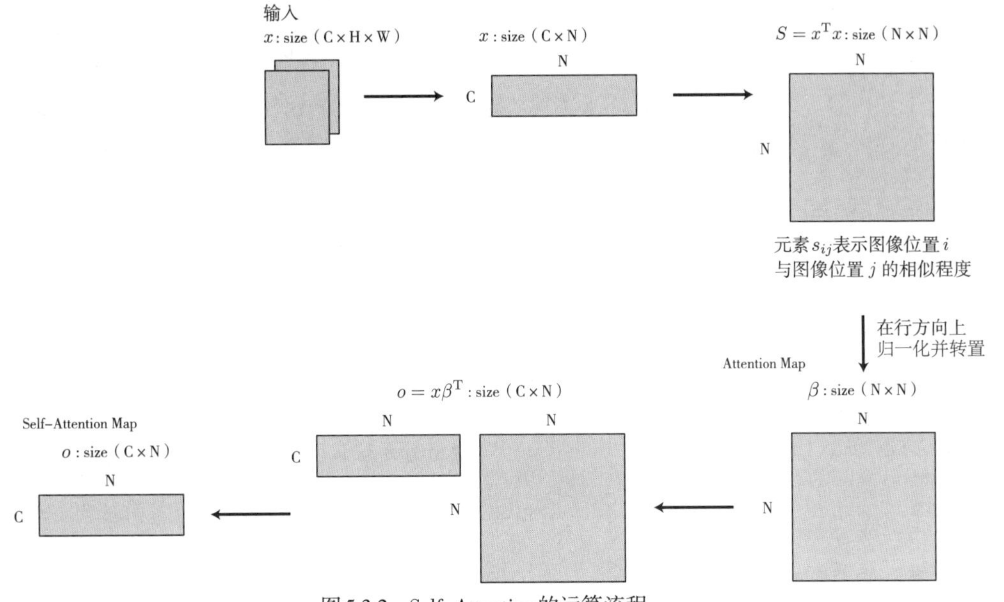

图5.3.2　Self-Attention的运算流程

然后对经过变形的x进行乘法运算。

$$S = x^{\mathrm{T}}x$$

式中，S为N×C的矩阵x^{T}与C×N的矩阵x的乘积，因此其尺寸为N×N。

这里的矩阵S中的元素s_{ij}表示图像中位置i与位置j上的数据的相似程度。也就是说，图像的位置信息使用0 ~ N−1的值进行表示，特定位置上的信息的各个通道与其他位置上相同通道的值进行乘法运算，然后对每个通道中计算所得的乘积进行求和运算。因此，如果相同位置上的通道中的值很接近，S_{ij}的值就会比较大。也就是说，s_{ij}表示的是图像位置i的特征量与图像位置j的特征量的相似程度。

接下来对S进行标准化处理。在行方向上计算SoftMax函数的输出值，将图像中各个位置与图像位置j的相似度的总和变为1，再对其进行转置。这里用β表示经过标准化处理后的矩阵，具体可以表示为如下公式（经过转置操作后，β这一侧的i和j的位置被颠倒）：

$$\beta_{j,i} = \frac{\exp(s_{ij})}{\sum_{i=1}^{N}\exp(s_{ij})}$$

矩阵β的元素$\beta_{j,i}$表示位置j的特征量与位置i的特征量之间的相似度，即用于表示“在生成位置j中的数据时，应该在多大程度上参考位置i中的数据”。另外，在经过标准化处理后，对于位置i的参考量的合计值为1。通过这种方式生成的矩阵β被称为Attention Map。

最后，将C×N的矩阵x与Attention Map相乘，就可以计算出对应当前的x，并根据全局性的信息对x进行了调整的Self-Attention Map的o：

$$o = x\beta^{\mathrm{T}}$$

在这里由于以下等式是成立的，因此可以推导出$x\beta^{\mathrm{T}}$这一公式。

$$o_{c=i,n=j} = \sum_{k=1}^{N} x_{c=i,k} * \beta_{k,n=j}^{\mathrm{T}} = \sum_{k=1}^{N} x_{c=i,k} * \beta_{n=j,k}$$

对于上述内容，可以使用如下代码来实现。虽然原理解释起来比较复杂，但是实际的实现代码是很简短的。代码中的torch.bmm是以小批次为单位，对矩阵中的元素进行乘法运算的命令。

```
#对形状进行变换，由B、C、W、H变形为B、C、N
X = X.view(X.shape[0], X.shape[1], X.shape[2]*X.shape[3])      #尺寸：B、C、N

#乘法运算
X_T = X.permute(0, 2, 1)                          #B、N、C转置
S = torch.bmm(X_T, X)                             #bmm以批次为单位进行矩阵乘法运算

#标准化
m = nn.Softmax(dim=-2)                            #将行i方向上的和转换为1的SoftMax函数
attention_map_T = m(S)                            #经过转置的Attention Map
attention_map = attention_map_T.permute(0, 2, 1)              #进行转置

#计算Self-Attention Map
o = torch.bmm(X, attention_map.permute(0, 2, 1))#对Attention Map进行转置并计算乘积
```

至此，通过对Self-Attention的讲解，我们对整个处理的流程以及具体的实现方法进行了说明。但是，对于究竟为什么要使用Self-Attention进行这种操作这个问题，相信读者仍然难以理解，因此接下来将对此进行补充说明。

之所以需要在这里引入Self-Attention技术，是因为在进行转置卷积操作时存在只考虑了局部信息这一问题，然而实际上不仅是转置卷积，普通的卷积操作中也存在同样的问题。

那么为什么转置卷积和普通的卷积操作中会存在只能获取局部信息的问题呢？究其原因，是因为所使用的卷积核的尺寸比较小。因为如果卷积核尺寸较小，进行计算时就只能对小范围内的数据进行引用，所以只能获取局部信息。

如果使用尺寸较大的卷积核呢？如使用与输入数据的尺寸相同的卷积核进行计算。其结果将会导致计算成本大幅提升，从而导致学习无法顺利完成。为了能够有效地控制计算成本，就必须引入某种在对全局性的信息进行参考时，允许对其加以某种形式的限制机制。

而这种类似卷积核的，能够提供在整体上对应输入数据的位置信息的同时，又能有效地对计算成本加以控制的方法就是Self-Attention。

在Self-Attention中为了控制计算成本，加入了如下限制条件：在对输入数据的某个单元格进行特征量计算的同时，应当关注具有与自身的值相似的那些单元格。

上述限制条件在卷积核尺寸为N的普通卷积和转置卷积中，可以表述为如下形式：在对输入数据的某个单元格进行特征量计算的同时，应当关注自身周围$N \times N$范围内的单元格。

也就是说，在普通卷积和转置卷积操作中，用于计算特征量的单元格是对象单元格周围与卷积核尺寸相同的范围内的单元格，而Self-Attention中用于计算特征量的单元格则是与对象单元格的特征量相似的那些单元格。

换言之，Self-Attention相当于使用了具有最大尺寸的卷积核的卷积层，但是网络学习的对象并不是卷积核本身，而是将与其自身特征量的相似度作为卷积核的值，来与每批数据进行计算。

以上就是Self-Attention相关知识的讲解。

但是，Self-Attention对计算成本进行控制的限制方式（在对输入数据的某个单元格进行特征量计算的同时，应当关注具有与自身的值相似的那些单元格）是一种很强的限制条件，因此如果直接将输入数据x与Self-Attention进行乘法运算，是不容易提升性能的。为了达到在采用了Self-Attention的限制条件的同时，又能根据输入数据x计算出包含全局性信息的特征量，需要先对数据x进行一次特征量变换，然后交给Self-Attention进行下一步处理。

5.3.3　1×1卷积（逐点卷积）

在执行Self-Attention的处理时，并不是直接将layer的输出x交给Self-Attention进行计算，而是先对其进行一次特征量转换后再交给Self-Attention进行下一步处理。

这一进行特征量转换的具体方法是：使用卷积核尺寸为1×1的卷积层将输入数据x的尺寸从C×H×W转换为C′×H×W，再交给Self-Attention使用。该1×1的卷积层也被称为逐点卷积（第3章的语义分割中也介绍过逐点卷积）。

下面解释卷积核尺寸为1的卷积处理意味着什么。由于卷积核的尺寸为1，因此卷积层产生的输出就是对输入数据x中的各个通道进行加法运算的结果。图5.3.3所示为逐点卷积。如果1×1的卷积层的输出通道只有一个，卷积运算的输出就是对输入x的每个通道中的数据计算线性和得到的结果；如果存在多个输出通道，卷积运算的输出就是使用不同的系数对每个通道中的数据计算线性和得到的结果。

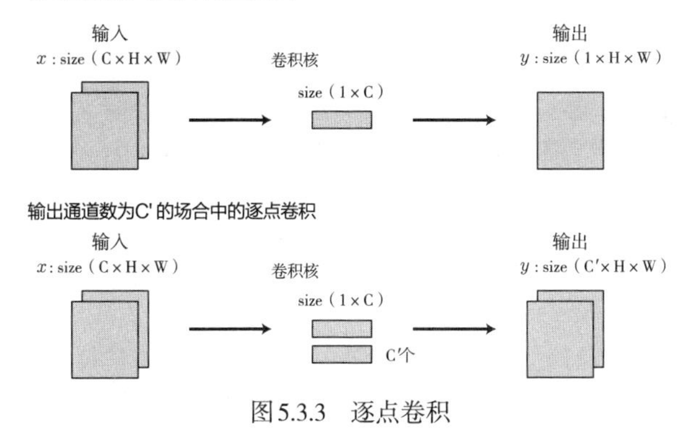

图5.3.3　逐点卷积

也就是说，逐点卷积就是对输入数据的每个通道中的数据计算线性和，通过改变其中的1×1的卷积层的输出通道的数量，就可以实现将原有输入数据x的通道数由C转换为C′。通常输出通道数C′要比输入通道数C小。

这种对原有输入数据x的特征量进行线性和计算的操作，实际上就是对输入数据x的维数进行压缩，本质上与主成分分析非常相似。使用神经网络的反向传播算法，就能在将原有输入数据x的通道数由C压缩为C′时，对线性和计算的系数（逐点卷积的卷积核的权重）进行学习，以达到防止丢失x中包含的信息的目的。

在进入Self-Attention处理之前，之所以要进行逐点卷积处理，原因有两点：第一点就是前面所解释的，即使是在Self-Attention的“在对输入数据的某个单元格进行特征量计算的同时，应当关注具有与自身的值相似的那些单元格”这一限制条件下，也能够保证处理的效果，因此需要将输入x转换为特征量；第二点是由于Self-Attention是对N × C 的矩阵x^T 与C × N的矩阵x进行乘法运算，因此如果能减小C，就能达到节约计算成本的目的。

此外，在与Self-Attention毫无关系的语境分析中，也是使用逐点卷积来对数据进行维数压缩来达到减少计算成本的目的的。在边缘节点等内存容量不大、计算能力较弱的计算机中使用的MobileNets [4]模型中也同样使用了逐点卷积。

对于使用1 × 1的卷积层的逐点卷积和Self-Attention处理，可以使用如下所示的代码来实现。实现代码中使用了query、key、value等概念，这些概念最早出现在自然语言处理领域中被称为SourceTarget-Attention的注意力（Attention）机制中。虽然这一技术与Self-Attention有所不同，但是实际上很多Self-Attention的实现代码中都使用了query、key、value等名称作为变量名。本章将原有输入数据x的转置对应的对象使用变量query表示，对原有输入数据x对应的对象使用变量key表示，对Attention Map进行乘法运算的对象使用变量value表示。以上就是关于1 × 1的卷积层的逐点卷积相关知识的讲解。

```
#准备1×1的卷积层使用的逐点卷积
query_conv = nn.Conv2d(
    in_channels=X.shape[1], out_channels=X.shape[1]//8, kernel_size=1)
key_conv = nn.Conv2d(
    in_channels=X.shape[1], out_channels=X.shape[1]//8, kernel_size=1)
value_conv = nn.Conv2d(
    in_channels=X.shape[1], out_channels=X.shape[1], kernel_size=1)

#先计算卷积，再对尺寸进行变形，将形状由B、C'、W、H变为B、C'、N
proj_query = query_conv(X).view(
    X.shape[0], -1, X.shape[2]*X.shape[3])      #尺寸：B、C'、N
proj_query = proj_query.permute(0, 2, 1)        #转置操作
proj_key = key_conv(X).view(
    X.shape[0], -1, X.shape[2]*X.shape[3])      #尺寸：B、C'、N

#乘法计算
S = torch.bmm(proj_query, proj_key)             #bmm是以批次为单位进行矩阵乘法运算

#标准化
m = nn.Softmax(dim=-2)                          #将行i方向上的和转换为1的SoftMax函数
attention_map_T = m(S)                          #转置后的Attention Map
attention_map = attention_map_T.permute(0, 2, 1) #进行转置

#计算Self-Attention Map
proj_value = value_conv(X).view(
    X.shape[0], -1, X.shape[2]*X.shape[3])      #尺寸：B,C,N
o = torch.bmm(proj_value, attention_map.permute(
    0, 2, 1))                               #对Attention Map进行转置并计算乘积
```

5.3.4 频谱归一化

在SAGAN中还使用了频谱归一化（Spectral Normalization[5]）这一概念对卷积层的权重进行归一化处理。PyTorch中对应的实现代码包含在torch.nn.utils.spectral_norm中。

看到“归一化”这个词，我们往往会联想到批次归一化处理，而批次归一化处理是指对深度学习模型中处理的数据进行规范化处理。这里的频谱归一化操作并不是对数据进行归一化处理，而是对卷积层中的网络权重参数进行归一化处理。

GAN模型要想正常运行，就必须保证判别器D满足利普希茨连续条件（Lipschitz Continuity）。

对于利普希茨连续条件，可以简单理解为“即使传递给判别器D的输入数据发生了微小的变化，判别器D的输出结果也几乎不会发生改变”；相反，如果判别器不满足利普希茨连续条件，就意味着“哪怕传递给判别器D的输入数据发生了极其微小的变化，判别器D的输出结果也会发生非常明显的变化”。

如果不能保证利普希茨连续条件，只要传递给判别器D的输入数据发生了很小的变化，也会对判别结果产生非常大的影响，这样就会导致GAN的生成器G和判别器D无法开展有效的学习。

那么怎样才能保证判别器D满足利普希茨连续条件呢？具体的方法就是使用频谱归一化对权重进行规范化处理。要真正理解频谱归一化的含义，就必须要先理解线性代数中的特征量这一概念。不过，本书不会涉及线性代数部分知识的讲解，这里只对频谱归一化方法进行概念性的讲解。

假设现有输入某个网络层的张量数据和从该网络层输出的张量数据。在该输入张量和输出张量中，如果输入张量中的特定成分（该成分是张量形式的，相当于特征向量）在输出时比原有值大，就说明在对该网络层进行处理时，特定的成分会被放大。

再假设现有输入图像A和输入图像B，且图像A与图像B的内容几乎完全一样，只有非常细微的区别。如果在这一非常微小的区别的部位中包含类似上面所说的会被放大的成分，那么输入图像中的微小变化也会被放大。输入图像中微小的变化被放大的结果就是，在判别器D得出结论之前，输入图像A与输入图像B的微小差别被放大成了非常大的差别，最终导致判别结果发生明显的变化。也就是说，陷入了“哪怕传递给判别器D的输入数据发生了极其微小的变化，判别器D的输出结果也会发生非常明显的变化”这一状态中。

为了防止这一问题的发生，就需要在各种不同的成分的放大值中选出其中的最大值（相当于最大特征量），并使用该最大值与网络层的权重参数进行除法运算将其归一化。这样就能保证无论传递给网络层的输入张量包含的是怎样的成分，都不会导致输出张量被放大。

如果感觉上述讲解过于复杂，也可以简单地将其理解为“使用频谱归一化对网络层的权重进行规范化处理，有助于GAN模型顺利地推进学习进程”。对频谱归一化的相关知识感兴趣的读者可以参考引用[5,6]中的资料。

此外，在SAGAN中除了判别器D会使用到频谱归一化处理外，生成器G的卷积层中也同样需要使用。

频谱归一化处理的实现代码非常简单。例如，使用如下所示的代码就可以实现在转置卷积层中添加频谱归一化处理。

```
nn.utils.spectral_norm(nn.ConvTranspose2d(
    z_dim, image_size * 8, kernel_size=4, stride=1))
```

至此，就完成了本节中对SAGAN中涉及的三大关键的深度学习技术的技术点：Self-Attention、1×1卷积层（逐点卷积）以及频谱归一化的相关知识的讲解。5.4节将运用这些知识进行实际的SAGAN模型编程，并让模型学习如何生成合格的数字图像。

5.4 Self-Attention GAN的学习和生成的实现

本节将学习如何编程实现SAGAN 模型，并对模型进行训练以实现手写数字图像的自动生成功能。此外，将使用与5.2节中相同的监督数据来实现对数字7和8的图像的自动生成。本章中提供的实现代码参考了GitHub：heykeetae/Self-Attention-GAN[7]中的开源代码。

本节的学习目标如下。

掌握编写SAGAN模型代码的方法。

本节的程序代码

```
5-4_SAGAN.ipynb
```

5.4.1 Self-Attention模块的实现

下面开始编写计算Self-Attention模块的代码。当模块的输入数据为x，Self-Attention Map为o时，输出可表示为如下公式：

$$y = x + \gamma o$$

式中，γ为设置的系数，从初始值0开始学习。

因此，在编写代码时，使用了nn.Parameter来创建变量γ。nn.Parameter是PyTorch中用于创建可以用于学习的变量的命令。

具体的实现代码如下所示。另外，输出结果中也包含了Attention Map的内容。输出Attention Map并不是因为之后的计算中需要用到这一数据，而是因为稍后在对Attention的强度进行可视化时需要用到。

```
class Self_Attention(nn.Module):
    """ Self-Attention的Layer"""

    def __init__(self, in_dim):
        super(Self_Attention, self).__init__()

        #准备1×1的卷积层的逐点卷积
        self.query_conv = nn.Conv2d(
            in_channels=in_dim, out_channels=in_dim//8, kernel_size=1)
        self.key_conv = nn.Conv2d(
            in_channels=in_dim, out_channels=in_dim//8, kernel_size=1)
        self.value_conv = nn.Conv2d(
            in_channels=in_dim, out_channels=in_dim, kernel_size=1)
```

```
        #创建Attention Map时归一化用的SoftMax函数
        self.softmax = nn.Softmax(dim=-2)

        #原有输入数据x与作为Self-Attention Map的o进行加法运算时使用的系数
        #output = x +gamma*o
        #刚开始gamma=0，之后让其进行学习
        self.gamma = nn.Parameter(torch.zeros(1))

    def forward(self, x):

        #输入变量
        X = x

        #先计算卷积，再对尺寸进行变形，将形状由B、C'、W、H变为B、C'、N
        proj_query = self.query_conv(X).view(
            X.shape[0], -1, X.shape[2]*X.shape[3])     #尺寸：B、C'、N
        proj_query = proj_query.permute(0, 2, 1)       #转置操作
        proj_key = self.key_conv(X).view(
            X.shape[0], -1, X.shape[2]*X.shape[3])     #尺寸：B、C'、N

        #乘法运算
        S = torch.bmm(proj_query, proj_key)  #bmm是以批次为单位进行的矩阵乘法运算

        #归一化
        attention_map_T = self.softmax(S)    #将行i方向上的和转换为1的SoftMax函数
        attention_map = attention_map_T.permute(0, 2, 1) #进行转置

        #计算Self-Attention Map
        proj_value = self.value_conv(X).view(
            X.shape[0], -1, X.shape[2]*X.shape[3])  #尺寸：B、C、N
        o = torch.bmm(proj_value, attention_map.permute(
            0, 2, 1))                        #对Attention Map进行转置并计算乘积

        #将作为Self-Attention Map的o的张量尺寸与x对齐，并输出结果
        o = o.view(X.shape[0], X.shape[1], X.shape[2], X.shape[3])
        out = x+self.gamma*o

        return out, attention_map
```

5.4.2 生成器G的实现

接下来编写生成器G的代码。实际的代码除了两个地方之外，其他与DCGAN的实现基本一样。

第一个不同点是在转置卷积层中新添加了频谱归一化的处理代码，不过在作为最后一层网络层的last的转置卷积层中没有添加。

第二个不同点是在layer3和layer4之间，以及layer4和last之间添加了Self-Attention模块。

包含这两个变化的实现代码如下所示。此外，程序的输出结果中还包括用于可视化处理的Attention Map的内容。

```
class Generator(nn.Module):

    def __init__(self, z_dim=20, image_size=64):
        super(Generator, self).__init__()

        self.layer1 = nn.Sequential(
            #添加频谱归一化处理
            nn.utils.spectral_norm(nn.ConvTranspose2d(z_dim, image_size * 8,
                                                      kernel_size=4, stride=1)),
            nn.BatchNorm2d(image_size * 8),
            nn.ReLU(inplace=True))

        self.layer2 = nn.Sequential(
            #添加频谱归一化处理
            nn.utils.spectral_norm(nn.ConvTranspose2d(image_size * 8,
                                                      image_size * 4,
                                                      kernel_size=4, stride=2,
                                                      padding=1)),
            nn.BatchNorm2d(image_size * 4),
            nn.ReLU(inplace=True))

        self.layer3 = nn.Sequential(
            #添加频谱归一化处理
            nn.utils.spectral_norm(nn.ConvTranspose2d(image_size * 4,
                                                      image_size * 2,
                                                      kernel_size=4, stride=2,
                                                      padding=1)),
            nn.BatchNorm2d(image_size * 2),
            nn.ReLU(inplace=True))

        #添加Self-Attentin网络层
        self.self_attntion1 = Self_Attention(in_dim=image_size * 2)

        self.layer4 = nn.Sequential(
            #添加频谱归一化处理
            nn.utils.spectral_norm(nn.ConvTranspose2d(image_size * 2, image_size,
                                                      kernel_size=4, stride=2,
                                                      padding=1)),
            nn.BatchNorm2d(image_size),
            nn.ReLU(inplace=True))

        #添加Self-Attentin网络层
        self.self_attntion2 = Self_Attention(in_dim=image_size)
```

```
        self.last = nn.Sequential(
            nn.ConvTranspose2d(image_size, 1, kernel_size=4,
                               stride=2, padding=1),
            nn.Tanh())
        #注意：由于是黑白图像，因此输出的通道数为1

        self.self_attntion2 = Self_Attention(in_dim=64)

    def forward(self, z):
        out = self.layer1(z)
        out = self.layer2(out)
        out = self.layer3(out)
        out, attention_map1 = self.self_attntion1(out)
        out = self.layer4(out)
        out, attention_map2 = self.self_attntion2(out)
        out = self.last(out)

        return out, attention_map1, attention_map2
```

5.4.3 判别器D的实现

接下来编写判别器D的实现代码。这段代码也是除了两个地方之外，与DCGAN的实现基本一样。

第一个不同点是在卷积层中新添加了频谱均一化的处理代码，不过在作为最后一层网络层的last的卷积层中没有添加。

第二个不同点是在layer3和layer4之间，以及layer4和last之间添加了Self-Attention模块，这一点与生成器G的代码变动相同。

包含这两点变化的实现代码如下所示。此外，程序的输出结果中还包括用于可视化处理的Attention Map的内容。

```
class Discriminator(nn.Module):

    def __init__(self, z_dim=20, image_size=64):
        super(Discriminator, self).__init__()

        self.layer1 = nn.Sequential(
            #追加Spectral Normalization
            nn.utils.spectral_norm(nn.Conv2d(1, image_size, kernel_size=4,
                                             stride=2, padding=1)),
            nn.LeakyReLU(0.1, inplace=True))
        #注意：由于是黑白图像，因此输入的通道数为1

        self.layer2 = nn.Sequential(
            #追加Spectral Normalization
```

```
            nn.utils.spectral_norm(nn.Conv2d(image_size, image_size*2,
                                             kernel_size=4,
                                             stride=2, padding=1)),
            nn.LeakyReLU(0.1, inplace=True))

        self.layer3 = nn.Sequential(
            #追加频谱归一化
            nn.utils.spectral_norm(nn.Conv2d(image_size*2, image_size*4,
                                             kernel_size=4,
                                             stride=2, padding=1)),
            nn.LeakyReLU(0.1, inplace=True))

        #追加Self-Attentin层
        self.self_attntion1 = Self_Attention(in_dim=image_size*4)

        self.layer4 = nn.Sequential(
            #追加频谱归一化
            nn.utils.spectral_norm(nn.Conv2d(image_size*4, image_size*8,
                                             kernel_size=4,
                                             stride=2, padding=1)),
            nn.LeakyReLU(0.1, inplace=True))

        #追加Self-Attentin层
        self.self_attntion2 = Self_Attention(in_dim=image_size*8)

        self.last = nn.Conv2d(image_size*8, 1, kernel_size=4, stride=1)

    def forward(self, x):
        out = self.layer1(x)
        out = self.layer2(out)
        out = self.layer3(out)
        out, attention_map1 = self.self_attntion1(out)
        out = self.layer4(out)
        out, attention_map2 = self.self_attntion2(out)
        out = self.last(out)

        return out, attention_map1, attention_map2
```

5.4.4 DataLoader的实现

接下来创建用于保存监督数据的DataLoader 对象的变量train_dataloader。变量train_dataloader与5.2节中的实现完全相同，是数字7和8的图像的DataLoader。由于代码内容与5.2节完全相同，因此这里不再赘述。

5.4.5 网络的初始化和实施训练

现在定义用于学习的函数。除了一个地方（损失函数的定义）之外，这里的函数基本上与5.2节中的DCGAN的实现代码相同。

在SAGAN中使用的损失函数是被称为铰链版的对抗损失（Hinge Version of the Adversarial Loss）函数。而在DCGAN的判别器D使用的损失函数中，当判别器D的输出为$y = D(x)$时，可使用如下公式进行表示：

$$-\sum_{i=1}^{M}[l_i \log y_i + (1-l_i)\log(1-y_i)]$$

以下是上述公式的实现代码：

```
criterion = nn.BCEWithLogitsLoss(reduction='mean')
d_loss_real = criterion(d_out_real.view(-1), label_real)
d_loss_fake = criterion(d_out_fake.view(-1), label_fake)
```

而SAGAN中使用的铰链版的对抗损失函数中，判别器D使用的损失函数可表示为如下公式：

$$-\frac{1}{M}\sum_{i=1}^{M}[l_i * \min(0,-1+y_i)+(1-l_i)*\min(0,-1-y_i)]$$

以下是上述公式的实现代码：

```
d_loss_real = torch.nn.ReLU()(1.0 - d_out_real).mean()
d_loss_fake = torch.nn.ReLU()(1.0 + d_out_fake).mean()
```

需要注意的是，上述代码中的ReLU函数并不是作为网络的激励函数使用的，而是用于将ReLU的输入数据与0值进行比较，以作为损失函数中$\min(0,-1+y_i)$等部分中使用的min函数部分的实现（由于损失函数开头部分还有一个负号，因此实际上相当于是用ReLU来实现max函数）。

此外，在DCGAN中生成器G的损失函数可以表示为如下公式：

$$\sum_{i=1}^{M}\log\{1-D[G(z_i)]\}$$

为了便于学习，可以将上述公式变形为如下形式：

$$-\sum_{i=1}^{M}\log D[G(z_i)]$$

以下是上述公式的实现代码：

```
criterion = nn.BCEWithLogitsLoss(reduction='mean')
g_loss = criterion(d_out_fake.view(-1), label_real)
```

在SAGAN中使用的铰链版的对抗损失中，生成器G使用的损失函数可表示为如下公式：

$$-\frac{1}{M}\sum_{i=1}^{M}D[G(z_i)]$$

以下是上述公式的实现代码：

```
g_loss = - d_out_fake.mean()
```

在上述代码中，之所以需要使用铰链版的损失函数，根据论文的原作者们的说法，是因为根据他们的经验总结出的结论是在大多数案例中使用铰链版的损失函数进行学习会更加顺利。除了铰链版的损失函数外，研究人员们也提出了很多其他针对GAN模型使用的损失函数。不过，从实际的应用案例来看，使用铰链版损失函数的占大多数，理由是非常好用。

加入上述损失函数的变化后，最终的SAGAN的学习函数的实现代码如下所示。

```
#创建用于训练模型的函数

def train_model(G, D, dataloader, num_epochs):

    #确认是否可以使用GPU加速
    device = torch.device("cuda:0" if torch.cuda.is_available() else "cpu")
    print("使用设备：", device)

    #设置最优化算法
    g_lr, d_lr = 0.0001, 0.0004
    beta1, beta2 = 0.0, 0.9
    g_optimizer = torch.optim.Adam(G.parameters(), g_lr, [beta1, beta2])
    d_optimizer = torch.optim.Adam(D.parameters(), d_lr, [beta1, beta2])

    #定义误差函数→改为使用铰链版的对抗损失函数
    #criterion = nn.BCEWithLogitsLoss(reduction='mean')

    #使用硬编码的参数
    z_dim = 20
    mini_batch_size = 64

    #将网络载入GPU中
    G.to(device)
    D.to(device)

    G.train()                          #将模型设置为训练模式
    D.train()                          #将模型设置为训练模式

    #如果网络相对固定，则开启加速
    torch.backends.cudnn.benchmark = True
```

```
#图像的张数
num_train_imgs = len(dataloader.dataset)
batch_size = dataloader.batch_size

#设置迭代计数器
iteration = 1
logs = []

#epoch循环
for epoch in range(num_epochs):

    #保存开始时间
    t_epoch_start = time.time()
    epoch_g_loss = 0.0                         #epoch的损失总和
    epoch_d_loss = 0.0                         #epoch的损失总和

    print('-------------')
    print('Epoch {}/{}'.format(epoch, num_epochs))
    print('-------------')
    print('(train)')

    #以minibatch为单位从数据加载器中读取数据的循环
    for imges in dataloader:

        #--------------------
        #1.判别器D的学习
        # --------------------
        #如果小批次的尺寸设置为1，会导致批次归一化处理产生错误，因此需要避免
        if imges.size()[0] == 1:
            continue

        #如果能使用GPU，则将数据送入GPU中
        imges = imges.to(device)

        #创建正确答案标签和伪造数据标签
        #在epoch最后的迭代中，小批次的数量会减少
        mini_batch_size = imges.size()[0]
        #label_real = torch.full((mini_batch_size,), 1).to(device)
        #label_fake = torch.full((mini_batch_size,), 0).to(device)

        #对真正的图像进行判定
        d_out_real, _, _ = D(imges)

        #生成伪造图像并进行判定
        input_z = torch.randn(mini_batch_size, z_dim).to(device)
```

```
input_z = input_z.view(input_z.size(0), input_z.size(1), 1, 1)
fake_images, _, _ = G(input_z)
d_out_fake, _, _ = D(fake_images)

#计算误差→改为使用铰链版的对抗损失函数
#d_loss_real = criterion(d_out_real.view(-1), label_real)
#d_loss_fake = criterion(d_out_fake.view(-1), label_fake)

d_loss_real = torch.nn.ReLU()(1.0 - d_out_real).mean()
#误差  d_out_real大于1时误差为0
#当d_out_real>1时，1.0 - d_out_real为负数，因此ReLU计算结果为0

d_loss_fake = torch.nn.ReLU()(1.0 + d_out_fake).mean()
#误差  d_out_fake小于-1时，误差为0
#当d_out_fake<-1时，1.0 + d_out_fake为负数，因此ReLU计算结果为0

d_loss = d_loss_real + d_loss_fake

#反向传播处理
g_optimizer.zero_grad()
d_optimizer.zero_grad()

d_loss.backward()
d_optimizer.step()

#--------------------
#2.生成器G的学习
#--------------------
#生成伪造图像并进行判定
input_z = torch.randn(mini_batch_size, z_dim).to(device)
input_z = input_z.view(input_z.size(0), input_z.size(1), 1, 1)
fake_images, _, _ = G(input_z)
d_out_fake, _, _ = D(fake_images)

#计算误差→改为使用铰链版的对抗损失函数
#g_loss = criterion(d_out_fake.view(-1), label_real)
g_loss = - d_out_fake.mean()

#反向传播处理
g_optimizer.zero_grad()
d_optimizer.zero_grad()
g_loss.backward()
g_optimizer.step()

#--------------------
#3.记录结果
#--------------------
epoch_d_loss += d_loss.item()
epoch_g_loss += g_loss.item()
```

```
            iteration += 1

        #epoch的每个phase的loss和准确率
        t_epoch_finish = time.time()
        print('-------------')
        print('epoch {} || Epoch_D_Loss:{:.4f} ||Epoch_G_Loss:{:.4f}'.format(
            epoch, epoch_d_loss/batch_size, epoch_g_loss/batch_size))
        print('timer:  {:.4f} sec.'.format(t_epoch_finish - t_epoch_start))
        t_epoch_start = time.time()

    # print("总迭代次数:", iteration)

    return G, D
```

然后，对网络的权重进行初始化，并让网络开始学习，总共学习300轮epoch。如果使用GPU加速，代码的执行时间约为15分钟。

```
#网络的初始化
def weights_init(m):
    classname = m.__class__.__name__
    if classname.find('Conv') != -1:
        #Conv2d和ConvTranspose2d的初始化
        nn.init.normal_(m.weight.data, 0.0, 0.02)
        nn.init.constant_(m.bias.data, 0)
    elif classname.find('BatchNorm') != -1:
        #BatchNorm2d的初始化
        nn.init.normal_(m.weight.data, 1.0, 0.02)
        nn.init.constant_(m.bias.data, 0)

#开始初始化
G.apply(weights_init)
D.apply(weights_init)

print("网络已经成功地完成了初始化")


#执行学习和验证操作
#大约需要执行15分钟
num_epochs = 300
G_update, D_update = train_model(
    G, D, dataloader=train_dataloader, num_epochs=num_epochs)
```

接下来，对学习的结果进行可视化处理。图5.4.1中的上层显示的是训练数据，下层显示的是使用Self-Attention GAN生成的图像。从图中可以看到，我们成功地使用SAGAN创建出了手写数字图像。

```
#对生成的图像和训练数据进行可视化处理
#反复执行本单元中的代码，直到生成感觉良好的图像为止

device = torch.device("cuda:0" if torch.cuda.is_available() else "cpu")

#生成用于输入的随机数
batch_size = 8
z_dim = 20
fixed_z = torch.randn(batch_size, z_dim)
fixed_z = fixed_z.view(fixed_z.size(0), fixed_z.size(1), 1, 1)

#生成图像
fake_images, am1, am2 = G_update(fixed_z.to(device))

#训练数据
batch_iterator = iter(train_dataloader)          #转换成迭代器
imges = next(batch_iterator)                     #取出位于第一位的元素

#输出结果
fig = plt.figure(figsize=(15, 6))
for i in range(0, 5):
    #将训练数据放入上层
    plt.subplot(2, 5, i+1)
    plt.imshow(imges[i][0].cpu().detach().numpy(), 'gray')

    #将生成数据放入下层
    plt.subplot(2, 5, 5+i+1)
    plt.imshow(fake_images[i][0].cpu().detach().numpy(), 'gray')
```

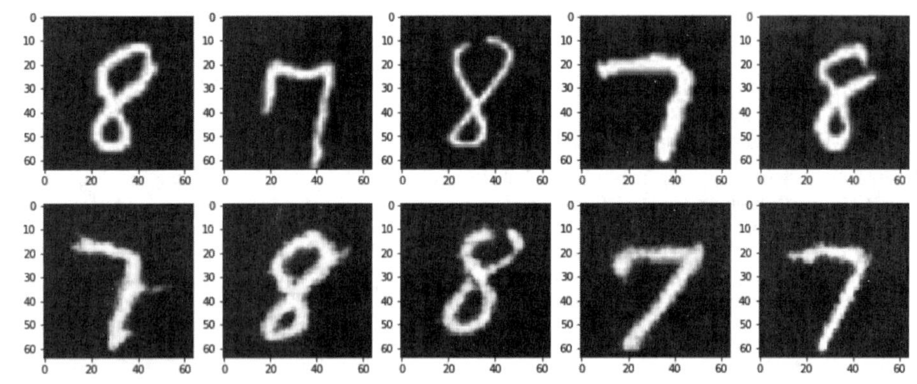

图5.4.1　使用SAGAN生成图像的示例（上层是训练数据，下层是生成数据）

最后，对生成图像的Attention Map进行可视化处理。

```
#输出Attentiom Map中的内容
fig = plt.figure(figsize=(15, 6))
for i in range(0, 5):
```

```
    #将生成的图像放入上层
    plt.subplot(2, 5, i+1)
    plt.imshow(fake_images[i][0].cpu().detach().numpy(), 'gray')

    #将Attentin Map1的图像中心的像素数据放入下层
    plt.subplot(2, 5, 5+i+1)
    am = am1[i].view(16, 16, 16, 16)
    am = am[7][7]                          #关注中心位置
    plt.imshow(am.cpu().detach().numpy(), 'Reds')
```

图5.4.2的Attention Map显示的是在生成位于图像画布正中央的像素时，是否对其他位置上的像素的特征量加以了关注（Attention）。

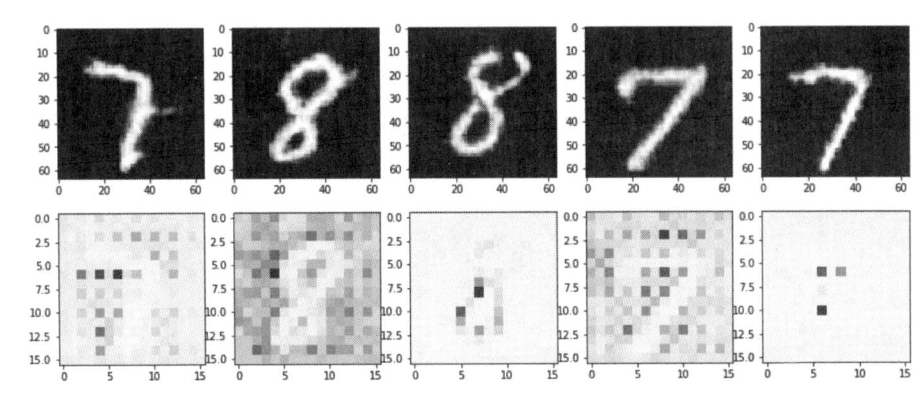

图5.4.2　SAGAN的生成器中图像画布中央像素的Attention Map的示例（上层是生成数据，下层是Attention Map）

例如，在生成最左边的数字7 的图像时，从Attention Map中可以看到位于中央的上侧和左下方的像素受到了更多的关注（Attention），这说明网络当时在引用这些位置中的特征量。

而在生成左起第二个位置上的数字8的图像时，可以看到位于8 的轮廓外面的像素全都受到了强烈的关注。

在生成左起第三个位置上的数字8时，可以看到位于8的下半部分轮廓上的像素受到了更多的关注，网络在计算位于中央的像素的特征量时，对位于这些位置上的像素的特征量进行了引用。

小结

至此，就完成了本章对使用DCGAN以及Self-Attention GAN生成图像的相关技术的讲解和编程实现。由于本章涉及的Self-Attention、逐点卷积、频谱归一化都是较为复杂的概念，因此建议读者反复阅读，以巩固对这部分知识的理解。特别是关于Self-Attention的部分，因为这一技术对于第7章和第8章的自然语言处理来说也是极为重要的。

第6章将讲解如何使用GAN技术实现异常检测。

读书笔记

第6章

基于GAN的异常检测(AnoGAN、Efficient GAN)

6.1 利用GAN进行异常图像检测的原理

本章将学习如何运用GAN技术实现对异常图像的检测。

本节将对运用GAN技术实现异常图像的检测和识别原理的有关知识进行讲解。6.2节将讲解如何使用AnoGAN（Anomaly Detection with GAN）[1]实现异常图像的检测。

本节的学习目标如下。

1. 理解运用GAN技术实现异常图像检测技术所需的背景知识。
2. 理解AnoGAN的算法。

本节的程序代码

无

6.1.1 文件夹的准备

本章与第5章中使用GAN生成图像类似，也需要使用手写数字图像。首先，创建在本节及本章中使用的文件夹，并下载相关的文件。

请下载本章的实现代码，并依次执行位于6_gan_anomaly_detection文件夹内的make_folders_and_data_downloads.ipynb文件中的每一个单元代码。

请下载MNIST的图片数据作为手写数字图像的监督数据。与第5章类似，为了节省时间，这里只为数字7和8分别准备200张图片。

本章还需要使用专门用于对网络的异常图像检测功能进行测试所需的图像。因此，在test文件夹中准备作为正常图像的数字7和8的图片以及作为异常图像的数字2的图片各5张。

上述代码执行完毕后，将生成图6.1.1中所示的文件夹结构。与第5章类似，本章同时准备了由28像素放大到64像素的图片，以及原有的28像素图片这两种图像数据。其中，64像素的图片将在6.2节中使用，28像素的图片将在6.4节中使用。

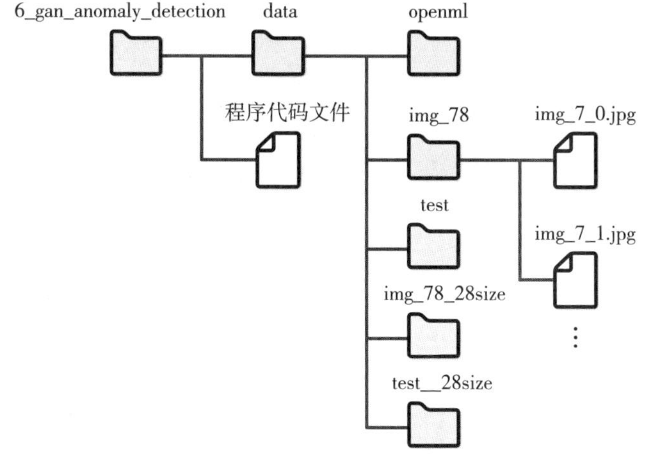

图6.1.1　第6章的文件夹结构

6.1.2　使用GAN检测异常图像的必要性

首先，对使用GAN技术实现异常图像检测的必要性进行讲解。异常图像检测在诸如医疗现场中根据医疗图像对患者的病情进行判断，在制造业中对零件进行质量检查以及缺陷发现等应用场景中有着非常广泛的需求。对于那些使用基于规则的处理无法准确判断的异常产品的检测，以及依赖专业人士（如专科医生、熟练工人）常年的经验靠肉眼判断的业务应用，通过灵活运用深度学习技术来辅助甚至替代人工作业都是完全可以实现的。

不过，利用深度学习技术来实现异常检测仍存在一定的难度。因为通常情况下异常图像的数量要比正常图像的数量少得多，有的情况下能够获取的异常图像的数量甚至不到正常图像的1/100。要准备大量的诸如疾患和次品等图像是非常困难的事情。对于那些能够收集到大量正常图像和异常图像的案件，甚至可以按照（正常、异常）对图像进行分类。然而，对于那些收集异常图像非常困难的案件，运用图像分类技术就会成为一个非常复杂的问题。

正因如此，我们就面临了在只依靠正常图像的前提下，如何通过深度学习构建用于检测异常图像算法的这一新课题。而解决这一课题就需要用到将在本章中进行讲解的AnoGan技术。

6.1.3　AnoGAN概要

下面对AnaGAN技术进行概括性的讲解。

对于如何构建只依靠正常图像进行深度学习，并实现异常图像检测的算法这一问题，我们马上会想到的一个解决办法就是：构建一个可以生成正常图像的GAN模型，并将测试图像交给其中的判别器D进行判定，确认测试图像是监督数据（正常图像）还是伪造图像（异常图像）。

利用判别器D进行判定的做法在一定程度上是可行性，但是对于异常检测应用来说仍然有所不足（关于这一点，从AnoGAN的论文[1]中Fig.4(a)的绿色边缘线P_D比AnoGAN精度差这一点即可看出）。

因此，“异常检测不能完全依靠判别器D，同时应当让生成器G也充分发挥作用”这一构想就是本章中介绍的AnoGAN等运用GAN技术实现异常检测的核心思想。

关于如何在异常检测中充分发挥生成器G的作用的具体方法，我们通过图6.1.2进行详细的讲解。

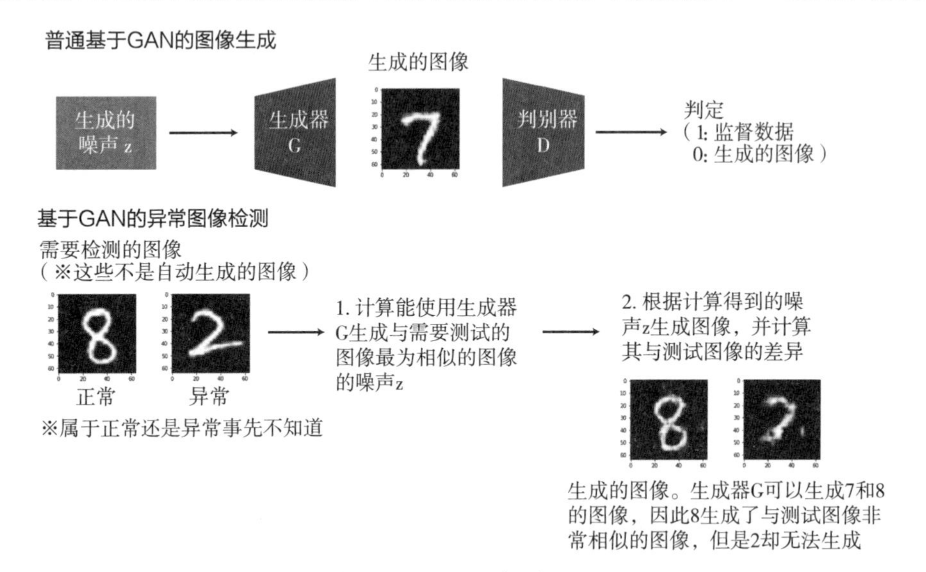

图6.1.2　AnoGAN 概要

图6.1.2上半部分所示为普通GAN的实现流程，首先将生成噪声输入生成器G中并生成图像，然后使用判别器D对生成的图像是监督数据还是生成数据进行判定。在AnoGAN中首先是对该普通GAN模型进行训练。

接下来使用训练完毕的生成器G和判别器D进行异常检测。首先准备好需要判断是否存在异常的图像，如图6.1.2下方所示，这里准备的是数字8和2的图像（这些图像不是自动生成的，而是实际存在的图像，需要通过程序判断是否存在异常）。

作为步骤1，首先需要对能够用来生成与这些需要测试的图像相似的图像的生成噪声z进行求解。关于生成噪声z的具体计算方法，将在6.2节中进行详细的讲解。

在成功完成了能够生成与原有图像最为接近的图像的生成噪声z后，作为步骤2，将这一生成噪声z输入生成器G中并生成图像。此时的GAN在学习过程中使用的监督数据和测试数据是非常相似的，即如果使用的是正常的图像，那么生成的图像将会与测试数据中的图像非常相像。

图6.1.2的测试图像中包括数字8，由于数字8是GAN网络学习过的数据，因此生成的测试数据中包含与其非常相似的图像。对于数字2的图像，由于生成器G并不具备生成数字2的能力，尽管向其提供了测试图像和能最大可能地生成相似图像的生成噪声z，最后生成的图像仍然与测试图像有十分明显的差异。数字2下方的横线没有成功地绘制出来，结果就是数字2的图像的测试图像与生成图像的差要比数字8的图像的测试图像与生成图像的差更大。

由此可知，在AnoGAN中利用的是生成器G无法生成正常图像以外的图像这一特性来实现对异常的检测处理功能的。

看到这里，读者可能会产生“难道不需要使用判别器D吗？”“步骤1中使用的生成噪声是怎么求解的？”这类疑问。实际上，判别器D在求取步骤1中使用的生成噪声时会被用到。6.2节将在实际的AnoGAN编程过程中，对步骤1的具体实现方法进行讲解。

至此，就完成了本节中对运用GAN实现异常检测处理的重要性以及AnoGAN的概要部分的讲解。在6.2节将开始对AnoGAN进行实际的编程实现。

6.2 AnoGAN的实现和异常检测的实施

本节将在实际的AnoGAN编程实现的过程中对其相关的算法进行讲解。

本节的学习目标如下。

1. 理解AnoGAN中用于生成与测试图像最为相似的图像的生成噪声z的计算方法。
2. 编程实现AnoGAN模型，并对手写数字图像进行异常检测。

本节的程序代码

```
6-2_AnoGAN.ipynb
```

6.2.1 DCGAN的学习

本节将利用在5.1节和5.2节中编写的DCGAN代码来实现用于异常检测的AnoGAN模型。

在编写AnoGAN模型的代码时，除了本节中使用的DCGAN之外，使用其他任何GAN模型也可以。

在AnoGAN中，首先根据监督数据对普通的DCGAN模型进行训练。其具体的实现方法与5.1节基本相同，准备好生成器G的模型、判别器D的模型以及数字7和8的监督数据的DataLoader之后，按照5.2节中的方法对网络实施训练即可。

不过，需要注意有一点是有差别的，判别器D的模型产生的输出需要更改。判别器D不仅需要输出（0：生成数据；1：监督数据）这样的判定结果，还需要同时对前一个特征量进行输出。这是因为在求取用于AnoGAN的步骤1的生成噪声时需要使用这一特征量。

接下来编写生成器G（与5.1节相同）、判别器G（输出方式与5.1节不同）的代码，具体的实现代码如下所示。

```
class Generator(nn.Module):

    def __init__(self, z_dim=20, image_size=64):
        super(Generator, self).__init__()

        self.layer1 = nn.Sequential(
            nn.ConvTranspose2d(z_dim, image_size * 8,
                               kernel_size=4, stride=1),
            nn.BatchNorm2d(image_size * 8),
            nn.ReLU(inplace=True))

        self.layer2 = nn.Sequential(
            nn.ConvTranspose2d(image_size * 8, image_size * 4,
```

```
                                kernel_size=4, stride=2, padding=1),
                nn.BatchNorm2d(image_size * 4),
                nn.ReLU(inplace=True))

            self.layer3 = nn.Sequential(
                nn.ConvTranspose2d(image_size * 4, image_size * 2,
                                kernel_size=4, stride=2, padding=1),
                nn.BatchNorm2d(image_size * 2),
                nn.ReLU(inplace=True))

            self.layer4 = nn.Sequential(
                nn.ConvTranspose2d(image_size * 2, image_size,
                                kernel_size=4, stride=2, padding=1),
                nn.BatchNorm2d(image_size),
                nn.ReLU(inplace=True))

            self.last = nn.Sequential(
                nn.ConvTranspose2d(image_size, 1, kernel_size=4,
                                stride=2, padding=1),
                nn.Tanh())
            #注意：由于是黑白图像，因此输出通道数量为1

        def forward(self, z):
            out = self.layer1(z)
            out = self.layer2(out)
            out = self.layer3(out)
            out = self.layer4(out)
            out = self.last(out)

            return out


    class Discriminator(nn.Module):

        def __init__(self, z_dim=20, image_size=64):
            super(Discriminator, self).__init__()

            self.layer1 = nn.Sequential(
                nn.Conv2d(1, image_size, kernel_size=4,
                          stride=2, padding=1),
                nn.LeakyReLU(0.1, inplace=True))
            #注意：由于是黑白图像，因此输入通道数量为1

            self.layer2 = nn.Sequential(
                nn.Conv2d(image_size, image_size*2, kernel_size=4,
                          stride=2, padding=1),
```

```
            nn.LeakyReLU(0.1, inplace=True))

        self.layer3 = nn.Sequential(
            nn.Conv2d(image_size*2, image_size*4, kernel_size=4,
                      stride=2, padding=1),
            nn.LeakyReLU(0.1, inplace=True))

        self.layer4 = nn.Sequential(
            nn.Conv2d(image_size*4, image_size*8, kernel_size=4,
                      stride=2, padding=1),
            nn.LeakyReLU(0.1, inplace=True))

        self.last = nn.Conv2d(image_size*8, 1, kernel_size=4, stride=1)

    def forward(self, x):
        out = self.layer1(x)
        out = self.layer2(out)
        out = self.layer3(out)
        out = self.layer4(out)

        feature = out                          #最后将通道集中到一个特征量中
        feature = feature.view(feature.size()[0], -1)  #转换为二维

        out = self.last(out)

        return out, feature
```

6.2.2 AnoGAN中生成噪声z的计算方法

完成了DCGAN模型代码的编写之后，继续编写AnoGAN的代码。

下面介绍一种求取噪声z的算法，该算法生成的噪声z与6.1节讲解过的步骤1的测试图像最接近。话虽如此，其实内容非常简单。

首先，使用随机数设置任意一个噪声，并使用该噪声生成图像；然后，将对生成图像和测试图像的每个通道在像素层级上的差异进行计算，求取像素差值的绝对值的总和，并计算损失值。

对于“为了判断要减小每个通道中像素级别的差异，究竟需要增大还是减小z在各个维度中的值”这个问题，需要对损失值求取z的微分值，之后根据求得的微分值对z进行更新操作。这样一来，使用更新后的z生成的图像就会比之前更加接近测试图像。

不断重复上述步骤，最终就能计算得到生成与测试图像相似的图像所需使用的噪声z的值。

为了编程实现这一算法，需要对测试图像与生成图像在像素层次上的差异这一损失求取z的微分值。说到这里可能大家还是对具体如何实现摸不着头脑，实际上，PyTorch框架中对此已经提供了非常简单的实现方法。

通常在深度学习中，如果是网络层之间的连接参数或者卷积层，就会对卷积核的值进行学习，当然也可以对任意变量的微分进行求解。利用这一特点实现的代码如下所示。

```
#用于生成需要进行异常检测的图像的初始随机数
z = torch.randn(5, 20).to(device)
z = z.view(z.size(0), z.size(1), 1, 1)

#设置requires_grad为True，以计算变量z的微分
z.requires_grad = True

#计算z的最优化函数，以用于变量z的更新
z_optimizer = torch.optim.Adam([z], lr=1e-3)
```

在上述实现代码中，首先，生成噪声z的元素5表示小批次的数量，20表示z的维数。与普通的GAN模型类似，在生成随机数z后，为了能够计算z的微分，需要将requires_grad设置为True。

然后，设置用于更新z的最优化函数。

随后，将z输入生成器G中并生成图像，将测试图像与生成图像在像素层次上的差异作为损失loss进行求解，调用loss.backward就能计算得到可使loss减小的z的微分值。

接下来，为了让z朝着减小loss的方向变化，继续调用z_optimizer.step()。

反复执行上述步骤，最终就能计算得到最合适的z值。

6.2.3 AnoGAN 的损失函数

接下来对AnoGAN的损失函数进行讲解。

如果简单处理，可以将生成图像与测试图像中每个通道在像素层次上的差异进行计算，并将其绝对值的像素和作为损失值。这一损失在AnoGAN中被称为residual loss。

但是，如果只依靠residual loss是很难推动学习前进的。另外，由于没有使用判别器D，最终效果也比较有限。因此，需要增加更多可用于表示生成图像与测试图像之间差异的指标，通过将这两种指标一同合并到损失值的计算中，就能更好地促进z进行学习。

为此，AnoGAN 采用的方法是将测试图像和生成图像输入判别器D中，并对负责判断真伪的位于最后的全连接层的前一层网络层的特征量加以利用。对测试图像和生成图像在判别器D中得到的特征量在像素层次中的差值进行计算。在AnoGAN中将这一输入判别器D中得到的特征量的差值称为discrimination loss。

根据如下公式对测试图像和生成图像的差异，即residual loss与discrimination loss的和进行计算。

$$\text{loss} = (1-\lambda) \times \text{residual loss} + \lambda \times \text{discrimination loss}$$

式中，λ为用于控制residual loss和discrimination loss之间的平衡的变量，在AnoGAN[1]论文中，使用0.1对其进行初始化。

根据上述内容，可以得到如下所示的AnoGAN 的损失函数的实现代码，使用该损失函数对z进行训练即可。

```
def Anomaly_score(x, fake_img, D, Lambda=0.1):

    # 计算测试图像x与生成图像fake_img在像素层次上的差的绝对值，以小批次为单位求和
```

```
    residual_loss = torch.abs(x-fake_img)
    residual_loss = residual_loss.view(residual_loss.size()[0], -1)
    residual_loss = torch.sum(residual_loss, dim=1)

    #将测试图像x和生成图像fake_img输入判别器D中，并获取特征量
    _, x_feature = D(x)
    _, G_feature = D(fake_img)

    #计算测试图像x与生成图像fake_img的特征量的差的绝对值，以小批次为单位求和
    discrimination_loss = torch.abs(x_feature-G_feature)
    discrimination_loss = discrimination_loss.view(
        discrimination_loss.size()[0], -1)
    discrimination_loss = torch.sum(discrimination_loss, dim=1)

    #以小批次为单位将两种损失值相加
    loss_each = (1-Lambda)*residual_loss + Lambda*discrimination_loss

    #计算小批次全部的损失值
    total_loss = torch.sum(loss_each)

    return total_loss, loss_each, residual_loss
```

6.2.4 AnoGAN 学习的实现与异常检测的实施

最后，对AnoGAN的学习和异常检测部分的实现进行编程，并执行相应的处理。具体来说，就是将到目前为止讲解的内容转换为相应的实现代码。这里将数字2的图片作为异常图像添加到test文件夹中，另外还加入了新的数字7和8的图片，并将test文件夹中所有的图片作为DataLoader使用。

测试用DataLoader的实现代码如下所示。

```
#构建测试用DataLoader

def make_test_datapath_list():
    """创建用于学习、验证的图像数据和标注数据的文件路径列表 """

    train_img_list = list()                   #保存图像文件路径到变量中

    for img_idx in range(5):
        img_path = "./data/test/img_7_" + str(img_idx)+'.jpg'
        train_img_list.append(img_path)

        img_path = "./data/test/img_8_" + str(img_idx)+'.jpg'
        train_img_list.append(img_path)

        img_path = "./data/test/img_2_" + str(img_idx)+'.jpg'
```

```
        train_img_list.append(img_path)

    return train_img_list

#生成文件列表
test_img_list = make_test_datapath_list()

#生成Dataset
mean = (0.5,)
std = (0.5,)
test_dataset = GAN_Img_Dataset(
    file_list=test_img_list, transform=ImageTransform(mean, std))

#生成DataLoader
batch_size = 5

test_dataloader = torch.utils.data.DataLoader(
    test_dataset, batch_size=batch_size, shuffle=True)
```

接下来对测试图像进行确认（图6.2.1）。

```
#确认测试数据
batch_iterator = iter(test_dataloader)        #转换为迭代器
imges = next(batch_iterator)

fig = plt.figure(figsize=(15, 6))
for i in range(0, 5):
    plt.subplot(2, 5, i+1)
    plt.imshow(imges[i][0].cpu().detach().numpy(), 'gray')
```

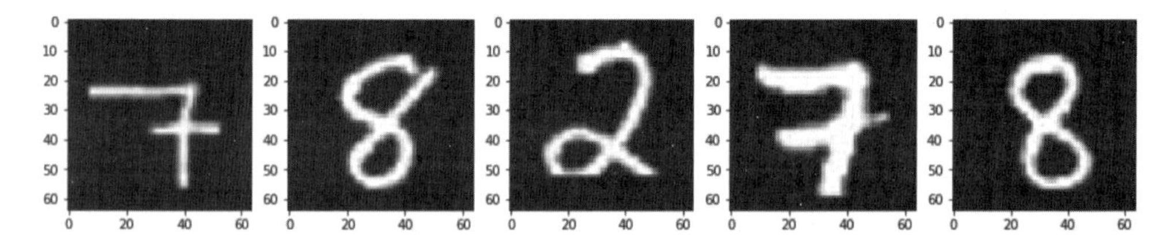

图6.2.1　实施异常检测的测试图像

然后对模型实施学习，并对能生成最接近测试图像的生成噪声z进行求解。具体的实现代码和执行结果如下所示。

```
#需要检测异常的图像
x = imges[0:5]
x = x.to(device)
```

```
#为了生成异常检测图像，初始化随机数
z = torch.randn(5, 20).to(device)
z = z.view(z.size(0), z.size(1), 1, 1)

#为了对变量z的微分进行求解，将requires_grad设置为True
z.requires_grad = True

#为了更新变量z，对z的最优化函数进行求解
z_optimizer = torch.optim.Adam([z], lr=1e-3)

#对z进行求解
for epoch in range(5000+1):
    fake_img = G_update(z)
    loss, _, _ = Anomaly_score(x, fake_img, D_update, Lambda=0.1)

    z_optimizer.zero_grad()
    loss.backward()
    z_optimizer.step()

    if epoch % 1000 == 0:
        print('epoch {} || loss_total:{:.0f} '.format(epoch, loss.item()))
```

【输出执行结果】

```
epoch 0 || loss_total:6299
epoch 1000 || loss_total:3815
epoch 2000 || loss_total:2809
...
```

最后，将计算得到的噪声z输入生成器G中并生成图像。计算当前的损失值，并对测试数据与生成数据的差异进行可视化处理（图6.2.2）。

```
#生成图像
fake_img = G_update(z)

#计算损失值
loss, loss_each, residual_loss_each = Anomaly_score(
    x, fake_img, D_update, Lambda=0.1)

#损失值的计算，总体损失
loss_each = loss_each.cpu().detach().numpy()
print("total loss:", np.round(loss_each, 0))

#图像的可视化处理
fig = plt.figure(figsize=(15, 6))
```

```
for i in range(0, 5):
    #上层显示测试图像
    plt.subplot(2, 5, i+1)
    plt.imshow(imges[i][0].cpu().detach().numpy(), 'gray')

    #下层显示生成图像
    plt.subplot(2, 5, 5+i+1)
    plt.imshow(fake_img[i][0].cpu().detach().numpy(), 'gray')
```

【输出执行结果】

```
total loss: [456. 279. 716. 405. 359.]
```

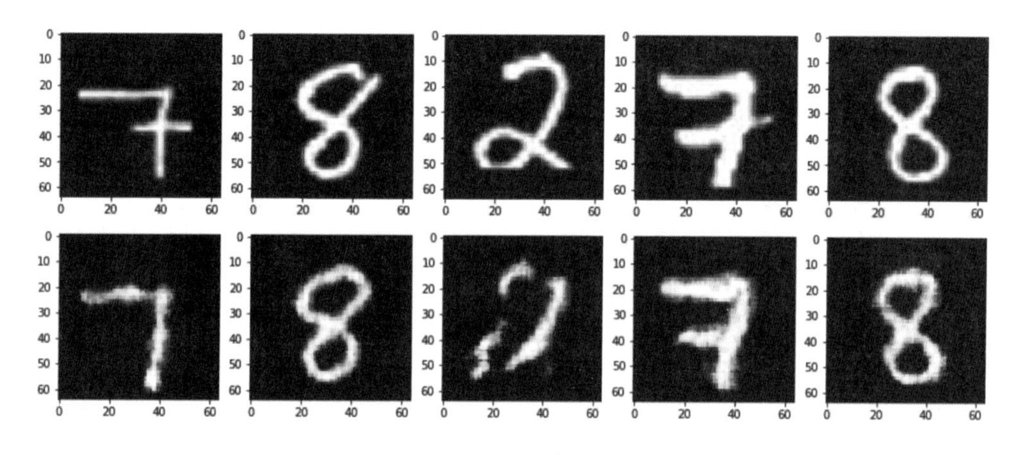

图6.2.2　使用AnoGAN生成图像（上层：测试图像，下层：生成图像）

从上述异常检测的结果中可以看到，数字7和8（正常数字）的总损失值（total loss）最大为450，而数字2的图像（异常数字）的损失值则超过了700。此外，从图6.2.2的生成图像中可以看到，尽管我们花了很大力气对用于生成类似测试图像的输入噪声z进行学习，但是作为异常图像的数字2仍无法成功地对测试图像进行再现。

在实际运用中，通常都会对总损失值设置一定程度的阈值。对于超过阈值的损失，依靠人工方式判定其是否为异常数据。

至此，就完成了对本节中AnoGAN的步骤1的输入噪声z的求解、AnoGAN的损失函数的讲解以及实际的异常检测代码的编写及测试操作。

不过，在这次的AnoGAN模型中，为了计算合适的输入噪声z进行了很多轮epoch的学习和更新操作，为了实现异常检测也花费了大量的时间。近年来，为了从测试图像中计算出生成噪声z，研究人员提出了通过构建一个单独的深度学习模型的方式对其性能进行改善的方法，该方法中具有代表性的案例就是Efficient GAN[2]。从6.3节开始，将对Efficient GAN的相关知识进行讲解并编写实现代码。

6.3 Efficient GAN概要

6.2节完成了对AnoGAN模型的编程实现。在AnoGAN中对用于生成最为接近测试图像的初始随机数z 进行求解时，由于需要将测试图像与生成图像之间的误差进行反向传播来实现对z值的更新和学习，因此导致实现异常检测需要花费大量的时间。在本节和6.4节中，将对用于解决这一问题的Efficient GAN[2]模型进行讲解和编程实现。

本节的学习目标如下。

1. 理解与GAN一起同时制作根据测试图像求取生成噪声的编码器E非常重要。
2. 理解Efficient GAN的算法。

本节的程序代码

无

6.3.1 Efficient GAN

在AnoGAN中由于采用的是更新学习的方式根据测试图像对生成噪声z进行求解的，因此用于实现异常检测执行的运算需要花费大量的时间。因此，在Efficient GAN中采用的是构建能从测试图像中求取生成噪声z的深度学习模型（编码器E）的方式来实现的。

我们首先能想到的最直接的方法，就是按照通常的做法构建GAN模型，准备大量的输入随机数z及其对应的生成图像的数据，将生成图像作为输入数据，构建由输入生成图像回归到随机数z 的深度学习模型即可。

但是，大量研究结果表明这一做法并不是很好[3]。也就是说，在先单独制作好GAN模型之后，再构建相当于生成器G的反函数G^{-1} 的模型，即之后再单独构建编码器$E=G^{-1}$的深度学习模型的做法被证明是行不通的。

因此，在根据GAN的图像数据x对生成噪声z进行求解时，不能等到最后再制作编码器E，而是应当在创建生成器G和判别器D的同时制作编码器E，这一点尤为关键。

6.3.2 编码器E的制作方法以及为何最后制作编码器不好的理由

下面首先解释一下为什么最后制作编码器E的这一方法不好。由于这段内容相当艰深，读者可以根据自身情况选择性地跳过以下内容。这里并不会从理论上去证明最后制作编码器E的做法不好这一观点，而是通过引用文献[3]中的实验性描述来进行解释。

请参考图6.3.1，该图与引用文献[3]中的Figure 8: Comparison with GAN on a toy dataset相同。由于原论文中的图不是很清楚，因此这里引用[4]的是作者公布的讲解页面中的图。

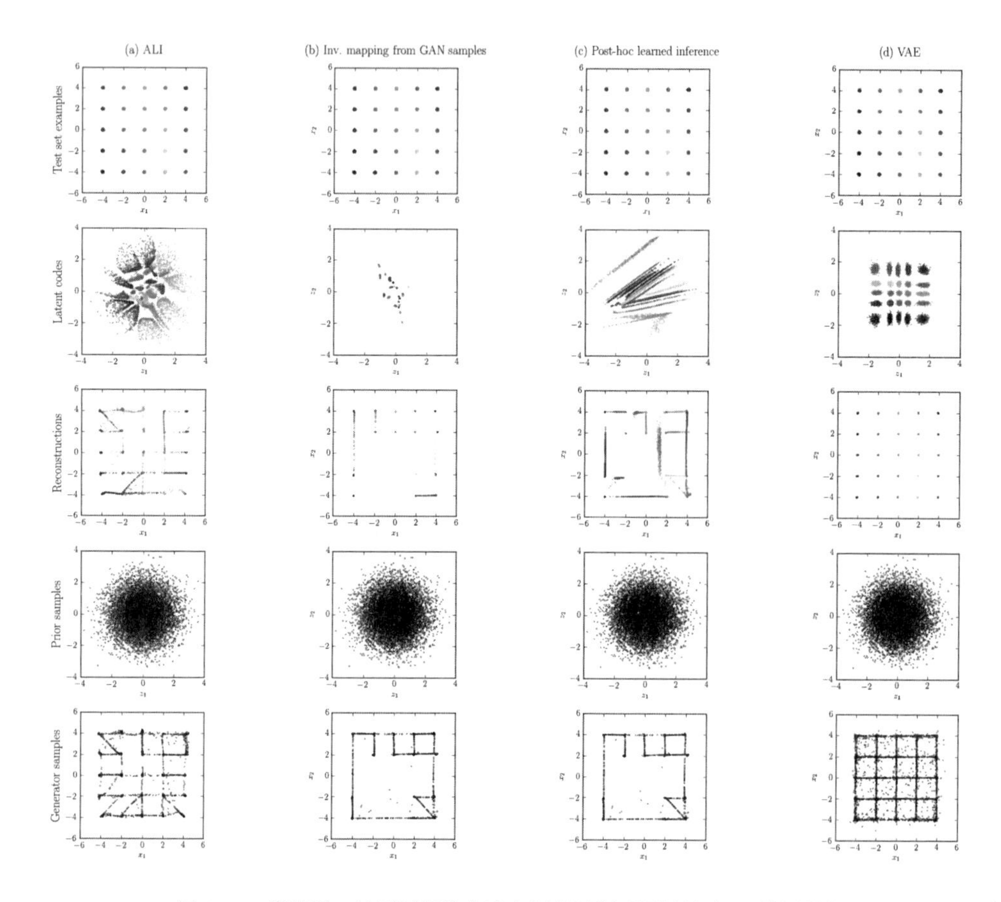

图6.3.1　编码器E的不同制作方法之间的区别（图片摘自[4]的网站）

下面解释图6.3.1中并排放置的四列图片的含义。第一列图片显示的是同时对GAN模型和编码器E（根据图像求取z的模型）进行训练的结果，第二列图片显示的是最后才使用自编码器对编码器E进行训练的结果，第三列图片忽略，第四列图片显示的是使用Variational Autoencoder模型（VAE）对编码器E进行训练的结果。简单地说，图6.3.1想表达的是“同时创建GAN和编码器E的第一列结果要比第二列和第四列的结果更好”。

接下来横向观察图6.3.1。第一行显示的是生成图像x对应的数据，图中的x并非图像，而是使用GAN模型生成的二维数据。第一行中的四张图片内容是所有列中都相同的，显示的都是以x为中心分成25个簇的服从混合高斯分布的数据。

第二行图片显示的是将x输入各列使用不同方法训练而成的编码器E中转换为z后得到的结果。按道理来说，GAN模型中使用的输入噪声z应当服从平均数为0、标准偏差为1的分布，就像图6.3.1中的第四行图片显示的都是圆形数据那样，第二行图片也应当为圆形。然而，实际上只有第一列中的图片基本上是圆形的，第二列和第四列却不是。

此外，第一行的数据x中的25个簇在经过第二行的重构而成的输入噪声z中也应当是完全分离的，并且相互之间没有间隙的结果才是理想的状态。如果有间隙，使用位于间隙上的z所生成的数据中就会出现原本在第一行中不存在的数据。从图中可以看到，由于第一列图片采用的方法是同时对GAN和编码器E进行训练，因此25个簇之间不但是完全分离的，而且间隙非常小。对比第二列中的第二行和第四行的图片，会发现不但间隙比较大，而且25个簇界限模糊，甚至相互重叠。在第四列使用VAE生成的图片中，z虽然是完全分离的，但是间隙却很大。

第五行图片显示的是根据第四行所示的平均数为0、标准偏差为1的z进行重构而成的结果。需要注意的是，第四列中使用的VAE的生成器G与GAN没有任何关系，属于自编码器模型。其中，对负责将第一行中的数据转换为输入噪声（VAE 中的二维潜在变量）的编码器E和对其进行还原的解码器D进行训练，并使用解码器D对第四行中的噪声进行重构得到的结果就是第五行的图片。

下面对第一列、第二列和第四列中的第五行的重构结果与第一行中的原有数据x进行对比。在第二列（采用最后才制作编码器E的方式）图片中，第五行与第一行图片的差异十分明显，原有数据x中的很多簇在第五行的结果中都不见了。在第四列（采用非GAN的自编码器模型，使用VAE处理数据x）的图片中，第五行的结果中出现了很多原本在第一行的图片中不存在的连线，将各个数据簇连接在了一起，而这些连线正是由第二行中z的间隙部分生成的数据。最后，在第一列（采用同时对编码器E和GAN进行训练的方式）的图片中，第五行的结果与第一行的数据非常接近，但是生成的25个数据簇之间也出现了少量连线，这些连线在原有数据中是不存在的。

从图中第一列和第二列的结果中可以看出，在根据GAN 的数据x计算输入噪声z时，不能最后单独创建编码器E，而应当在创建GAN的生成器G和判别器D的同时开始构建编码器E，这一点至关重要。此外，采用自编码器的方式（第四列）得到的结果比较微妙，不算太好也不算太坏。

上述结论并非基于理论上的归纳，而是对实验结果的总结。对于这一结论的直观理解是，由于GAN的输入噪声z服从平均数为0、标准偏差为1的分布，因此负责实现根据数据x计算z的反函数G^{-1}的编码器E 的回归结果也应当服从平均数为0、标准偏差为1的分布才是理想的。

那么究竟为什么图7.3.1第二列的数据，采用最后创建解码器E的方式效果不好呢？首先，要让GAN的生成器G通过学习的方式，实现对原有数据进行完美的重现本身就是一件非常困难的事情。“采用最后制作编码器E的方式”意味着使用本身就并不完美的生成器G 去创建编码器E，而且不参考任何监督数据x。简单地说，就是编码器E 使用的是与会产生与原有数据x的分布不同的数据的生成器G去实现G的逆向操作G^{-1}，因此创建出来的G[E(x)]的数据分布与x是不一样的。

由于采用这样的方式制作的生成器G是无法达到完美的，因此在构建编码器E时，同时使用用于训练GAN模型的监督数据是非常重要的。

6.3.3 同时制作编码器E和GAN的方法

在构建GAN的生成器G和判别器D的同时构建编码器E非常重要，而且在构建编码器E时监督数据x的参与也是极为关键的。因此，接下来将对同时构建GAN 模型和编码器E 的学习方法进行讲解。

首先温习一下普通的GAN模型公式，当判别器D 对图像数据（监督数据或生成数据）进行判定的结果为y时，判别器D 的目的是将如下公式的值最大化：

$$\sum_{i=1}^{M}[l_i \log y_i + (1-l_i)\log(1-y_i)] = \sum_{i=1}^{M}\left(l_i \log D(x) + (1-l_i)\log\{1-D[G(z)]\}\right)$$

也就是说，处于监督数据中的图像x与生成图像$G(z)$ 的区别比较明显的状态。与此相反，生成器G 的目的是尽量让上述公式无法顺利执行，以实现对判别器D的欺骗。

这里为了能够让编码器E 与监督数据中的图像x关联起来，需要采用BiGAN（Bidirectional

Generative Adversarial Networks）[5]机制。

在BiGAN中是将输入判别器D的图像x与输入噪声z作为数据对（x, z）输入模型中，判别器D需要对输入的数据对是“监督数据的图像与用编码器E根据监督数据图像进行计算得到的输入噪声的数据对”还是“生成器G生成的图像与生成图像时使用的输入噪声的数据对”进行判别，即需要区分出输入判别器的数据对是$[x,E(x)]$还是$[G(z), z]$。这样一来，就实现了编码器E对监督数据x的适配处理。Efficient GAN 就是使用BiGAN机制来实现异常检测的（图6.3.2）。

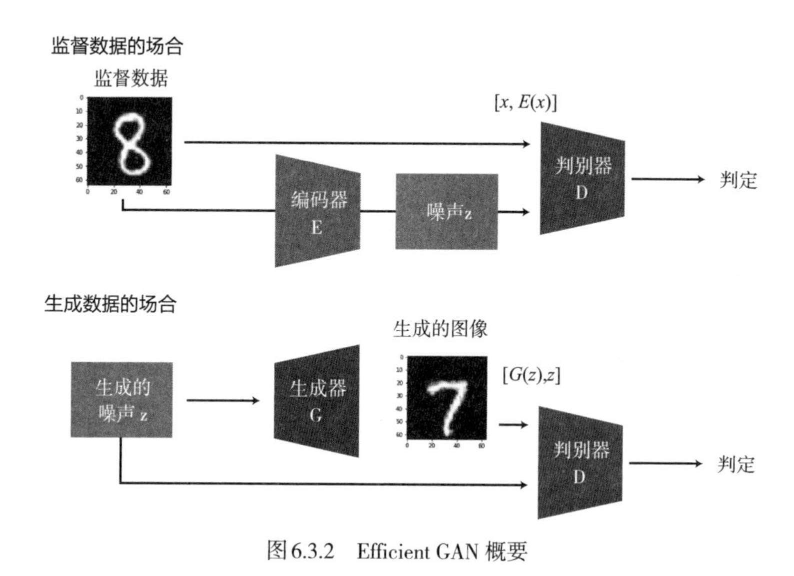

图6.3.2　Efficient GAN 概要

那么，判别器D、生成器G和编码器E究竟应当使用怎样的公式对损失进行最小化才能让Efficient GAN的三个模型实现学习呢?

判别器D 的损失函数与普通的GAN相同，如下公式：

$$-\sum_{i=1}^{M}\log D[x_i,E(x_i)]-\sum_{j=1}^{M}\log\{1-D[G(z_j),z_j]\}$$

为了能够实现对$[x,E(x)]$和$[G(z), z]$进行区分，需要让上述公式最小化。由于生成器G也与普通的GAN一样需要学习如何“欺骗”判别器D，为了让上述公式最大化，就需要让如下公式最小化：

$$\sum_{j=1}^{M}\log\{1-D[G(z_j),z_j]\}$$

但是，这样一来损失值就很容易变成0，因此采取与第5章中实现GAN的生成器相同的方法，使用如下公式替代上述公式进行最小化处理：

$$-\sum_{j=1}^{M}\log D[G(z_j),z_j]$$

最后是编码器E的损失函数。对于$[x,E(x)]$和$[G(z), z]$，作为编码器来说，$E(x)$如果能变得与z相同则是最好的，即将图像x输入编码器中计算得到的$E(x)$与由图像x生成的随机数z如果能变得相等就是最好的。

为了让生成器G通过学习做到让$G(z)$变得与x相等，即对编码器E而言，如果能够让判别器D无法区分$[x,E(x)]$与$[G(z), z]$，就说明模型完成了学习，$E(x)$变得与z相同。因而，判别器D变得无法区分$[x,E(x)]$与$[G(z), z]$的不同，编码器E参与了计算的$[x,E(x)]$被成功地误判成$[G(z), z]$。因而，由于编码器E试图将判别器D正在进行最小化的公式最大化，所以其目标是使如下公式最小化以推进学习：

$$\sum_{i=1}^{M}\log D[x_i, E(x_i)] + \sum_{j=1}^{M}\log\{1 - D[G(z_j), z_j]\}$$

由于上述多项式的第二项中并没有编码器E的参与，因此编码器E的损失函数如下：

$$\sum_{i=1}^{M}\log D[x_i, E(x_i)]$$

但是，上述公式与第5章的生成器G的损失函数的定义是一样的，编码器E在学习的初始阶段无法使判别器D将$[x_i,E(x_i)]$误判为$[G(z), z]$，被判别器D识破的可能性很高，导致$\log D[x_i,E(x_i)] = \log 1 = 0$、损失很容易变为0，学习无以为继。

因此，需要在这里引入减法运算：

$$\sum_{i=1}^{M}\log\{1 - D[x_i, E(x_i)]\}$$

将上述公式最大化，实现对编码器E的训练，并乘以负号，将编码器E的损失函数变为如下形式：

$$-\sum_{i=1}^{M}\log\{1 - D[x_i, E(x_i)]\}$$

看到这里，读者可能会产生如下疑问：如果只依靠与判别器D之间的关系就能让编码器E进行学习，那么先对普通的GAN进行培训后，再根据上述公式对编码器E进行培训不就可以了吗？但是，普通的GAN在完成了学习后，判别器D也已经完成了大量的学习，因此要"欺骗"判别器D是非常困难的，编码器E的损失值会变得很大，导致学习进程无法稳定。所以，需要从判别器D、生成器G和编码器E还处于不成熟的状态开始，同时对它们进行训练。

根据上述讲解，实现的代码如下所示。

```
#定义误差函数
#BCEWithLogitsLoss是先将输入数据乘以Logistic，再计算二进制交叉熵
criterion = nn.BCEWithLogitsLoss(reduction='mean')

#从DataLoader中逐个取出minibatch数据的循环
for imges in dataloader:
    #创建用于表示小批次尺寸为1和0的标签
    label_real = torch.full((mini_batch_size,), 1)
    label_fake = torch.full((mini_batch_size,), 0)

    #--------------------
```

```
#1.判别器D的学习
#--------------------
#对真的图像进行判定
z_out_real = E(imges)
d_out_real, _ = D(imges, z_out_real)

#生成伪造图像并进行判定
input_z = torch.randn(mini_batch_size, z_dim).to(device)
fake_images = G(input_z)
d_out_fake, _ = D(fake_images, input_z)

#计算误差
d_loss_real = criterion(d_out_real.view(-1), label_real)
d_loss_fake = criterion(d_out_fake.view(-1), label_fake)
d_loss = d_loss_real + d_loss_fake

#反向传播
d_optimizer.zero_grad()
d_loss.backward()
d_optimizer.step()

#--------------------
#2.生成器G的学习
#--------------------
#生成伪造图像并进行判定
input_z = torch.randn(mini_batch_size, z_dim).to(device)
fake_images = G(input_z)
d_out_fake, _ = D(fake_images, input_z)

#计算误差
g_loss = criterion(d_out_fake.view(-1), label_real)

#反向传播
g_optimizer.zero_grad()
g_loss.backward()
g_optimizer.step()

#--------------------
#3.编码器E的学习
#--------------------
#对真的图像的z进行推测
z_out_real = E(imges)
d_out_real, _ = D(imges, z_out_real)

#计算误差
e_loss = criterion(d_out_real.view(-1), label_fake)
```

```
    #反向传播
    e_optimizer.zero_grad()
    e_loss.backward()
    e_optimizer.step()
```

本节对根据图像对生成器G的生成噪声z进行推测的编码器的构建方法，以及在完成普通的GAN的学习后再单独创建编码器的做法不可行的原因进行了解释，并对利用BiGAN模型实现对判别器D、生成器G和编码器E同时进行训练的Efficient GAN算法进行了讲解。6.4节将开始对Efficient GAN 进行实际的编程实现。

6.4 Efficient GAN的实现和异常检测的实施

本节将对Efficient GAN进行编程实现。与6.2节类似，本节将使用数字7和8的图像作为监督数据，对数字2的异常图像进行检测。

本节的学习目标如下。

编程实现Efficient GAN，实现对手写数字图像的异常检测。

本节的程序代码

```
6-4_EfficientGAN.ipynb
```

6.4.1 Generator和Discriminator的实现

本节与6.2节的AnoGAN一样，将使用数字7和8的手写数字图像各200张作为监督数据来构建GAN模型。但是，本节中的GAN模型是按照Efficient GAN论文[2]的MNIST实验中的网络结构进行构建的，因此不会将图片的尺寸放大到64像素 × 64像素，而是保持MNIST数据集的28像素不变，直接使用文件夹img_78_28size中所保存的28像素 × 28像素的图像数据。另外，判别器D和生成器G使用的网络结构也与第5章及6.2节中的内容不同。

首先是生成器G的编程实现，具体代码如下所示，比较简单。

```
class Generator(nn.Module):

    def __init__(self, z_dim=20):
        super(Generator, self).__init__()

        self.layer1 = nn.Sequential(
            nn.Linear(z_dim, 1024),
            nn.BatchNorm1d(1024),
            nn.ReLU(inplace=True))

        self.layer2 = nn.Sequential(
            nn.Linear(1024, 7*7*128),
            nn.BatchNorm1d(7*7*128),
            nn.ReLU(inplace=True))

        self.layer3 = nn.Sequential(
            nn.ConvTranspose2d(in_channels=128, out_channels=64,
```

```
                                 kernel_size=4, stride=2, padding=1),
            nn.BatchNorm2d(64),
            nn.ReLU(inplace=True))

        self.last = nn.Sequential(
            nn.ConvTranspose2d(in_channels=64, out_channels=1,
                                 kernel_size=4, stride=2, padding=1),
            nn.Tanh())
        #注意：由于是黑白图像，因此输出通道数量为1

    def forward(self, z):
        out = self.layer1(z)
        out = self.layer2(out)

        #为了能置入卷积层中，需要对张量进行变形
        out = out.view(z.shape[0], 128, 7, 7)
        out = self.layer3(out)
        out = self.last(out)

        return out
```

然后确认代码的执行结果，最后得到的应当是看上去像沙尘暴的黑白色图像。

```
#确认执行结果
import matplotlib.pyplot as plt
%matplotlib inline

G = Generator(z_dim=20)
G.train()

#输入的随机数
#由于要进行批次归一化处理，因此将小批次数设置为2以上
input_z = torch.randn(2, 20)

#输出伪造图像
fake_images = G(input_z)  # torch.Size([2, 1, 28, 28])
img_transformed = fake_images[0][0].detach().numpy()
plt.imshow(img_transformed, 'gray')
plt.show()
```

接下来是判别器D的编程实现。判别器D的正向传播函数forward的实现与到目前为止本书中实现的GAN模型有所不同。在这里使用的是BiGAN模型，因此不仅需要输入图像数据x，还需要输入噪声z。将这两个输入数据分别放入卷积层和全连接层进行处理之后，再使用torch.cat对张量进行连接，并将连接得到的张量交给全连接层进行处理。

此外，与AnoGAN类似，在计算异常度时需要使用到位于对最终的判定结果进行输出的全连接层的前一层中的特征量，因此需要另外对其进行输入。

具体的实现代码如下所示。

```
class Discriminator(nn.Module):

    def __init__(self, z_dim=20):
        super(Discriminator, self).__init__()

        #图像这边的输入处理
        self.x_layer1 = nn.Sequential(
            nn.Conv2d(1, 64, kernel_size=4,
                      stride=2, padding=1),
            nn.LeakyReLU(0.1, inplace=True))
        #注意：由于是黑白图像，因此输入通道数量为1

        self.x_layer2 = nn.Sequential(
            nn.Conv2d(64, 64, kernel_size=4,
                      stride=2, padding=1),
            nn.BatchNorm2d(64),
            nn.LeakyReLU(0.1, inplace=True))

        #随机数这边的输入处理
        self.z_layer1 = nn.Linear(z_dim, 512)

        #最终的判定
        self.last1 = nn.Sequential(
            nn.Linear(3648, 1024),
            nn.LeakyReLU(0.1, inplace=True))

        self.last2 = nn.Linear(1024, 1)

    def forward(self, x, z):

        #图像这边的输入处理
        x_out = self.x_layer1(x)
        x_out = self.x_layer2(x_out)

        #随机数这边的输入处理
        z = z.view(z.shape[0], -1)
        z_out = self.z_layer1(z)

        #将x_out与z_out连接在一起，交给全连接层进行判定
        x_out = x_out.view(-1, 64 * 7 * 7)
        out = torch.cat([x_out, z_out], dim=1)
        out = self.last1(out)

        feature = out                              #最后将通道集中到一个特征量中
        feature = feature.view(feature.size()[0], -1)  #转换为二维
```

```
        out = self.last2(out)

        return out, feature
```

接下来对上述代码的执行结果进行确认。

```
#确认执行结果
D = Discriminator(z_dim=20)

#生成伪造图像
input_z = torch.randn(2, 20)
fake_images = G(input_z)

#将伪造图像输入判定器D中
d_out, _ = D(fake_images, input_z)

#将输出结果d_out乘以Sigmoid，以将其转换为0 ~ 1的值
print(nn.Sigmoid()(d_out))
```

【输出执行结果】

```
tensor([[0.4976],
        [0.4939]], grad_fn=<SigmoidBackward>)
```

6.4.2 Encoder的实现

接下来对Efficient GAN特有的编码器E进行编程实现。其网络结构本身并不复杂，与使用卷积层和LeakyReLU构建的判别器D很相似。不过，编码器E的输出数据并不是一维的，而是与输入噪声z的维数相同。本节中设置的维数为20阶。

```
class Encoder(nn.Module):

    def __init__(self, z_dim=20):
        super(Encoder, self).__init__()

        self.layer1 = nn.Sequential(
            nn.Conv2d(1, 32, kernel_size=3,
                      stride=1),
            nn.LeakyReLU(0.1, inplace=True))
        #注意：由于是黑白图像，因此输入通道数量为1

        self.layer2 = nn.Sequential(
            nn.Conv2d(32, 64, kernel_size=3,
```

```
                    stride=2, padding=1),
            nn.BatchNorm2d(64),
            nn.LeakyReLU(0.1, inplace=True))

        self.layer3 = nn.Sequential(
            nn.Conv2d(64, 128, kernel_size=3,
                    stride=2, padding=1),
            nn.BatchNorm2d(128),
            nn.LeakyReLU(0.1, inplace=True))

        #到这里为止，图像的尺寸为7像素×7像素
        self.last = nn.Linear(128 * 7 * 7, z_dim)

    def forward(self, x):
        out = self.layer1(x)
        out = self.layer2(out)
        out = self.layer3(out)

        #为了能放入FC中，对张量进行变形
        out = out.view(-1, 128 * 7 * 7)
        out = self.last(out)

        return out
```

接下来确认上述代码的执行结果。

```
#确认执行结果
E = Encoder(z_dim=20)

#输入的图像数据
x = fake_images                    #fake_images是由上面的生成器G生成的

#将图像编码为z
z = E(x)

print(z.shape)
print(z)
```

【输出执行结果】

```
torch.Size([2, 20])
tensor([[-0.2117, -0.3586,  0.1473, -0.1527,
...
```

6.4.3 DataLoader的实现

接下来对监督数据的DataLoader进行编程实现。DataLoader的实现与6.2节中的内容相同。不过，由于这里使用的是28像素的图像，因此包含相应数据的文件夹路径是不同的。具体的实现代码这里不再列出，请读者参考GitHub代码仓库中的内容。

6.4.4 Efficient GAN的学习

下一步是使用保存着监督数据的DataLoader 对判别器D、生成器G 和编码器E 进行训练。用于训练的函数train_model 的具体实现如下所示。

正如在6.3节中解释过的，这里先对判别器D 进行训练，然后对生成器G 和编码器E 同时进行训练。除了新增了编码器E的学习之外，其他实现与普通的GAN 的学习函数一样。不过，这里将判别器D 的学习率设置得比生成器G和编码器E都要低。判别器D是使用图像和噪声组成的数据对进行图像的真伪判别的，所以要比单独使用图像进行判别更为容易。因此，像这次这样使用的图像数据数量比较少的情况，按理说判别器D 的学习率应当要比其他两个的学习率低才能保证学习的稳定进行。

```
#创建用于训练模型的函数

def train_model(G, D, E, dataloader, num_epochs):

    #确认是否可以使用GPU加速
    device = torch.device("cuda:0" if torch.cuda.is_available() else "cpu")
    print("使用设备：", device)

    #设置最优化算法
    lr_ge = 0.0001
    lr_d = 0.0001/4
    beta1, beta2 = 0.5, 0.999
    g_optimizer = torch.optim.Adam(G.parameters(), lr_ge, [beta1, beta2])
    e_optimizer = torch.optim.Adam(E.parameters(), lr_ge, [beta1, beta2])
    d_optimizer = torch.optim.Adam(D.parameters(), lr_d, [beta1, beta2])

    #定义误差函数
    #BCEWithLogitsLoss是先将输入数据乘以Logistic，再计算二进制交叉熵
    criterion = nn.BCEWithLogitsLoss(reduction='mean')

    #对参数进行硬编码
    z_dim = 20
    mini_batch_size = 64

    #将网络载入GPU中
    G.to(device)
```

```
    E.to(device)
    D.to(device)

    G.train()                   #将模型设置为训练模式
    E.train()                   #将模型设置为训练模式
    D.train()                   #将模型设置为训练模式

    #如果网络相对固定，则开启加速
    torch.backends.cudnn.benchmark = True

    #图像的张数
    num_train_imgs = len(dataloader.dataset)
    batch_size = dataloader.batch_size

    #设置迭代计数器
    iteration = 1
    logs = []

    # epoch循环
    for epoch in range(num_epochs):

        #保存开始时间
        t_epoch_start = time.time()
        epoch_g_loss = 0.0      #epoch的损失总和
        epoch_e_loss = 0.0      #epoch的损失总和
        epoch_d_loss = 0.0      #epoch的损失总和

        print('-------------')
        print('Epoch {}/{}'.format(epoch, num_epochs))
        print('-------------')
        print('(train)')

        #以minibatch为单位从数据加载器中读取数据的循环
        for imges in dataloader:

            #如果小批次的尺寸设置为1，会导致批次归一化处理产生错误，因此需要避免
            if imges.size()[0] == 1:
                continue

            #创建用于表示小批次尺寸为1和0的标签
            #创建正确答案标签和伪造数据标签
            #在epoch最后的迭代中，小批次的数量会减少
            mini_batch_size = imges.size()[0]
            label_real = torch.full((mini_batch_size,), 1).to(device)
            label_fake = torch.full((mini_batch_size,), 0).to(device)
```

```
#如果能使用GPU，则将数据送入GPU中
imges = imges.to(device)

#--------------------
#1.判别器D的学习
#--------------------
#对真实的图像进行判定
z_out_real = E(imges)
d_out_real, _ = D(imges, z_out_real)

#生成伪造图像并进行判定
input_z = torch.randn(mini_batch_size, z_dim).to(device)
fake_images = G(input_z)
d_out_fake, _ = D(fake_images, input_z)

#计算误差
d_loss_real = criterion(d_out_real.view(-1), label_real)
d_loss_fake = criterion(d_out_fake.view(-1), label_fake)
d_loss = d_loss_real + d_loss_fake

#反向传播
d_optimizer.zero_grad()
d_loss.backward()
d_optimizer.step()

#--------------------
#2.生成器G的学习
#--------------------
#生成伪造图像并进行判定
input_z = torch.randn(mini_batch_size, z_dim).to(device)
fake_images = G(input_z)
d_out_fake, _ = D(fake_images, input_z)

#计算误差
g_loss = criterion(d_out_fake.view(-1), label_real)

#反向传播
g_optimizer.zero_grad()
g_loss.backward()
g_optimizer.step()

#--------------------
#3.编码器E的学习
#--------------------
#对真实图像的z进行推定
z_out_real = E(imges)
```

```
            d_out_real, _ = D(imges, z_out_real)

            #计算误差
            e_loss = criterion(d_out_real.view(-1), label_fake)

            #反向传播
            e_optimizer.zero_grad()
            e_loss.backward()
            e_optimizer.step()

            #--------------------
            #4.记录
            #--------------------
            epoch_d_loss += d_loss.item()
            epoch_g_loss += g_loss.item()
            epoch_e_loss += e_loss.item()
            iteration += 1

        #epoch的每个phase的loss和准确率
        t_epoch_finish = time.time()
        print('-------------')
        print('epoch {} || Epoch_D_Loss:{:.4f} ||Epoch_G_Loss:{:.4f} ||Epoch_
              E_Loss:{:.4f}'.format(
            epoch, epoch_d_loss/batch_size, epoch_g_loss/batch_size,
            epoch_e_loss/batch_size))
        print('timer:  {:.4f} sec.'.format(t_epoch_finish - t_epoch_start))
        t_epoch_start = time.time()

    print("总迭代次数:", iteration)

    return G, D, E
```

在正式开始学习之前，需要先对网络的权重进行初始化。

```
#网络的初始化
def weights_init(m):
    classname = m.__class__.__name__
    if classname.find('Conv') != -1:
        #Conv2d和ConvTranspose2d的初始化
        nn.init.normal_(m.weight.data, 0.0, 0.02)
        nn.init.constant_(m.bias.data, 0)
    elif classname.find('BatchNorm') != -1:
        # BatchNorm2d的初始化
        nn.init.normal_(m.weight.data, 0.0, 0.02)
        nn.init.constant_(m.bias.data, 0)
    elif classname.find('Linear') != -1:
```

```
        #全连接层Linear的初始化
        m.bias.data.fill_(0)

#开始初始化
G.apply(weights_init)
E.apply(weights_init)
D.apply(weights_init)

print("网络已经成功地完成了初始化")
```

最后开始实际的学习。如果使用AWS的p2.xlarge执行，大约需要15分钟。

```
#执行学习和验证操作
#大约需要执行15分钟
num_epochs = 1500
G_update, D_update, E_update = train_model(
    G, D, E, dataloader=train_dataloader, num_epochs=num_epochs)
```

学习完成后，为了对GAN模型本身的性能进行评估，先对监督数据和生成数据进行可视化处理。最后的输出结果如图6.4.1所示，成功地生成了数字7和8的图像。

```
#对生成图像与训练数据的可视化处理
device = torch.device("cuda:0" if torch.cuda.is_available() else "cpu")

#生成输入的随机数
batch_size = 8
z_dim = 20
fixed_z = torch.randn(batch_size, z_dim)
fake_images = G_update(fixed_z.to(device))

#训练数据
batch_iterator = iter(train_dataloader)       #转换成迭代器
imges = next(batch_iterator)                  #取出最开头的元素

#输出
fig = plt.figure(figsize=(15, 6))
for i in range(0, 5):
    #在上层中显示训练数据
    plt.subplot(2, 5, i+1)
    plt.imshow(imges[i][0].cpu().detach().numpy(), 'gray')

    #在下层中显示生成数据
    plt.subplot(2, 5, 5+i+1)
    plt.imshow(fake_images[i][0].cpu().detach().numpy(), 'gray')
```

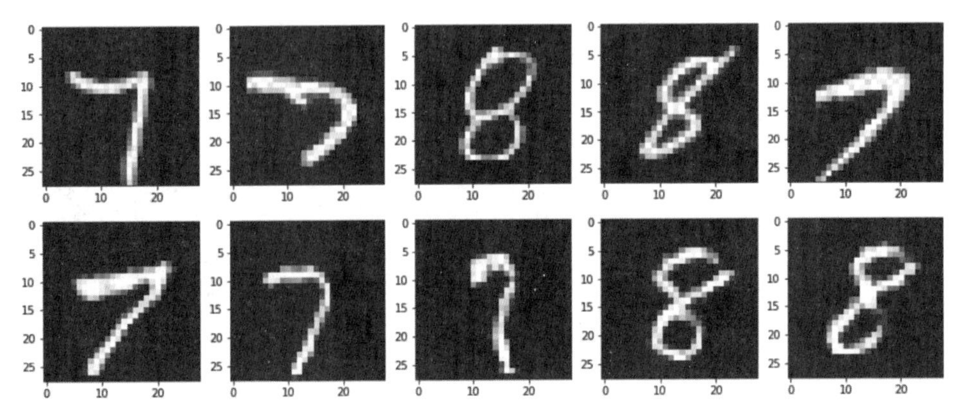

图6.4.1 Efficient GAN 生成的图像（上层：训练数据，下层:生成数据）

6.4.5 使用 Efficient GAN 进行异常检测

最后，将对测试图像进行异常检测处理。

首先创建用于载入测试图像的DataLoader，具体的实现步骤与6.2节中AnoGAN用于测试图像的DataLoader 相同。不过，这里使用位于文件夹test_28size中的28像素 ×28像素的图像文件。除此之外，这里的实现代码与6.2节完全一样，因此不再赘述。

接下来实现用于计算异常度的Anomaly_score函数，具体的代码与6.2节中的AnoGAN的代码基本一样。不过由于这里使用的是BiGAN结构的判别器D，因此输入部分的处理不太一样。传递给Anomaly_score 函数的输入数据包括测试图像x、根据由编码器计算得到的输入噪声z、经过生成器G重构得到的fake_img，以及其中使用的输入噪声z。其余部分与AnoGAN 的Anomaly_score函数的实现完全相同。

```
def Anomaly_score(x, fake_img, z_out_real, D, Lambda=0.1):

    #计算测试图像x与生成图像fake_img在像素层次上的差值的绝对值，并以小批次为单位进
    #行求和计算
    residual_loss = torch.abs(x-fake_img)
    residual_loss = residual_loss.view(residual_loss.size()[0], -1)
    residual_loss = torch.sum(residual_loss, dim=1)

    #将测试图像x和生成图像fake_img输入判别器D中，并取出特征量图
    _, x_feature = D(x, z_out_real)
    _, G_feature = D(fake_img, z_out_real)

    #计算测试图像x与生成图像fake_img的特征量的差的绝对值，并以小批次为单位进行求和
    #计算
    discrimination_loss = torch.abs(x_feature-G_feature)
    discrimination_loss = discrimination_loss.view(
        discrimination_loss.size()[0], -1)
```

```
    discrimination_loss = torch.sum(discrimination_loss, dim=1)

    #将每个小批次中的两种损失相加
    loss_each = (1-Lambda)*residual_loss + Lambda*discrimination_loss

    #对所有批次中的损失进行计算
    total_loss = torch.sum(loss_each)

    return total_loss, loss_each, residual_loss
```

最后是异常检测部分的实现。与AnoGAN不同，用于生成与测试图像最为相似的图像的输入噪声z是由z_out_real = E_update(imges.to(device))这一行代码计算得到的。AnoGAN中是通过反复进行更新学习来对z进行计算的，而这里只要将测试图像输入编码器E中，就能非常快速地对生成噪声z进行输出。

```
#需要检测异常的图像
x = imges[0:5]
x = x.to(device)

#对监督数据的图像进行编码，转换成z，再用生成器G生成图像
z_out_real = E_update(imges.to(device))
imges_reconstract = G_update(z_out_real)

#计算损失值
loss, loss_each, residual_loss_each = Anomaly_score(
    x, imges_reconstract, z_out_real, D_update, Lambda=0.1)

#计算损失值，损失总和
loss_each = loss_each.cpu().detach().numpy()
print("total loss:", np.round(loss_each, 0))

#图像的可视化
fig = plt.figure(figsize=(15, 6))
for i in range(0, 5):
    #在上层中显示训练数据
    plt.subplot(2, 5, i+1)
    plt.imshow(imges[i][0].cpu().detach().numpy(), 'gray')

    #在下层中显示生成数据
    plt.subplot(2, 5, 5+i+1)
    plt.imshow(imges_reconstract[i][0].cpu().detach().numpy(), 'gray')
```

【输出执行结果】

```
total loss: [171. 205. 285. 190. 161.]
```

图6.4.2所示为测试图像与由Efficient GAN重构得到的图像的对比。可以看出，虽然模型成功地生成了与数字7和8非常相似的图像，但是对于监督数据中不存在的数字2的异常图像，重构得到的数字2看上去像数字7。

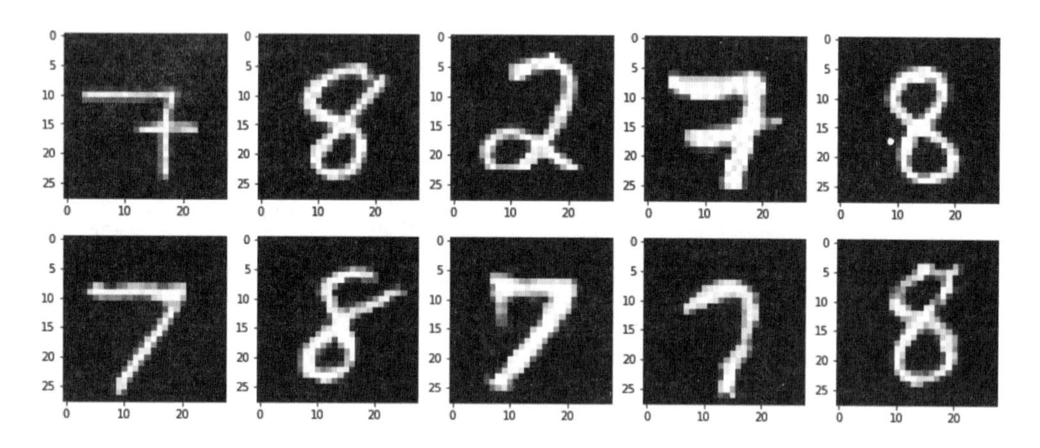

图6.4.2 使用Efficient GAN进行异常检测（上层：测试图像，下层：重构图像）

根据对异常度进行计算的结果可知，正常图像的异常度为171、205、190、161，在200以下；而异常图像的异常度则为285，位于280以上。

在实际应用中，我们可以根据期望的性能选择性地对异常度的阈值进行设置（在假阳性和假阴性之间取得平衡）。

小结

至此，就完成了本章中对使用AnoGAN以及Efficient GAN模型对图像进行异常检测处理的相关知识的讲解以及编程实现。从第7章开始，将对自然语言处理的相关知识进行学习。

基于自然语言处理的情感分析（Transformer）

第7章

7.1 语素分析的实现（Janome、MeCab + NEologd）

本章和第8章将对用于处理文本数据的自然语言处理技术进行学习。本章将使用被称为Transformer[1]的深度学习模型，对文本数据表述的内容代表的是正面的还是负面的情绪进行分类的情感分析技术进行讲解。

本节将对机器学习中自然语言处理的实现流程、将文章分割为单词的方法等知识进行讲解和编程实现。

此外，本章中的所有文件都是基于Ubuntu环境的，因此如果在Windows等文字编码不同的环境中执行可能会出现问题。如果使用的AWS实例中只提供了200GB 左右的SSD 存储空间，且从本书开头一直在执行测试代码，到本章SSD的存储空间就可能会被占满。这种情况下，建议大家重新创建新的AWS 实例后再继续测试代码。

本节的学习目标如下。

1. 理解机器学习中自然语言处理的实现流程。
2. 掌握基于Janome以及MeCab+NEologd的语素分析的编程方法。

本节的程序代码

```
7-1_Tokenizer.ipynb
```

7.1.1 文件夹的准备

首先，我们要创建在本节以及本章中所需使用到的文件夹，并下载相关的文件。请下载本书的程序代码，打开位于文件夹7_nlp_sentiment_transformer中的make_folders_and_data_downloads.ipynb文件，并依次执行其中的每一个单元的代码。

在data文件夹中包含笔者事先准备好的tsv格式的text_train.tsv等文件。这种tsv 格式的文件是使用制表符作为分隔符的一种文件，与使用逗号作为分隔符的csv文件格式类似。但是，由于一般的文章中通常会使用逗号作为标点符号，因此这里采用将制表符作为分隔符的tsv 文件格式。

make_folders_and_data_downloads.ipynb文件执行完毕后，会生成图7.1.1所示的文件夹结构。

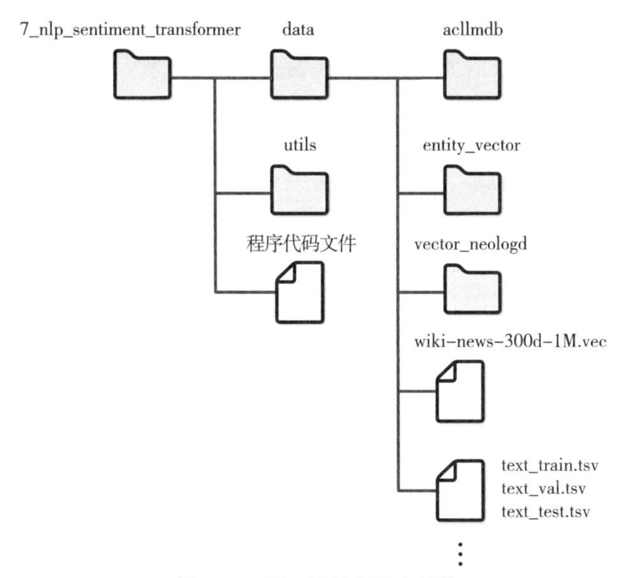

图7.1.1　第7章的文件夹结构

7.1.2　机器学习中自然语言处理的流程

接下来将对机器学习中实现自然语言处理的具体流程进行讲解。由于篇幅所限，这里讲解的知识所能涉及的深度是比较有限的，感兴趣的读者请参考本书以外的有关自然语言处理的专业书籍[2-4]。

图7.1.2所示为机器学习中实现自然语言处理的流程。第一步是对文档数据进行收集，收集到的文档数据称为语料库，然后对文档数据中非文本内容的噪声部分进行清除。例如，从网络上收集的文档数据通常带有HTML标签，因此就需要清除这些标签；如果是邮件数据，则通常带有Header信息，因此就需要清除这些Header信息。

步骤	说明
数据清理	删除诸如HTML标签、邮件Header等文档数据中的非文本内容的噪声
归一化处理	半角/全角字符的统一、大小写字母的统一、异体字的修正、替换无实际意义的数字等
单词分割（语素分析）	将文章分割为一个个的单词
变换为原形（标题词化）	将单词转换为基本形（原形、词干）。例如，将“走っ”转换为“走る”[注1]。也存在无须转换成基本形的情况
删除停止词	删除那些出现次数很多的单词、助词等，即没有太多实际意义的单词。有时也可能不需要删除
单词的数值化	将单词替换成能被机器学习处理的数字。也有只为其分配ID，或者将其转换为向量的情况

图7.1.2　机器学习中自然语言处理的实现流程

[注1]　编辑注：此处可理解为英文中将done转换为do。

第二步是对数据进行归一化处理。归一化处理方式多种多样，如对文章中的半角/全角字符进行统一、对英文字母的大小写进行统一、对异体字（如“鹅”与“鵞”和“鵝”）的统一等。此外，对于日期的显示部分等，根据所需实现的任务要求，将那些没有实际意义的数字全部使用数字0进行替换。

第二步是将文章分割成单词。在机器学习中，需要将整篇文章分割成单独的单词进行处理。如果是英语文章，通常使用空格符作为分隔符；但是对于日语文章来说，要判断单词的分割界线是比较困难的。因此，对于日语文章，就需要进行专门的分词处理。例如，对于“今天走了5千米（今日5km走った）”这句话，经过分词处理后就得到“今天/走/了/5/千米（今日/5/km/走っ/た/）”。分词处理也被称为语素分析。

在将文章分割为单词之后，有时还需要将单词转换为基本形。转换为基本形是指将“走っ”转换为“走る”的形式，即图7.1.2中的第四步。

第五步是根据实际情况对停止词进行删除处理。停止词是指那些出现次数很多的单词、助词或助动词等，即在文章中并不包含太多含义的单词。对于这类单词，需要将其清除。此外，有些单词也可能需要事先指定为被清除的对象。当然，对于某些任务而言，清除停止词的处理并不是必须的。

第六步是对单词进行数值化处理。例如，如果直接使用“走る”这样的单词表现形式，无论是在深度学习还是在机器学习中都是无法处理的。必须要将文本形式的数据依据某种规则转换为数值数据才能处理。具体的转换方法既可以是使用简单的分配ID编号，也可以是将单词转换为向量形式。关于单词的向量表现的知识，将在7.3节中进行讲解。

通过上述步骤，在将文章转换成机器学习和深度学习中可以处理的数值数据后，再继续根据具体的任务要求进行学习和推测处理。以上就是使用机器学习技术进行自然语言处理的基本流程。

7.1.3　基于Janome的日文分词

下面使用Janome软件包实现对日文文章的分词处理。

首先在终端窗口中执行source activate pytorch_p36命令，进入pytorch_p36的虚拟环境中；然后执行pip install janome命令，安装Janome。

接下来，执行如下代码。可以看到，执行完毕后文章被分割成了一个个的单词，并且还同时显示了每个单词的词性。

```
from janome.tokenizer import Tokenizer

j_t = Tokenizer()

text = '機械学習が好きです。'        # 我喜欢机器学习

for token in j_t.tokenize(text):
    print(token)
```

【输出执行结果】

```
機械      名詞，一般，*，*，*，*，機械，キカイ，キカイ
学習      名詞，サ変接続，*，*，*，*，学習，ガクシュウ，ガクシュー
```

```
が          助詞，格助詞，一般，*，*，*，が，ガ，ガ
好き        名詞，形容動詞語幹，*，*，*，*，好き，スキ，スキ
です        助動詞，*，*，*，特殊・デス，基本形，です，デス，デス
。          記号，句点，*，*，*，*，。，。，。
```

为了方便在机器学习编程时使用上述经过Janome处理过的数据，下面将其包装成了tokenizer_janome函数形式。此外，如果使用时只需要Janome的分词处理结果，不需要单词对应的词性信息，可以在调用j_t.tokenize时指定wakati=True。具体的实现代码和执行结果如下所示。

```
#定义日文分词处理函数

def tokenizer_janome(text):
    return [tok for tok in j_t.tokenize(text, wakati=True)]

text = '機械学習が好きです。'        #我喜欢机器学习
print(tokenizer_janome(text))
```

【输出执行结果】

```
['機械', '学習', 'が', '好き', 'です', '。']
```

使用tokenizer_janome函数，即可实现将文章分割成单词列表的处理。以上就是使用Janome实现分词和语素分析的代码。

7.1.4 基于MeCab和NEologd的日文分词

接下来，使用MeCab软件库对文章进行分词处理。MeCab经常会与新词词典NEologd结合在一起使用。新词是指新近出现的单词。通过这种简单的方式就可以提供对新词的支持也是MeCab的一大特点。

在Ubuntu的控制台（终端窗口）中按照如下步骤，执行MeCab和NEologd的安装命令。

1. 安装MeCab

```
sudo apt install mecab
sudo apt install libmecab-dev
sudo apt install mecab-ipadic-utf8
```

2. 安装NEologd

```
git clone https://github.com/neologd/mecab-ipadic-neologd.git
cd mecab-ipadic-neologd
sudo bin/install-mecab-ipadic-neologd
```

如果中途命令暂停执行并显示如下提问时，请输入yes：

```
Do you want to install mecab-ipadic-NEologd? Type yes or no.
```

3. 在Python 中使用MeCab

```
conda install -c anaconda swig
pip install mecab-python3
cd ..
jupyter notebook --port 9999
```

在成功完成了上述安装步骤后，启动Jupyter Notebook，并执行与Janome类似的语素分析处理。

```
import MeCab

m_t = MeCab.Tagger('-Ochasen')

text = '機械学習が好きです。'        #我喜欢机器学习

print(m_t.parse(text))
```

【输出执行结果】

```
機械        キカイ      機械        名詞-一般
学習        ガクシュウ  学習        名詞-サ変接続
が          ガ          が          助詞-格助詞-一般
好き        スキ        好き        名詞-形容動詞語幹
です        デス        です        助動詞      特殊・デス    基本形
。          。          。          記号-句点
EOS
```

与使用Janome进行分词处理得到的结果类似，"机器学习（機械学習）"这一单词被分割成了"机器（機械）"和"学习（学習）"两个单词。下面尝试使用NEologd进行分词处理，实际的实现代码如下所示。

```
import MeCab

m_t = MeCab.Tagger('-Ochasen -d /usr/lib/mecab/dic/mecab-ipadic-neologd')

text = '機械学習が好きです。'        #我喜欢机器学习

print(m_t.parse(text))
```

【输出执行结果】

```
機械学習	キカイガクシュウ	機械学習	名詞-固有名詞-一般
が	ガ	が	助詞-格助詞-一般
好き	スキ	好き	名詞-形容動詞語幹
です	デス	です	助動詞	特殊・デス	基本形
。	。	。	記号-句点
EOS
```

使用NEologd后，作为新词的“机器学习（機械学習）”被识别并分割为一个单独的单词。读者可能会问，机器学习算是新词吗？对于大多数人来说，这个词的确是一个比较陌生的专有名词、专业术语。使用MeCab + NEologd组合的优点是可以对此类单词更好地进行分割处理。

最后，完成使用MeCab + NEologd将文章分割成单词列表的tokenizer_mecab函数的编程实现。

```
#定义分割日文单词的函数

m_t = MeCab.Tagger('-Owakati -d /usr/lib/mecab/dic/mecab-ipadic-neologd')

def tokenizer_mecab(text):
    text = m_t.parse(text)         #这样可以使用空格对单词进行分割
    ret = text.strip().split()     #使用空格部分转换为单词列表
    return ret

text = '機械学習が好きです。'        #我喜欢机器学习
print(tokenizer_mecab(text))
```

【输出执行结果】

```
['機械学習', 'が', '好き', 'です', '。']
```

至此，就完成了本节对机器学习中实现自然语言处理的基本流程的讲解，并使用Janome和MeCab + NEologd实现了分词处理的编程实现。7.2节将对在PyTorch中使用torchtext实现自然语言处理的Dataset和DataLoader的编程方法进行讲解。

7.2 利用torchtext实现Dataset和DataLoader

本节将使用PyTorch中的自然语言处理模块torchtext对实现Dataset和DataLoader的编程方法进行讲解。

本节的学习目标如下。

掌握运用torchtext实现Dataset和DataLoader的编程方法。

本节的程序代码

```
7-2_torchtext.ipynb
```

7.2.1 安装torchtext

从本节开始，将使用PyTorch中专门用于处理文本数据的软件包torchtext。在控制台窗口中执行pip install torchtext命令，安装torchtext包。

7.2.2 需要使用的数据

本节中需要使用的数据是笔者在data文件夹中事先准备好的模拟数据text_train.tsv、text_val.tsv、text_test.tsv。本节不会进行实际的机器学习，因此这三个文件中的内容全部一样。每个文件中的第一行和第二行均包含下列内容：

```
王と王子と女王と姫と男性と女性がいました（有国王、王子、女王、公主、男性和女性）。 0
機械学習が好きです（我喜欢机器学习）。 1
```

上述数据的每一行的前半部分是文章内容，制表符后面的数字是表示所属分类的标签。上述文章中的标签（0、1）并无特殊含义，不过可以假设0表示为负的分类的标签，1表示为正的分类的标签。如上所示，在tsv格式的文本数据中，在同一行内用制表符将文章内容和标签分隔开来，即文件中的每一行就代表一份数据。

本节讲解将文档数据转换为可以在PyTorch深度学习中使用的Dataset和DataLoader的方法，并尝试对其进行编程实现。

7.2.3 预处理和分词函数的实现

首先，创建将文章的预处理和分词处理合并在一起实现的函数，最开始是使用Janome定义负责分词处理的函数。

```
#使用Janome进行分词处理
from janome.tokenizer import Tokenizer

j_t = Tokenizer()

def tokenizer_janome(text):
    return [tok for tok in j_t.tokenize(text, wakati=True)]
```

接下来定义预处理的函数。

```
#定义归一化函数作为预处理
import re

def preprocessing_text(text):
    #统一半角/全角
    #这次暂不处理

    #将英文字母小写
    #这次暂不处理
    #output = output.lower()

    #删除换行符、半角空格和全角空格符号
    text = re.sub('\r', '', text)
    text = re.sub('\n', '', text)
    text = re.sub(' ', '', text)
    text = re.sub('　', '', text)

    #将数字一律替换为0
    text = re.sub(r'[0-9０-９]', '0', text)    #数字

    #删除标点符号和数字
    #这次暂不处理。半角符号、数字、英文字母
    #这次暂不处理。全角符号

    #使用正则表达式替换特殊字符
    #这次暂不处理

    return text
```

完成预处理之后，继续编写单词分割函数tokenizer_with_ preprocessing的实现代码。

```
#定义将预处理和Janome的分词合并在一起的函数

def tokenizer_with_preprocessing(text):
    text = preprocessing_text(text)              #预处理的归一化
    ret = tokenizer_janome(text)                 #Janome的单词分割

    return ret

#确认执行结果
text = "昨日は とても暑く、気温が36度もあった。"     #昨天特别热，气温都到36度了。
print(tokenizer_with_preprocessing(text))
```

【输出执行结果】

```
['昨日', 'は', 'とても', '暑く', '、', '気温', 'が', '00', '度', 'も', 'あっ', 'た', '。']
```

从上述执行结果中可以看到，原文中的“昨日は（昨天）”后跟着一个半角空格，该半角空格被删除，而且“36度”被转换成了“00度”，一句话被分割成了多个单词。

至此，就完成了对文章进行预处理和分词的函数的实现。

7.2.4 文章数据的读取

接下来将使用torchtext对文章数据进行读取操作。首先，在读取每一行的文章数据时，对读取到的文章应当执行怎样的处理进行定义。

本次使用的是tsv格式的文章数据，每一行数据的前半部分是文章内容，后半部分是插入了制表符和标签的数据。因此，将对前半部分的数据进行预处理和单词分割处理。

这里使用torchtext.data.Field函数对读取的数据内容进行处理，并对其参数进行定义。具体的实现如下所示。

参数tokenize指定的是刚才实现了预处理和分词处理的函数tokenizer_with_reprocessing。其他参数的含义如下所示。

- sequential：数据长度是否可变？由于文章长短不一，因此使用True，标签使用False。
- tokenize：在读取文章时，定义用于预处理和分词处理的函数。
- use_vocab：设置是否将单词添加到词汇表（单词表将在后面章节进行讲解）中。
- lower：当遇到英文字母时，设置是否将其转换成小写字母。
- include_length：设置是否保留文章中的单词数量的数据。
- batch_first：设置是否将小批次的维度放到开头处。
- fix_length：使用padding填充，将全部文章统一成指定的长度。

下面对参数fix_length进行补充说明。文档数据与图像数据不同，每个数据的大小，即单词的数量是不固定的，有长度长的文档，也有长度短的文档。下面的实现代码是将文件的长度统一成25个单词的数据。当少于25个单词时，会使用具有padding含义的名为<pad>的单词对欠缺部分进行填充；对长于25个单词的部分则进行截断处理。

```
import torchtext

#在读取tsv或csv数据时，定义对读取的内容需要进行的处理
#同时准备文章数据和标签

max_length = 25
TEXT = torchtext.data.Field(sequential=True, tokenize=tokenizer_with_preprocessing,
                            use_vocab=True, lower=True, include_lengths=True,
                            batch_first=True, fix_length=max_length)
LABEL = torchtext.data.Field(sequential=False, use_vocab=False)
```

在使用上述代码对读取文章数据时执行的处理进行定义之后，载入实际的数据。具体的实现代码如下所示。

```
#data.TabularDataset文档
#https://torchtext.readthedocs.io/en/latest/examples.html?highlight=data.
#TabularDataset.splits

#从data文件夹中读取各个tsv文件，并将其转换成Dataset对象
#在field中指定每行数据由TEXT和LABEL组成
train_ds, val_ds, test_ds = torchtext.data.TabularDataset.splits(
    path='./data/', train='text_train.tsv',
    validation='text_val.tsv', test='text_test.tsv', format='tsv',
    fields=[('Text', TEXT), ('Label', LABEL)])

#确认执行结果
print('训练数据的数量', len(train_ds))
print('第一组训练数据', vars(train_ds[0]))
print('第二组训练数据', vars(train_ds[1]))
```

【输出执行结果】

```
训练数据的数量4
第一组训练数据{'Text': ['王', 'と', '王子', 'と', '女王', 'と', '姫', 'と', '男性',
'と', '女性', 'が', 'い', 'まし', 'た', '。'], 'Label': '0'}
第二组训练数据{'Text': ['機械', '学習', 'が', '好き', 'です', '。'], 'Label': '1'}
```

上述代码中使用的TabularDataset是将一行文件表示一个data（数据）的表格形式的文本数据转换为PyTorch的Dataset对象的类。函数生成的train_ds等返回值就是用于自然语言处理的Dataset对象。

从执行结果中可以看到，文章数据的前半部分是作为Text进行处理的，而后半部分则是作为Label进行处理的。此外，用该方法输出的结果不会显示为了统一文本数据长度而插入的<pad>。

通过上述操作，就实现了使用otrchtext从文章数据中创建Dataset的操作[注1]。

[注1] 在torchtext中，作为文本数据的预处理之一，可以在torchtext.data.Field的参数preprocessing中定义预处理函数。不过在本书中，预处理与分词处理是放在同一个函数中，通过指定tokenize参数实现。

7.2.5 单词的数值化

对于图像处理应用来说，只要实现了Dataset就等于完成了DataLoader的创建。然而，对于自然语言处理应用来说，则需要将单词这种文本格式的数据转换成机器学习模型能够处理的数值格式。对单词进行数值化处理的方法中，常用的有分配ID的方法和用向量进行表示的方法两种。本节将对分配ID的方法进行讲解，7.3节中将继续对向量表示法进行讲解。

为了将单词转换为数值，需要使用在机器学习和深度学习中用于处理单词的词汇表。词汇表就是一个单词的集合。无论是英语还是日语，单词的数量都是非常庞大的，因此这里采取的方法并不是对所有的单词指定编号，而是将需要处理的单词集中到词汇表中，然后给词汇表中的单词编号。实际的实现代码如下所示。

```
#创建词汇表
#使用训练数据train中单词的出现频率大于min_freq的单词构建词汇表
TEXT.build_vocab(train_ds, min_freq=1)

#输出训练数据内的单词和出现频率（输出比出现频率min_freq大的数据）
TEXT.vocab.freqs    #输出变量
```

【输出执行结果】

```
Counter({'王': 1,
         'と': 5,
         '王子': 1,
         '女王': 1,
...
```

上述代码中的TEXT是在读取字段时定义所执行处理的torchtext.data.Field的实例，这里调用的是TEXT的函数build_vocab。在函数的参数中，指定的是用于生成词汇表的Dataset对象，以及用于指定单词的出现频率超过几次就需要登录到词汇表中的min_freq参数。执行TEXT.build_vocab(train_ds, min_freq=1)语句后，函数生成的词汇表对象就被保存到了TEXT的成员变量vocab中。执行TEXT.vocab.freqs语句，就能将TEXT包含的词汇表的单词以及各个单词在Dataset中出现的次数显示出来。

接下来对生成的词汇表中的单词ID进行确认。执行如下所示的代码，就能对每个单词分配的编号进行确认。执行命令的stoi是String to ID的缩写。

```
#输出将词汇表中的单词转换为id后的结果。
#出现频率低于min_freq的单词会被当作未知词<unk>处理

TEXT.vocab.stoi # 输出。string to identifiers 将字符串转换为id
```

【输出执行结果】

```
defaultdict(<function torchtext.vocab._default_unk_index()>,
```

```
            {'<unk>': 0,
             '<pad>': 1,
             'と': 2,
             '。': 3,
             'な': 4,
             'の': 5,
             '文章': 6,
             '、': 7,
...
```

从上述执行结果中可以看到，每个单词都被分配了一个相应的ID编号。例如，单词中的“と”的编号ID是2，单词中的“文章”的编号ID是6。编号ID为0的第0个单词<unk>表示unknow。当词汇表中不存在的那些单词出现在测试数据等数据集中时，就用<unk>来表示该单词属于未知词。编号ID为1的第1个单词<pad>表示padding。为了统一文章的长度，需要使用这样的伪词进行填充。至此，就实现了使用编号ID将单词转换为数值的处理。

7.2.6 DataLoader的构建

最后，对DataLoader进行编程实现，其中就需要使用torchtext.data.Iterator函数。将需要转换为DataLoader的Dataset指定到参数中，并同时指定小批次的尺寸。具体的代码实现如下所示。

```
#创建DataLoader（在torchtext中称为iterator）
train_dl = torchtext.data.Iterator(train_ds, batch_size=2, train=True)

val_dl = torchtext.data.Iterator(
    val_ds, batch_size=2, train=False, sort=False)

test_dl = torchtext.data.Iterator(
    test_ds, batch_size=2, train=False, sort=False)

#确认执行结果和验证数据的数据集
batch = next(iter(val_dl))
print(batch.Text)
print(batch.Label)
```

【输出执行结果】

```
(tensor([[46,  2, 47,  2, 40,  2, 42,  2, 48,  2, 39,  8, 19, 29, 23,  3,  1,  1,
          1,  1,  1,  1,  1,  1,  1],
        [45, 43,  8, 41, 25,  3,  1,  1,  1,  1,  1,  1,  1,  1,  1,  1,  1,  1,
          1,  1,  1,  1,  1,  1,  1]]), tensor([16,  6]))
tensor([0, 1])
```

在生成DataLoader时，在参数train中指定是否是创建用于训练的DataLoader。如果是用于验证和测试的DataLoader，则需要指定参数sort为False，防止函数改变data的排列顺序（不执行sort处理）。虽然从感觉上看应该只需要指定train=False就可以，但实际执行时会出错，因此还需要指定sort = False。

从上述DataLoader的显示结果中可以看到，单词被转换成了可以用于机器学习和深度学习处理的编号ID的格式。此外，对于文章长度不足25个单词的部分使用了ID=1的<pad>进行填充，将文章长度统一为25个单词。输出的tensor([16,6])表示对应文章的单词数量，意思是小批次中文章的数量目前是两条，第一条文本数据中的单词数量是16个，第二条文本数据中的单词数量是6个。tensor([0, 1])表示每条文章的标签，意思是第一条文本数据的标签是0，第二条文本数据的标签是1。

至此，就完成了对使用torchtext构建Dataset和DataLoader的实现方法的讲解。7.3节将对如何使用向量替代编号来表示文本数据的方法进行讲解。

7.3 用向量表示单词的原理（word2vec、fastText）

本节将使用word2vec和fastText算法对单词转换为向量形式（离散形式）的数值化方法的相关知识进行讲解。由于本节内容较为艰深，只读一遍很难完全理解，因此建议读者反复阅读本节内容，并结合其他相关专业书籍以及网上的信息对这部分知识进行深入的理解。

本节的学习目标如下。

1. 理解使用word2vec对单词的向量形式进行学习的原理。
2. 理解使用fastText对单词的向量形式进行学习的原理。

本节的程序代码

无

7.3.1 基于word2vec的单词向量化方法

首先，对单词的向量表现形式的相关知识进行讲解。在7.2节中使用的对单词进行编号的数值化方法中存在两个问题：一是使用ID来表示单词（独热格式）的数据长度过长；二是没有考虑单词之间的关联性。

为什么说表示单词的数据长度过长呢？例如，假设词汇表的长度为5，单词编号是ID=3，那么用独热格式表示单词编号就是(0,0,0,1,0)。如果词汇表包含1万个单词，若使用独热格式表示，数据长度就需要有1万以上，效率非常低。

对于没有考虑单词之间的关联性，则是指如“王”和“王子”这两个单词之间的关联性很明显要比“王”和“机器”这两个单词强得多，但是这一信息在单词的编号中并没有得到体现。

能够解决上述两个问题的方法就是单词的向量表现形式。我们可以使用几百个维度的特征量将单词转换为向量表现形式。例如，如果使用维数为4的特征量来表示单词，就可以使用类似（0.2, 0.5, 0.8, 0.2）的向量来表示某个单词。如果使用该方法，即使词汇表中包含1万个单词，也可以使用四维向量来表示。此外，如果单词向量的各个特征量的维数合适，也可以实现对单词之间的关联性的表示。

例如，如果用第0个特征量维数表示“性别特征”，用第1个表示“大人/孩子气”，用第2个表示“王族气质”，用第3个表示“其他特征”进行学习，则可以得到类似如下所示的单词的向量表现形式。

- 王 =（0.9, 0.9, 0.8, 0.0）
- 王子 =（0.9, 0.1, 0.8, 0.0）
- 女王 =（0.1, 0.9, 0.8, 0.0）
- 公主 =（0.1, 0.1, 0.8, 0.0）
- 男性 =（1.0, 0.0, 0.0, 0.0）
- 女性 =（0.1, 0.0, 0.0, 0.0）

这样一来，就可以对单词之间的关联性进行表示。例如，对于“公主－女性＋男性”的计算结果，从直观上看能表示这一关系的应当是“王子”。如果用上述向量值进行计算，则可以得到（0.1, 0.1, 0.8, 0.0）-（0.1, 0.0, 0.0, 0.0）+（1.0, 0.0,0.0, 0.0）=（1.0, 0.1, 0.8, 0.0）。作为计算结果的（1.0, 0.1, 0.8, 0.0）向量几乎与表示“王子”的向量（0.9, 0.1, 0.8, 0.0）相等。

由此可见，采用适当的特征量维度的向量来表示不同的单词，可以有效地体现单词之间的关联性。

7.3.2　基于word2vec的单词向量化方法：CBOW

下面对单词的向量化处理中具有代表性的word2vec算法进行讲解。前面对单词的向量表现形式进行了介绍，其中使用怎样的特征量维数，以及怎样对每个单词的特征量的值进行求解是至关重要的。

包括word2vec在内，深度学习模型在对单词的向量表现形式进行求解时的一般思路是：某个单词的向量表现形式应当根据在该单词周围被频繁使用的单词来决定。例如，在包含“王子”这个单词的文章中，还出现了诸如“王子はまだ幼く…（王子还很年轻……）”“王子は勇ましく狩りに出かけ…(王子勇敢地去打猎……)”“貴族のたしなみを学ぶ王子は…（学习贵族嗜好的王子……）”等很多与“王子”这个单词有着很深关系的单词。因此，决定“王子”这个单词的特征量的就是其周围的这些单词。

接下来，对将“某个单词的向量表现形式应该根据在该单词周围被频繁使用的单词来决定”这一思路落实到实际的代码实现中的方法进行讲解。其具体的实现方法有CBOW（Countinuous Bag-of-Words）和Skip-gram这两种。

无论是使用CBOW方式还是Skipgram方式，开始都需要进行大量的文章收集工作。假设收集的文章中有“貴族のたしなみを学ぶ王子は勇ましく狩りに出かけました（学习贵族嗜好的王子勇敢地出去打猎了）”这样一句话，对这句话进行分词处理，可以得到“'貴族', 'の', 'たしなみ', 'を', '学ぶ', '王子', 'は', '勇ましく', '狩り', 'に', '出かけ', 'まし', 'た', '。'”。这里主要关注“王子”这个单词，并对“王子”这个词的向量表现形式进行学习。

CBOW方式中执行的任务如图7.3.1所示，利用“王子”这个单词前后的词，对位于中央的单词进行推测。使用周围的几个单词是用窗口宽度指定的。当窗口宽度为1时，从“王子”的前后各取出1个单词，对“学ぶ→? →は”中间的“? ”应当填入什么单词进行猜测。当然，如果真的只用1个单词去推测是非常困难的，通常会使用5个单词去推测。如果使用前后5个单词，就是对“貴族→の→ たしなみ→ を→ 学ぶ→? →は→ 勇ましく→ 狩り→ に→ 出かけ”中间的“? ”应当填入的单词进行推测。

（原文章）貴族 の たしなみ を 学ぶ 王子 は 勇ましく 狩り に 出かけ まし た

（窗口宽度为1的场合）　　学ぶ ? は

→请猜测“? ”中应当放入哪个单词

（窗口宽度为5的场合）

貴族 の たしなみ を 学ぶ ? は 勇ましく 狩り に 出かけ

→请猜测“? ”中应当放入哪个单词

图7.3.1　CBOW算法

到目前为止，都是将CBOW解释成一种通过某个单词周围的单词对该单词进行猜测的任务。但是为什么通过这个猜单词的任务就能得到该单词的向量表现形式呢？下面就对这个关键的向量表现形式是从猜单词任务中的什么地方获取的这一问题进行讲解。

将猜单词任务CBOW变成单纯地由全连接层组成的深度学习的类别分类处理任务的就是Mikolov开发的word2vec[5]。word2vec的深度学习模型中的全连接层的权重W就是单词的离散表现形式。

图7.3.2所示为CBOW的深度学习模型的结构。对于词汇量为1万个单词的场合，输入层就由1万个神经元所组成。一个神经元就对应一个单词，输入的数据采用的是独热格式（onehot）。输入的内容是将这次需要猜测的单词“王子”周围的单词设置为1，其他的单词设置为0。也就说当窗口宽度为5时，周围的10个单词所对应的单词的输入就为1，其他的单词就为0。

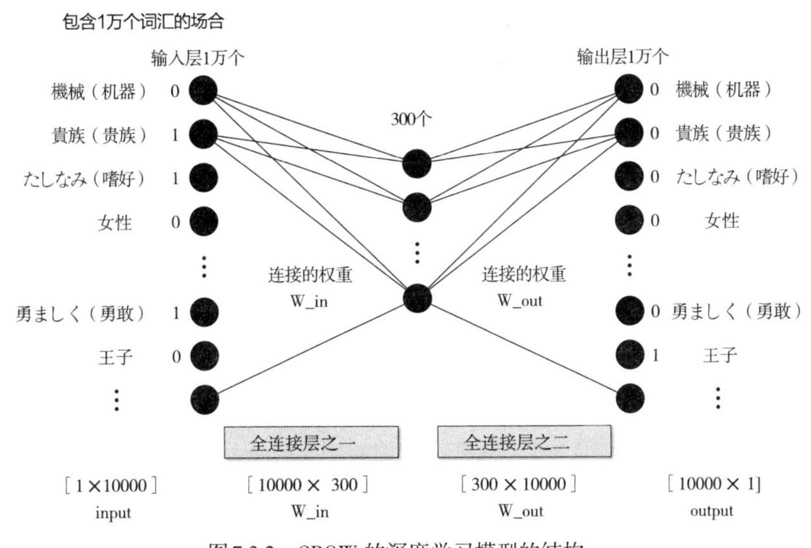

图7.3.2　CBOW的深度学习模型的结构

假设现在需要使用300个维度的特征量来表示单词的向量。这种情况下，全结合层的输出层的神经元就是300个。在这个全连接层中使用独热格式将包含在窗口宽度之内的单词设置为1，其他单词设置为0，这样一来，输出的300个神经元中就会计算出一些对应的值。也就是说，1万个神经元周围的单词由中间层的300个神经元来表示。这个全连接层的权重用W_in表示。因此，W_in的尺寸就是10000×300。

接下来将被压缩到这300个神经元中的特征量连接到另外一个全连接层上，并使用与词汇量相同的10000个神经元作为输出。第二个全连接层的输入通道数是300，输出通道数是10000，如果权重使用W_out变量来表示，W_out的维度就是300×10000。输出层的神经元数量与词汇量10000相同。然后，将CBOW任务中需要猜测的单词“王子”设为1，其他单词全部设为0，作为任务的输出结果（准确地说，是经过全连接层之后的SoftMax函数计算得到的结果是“王子”为1，其他单词全为0）。

通过使用上述这样的由两个全连接层组成的深度学习模型，让全连接层的权重W_in和W_out进行学习，最终使模型的输出符合我们的期望。

这里所说的权重W_in就是图7.3.3中10000行和300列数据组成的矩阵。例如，仅当从上数第二个单词“貴族（贵族）”为1时，输出的300个神经元的值与W_in的第2行的值相同。也就是说，将“貴族（贵族）”这个单词放入300维度的空间中时，就被转换成了W_in的第2行的300维度的值。

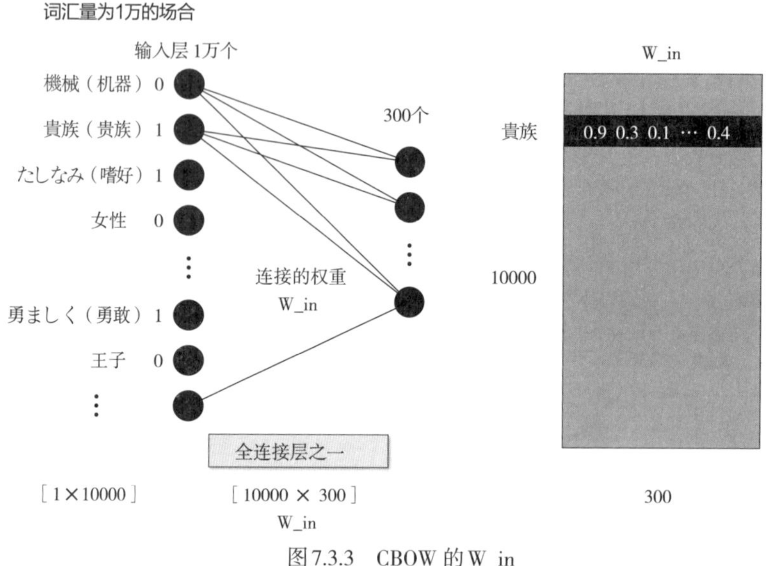

图 7.3.3 CBOW 的 W_in

因此，CBOW 的深度学习模型中的第一个全连接层的权重 W_in 就是当各个单词被放入300 维度的空间中时，所对应的单词的300 维度的特征量的值，即可以将 W_in 的每一行数据当作单词的向量表现形式来使用。

以上就是在根据某个单词周围的单词来猜测这个单词的任务CBOW 中，为何要对单词的向量表现形式进行学习的理由，以及单词的向量表现形式来自什么地方的讲解。

重新整理一下就是，之所以要在CBOW 任务中对单词的向量表现形式进行学习，是因为当使用由两个全连接层组成的深度学习模型实现了CBOW 任务时，位于中间层的神经元中包含的单词的信息是经过压缩的，因此可以将这一信息作为单词的向量表现形式来使用。

单词的向量表现形式是使用全连接层的权重 W_in 表示的，W_in 的每一行都对应一个单词的向量（此外，也有使用 W_out 作为单词的向量表现形式的案例）。

在对CBOW 的word2vec 进行编程，并对深度学习模型的权重进行学习时，并不是采用到目前为止我们所讲解的方法进行学习和编程实现的。因为当词汇量达到几十万个时，如果使用我们讲解的方法实现，网络学习的效率会非常低。此时就需要采用负采样和多层Softmax 等技术来进行优化，实现更为高效的学习。对于这部分技术的相关知识，本书将不做讲解，感兴趣的读者可以参考原著论文[5]以及网上的其他参考资料。

7.3.3　基于word2vec 的单词向量化方法：Skip-gram

接下来将对word2vec 的任务方法Skip-gram的相关知识进行讲解。Skip-gram方法如图7.3.4 所示，当给出的是“王子”这个单词时，执行对位于其前后的单词进行推测的任务。至于是对周围的几个单词进行推测，则由窗口宽度决定。当窗口宽度为1 时，就是对“王子”前后的各1个单词“学ぶ”和“は”进行猜测。但是，由于只猜一个单词难度太高，因此通常是猜测5个单词左右。如果猜测5个单词，就是对“貴族（贵族）”“の（的）”“たしなみ（嗜好）”“を”“学ぶ（学习）”“は”“勇ましく（勇敢）”“狩り（打猎）”“に”“出かけ（出门）”进行猜测。

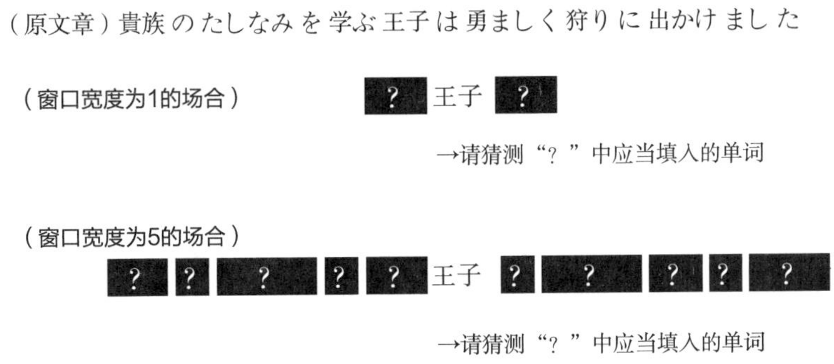

（原文章）貴族 の たしなみ を 学ぶ 王子 は 勇ましく 狩り に 出かけ ました

（窗口宽度为1的场合）　? 王子 ?

→请猜测“？”中应当填入的单词

（窗口宽度为5的场合）
? ? ? ? ? 王子 ? ? ? ? ?

→请猜测“？”中应当填入的单词

图7.3.4　Skip-gram方法

当将该Skip-gram任务转化为深度学习模型的实现时，模型的网络结构与CBOW 相同。不过，如图7.3.5 所示，输入和输出的部分有所变化。输入数据是只将“王子”设为1 的独热格式，输出数据是周围单词为1 的独热格式。

与CBOW一样，W_in 也表示将各个单词的特征量转换到300 维度的空间中的权重，W_in 的每行数据对应每个单词的向量表现形式。

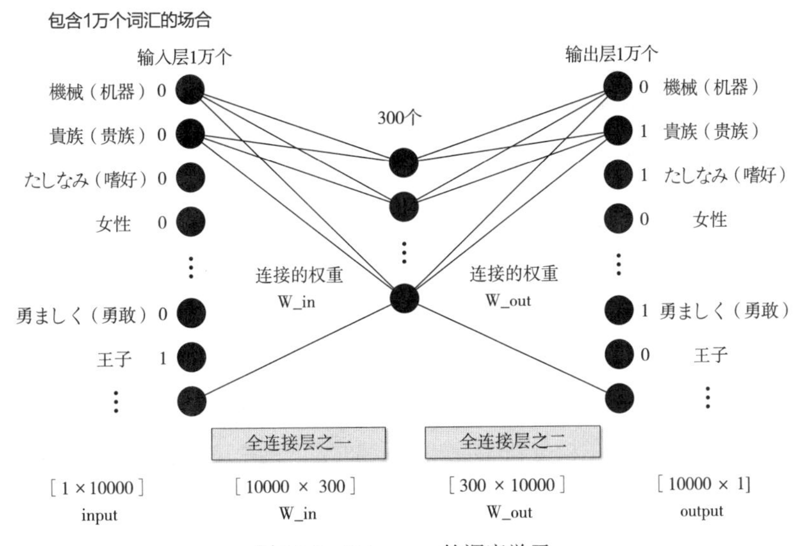

图7.3.5　Skip-gram的深度学习

那么对于CBOW 和Skip-gram这两种方法，我们究竟应当选择使用哪种方式来计算单词的向量表现形式呢？关于这个问题的理论证明虽然不存在，但是大多数情况下使用Skip-gram方式的单词向量表现形式进行自然语言处理往往能取得更好的网络性能。

使用Skip-gram能够实现更高性能的理由从直观上分析有两个。

第一个理由是相比CBOW 那样根据周围的5 个单词对中间的单词进行猜测，Skip-gram是对单词前后5个单词进行猜测，很明显Skip-gram的难度要求更高。即使是让人类来处理这两个任务，很明显也是Skip-gram更难一些。因此，Skip-gram在完成难度更高的任务后学习到的向量表现形式肯定也要更好。

第二个理由也是直观感受。虽然在CBOW任务中输入深度学习模型中的数据也是独热格式，但是当窗口宽度为5时，输入数据中被设为1的位置有10个，然后网络需要将这些特征量转化为300个神经元的值。也就是说，在CBOW中输入给包含W_in的全连接层的数据数量有多个，因此对应中间层的300个神经元的值也就是W_in的多个行的总和。而在Skip-gram中，输入数据是独热格式的单词只有一个，其他单词全部为0，然后这个唯一的单词在包含W_in的全连接层中被转换成特征量神经元，即中间层的300个神经元的值只对应W_in的一个单词。而单词的向量表现需要的正是单独一个单词的向量，因此与中间层的神经元表现的是W_in的多个行的总和的CBOW相比，很明显Skip-gram这样将一个单词直接对应到一行数据的做法能更好地反映每个单词的特性。

基于上述两个理由，笔者认为使用Skip-gram对单词进行向量表现要比使用CBOW更好（纯粹是基于笔者的感性理解）。

7.3.4　基于fastText的单词向量化方法

接下来，对使用fastText[6]技术对单词进行向量表示的方法进行讲解。fastText与word2vec一样，也是由Mikolov先生提出的向量表示方法。word2vec于2013年发表，而fastText则是于2016年发表。

fastText与word2vec最大的不同是“子词”这一概念。在fastText中，单词是使用被称为子词“分割而成的单词”的和来表示的，让分割而成的单词进行向量表现形式的学习。

下面用英语单词的例子来说明子词。划分子词时，通常会分割为3～6个字符。下面以单词where为例。首先，在单词开头和末尾分别加上用于表示开始和结束的符号“<”和“>”，变成<where>；然后，将其按照3～6个字符进行切割，就得到如下结果。

- 3个字符：<wh, whe, her, ere, re>
- 4个字符：<whe, wher, here, ere>
- 5个字符：<wher, where, here>
- 6个字符：<where, where>

分割结果就变成了共5 + 4 + 3 + 2 = 14个子词，这14个子词的向量表现形式的和就用来表示单词where。

在这里之所以要引入“子词”这一概念，是因为word2vec存在对于未知单词的处理能力薄弱这一问题。让word2vec进行学习时，其对于词汇表中未包含的单词（未知词）是无法获取单词的向量表现形式的。而能够解决这一未知词的向量表现形式的问题的方法的关键技术正是fastText引入的“子词”这一概念。

使用子词进行学习，即使遇到还未学习过其向量表现形式的未知的单词，也可以通过将其分割成子词，然后分别对各个子词部分进行学习的方式，使用子词的和来表示未知词的向量形式。

接下来对使用日语单词的场合中的子词进行讲解。fastText是以英语为前提设计的工具，在用于日文处理时可以按照如下方式去理解。首先，fastText在内部实现将子词按照几个字符进行划分时，是使用utf-8的字节数进行判断，并将单词划分成3～6字节的子词的。如果是英文字符，用utf-8计算字节数就是3～6字节。而如果是日语中的假名和汉字，用utf-8表示就是3字节（通常情况），因此如果按照3～6字节进行划分，结果就是划分成1个字或者2个字。下面以“机器学习”这个单词为例，如果不将开始和结束符号纳入字节数的计算，就得到如下结果。

- 1 个字：<机，机，器，学，习，习>
- 2 个字：<机器，机器，器学，学习，学习>

分割结果是6+5 = 11 个子词，这11 个子词的向量和表示的就是“机器学习”这个单词。

无论是处理日语还是英语，使用fastText 计算单词的向量表现形式时，除了需要将单词划分成子词进行处理之外，其余的处理与word2vec使用的方法完全相同。fastText 中使用的也是CBOW 和Skip-gram算法，通常用得较多的是Skip-gram。不过，fasttext 的内部实现采用了很多优化机制，因此执行速度要比word2vec 更高。

至此，就完成了本节中对word2vec 和fastText 的相关概念的讲解。从7.4节开始，将对运用这些工具对日语文章进行实际处理的编程方法进行讲解。

7.4 word2vec、fastText 中已完成训练的日语模型的使用方法

本节将使用事先训练好的word2vec 和fastText 的日语模型来对日语单词的向量化处理进行编程实现,并确认“公主 - 女性 + 男性”的向量表现形式是否为“王子”，以及确认向量表现形式是否能够反映出单词之间的关系。

本节的学习目标如下。

1. 掌握运用事先训练好的日语word2vec 模型对单词进行向量化处理的实现方法。
2. 掌握运用事先训练好的日语fastText 模型对单词进行向量化处理的实现方法。

本节的程序代码

```
7-4_vectorize.ipynb
```

7.4.1 准备工作

在开始学习本节内容之前，需要先安装gensim 软件包，并下载已事先训练好的日语word2vec 模型和日语fastText 模型。

请在终端窗口中执行pip install gensim 命令。

这次使用的已事先训练好的日语word2vec 模型是东北大学乾•冈崎研究室公开的数据[7]；而日语fastText 模型则是“Qiita：开箱即用的单词填充向量列表”[8]中，@Hironsan先生公布的模型。

其中，训练完毕的word2vec 模型在执行7.1 节的make_folders_and_data_downloads.ipynb中各个单元的代码时，会被下载到data文件夹内的entity_vector文件夹中，保存在名为entity_vector.model.bin的文件中。这就是本节需要使用的数据。

训练完毕的日语fastText 模型则需要根据make_folders_and_data_ downloads.ipynb文件内的说明，手动地从本地计算机访问Qiita 的文章“いますぐ使える単語埋め込みベクトルのリスト（开箱即用的单词填充向量列表）”[8]中fastText 部分的“URL2：Download Word Vector(NEologd)”链接跳转到Google Drive，并从Google Drive 页面下载vector_neologd.zip文件到本地。

使用AWS 的深度学习专用EC2 打开Jupyter Notebook，并找到7_nlp_ sentiment_transformer文件夹内的data文件夹，上传之前下载到data内的vector_neologd.zip文件。执行make_folders_and_data_downloads.ipynb文件中最末尾处的单元代码，将zip文件解压缩。程序就会在data文件夹中自动创建vector_neologd子目录，并将模型数据保存在其中名为model.vec的文件中。

7.4.2 使用训练完毕的日语word2vec 模型编程

首先，按照7.2节中讲解的内容和流程对用于预处理和单词分割的函数tokenizer_with_preprocessing

进行定义，然后定义torchtext.data.Field类的TEXT和LABEL，最后使用torchtext.data.TabularDataset.splits函数创建train_ds、val_ds和test_ds三个Dataset对象。

由于本节内容与7.2节相同，因此这里不再重复实现代码的具体内容。此外，从现在开始，我们使用的单词向量是由Mecab进行分词处理得到的，因此将从Janome改为使用MeCab + Neologd进行分词处理。具体的实现代码请参考7-4_vectorize.ipynb程序中的内容。

接下来对下载完毕的东北大学乾•冈崎研究室的日语Wikipedia实体向量entity_vector.model.bin进行载入操作。但是，该文件使用torchtext无法直接进行读取，需要先用gensim软件包进行读取，然后重新保存为torchtext可以读取的格式。具体的实现代码如下所示。

```
#直接使用torchtext是无法读取的，因此需要先使用gensim库
#使用Word2Vec的format重新保存

#事先安装软件包
#pip install gensim

from gensim.models import KeyedVectors

#先用gensim库载入数据，然后保存为word2vec的格式
model = KeyedVectors.load_word2vec_format(
    './data/entity_vector/entity_vector.model.bin', binary=True)

#保存（时间较长，大约10分钟）
model.wv.save_word2vec_format('./data/japanese_word2vec_vectors.vec')
```

成功执行上述代码后，程序会在data文件夹中自动生成japanese_word2vec_vectors.vec文件。程序的执行时间大约为10分钟。

接下来实现用torchtext读取数据为单词向量。为了确认结果，将尝试输出表示每个单词的向量的维数和总单词数量。

```
#使用torchtext载入单词向量
from torchtext.vocab import Vectors

japanese_word2vec_vectors = Vectors(
    name='./data/japanese_word2vec_vectors.vec')

#确认单词向量的内容
print("1个单词向量的维数：", japanese_word2vec_vectors.dim)
print("单词数量：", len(japanese_word2vec_vectors.itos))
```

【输出执行结果】

```
1个单词向量的维数： 200
单词数量： 1015474
```

从上述执行结果中可以看到，1 个单词向量的维数是200，总单词数量为100多万个。一直使用100多万个单词的数据不是一件容易的事情，因此需要创建训练数据集的train_ds 的词汇表，并且只对词汇表中的单词使用向量形式来表示。与7.2 节中一样，也是执行TEXT.build_vocab 函数，但是这次的参数中指定的是vectors=japanese_word2vec_vectors。具体的实现代码如下所示。

```
#创建经过向量化处理的词汇表
TEXT.build_vocab(train_ds, vectors=japanese_word2vec_vectors, min_freq=1)

#确认词汇表的向量
print(TEXT.vocab.vectors.shape)  #49个单词用200阶的向量表示
TEXT.vocab.vectors
```

【输出执行结果】

```
torch.Size([49, 200])
tensor([[ 0.0000,  0.0000,  0.0000,  ...,  0.0000,  0.0000,  0.0000],
        [ 0.0000,  0.0000,  0.0000,  ...,  0.0000,  0.0000,  0.0000],
        [ 2.6023, -2.6357, -2.5822,  ...,  0.6953, -1.4977,  1.4752],
...
```

从上述执行结果中可以看到，49 个单词分别用200 阶的向量进行表示。下面将对词汇表中单词的顺序进行确认。其中，公主是第41 个，女性是第38 个，男性是第46 个。

```
#确认词汇表中单词的顺序
TEXT.vocab.stoi
```

【输出执行结果】

```
defaultdict(<function torchtext.vocab._default_unk_index()>,
            {'<unk>': 0,
             '<pad>': 1,
             'と': 2,
             '。': 3,
             'な': 4,
             'の': 5,
             '文章': 6,
...
```

最后，对“公主-女性+男性”的向量进行计算，查看结果是否位于向量“王子”的附近。这里总共准备了“女王”“王”“王子”“機械学習（机器学习）”四个单词作为比较对象。向量之间的距离使用余弦相似度进行计算。当存在向量a和b时，余弦相似度使用$a \cdot b/(||a|| \cdot ||b||)$进行计算。如果两个向量完全相同，则结果为1；如果完全不同，则结果为0。

```
#确认"公主-女性+男性"的向量与哪个单词最为接近
import torch.nn.functional as F

#公主-女性+男性
tensor_calc = TEXT.vocab.vectors[41] - \
    TEXT.vocab.vectors[38] + TEXT.vocab.vectors[46]

#计算余弦相似度
#dim=0是指定使用第0维进行计算
print("女王", F.cosine_similarity(tensor_calc, TEXT.vocab.vectors[39], dim=0))
print("王", F.cosine_similarity(tensor_calc, TEXT.vocab.vectors[44], dim=0))
print("王子", F.cosine_similarity(tensor_calc, TEXT.vocab.vectors[45], dim=0))
print("機械学習", F.cosine_similarity(tensor_calc, TEXT.vocab.vectors[43],
dim=0))
```

【输出执行结果】

```
女王 tensor(0.3840)
王 tensor(0.3669)
王子 tensor(0.5489)
機械学習 tensor(-0.1404)
```

对向量"公主-女性+男性"进行计算的结果是与"王子"这个向量最为接近。同为皇族的"王"和"女王"也与计算结果比较接近，但是相似程度最高的还是"王子"这个向量。对于看上去毫无关联的"機械学習（机器学习）"这一单词，其相似度则几乎为0，从结果中也可以看出二者之间不存在任何关系。至此，就成功地实现了利用word2vec的向量表现形式对单词之间的关系进行确认。

7.4.3 使用训练完毕的日语fastText模型编程

接下来，将对使用fastText中事先训练好的日语单词的离散表现形式在torchtext中的使用方法进行讲解。这里使用的是由@Hironsan先生公开的已经完成训练的模型。此外，在torchtext中可以直接使用fastText训练好的日语模型，但是模型的精度不是很高（笔者的使用感受），因此不建议在生产环境中使用。

这里的实现流程与7.2节中一样，先定义用于预处理和分词处理的tokenizer_with_preprocessing函数，再定义torchtext.data.Fieldk的TEXT和LABEL，然后使用torchtext.data.TabularDataset.splits创建三个名为train_ds、val_ds、test_ds的Dataset对象。具体的实现代码不在此重述。

接下来使用torchtext从已经训练好的模型中读取单词向量。与使用word2vec时不同，这里直接读取数据即可。

```
#使用torchtext将数据读入为单词向量
#与word2vec不同，这里可以直接载入

from torchtext.vocab import Vectors
```

```
japanese_fasttext_vectors = Vectors(name='./data/vector_neologd/model.vec')


#确认单词向量的内容
print("1个单词向量的维数：", japanese_fasttext_vectors.dim)
print("单词总数：", len(japanese_fasttext_vectors.itos))
```

【输出执行结果】

```
1个单词向量的维数： 300
单词总数： 351122
```

使用fastText处理的每个单词的特征量的维数是300。另外，单词总数约为35万个，要比word2vec的少。

接下来使用上面读入的fastText的单词向量构建词汇表，与之前word2vec的处理一样，这里也是对向量“公主-女性+男性”进行计算。构建词汇表的方法与word2vec相同，不过参数vectors指定的是japanese_fasttext_vectors。单词向量的计算方法也是完全一样的。

```
#创建向量化的词汇表
TEXT.build_vocab(train_ds, vectors=japanese_fasttext_vectors, min_freq=1)

#确认词汇表中的向量
print(TEXT.vocab.vectors.shape)   # 52个单词用300阶的向量表示
TEXT.vocab.vectors

#确认词汇表中单词的顺序
TEXT.vocab.stoi

#确认“公主-女性+男性”的向量与哪个单词最为接近
import torch.nn.functional as F

#公主-女性+男性
tensor_calc = TEXT.vocab.vectors[41] - \
    TEXT.vocab.vectors[38] + TEXT.vocab.vectors[46]

#计算余弦相似度
#dim=0是指定使用第0维进行计算
print("女王", F.cosine_similarity(tensor_calc, TEXT.vocab.vectors[39], dim=0))
print("王", F.cosine_similarity(tensor_calc, TEXT.vocab.vectors[44], dim=0))
print("王子", F.cosine_similarity(tensor_calc, TEXT.vocab.vectors[45], dim=0))
print("機械学習", F.cosine_similarity(tensor_calc, TEXT.vocab.vectors[43], dim=0))
```

【输出执行结果】

```
女王 tensor(0.3650)
王 tensor(0.3461)
王子 tensor(0.5531)
機械学習 tensor(0.0952)
```

使用fastText对向量“公主－女性＋男性”的计算结果也同样与“王子”最为接近。虽然计算结果与同为皇族的“王”和“女王”也比较接近，但是相似度最高的还是“王子”这个向量。对于毫无关联的“機械学習（机器学习）”这一单词，计算得到的相似度小于0.1，结果表明二者的关联性很低。可以看到，使用fastText同样也很好地通过向量表现形式反映出了单词之间的关系。

至此，就完成了本节中对使用事先训练完毕的日语word2vec和fastText模型，实现日语单词的向量化处理的编程方法的讲解。从7.5节开始，将对使用IMDB（Internet Movie Database，互联网电影数据库）的电影点评的文本数据进行情感分析的方法进行讲解并编程实现。

7.5 IMDb的DataLoader的实现

从本节开始，将学习构建用于情感分析的网络模型。本节先创建文本数据的DataLoader，这次使用的文本数据是被称为IMDb[9]的电影评论文章的数据集。不过，IMDb是用英语编写的数据。虽然最理想的情况是使用日语数据集进行情感分析，但是由于实在找不到合适的数据集，因此本书最后决定使用IMDb中的英文数据。

本节的学习目标如下。

掌握根据文本格式的文件数据创建tsv文件以及使用torchtext编写DataLoader的方法。

本节的程序代码

```
7-5_IMDb_Dataset_DataLoader.ipynb
```

7.5.1 IMDb数据的下载

torchtext本身对IMDb数据集提供了支持，因此使用torchtext的函数可以非常简单地实现针对IMDb的DataLoader。但是，为了让读者能够熟练地对手里的数据进行自然语言分析处理，这里将采取直接下载文本数据的方式来构建DataLoader。

如果之前成功地执行了7.1节中的make_folders_data_download.ipynb中的代码，在data文件夹中会自动生成aclImdb文件夹。该文件夹中包含train和test等子目录，每个子目录中又各包含一个由txt格式的文件构成的评论数据。文件总数为5万个（train和test各2.5万个）（注意，如果使用Anaconda在浏览器中对文件内容进行确认，浏览器会卡顿）。

其中，数据的文件名由数据的id和评分rating（1 ~ 10）组成。文件名中rating部分为0的文件表示rating不明的文件。另外，rate分数最高为10分，最低为1分。在IMDb数据集中，评分rating低于4的被归为negative数据，评分7以上的被归为positive数据。数据集中并不包含每条评论对应的电影名称信息。此外，评论的内容被保存在txt文件中。

7.5.2 将IMDb数据集转换为tsv格式

数据成功下载后，会以txt格式文件的形式分别被自动分类保存在positive和negative子目录中。需要将这些数据转化成本章之前内容中使用的tsv格式的数据，即每一行表示一份data，其中包括文本和标签（0:negative；1:positive），并使用制表符作为分隔符。

具体的实现代码如下所示。此外，需要注意的是，如果原有的评论数据中包含制表符，会导致程序执行出错，因此需要使用text = text.replace('\t', " ")语句将原文中的制表符删除。

```
#保存为tsv格式的文件
import glob
import os
import io
import string

#创建训练数据的tsv文件

f = open('./data/IMDb_train.tsv', 'w')

path = './data/aclImdb/train/pos/'
for fname in glob.glob(os.path.join(path, '*.txt')):
    with io.open(fname, 'r', encoding="utf-8") as ff:
        text = ff.readline()

        #如果包含制表符就删除
        text = text.replace('\t', " ")

        text = text+'\t'+'1'+'\t'+'\n'
        f.write(text)

path = './data/aclImdb/train/neg/'
for fname in glob.glob(os.path.join(path, '*.txt')):
    with io.open(fname, 'r', encoding="utf-8") as ff:
        text = ff.readline()

        #如果包含制表符就删除
        text = text.replace('\t', " ")

        text = text+'\t'+'0'+'\t'+'\n'
        f.write(text)

f.close()
```

对测试数据也执行同样的操作，具体的实现代码如下所示。

```
#创建测试数据

f = open('./data/IMDb_test.tsv', 'w')

path = './data/aclImdb/test/pos/'
for fname in glob.glob(os.path.join(path, '*.txt')):
    with io.open(fname, 'r', encoding="utf-8") as ff:
        text = ff.readline()

        #如果包含制表符就删除
        text = text.replace('\t', " ")
```

```
            text = text+'\t'+'1'+'\t'+'\n'
            f.write(text)

path = './data/aclImdb/test/neg/'

for fname in glob.glob(os.path.join(path, '*.txt')):
    with io.open(fname, 'r', encoding="utf-8") as ff:
        text = ff.readline()

        #如果包含制表符就删除
        text = text.replace('\t', " ")

        text = text+'\t'+'0'+'\t'+'\n'
        f.write(text)

f.close()
```

执行完上述操作，data文件夹中就会生成IMDb_train.tsv和IMDb_test.tsv这两个文件。然后，根据7.2节中讲解的步骤将其转化为DataLoader。

7.5.3 定义预处理和分词处理函数

接下来定义负责执行预处理和分词处理的函数。预处理负责删除换行符
，将除句号和逗号之外的标点符号替换成空格符并最终删除。

分词处理则是使用半角空格符简单地将单词分隔开。下面是负责实现预处理和分词处理的tokenizer_with_preprocessing函数的定义。

```
import string
import re

#将下列符号替换成空格符（除了句号和逗号之外）
#punctuation就是标点符号的意思
print("分隔符：", string.punctuation)
#!"#$%&'()*+,-./:;<=>?@[\]^_`{|}~

#预处理

def preprocessing_text(text):
    #删除换行符
    text = re.sub('<br />', '', text)

    #将逗号和句号以外的标点符号替换成空格符
    for p in string.punctuation:
```

```
        if (p == ".") or (p == ","):
            continue
        else:
            text = text.replace(p, " ")

    #在句号和逗号前后插入空格符
    text = text.replace(".", " . ")
    text = text.replace(",", " , ")
    return text

#用空格将单词隔开（这里的数据是英文的，用空格进行分隔）

def tokenizer_punctuation(text):
    return text.strip().split()

#定义用于预处理和分词处理的函数
def tokenizer_with_preprocessing(text):
    text = preprocessing_text(text)
    ret = tokenizer_punctuation(text)
    return ret

#确认执行结果
print(tokenizer_with_preprocessing('I like cats.'))
```

【输出执行结果】

```
分隔符：!"#$%&'()*+,-./:;<=>?@[\]^_`{|}~
['I', 'like', 'cats', '.']
```

至此，就完成了对分词处理和预处理函数的定义。

7.5.4　创建 DataLoader

接下来，对刚才创建的tsv 文件进行读取操作时，对每行中的TEXT 和LABEL 进行处理的torchtext.data.Field 函数调用进行定义。与7.2 节中的方法类似，不过这里指定了“init_token="<cls>",eos_token="<eos>"”作为新的TEXT参数。这两个参数的含义是，在进行DataLoader 加载处理时，在句子开头加上<cls>，在句子末尾加上<eos>。句子末尾添加的<eos> 表示End of Sentence，开头添加的<cls> 则表示Class。通常在句子开头加上<bos>(Beginning of Sentence) 是比较常见的做法，不过这里需要进行分类处理，因此使用<cls> 作为标记。关于在句子开头加上<cls> 的作用很难用三言两语解释清楚，因此这里只需要简单地将其理解为一种约定即可。

```
#定义在读取数据时，对读取内容所做的处理
import torchtext
```

```
#同时准备文章和标签两种字段
max_length = 256
TEXT = torchtext.data.Field(sequential=True, tokenize=tokenizer_with_
                            preprocessing, use_vocab=True,
                            lower=True, include_lengths=True, batch_first=True,
                            fix_length=max_length, init_token="<cls>",
                            eos_token="<eos>")
LABEL = torchtext.data.Field(sequential=False, use_vocab=False)

#各个参数的含义如下
# init_token：在所有的文章中，插入在开头位置的单词
# eos_token：在所有的文章中，插入在结尾位置的单词
```

接下来创建Dataset对象。其中，train_val_ds是用于训练和验证的Dataset，test_ds则是测试数据的Dataset。具体的实现代码如下所示。

```
#从data文件夹中读取各个tsv文件
train_val_ds, test_ds = torchtext.data.TabularDataset.splits(
    path='./data/', train='IMDb_train.tsv',
    test='IMDb_test.tsv', format='tsv',
    fields=[('Text', TEXT), ('Label', LABEL)])

#确认执行结果
print('训练和验证数据的数量', len(train_val_ds))
print('第一个训练和验证的数据', vars(train_val_ds[0]))
```

【输出执行结果】

```
训练和验证数据的数量 25000
第一个训练和验证的数据 {'Text': ['i', 'couldn', 't', 'believe', 'the', 'comments',
'made', 'about', 'the', 'movie', 'as', 'i', 'rea
...
'hope', 'she', 'can', 'laugh', 'in', 'the', 'face', 'of', 'everyone', 'that',
'criticized', 'her', 'you', 'go', 'girl'], 'Label': '1'}
```

接下来将训练及验证的Dataset切分成分别用于训练和验证的Dataset。刚才创建的train_val_ds是torchtext.data.TabularDataset类的对象，因此包含splite成员函数。在参数中指定分割比例为0.8，将Dataset分割成训练和验证用Dataset。经过此处理后，训练数据的数量为2万个，而验证数据的数量则为5000个。

以上就是创建训练、验证和测试用的三种Dataset的步骤。

```
import random
#使用torchtext.data.Dataset的split函数将Dataset切分为训练数据和验证数据
```

```
train_ds, val_ds = train_val_ds.split(
    split_ratio=0.8, random_state=random.seed(1234))

#确认执行结果
print('训练数据的数量', len(train_ds))
print('验证数据的数量', len(val_ds))
print('第一个训练数据', vars(train_ds[0]))
```

【输出执行结果】

```
训练数据的数量 20000
验证数据的数量 5000
第一个训练数据 {'Text': ['i', 'watched', 'the', 'entire', 'movie', 'recognizing',
'the', 'participation', 'of', 'william', 'hurt', 'natas',
...
```

7.5.5 创建词汇表

下面继续创建运用了单词的离散表现的词汇表。这里使用英文版的fastText来实现离散表现。已经完成学习的英文fastText模型在执行make_folders_data_ download.ipynb时，会将fastText的官方网站的模型下载到data文件夹里的wiki-news-300d-1M.vec文件中。首先，读取已经完成学习的模型，其中包含的单词数量约为99万个。

```
#使用torchtext读取作为单词向量的已经完成学习的英语模型

from torchtext.vocab import Vectors

english_fasttext_vectors = Vectors(name='data/wiki-news-300d-1M.vec')

#确认单词向量中的内容
print("1个单词向量的维数：", english_fasttext_vectors.dim)
print("单词数量：", len(english_fasttext_vectors.itos))
```

【输出执行结果】

```
1个单词向量的维数: 300
单词数量: 999994
```

接下来创建词汇表，具体的实现代码如下所示。

```
#创建经过向量化处理的词汇表
TEXT.build_vocab(train_ds, vectors=english_fasttext_vectors, min_freq=10)

#确认词汇表中的向量
print(TEXT.vocab.vectors.shape)  #用300阶向量表示的17916个单词
TEXT.vocab.vectors
```

```
#对词汇表中的单词顺序进行确认
TEXT.vocab.stoi
```

【输出执行结果】

```
torch.Size([17916, 300])
defaultdict(<function torchtext.vocab._default_unk_index()>,
            {'<unk>': 0,
             '<pad>': 1,
             '<cls>': 2,
             '<eos>': 3,
             'the': 4,
...
```

最后创建DataLoader，具体的实现代码如下所示。

```
#创建DataLoader（在torchtext中称为iterator）
train_dl = torchtext.data.Iterator(train_ds, batch_size=24, train=True)

val_dl = torchtext.data.Iterator(
    val_ds, batch_size=24, train=False, sort=False)

test_dl = torchtext.data.Iterator(
    test_ds, batch_size=24, train=False, sort=False)

#确认执行结果，使用验证数据的数据集进行确认
batch = next(iter(val_dl))
print(batch.Text)
print(batch.Label)
```

【输出执行结果】

```
(tensor([[   2,   15,   22,  ...,    1,    1,    1],
        [   2,   57,   14,  ...,    1,    1,    1],
        [   2,   14,   43,  ...,    1,    1,    1],
...
```

从上述DataLoader的输出结果中可以看到，单词是使用单词ID表示的，而不是使用向量表示的。这是因为如果在DataLoader中使用向量形式保存单词数据，会消耗更多的内存。因此，这里采取了在深度学习的模型中根据单词ID查找对应的向量表现的实现方式。关于将单词ID转化为对应的向量表现的方法，将在7.6节中进行讲解。

至此，就完成了对IMDb中各个DataLoader的编程，以及使用训练数据的单词生成词汇表的离散向量的操作。为了方便在后续章节中使用，将本节的实现代码保存在utils文件夹里的dataloader.py文件中。

7.6节将使用这些DataLoader和单词向量来构建用于对文章的正面或负面的情感进行分析的Transformer深度学习模型。

7.6 Transformer 的实现（分类任务用）

本节将对自然语言处理领域中，从2017年开始被广泛运用的深度学习模型Transformer[1] 进行编程实现。Transformer 最初发表在*Attention Is All You Need*论文中，是运用Attention 机制实现的模型。第5章已对Attention(SelfAttention)机制进行了详细的讲解。本节将在对Transformer 的模块结构等相关知识进行讲解的基础上，完成对Transformer 模型的编程实现。

本节的学习目标如下。

1. 理解Transformer 的模块结构。
2. 理解在不使用LSTM 和RNN 的前提下，能够使用基于CNN 的Transformer进行自然语言处理的原因。
3. 掌握Transformer 的实现方法。

本节的程序代码

```
7-6_transformer.ipynb
```

7.6.1 传统的自然语言处理与Transformer 的关系

7.5节中实现了将IMDb数据用作DataLoader 的部分。剩下的处理就是从DataLoader 中将评论文章作为输入数据读取出来，并构建负责对评论内容进行正面（1）和负面（0）评论分类的网络模型。

语言数据与图像数据的性质不同，这从人类对图像和语言进行处理的方式的不同中应该很容易看出。

对于图像数据来说，是将像素数据的集合全部集中在一张图片中，并一次性地传递给大脑进行处理的（通常情况下）；而对于语言数据来说，并不是同时听到所有的单词，而是按照从前往后的顺序依次输入大脑中进行处理的。因此，对于语言数据的处理而言，当某个单词被输入大脑中时，必须对之前输入的单词信息进行保持，并对上下文的信息加以理解才可以（在脑神经科学领域中是指被称为工作记忆的记忆保持功能）。

例如，如果是处理语言数据场合，突然输入了一个“买了”单词，我们无法确定其具体的意思；但是如果输入的是“昨天”“买了”“苹果”单词，我们就能够明白其中的含义。另外，如果是处理图像数据的场合，即使只看到了图像的某一部分，也能够识别出“哦哦，这是人的脚部的一部分”。

由此可见，语言数据与图像数据的性质是有很大差别的，其特点是在处理语言数据时是依次顺序处理的，必须将前面输入的单词的信息作为语境进行保持。

为了配合语言数据的特性，在构建可以按顺序对语言数据进行处理的深度学习网络模型时，经常使用RNN（Recurrent Neural Network，循环神经网络）和LSTM（Long Short-Term Memory，长短期记忆网络）等能够进行递归处理的神经网络。

然而，RNN 和LSTM 模型中存在“神经网络的学习时间非常漫长”这一问题。由于对语言数据的文章的单词是在每一个step 中投入一个单词到网络中进行处理的，因此相对于在一个step 中就可以处理完全部数据的图像来说，所需花费的学习时间要长上几十倍（准确地说，应当是一份文本中的单词数量的倍数）。所需的学习时间长就意味着对于拥有巨大尺寸的复杂模型而言，要进行学习是很不容易的事情，因此要实现复杂的自然语言处理是非常困难的。

因此，与处理图像数据类似，在处理语言数据时采用卷积神经网络（Convolutional Neural Networks，CNN）和全连接层等方法就成为一种选择。

其实，对于处理文本数据的场合，采用Bag-of-Words算法，舍去文章内的语序信息，仅保留文章中出现过的单词的信息的处理方式也能在一定程度上改善语言数据的处理效率。

而采用CNN 模型对语言数据进行处理的意思是，进一步增强Bag-of-Words算法，通过卷积将邻接的多个单词合并为一个特征量进行表示，从而实现在对相邻单词之间的关系进行考量的基础上的信息处理。使用CNN 模型进行语言处理与递归神经网络不同，由于可以一次性地处理整个文章的内容，因此能够有效地提高学习速度。

尽管如此，使用CNN 模型进行语言处理仍存在一些问题。虽然CNN 模型可以将相邻单词的信息转换为相应的特征量信息，但是对于那些没有挨在一起的单词之间的关联性则没有加以考虑。然而，对于文本数据来说，某个单词与没有挨在一起的单词之间存在关联性的概率是非常高的。

例如，现有“听说田中君昨天参加了马拉松比赛，而且打破了个人的最高纪录。因此，今天他还没能脱离疲劳状态，看上去很疲惫的样子。”这样一段文章，句子后面的“他”与开头的“田中君”之间是有关联的，而且文章最后的“很疲惫”与文章开头的“马拉松”也是有很强的关联性的。因此，将此类没有邻接的单词之间的关系有效地转换为特征量是非常有必要的。

“在CNN 中无法将相隔距离较远的信息之间的关联性有效地转化为特征量”这一问题在处理图像数据的CNN 模型中也同样是存在的，因此在第5 章使用GAN 生成图像中，对Attention(Self-Attention)这一概念进行了讲解和编程实现。

下面简单回顾一下Self-Attention的概念。使用大小为1 的卷积核将数据通过卷积转换为特征量，然后使用这一特征量与其他的像素进行乘法运算，如果乘法计算得到的结果较大，则说明这对像素的特征量较为相似，即可以认为两者的关系比较深，这一乘法计算的结果就称为Attention Map。Attention Map 表示数据中的各个像素与不相邻的像素之间的相关程度。接着使用其他的逐点卷积将原有的数据转换为特征量，并与Attention Map 进行乘法运算，从而最终实现将输入数据转换成对与不相邻位置上的像素之间的关系进行考量的特征量。

如果能对这一Self-Attention机制（以及本书中尚未涉及的Source-Target-Attention机制）加以灵活运用，即使是处理语言数据，也能够有效地将某个单词与不相邻位置上的单词之间的关系纳入计算的考虑范围之内。而将运用Attention机制处理语言数据的深度学习模型作为解决方案在*Attention Is All You Need*论文中提出的就是Transformer。

Transformer最初是作为翻译任务的模型被提出来的。例如，在将日语翻译成英文时，首先将日语文章输入Transformer 的编码器网络中，并从编码器得到输出结果；然后将编码器的输出数据输入Transformer 的解码器网络中，并得到英文译文的输出结果。

本书中的任务与翻译这种需要同时使用编码器和解码器的任务不同，情感分析这类任务只需要编码器就能实现，因此下面将只针对Transformer 的编码器网络的相关知识进行讲解和编程实现。

7.6.2 Transformer 的网络结构

接下来对Transformer的网络结构进行讲解。不过正如前文所说的，这里将只使用Transformer的编码器部分，最后再加上负责进行正面/负面感情分析的类目分类模块，对组成的网络的相关知识进行讲解。

图7.6.1所示为Transformer的模块结构。

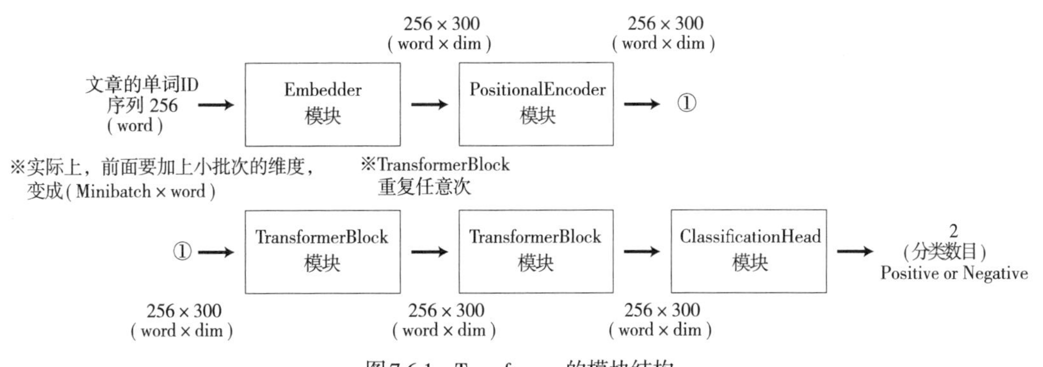

图7.6.1 Transformer 的模块结构

输入张量为（小批次数量 ×1 篇文章的单词数量）。7.5节中创建IMDb的DataLoader时设置的是max_length = 256，因此输入张量的尺寸为（小批次数量 ×256）。图7.6.1中开头处由于省略了小批次的维度，因此输入张量的尺寸就是一篇文章的单词数量（256）。

DataLoader 中只保存了单词的ID 信息，并没有保存单词的向量表现形式。因此，开始先通过Embedder 模块转换成各个单词的向量表现形式。根据单词的ID 准备好每个单词的向量表现，这次使用已经完成学习的英文fastText 的向量来作为单词的向量表现。这一已经完成学习的向量为300 维，因此Embedder模块的输出就是（单词数量 × 离散表现的维数），输出张量的形状为（256×300）。

接下来进入PositionalEncoder 模块。PositionalEncoder 模块将（单词数量 × 离散表现的维数）的输入数据与（单词数量 × 离散表现的维数）的位置信息张量进行加法运算，并输出与输入数据相同形状的（单词数量 × 离散表现的维数）张量。位置信息张量是形状为（单词数量 × 离散表现的维数）的张量，从位置信息张量的某个值中，可以得知对应位置表示的是输入文章的第几个单词的离散表现的第几个维度。

那么为什么需要使用这样的位置信息呢？由于这次引入了Self-Attention机制，因此只要通过Attention 就可以计算得知每个单词与哪些单词的关系比较深。这样虽然看上去很不错，但是如果输入文章的单词顺序被打乱了，模型会根据打乱后的顺序进行Attention 处理，结果就是无论是普通文章还是语序被打乱的文章，进行的处理很有可能是完全相同的，即语序这一概念就好像不存在了一样（感觉上）。

为了解决由于引入Attention 导致的语序信息丢失的问题，需要使用位置张量来对缺失的语序和单词向量的维度的顺序等信息进行补偿（单词向量的维度其实没有必要在Self-Attention中考虑，不过在Transformer 中准备位置信息张量的同时也对单词向量的维度进行了严格的定义）。

位置信息张量是对输入数据进行加法运算得到的，因此PositionalEncoder 模块的输出与其输入（单词数量 × 离散表现的维数）是相同的，输出的结果是（256×300）的张量。

经过上述两个模块的处理，输入的单词序列就变成了向量表现形式，如果再加上语序信息，剩下的处理就是将这一特征量转换成最终能成功地实现分类处理的特征量。这里使用配备了Self-Attention的TransformerBlock模块。

TransformerBlock模块是可以重复使用任意次数的模块。TransformerBlock模块的输入数据是由PositionalEncoder模块产生的输出（256 × 300）的张量，或由前面的TransformerBlock模块产生的输出。因此，TransformerBlock模块的输入与输出是相同的（单词数量 × 离散表现的维数），输出（256 × 300）的张量。本书中使用了两个TransformerBlock模块对特征量进行变换。

在TransformerBlock模块中使用了一个新出现的概念mask，这个mask的作用是将Attention Map的部分数据替换为0。那么究竟是将哪些数据替换为0呢？实际上就是那些文章比max_length的256个字符短的用<pad>填充的部分。如果将这些<pad>部分也乘以Attention将会非常奇怪，因此为了避免Self-Attention对这部分数据进行处理，就需要用mask将对应Attention Map的<pad>部分的权重替换成0。此外，在处理类似翻译等任务时，解码器部分的mask的使用方法是有所不同的，不过由于本书只对编码器部分进行讲解，关于解码器部分的mask的使用方法不在此赘述。

在使用了任意次数的TransformerBlock模块对特征量进行变换之后，（单词数量 × 离散表现的维数）的输入张量最后被输入ClassificationHead模块中。ClassificationHead模块并不是Transformer中的标准组件，而是为了实现这次的正面/负面情感分类任务特意设置在Transformer的编码器的结束部分的模块。ClassificationHead模块实际上就是一个全连接层，对（单词数量 × 离散表现的维度）的输入张量进行正面和负面的分类处理，并输出（类别数量），目前是（2）的张量。

最后，使用nn.CrossEntropyLoss计算ClassificationHead模块输出的张量与监督数据的正确答案标签（0: 负面；1: 正面）的损失值（nn. CrossEntropyLoss是计算多个分类输出的SofMax，然后计算negative log likelihood loss得到的值）。如果能够通过学习使Transformer网络产生的这一损失值变小，就说明成功地实现了对输入文章的正面/负面情感的判定。

以上就是用于分类任务的Transformer的概要。接下来将继续对各个模块进行编程实现，后续部分中Transformer的实现代码参考了[10]中的内容。

7.6.3 Embedder模块

Embedder模块的作用是负责将单词ID转换成对应的单词向量，因而这里将使用PyTorch中名为nn.Embedding的组件来实现。只要将（词汇表中单词总数 × 离散表现的维数）的TEXT.vocab.vectors指定给权重，该组件就能返回单词ID，即行id对应的行数据（相应单词的离散表现向量）。具体的实现代码如下所示。

```
class Embedder(nn.Module):
    '''将id代表的单词转换为向量'''

    def __init__(self, text_embedding_vectors):
        super(Embedder, self).__init__()

        self.embeddings = nn.Embedding.from_pretrained(
            embeddings=text_embedding_vectors, freeze=True)
        #指定freeze=True，可以防止反向传播造成的更新，保证数据不发生变化
```

```
    def forward(self, x):
        x_vec = self.embeddings(x)

        return x_vec
```

确认代码的执行结果如下。

```
#确认代码的执行结果

#导入7.5节中的DataLoader等代码
from utils.dataloader import get_IMDb_DataLoaders_and_TEXT
train_dl, val_dl, test_dl, TEXT = get_IMDb_DataLoaders_and_TEXT(
    max_length=256, batch_size=24)

#准备小批次
batch = next(iter(train_dl))

#构建模型
net1 = Embedder(TEXT.vocab.vectors)

#输入和输出
x = batch.Text[0]
x1 = net1(x)  #将单词转换为向量

print("输入的张量尺寸：", x.shape)
print("输出的张量尺寸：", x1.shape)
```

【输出执行结果】

```
输入的张量尺寸: torch.Size([24, 256])
输出的张量尺寸: torch.Size([24, 256, 300])
```

从上述代码的执行结果中可以看到,（小批次数量 × 单词数量）的输入被成功地转换成了（小批次数量 × 单词数量 × 离散表现的维数）。

7.6.4 PositionalEncoder 模块

接下来对PositionalEncoder 模块进行编程实现。这里对用于决定单词的位置和离散表现的维度的位置信息张量进行加法运算，其中计算位置信息张量时使用的公式如下：

$$\mathrm{PE}(\mathrm{pos}_{\mathrm{word}}, 2i) = \sin(\mathrm{pos}_{\mathrm{word}}/10000^{2i/\mathrm{DIM}})$$
$$\mathrm{PE}(\mathrm{pos}_{\mathrm{word}}, 2i+1) = \cos(\mathrm{pos}_{\mathrm{word}}/10000^{2i/\mathrm{DIM}})$$

式中，PE 表示Positional Encoding，即位置信息；$\mathrm{pos}_{\mathrm{word}}$表示对应的单词是第几个单词；$2i$ 表示单词的

离散向量的第几个维度；DIM 表示离散向量的维度，这次是300。

例如，第3个单词的第5 个维度的Positional Encoding值可使用如下公式进行计算：

$$PE(3, 2\times2 + 1) = \cos(3/10000^{4/300})$$

至于为什么这里会用到这么复杂的计算公式，其中原因就不在本书中赘述了，本书中读者只要知道这样做就足够了（实际上这里是为了利用sin 和cos 函数的相对加法运算比较容易实现的这一特性，感兴趣的读者可以参考原著论文[1]）。

PositionalEncoder 模块的实现代码如下所示。由于单词向量比Positional Encoding 更小，因此在代码中采取了乘以root(300) 的方式将值的大小在一定程度上进行对齐处理后再执行加法运算。

```
class PositionalEncoder(nn.Module):
    '''添加用于表示输入单词的位置的向量信息'''

    def __init__(self, d_model=300, max_seq_len=256):
        super().__init__()

        self.d_model = d_model  #单词向量的维度

        #创建根据单词的顺序（pos）和填入向量的维度的位置（i）确定的值的表pe
        pe = torch.zeros(max_seq_len, d_model)

        #如果GPU可用，则发送到GPU中，这里暂且省略此操作。在实际学习时可以使用
        # device = torch.device("cuda:0" if torch.cuda.is_available() else "cpu")
        # pe = pe.to(device)

        for pos in range(max_seq_len):
            for i in range(0, d_model, 2):
                pe[pos, i] = math.sin(pos / (10000 ** ((2 * i)/d_model)))
                pe[pos, i + 1] = math.cos(pos /
                                          (10000 ** ((2 * (i + 1))/d_model)))

        #将作为小批量维度的维度添加到pe的开头
        self.pe = pe.unsqueeze(0)

        #关闭梯度的计算
        self.pe.requires_grad = False

    def forward(self, x):

        #将输入x与Positonal Encoding相加
        #x比pe要小，因此需要将其放大
        ret = math.sqrt(self.d_model)*x + self.pe
        return ret
```

确认代码的执行结果。

```
#确认代码的执行结果

#构建模型
net1 = Embedder(TEXT.vocab.vectors)
net2 = PositionalEncoder(d_model=300, max_seq_len=256)

#输入和输出
x = batch.Text[0]
x1 = net1(x)  #将单词转换为向量
x2 = net2(x1)

print("输入的张量尺寸：", x1.shape)
print("输出的张量尺寸：", x2.shape)
```

【输出执行结果】

```
输入的张量尺寸: torch.Size([24, 256, 300])
输出的张量尺寸: torch.Size([24, 256, 300])
```

7.6.5 TransformerBlock模块

图7.6.2所示为TransformerBlock 模块的组成结构。TransformerBlock 模块由LayerNormalization 组件、Dropout，以及Attention 和FeedForward 两个子网络组成。LayerNormalization 以特征量为单位，对每个单词包含的300 个特征量进行归一化处理。归一化处理使每个特征量的300 个元素的平均值为0，标准偏差为1。在经过归一化处理后，数据被输入Attention 子网络中，并将特征量转换为（256，300）的张量进行输出。从Attention 子网络输出的数据要经过Dropout 的处理，再将输出结果与LayerNormalization 之前的输入进行加法运算。至此，就完成了基于Attention 的特征量变换操作。

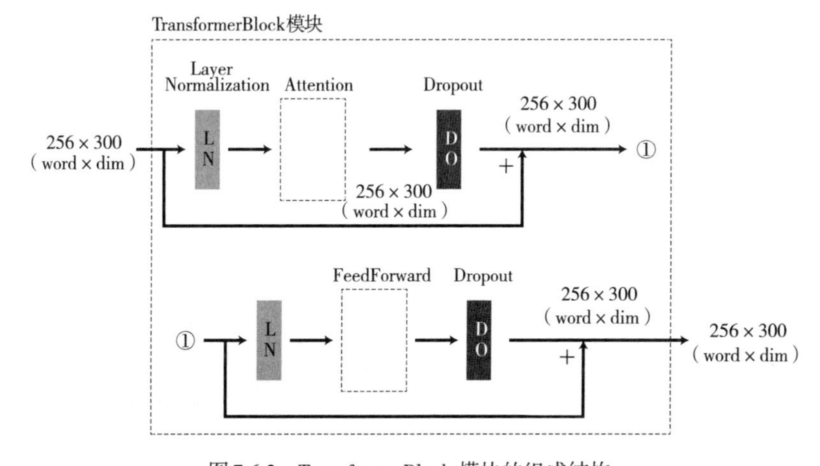

图7.6.2　TransformerBlock 模块的组成结构

然后，将刚才由两个全连接层与Attention组成的简单的网络替换成FeedForward后再执行同样的处理，继续对特征量进行变换。最终输出的张量的形状与输入TransformerBlock模块的大小相同，也是(256，300)。

接下来将根据上面讲解的内容，对TransformerBlock模块进行编程实现。

在原版的Transformer[1]中，Attention采用的是被称为Multi-Headed Attention的将多个Attention并列在一起使用的方法。简单地说，就是同时使用多个Attention进行处理。但是本书优先考虑的是方便读者理解，因此采用了单一Attention的方式进行实现。

第5章中讲解的Self-Attention GAN是在卷积核尺寸为1的逐点卷积中对Self-Attention的输入特征量进行变换的，而Transformer则是在全连接层nn.Linear中进行特征量变换的。

此外，对于长度较短的文本数据中用<pad>填充的部分，虽然mask的值是0，但是将Attention的mask=0对应的部分的值全部替换成了-1e9这一接近负无穷大的值。之所以要在这里将mask的值设置为负无穷大，是因为我们希望在稍后进行SoftMax计算时，归一化处理后Attention Map中对应的部分可以变成0（softmax(-inf) = 0）。

```
class Attention(nn.Module):
    '''实际上，Transformer中使用的是多头Attention
    这里为了便于读者理解，采用的是单一Attention结构'''

    def __init__(self, d_model=300):
        super().__init__()

        #在Self-Attention GAN中使用的是1dConv，这次在全连接层中对特征量进行变换
        self.q_linear = nn.Linear(d_model, d_model)
        self.v_linear = nn.Linear(d_model, d_model)
        self.k_linear = nn.Linear(d_model, d_model)

        #输出时使用的全连接层
        self.out = nn.Linear(d_model, d_model)

        #用于调整Attention大小的变量
        self.d_k = d_model

    def forward(self, q, k, v, mask):
        #在全连接层中进行特征量变换
        k = self.k_linear(k)
        q = self.q_linear(q)
        v = self.v_linear(v)

        #计算Attention的值
        #直接与各个值相加得到的结果太大，因此除以root(d_k)来调整
        weights = torch.matmul(q, k.transpose(1, 2)) / math.sqrt(self.d_k)

        #在这里计算mask
        mask = mask.unsqueeze(1)
```

```
        weights = weights.masked_fill(mask == 0, -1e9)

        #使用softmax进行归一化处理
        normlized_weights = F.softmax(weights, dim=-1)

        #将Attention与Value相乘
        output = torch.matmul(normlized_weights, v)

        #使用全连接层进行特征量变换
        output = self.out(output)

        return output, normlized_weights
```

接下来先编写FeedForward的代码，再编写TransformerBlock的实现代码。将normlized_weights也指定为TransformerBlock的输出数据中的一部分，这样就可以方便稍后对Self-Attention进行确认。

```
class FeedForward(nn.Module):
    def __init__(self, d_model, d_ff=1024, dropout=0.1):
        '''负责将来自Attention层的输出通过两个全连接层进行特征量变换的组件'''
        super().__init__()

        self.linear_1 = nn.Linear(d_model, d_ff)
        self.dropout = nn.Dropout(dropout)
        self.linear_2 = nn.Linear(d_ff, d_model)

    def forward(self, x):
        x = self.linear_1(x)
        x = self.dropout(F.relu(x))
        x = self.linear_2(x)
        return x

class TransformerBlock(nn.Module):
    def __init__(self, d_model, dropout=0.1):
        super().__init__()

        #LayerNormalization层
        #https://pytorch.org/docs/stable/nn.html?highlight=layernorm
        self.norm_1 = nn.LayerNorm(d_model)
        self.norm_2 = nn.LayerNorm(d_model)

        #Attention层
        self.attn = Attention(d_model)

        #Attention后面的两个全连接层
        self.ff = FeedForward(d_model)

        # Dropout
```

```
        self.dropout_1 = nn.Dropout(dropout)
        self.dropout_2 = nn.Dropout(dropout)

    def forward(self, x, mask):
        #归一化与Attention
        x_normlized = self.norm_1(x)
        output, normlized_weights = self.attn(
            x_normlized, x_normlized, x_normlized, mask)

        x2 = x + self.dropout_1(output)

        #归一化与全连接层
        x_normlized2 = self.norm_2(x2)
        output = x2 + self.dropout_2(self.ff(x_normlized2))

        return output, normlized_weights
```

至此，就完成了TransformerBlock模块代码的编写工作。下面对代码的执行结果进行确认。其中，input_mask是对其中存在对应单词的部分设置为1，文章结尾中使用<pad>填充的部分则设置为0进行输出的。

```
#确认代码的执行结果

#构建模型
net1 = Embedder(TEXT.vocab.vectors)
net2 = PositionalEncoder(d_model=300, max_seq_len=256)
net3 = TransformerBlock(d_model=300)

#创建mask
x = batch.Text[0]
input_pad = 1                 #在单词ID中'<pad>': 1
input_mask = (x != input_pad)
print(input_mask[0])

#输入和输出
x1 = net1(x)                  #将单词转换为向量
x2 = net2(x1)                 #加上Positon信息
x3, normlized_weights = net3(x2, input_mask)  #使用Self-Attention进行特征量变换

print("输入的张量尺寸：", x2.shape)
print("输出的张量尺寸：", x3.shape)
print("Attention的尺寸：", normlized_weights.shape)
```

【输出执行结果】

```
省略
```

7.6.6 ClassificationHead模块

在经过TransformerBlock 模块反复多次地对特征量进行变换之后，得到的（单词数量 × 离散表现的维度）的（256×300）的张量就被输入ClassificationHead模块中，并产生正面/负面的二维输出数据。我们就是根据该输出结果进行类别的分类处理，对输入文章是正面还是负面情感进行判定的。ClassificationHead 模块中只包含一个全连接层。

具体的实现代码如下所示。这里从输入给ClassificationHead 模块的张量（256 × 300）中取出位于第一位的单词的特征量（1 × 300）进行使用。在创建Dataset 和DataLoader 对象时，在TEXT 字段中指定的是“init_token="<cls>"”，将文章开头的第一个单词变成了<cls>。这里将使用cls 的特征量对文章的正面/负面情绪进行判定。当然，也可以使用全部256 个单词的特征量进行判定，但是不同数据中文章的长度也不同，因而每个文章后半部分填充的<pad>数量也不同。如果使用全部的特征量进行判定，会感觉比较奇怪。所以，这里的策略是随便挑一个特征量使用即可，因此这里使用的是最开头的特征量。

```
class ClassificationHead(nn.Module):
    '''使用Transformer_Block的输出结果，最终实现分类处理'''

    def __init__(self, d_model=300, output_dim=2):
        super().__init__()

        #全连接层
        self.linear = nn.Linear(d_model, output_dim)#output_dim是正面/负面这两个维度

        #权重的初始化处理
        nn.init.normal_(self.linear.weight, std=0.02)
        nn.init.normal_(self.linear.bias, 0)

    def forward(self, x):
        x0 = x[:, 0, :]    #取出每个小批次的每个文章的开头的单词的特征量（300维）
        out = self.linear(x0)

        return out
```

这里需要注意的非常重要的一点是，在Transformer中开头的单词的特征量里并不具备自动聚集用于分类处理的信息的特性。我们也并不需要开头的单词具备自动聚集文章的特征量的性质，我们只需要使用开头单词的特征量进行分类处理，并对其损失值进行反向传播，让整个网络进行学习，因此开头单词的特征量在学习的过程中就自然而然地变成了可以对文章的正面/负面情绪进行判定的特征量。

7.6.7 Transfomer的实现

下面使用到目前为止实现的模块的组合来对分类任务用的Transformer模型进行编程实现。这里将对TransformerBlock 模块进行两次重复使用。

```
#最终的Transformer模型的类

class TransformerClassification(nn.Module):
    '''使用Transformer进行分类处理'''

    def __init__(self, text_embedding_vectors, d_model=300, max_seq_len=256,
                 output_dim=2):
        super().__init__()

        #构建模型
        self.net1 = Embedder(text_embedding_vectors)
        self.net2 = PositionalEncoder(d_model=d_model, max_seq_len=max_seq_len)
        self.net3_1 = TransformerBlock(d_model=d_model)
        self.net3_2 = TransformerBlock(d_model=d_model)
        self.net4 = ClassificationHead(output_dim=output_dim, d_model=d_model)

    def forward(self, x, mask):
        x1 = self.net1(x)           #将单词转换为向量
        x2 = self.net2(x1)          #对Positon信息进行加法运算
        x3_1, normlized_weights_1 = self.net3_1(
            x2, mask)               #使用Self-Attention进行特征量变换
        x3_2, normlized_weights_2 = self.net3_2(
            x3_1, mask)             #使用Self-Attention进行特征量变换
        x4 = self.net4(x3_2)        #使用最终输出的第0个单词，输出分类0 ~ 1的标量
        return x4, normlized_weights_1, normlized_weights_2
```

最后，对Transformer 的执行结果进行确认。

```
#确认代码的执行结果

#准备小批次
batch = next(iter(train_dl))

#构建模型
net = TransformerClassification(
    text_embedding_vectors=TEXT.vocab.vectors, d_model=300, max_seq_len=256,
    output_dim=2)

#输入/输出
x = batch.Text[0]
```

```
input_mask = (x != input_pad)
out, normlized_weights_1, normlized_weights_2 = net(x, input_mask)

print("输出的张量尺寸：", out.shape)
print("输出张量的sigmoid：", F.softmax(out, dim=1))
```

【输出执行结果】

```
输出的张量尺寸：torch.Size([24, 2])
输出张量的sigmoid：tensor([[0.6263, 0.3737],
        [0.5870, 0.4130],
        [0.6039, 0.3961],
...
```

至此，就完成了对情感分析（分类任务）用的Transformer的编程实现。7.7节将使用Transformer对IMDb的DataLoader进行学习和推测处理。

7.7 实现Transformer的学习、推测及判定依据的可视化

本节将从IMDb的DataLoader中读取数据，然后通过7.6节中实现的Transformer模型进行学习，对电影的评论文章（英文）中的评价内容是属于正面评价还是负面评价进行判定处理。此外，本节还将在判定时是根据哪个单词进行判断的依据，将Self-Attention实现可视化处理。

本节的学习目标如下。

1. 掌握编程实现Transformer的学习的方法。
2. 掌握对Transformer进行判定时的Attention可视化处理的方法。

本节的程序代码

7-7_transformer_training_inference.ipynb

7.7.1 准备DataLoader和Transformer模型

我们在utils文件夹内事先准备好了7.5节中实现的DataLoader和7.6节中实现的Transformer模型的Python代码文件，载入这些文件并创建DataLoader和网络模型对象。这里将每个文章的单词数量定为256，对于长度不足的文章使用<pad>进行填充对齐，对于长度超过256的文章则将超出长度的部分舍去。设置小批次的尺寸为64。

由于模型的TransformerBlock模块中的激励函数采用的是ReLU，因此这里使用nn.init. kaiming_normal_，并采用“He初始值”进行初始化处理。

```
from utils.dataloader import get_IMDb_DataLoaders_and_TEXT

#载入数据
train_dl, val_dl, test_dl, TEXT = get_IMDb_DataLoaders_and_TEXT(
    max_length=256, batch_size=64)

#集中保存到字典对象中
dataloaders_dict = {"train": train_dl, "val": val_dl}


from utils.transformer import TransformerClassification

#构建模型
net = TransformerClassification(
    text_embedding_vectors=TEXT.vocab.vectors, d_model=300, max_seq_len=256,
```

```
    output_dim=2)

#定义网络的初始化操作

def weights_init(m):
    classname = m.__class__.__name__
    if classname.find('Linear') != -1:
        #Liner层的初始化
        nn.init.kaiming_normal_(m.weight)
        if m.bias is not None:
            nn.init.constant_(m.bias, 0.0)

#设置为训练模式
net.train()

#执行TransformerBlock模块的初始化操作
net.net3_1.apply(weights_init)
net.net3_2.apply(weights_init)

print('网络设置完毕')
```

7.7.2　损失函数与最优化算法

接下来编写损失函数和最优化算法部分的代码。由于是实现分类任务，因此这里使用的是常用的交叉熵损失函数，而最优化算法则采用的是Adam算法。

```
#设置损失函数
criterion = nn.CrossEntropyLoss()
#先计算nn.LogSoftmax，再计算nn.NLLLoss(negative log likelihood loss)

#设置最优化算法
learning_rate = 2e-5
optimizer = optim.Adam(net.parameters(), lr=learning_rate)
```

7.7.3　训练与验证函数的编写和执行

接下来编写用于训练模型的函数的代码，并让网络开始学习。具体的代码实现与本书到目前为止讲解的内容完全相同。这里将通过return的方式获取训练完毕的模型。

```
#创建用于训练模型的函数

def train_model(net, dataloaders_dict, criterion, optimizer, num_epochs):

    #确认是否能够使用GPU
```

```
device = torch.device("cuda:0" if torch.cuda.is_available() else "cpu")
print("使用的设备：", device)
print('-----start-------')
#将网络载入GPU中
net.to(device)

#如果网络结构比较固定，则开启硬件加速
torch.backends.cudnn.benchmark = True

#epoch循环
for epoch in range(num_epochs):
    #以epoch为单位进行训练和验证的循环
    for phase in ['train', 'val']:
        if phase == 'train':
            net.train()                                 #将模型设为训练模式
        else:
            net.eval()                                  #将模型设为训练模式

        epoch_loss = 0.0                                #epoch的损失和
        epoch_corrects = 0                              #epoch的准确率

        #从数据加载器中读取小批次数据的循环
        for batch in (dataloaders_dict[phase]):
            #batch是Text和Lable的字典对象

            #如果GPU可以使用，则将数据输送到GPU中
            inputs = batch.Text[0].to(device)          #文章
            labels = batch.Label.to(device)            #标签

            #初始化optimizer
            optimizer.zero_grad()

            #正向传播计算
            with torch.set_grad_enabled(phase == 'train'):

                #创建mask
                input_pad = 1                           #在单词ID中'<pad>': 1
                input_mask = (inputs != input_pad)

                #输入Transformer中
                outputs, _, _ = net(inputs, input_mask)
                loss = criterion(outputs, labels)  #计算损失值

                _, preds = torch.max(outputs, 1)   #对标签进行预测

                #训练时进行反向传播
```

```
            if phase == 'train':
                loss.backward()
                optimizer.step()

            #计算结果
            epoch_loss += loss.item() * inputs.size(0)  #更新loss的合计值
            #更新正确答案的合计数量
            epoch_corrects += torch.sum(preds == labels.data)

        #每轮epoch的loss和准确率
        epoch_loss = epoch_loss / len(dataloaders_dict[phase].dataset)
        epoch_acc = epoch_corrects.double(
        ) / len(dataloaders_dict[phase].dataset)

        print('Epoch {}/{} | {:^5} |  Loss: {:.4f} Acc: {:.4f}'.format(epoch+1,
                                                                        num_epochs,
                                                                        phase,
                                                                        epoch_loss,
                                                                        epoch_acc))

    return net
```

下面开始实际的学习和验证处理。这次设置执行 10 轮 epoch 运算，学习所需时间大约为 15 分钟。

```
#执行学习和验证处理所需时间约为15分钟
num_epochs = 10
net_trained = train_model(net, dataloaders_dict,
                          criterion, optimizer, num_epochs=num_epochs)
```

【输出执行结果】

```
使用的设备： cuda:0
-----start-------
Epoch 1/10 | train |  Loss: 0.6039 Acc: 0.6629
Epoch 1/10 |  val  |  Loss: 0.4203 Acc: 0.8174
Epoch 2/10 | train |  Loss: 0.4382 Acc: 0.8025
Epoch 2/10 |  val  |  Loss: 0.3872 Acc: 0.8332
Epoch 3/10 | train |  Loss: 0.4130 Acc: 0.8161
Epoch 3/10 |  val  |  Loss: 0.3688 Acc: 0.8456
Epoch 4/10 | train |  Loss: 0.3862 Acc: 0.8292
Epoch 4/10 |  val  |  Loss: 0.3789 Acc: 0.8432
Epoch 5/10 | train |  Loss: 0.3718 Acc: 0.8356
Epoch 5/10 |  val  |  Loss: 0.3477 Acc: 0.8552
Epoch 6/10 | train |  Loss: 0.3601 Acc: 0.8397
Epoch 6/10 |  val  |  Loss: 0.3401 Acc: 0.8570
Epoch 7/10 | train |  Loss: 0.3515 Acc: 0.8480
```

```
Epoch 7/10 |  val  |  Loss: 0.3452 Acc: 0.8558
Epoch 8/10 | train |  Loss: 0.3435 Acc: 0.8513
Epoch 8/10 |  val  |  Loss: 0.3523 Acc: 0.8560
Epoch 9/10 | train |  Loss: 0.3409 Acc: 0.8525
Epoch 9/10 |  val  |  Loss: 0.3300 Acc: 0.8598
Epoch 10/10 | train |  Loss: 0.3312 Acc: 0.8573
Epoch 10/10 |  val  |  Loss: 0.3354 Acc: 0.8598
```

从上述执行结果中可以看到，在第9轮epoch中验证数据的准确率达到了约86%，为模型的最高性能。之后虽然训练数据的准确率有所上升，但是验证数据的准确率并没有相应的提升，模型开始陷入过拟合状态中。

7.7.4 基于测试数据的推测与判断依据的可视化

接下来，使用保存着完成了10轮epoch学习的Transformer模型的变量net_trained对测试数据的准确率进行计算，最后的结果是测试数据的准确率达到了85%。

```
# device
device = torch.device("cuda:0" if torch.cuda.is_available() else "cpu")

net_trained.eval()                          #将模型设置为验证模式
net_trained.to(device)

epoch_corrects = 0                          #epoch的正确答案数

for batch in (test_dl):                     #test数据的DataLoader
    #batch是Text和Lable的字典对象

    #如果GPU可以使用，则将数据输送到GPU中
    inputs = batch.Text[0].to(device)       #文章
    labels = batch.Label.to(device)         #标签

    #正向传播计算
    with torch.set_grad_enabled(False):

        #创建mask
        input_pad = 1                       #在单词ID中'<pad>': 1
        input_mask = (inputs != input_pad)

        #输入Transformer中
        outputs, _, _ = net_trained(inputs, input_mask)
        _, preds = torch.max(outputs, 1) #对标签进行预测

        #结果的计算
        #更新正确答案的合计数量
```

```
        epoch_corrects += torch.sum(preds == labels.data)

#准确率
epoch_acc = epoch_corrects.double() / len(test_dl.dataset)

print('总数{}个的测试数据的准确率：{:.4f}'.format(len(test_dl.dataset),epoch_acc))
```

【输出执行结果】

```
总数25000个的测试数据的准确率:0.8500
```

7.7.5 通过Attention的可视化寻找判断依据

为什么模型会对某个评论文章的内容做出正面或者负面的判定呢？最后，通过对模型进行判定时Attention处理的单词进行可视化处理，实现对模型进行判定的依据的确认。

最近几年，诸如XAI（Explainable Artificial Intelligence，可解释的人工智能）等能够缓解深度学习的黑盒特性，增强模型的可描述性，对网络模型进行判定的依据进行可视化处理技术受到了广泛的关注。

本书通过对Attention的可视化来对模型的判定依据进行调查。到本书截稿为止，自然语言处理领域中还没有任何一种完全确定的可用于显示判断依据的方法。因此，本书的出发点也仅仅是“先尝试对Attention进行可视化，看看效果再说”（此外，关于Attention是否真的能作为判定依据这一问题的相关研究仍然在进行中，而且关于在递归神经网络中将Attention作为判定依据的合理性的研究也在进行中[11]。而根据深度学习模型是基于LTSM的还是基于CNN的结构差异以及任务内容的不同，也会给将Attention作为判定依据的妥当性带来疑问）。

下面通过将文章数据中与Attention有较强关联的单词的背景绘制成红色的方式，使用不同的颜色浓度来对Attention的强度进行可视化处理。由于Jupyter Notebook的print语句并不具备这样的输出功能，因此采用输出为HTML数据的方式来实现。

具体的做法是使用HTML的backgroundcolor的值来反映Attention的强度变化，并将生成的HTML数据输出到Jupyter Notebook中进行显示。为了实现这一功能，定义如下所示的highlight函数和mk_html函数。这些函数的实现参考了@itok_msi先生在Qitta的文章[12]中公开的源代码。

具体的实现代码如下所示。程序使用了文章的第一个单词<cls>的特征量来进行正面/负面的分类判断，并从normlized_weights变量中将生成这一特征量时使用的Self-Attention读取出来进行显示。由于总共有两个TransformerBlock模块，因此第一个Attention和第二个Attention是不同的。

```
#编写生成HTML的函数

def highlight(word, attn):
    "如果Attention的值较大，则函数将输出较深的红色作为文字背景的HTML"

    html_color = '#%02X%02X%02X' % (
        255, int(255*(1 - attn)), int(255*(1 - attn)))
```

```
    return '<span style="background-color: {}"> {}</span>'.format(html_color, word)

def mk_html(index, batch, preds, normlized_weights_1, normlized_weights_2, TEXT):
    "生成HTML数据"

    #取出index的结果
    sentence = batch.Text[0][index]              #文章
    label = batch.Label[index]                   #标签
    pred = preds[index]                          #预测

    #index的Attention的提取和归一化
    attens1 = normlized_weights_1[index, 0, :]  #第0个<cls>的Attention
    attens1 /= attens1.max()

    attens2 = normlized_weights_2[index, 0, :]  #第0个<cls>的Attention
    attens2 /= attens2.max()

    #将标签和预测结果替换成文字信息
    if label == 0:
        label_str = "Negative"
    else:
        label_str = "Positive"

    if pred == 0:
        pred_str = "Negative"
    else:
        pred_str = "Positive"

    #生成用于显示的HTML
    html = '正确答案：{}<br>推论标签：{}<br><br>'.format(label_str, pred_str)

    #第一段Attention
    html += '[对TransformerBlock的第一段Attention进行可视化]<br>'
    for word, attn in zip(sentence, attens1):
        html += highlight(TEXT.vocab.itos[word], attn)
    html += "<br><br>"

    #第二段Attention
    html += '[对TransformerBlock的第二段Attention进行可视化]<br>'
    for word, attn in zip(sentence, attens2):
        html += highlight(TEXT.vocab.itos[word], attn)

    html += "<br><br>"

    return html
```

以上就是Attention的可视化函数的具体实现，接下来继续对测试数据进行判定，并显示其Attention的可视化结果。具体的实现流程是将数据输入已经完成训练的Transformer中，对预测结果和TransformerBlock模块的Self-Attention进行求解，使用刚才创建的mk_html函数生成HTML并显示。

具体的实现代码如下所示。选择对小批次中的第几个文章进行显示是在index参数中指定的。

```
from IPython.display import HTML

#使用Transformer进行处理

#准备好小批次
batch = next(iter(test_dl))

#如果GPU可以使用，则将数据输送到GPU中
inputs = batch.Text[0].to(device)          #文章
labels = batch.Label.to(device)            #标签

#创建mask
input_pad = 1                              #在单词ID中'<pad>': 1
input_mask = (inputs != input_pad)

#输入数据到Transformer
outputs, normlized_weights_1, normlized_weights_2 = net_trained(
    inputs, input_mask)
_, preds = torch.max(outputs, 1)           #对标签进行预测

index = 3                                  #指定需要输出的数据
html_output = mk_html(index, batch, preds, normlized_weights_1,
                      normlized_weights_2, TEXT)  #生成HTML
HTML(html_output)                          #使用HTML格式输出
```

上述代码的执行结果中的输出如图7.7.1所示。其中，第一段TransformerBlock的Attention中单词wonderful的关联性很强，其他的诸如charming、great、nice等单词的Attention也有一定的关联性。

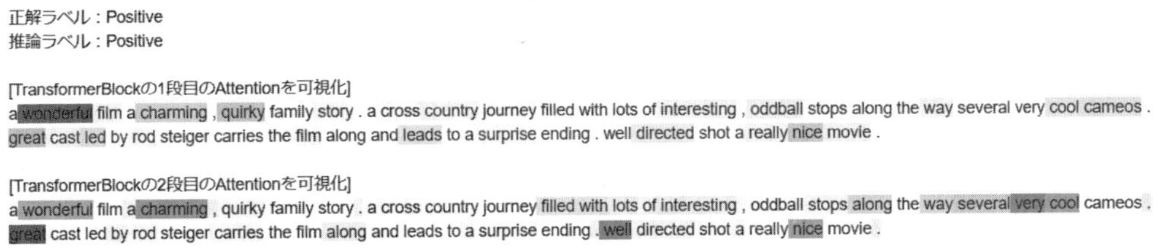

正解ラベル : Positive
推論ラベル : Positive

[TransformerBlockの1段目のAttentionを可視化]
a wonderful film a charming , quirky family story . a cross country journey filled with lots of interesting , oddball stops along the way several very cool cameos . great cast led by rod steiger carries the film along and leads to a surprise ending . well directed shot a really nice movie .

[TransformerBlockの2段目のAttentionを可視化]
a wonderful film a charming , quirky family story . a cross country journey filled with lots of interesting , oddball stops along the way several very cool cameos . great cast led by rod steiger carries the film along and leads to a surprise ending . well directed shot a really nice movie .

图7.7.1　文章数据判定的Attention可视化之一

图7.7.1下方显示的是第二段经过TransformerBlock处理，并创建最终在判定中使用的特征量时使用的Attention。其与第一段Attention相比稍微有些变化，wonderful的Attention相对变弱，而very cool和great以及在第一段Attention中没有引起关注的well则变得更强了。

从结果中可以看到，这些位置上单词的特征量得到了强烈的关注，并让模型最终做出了Positive的判断。

接下来执行做出了错误的正面/负面判定的Attention的例子，结果如图7.7.2所示，实际上是

Positive 的评论内容，但是模型却做出了Negative的判定。

```
index = 61                    #需要输出的数据
html_output = mk_html(index, batch, preds, normlized_weights_1,
                      normlized_weights_2, TEXT)  #生成HTML
HTML(html_output)             #用HTML格式输出
```

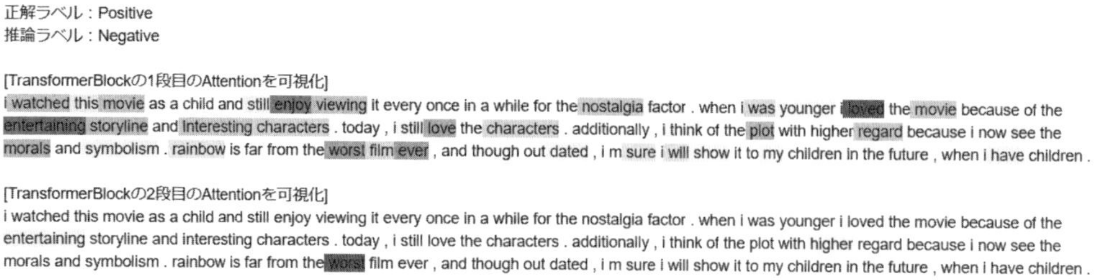

正解ラベル：Positive
推論ラベル：Negative

[TransformerBlockの1段目のAttentionを可視化]
i watched this movie as a child and still enjoy viewing it every once in a while for the nostalgia factor . when i was younger i loved the movie because of the entertaining storyline and interesting characters . today , i still love the characters . additionally , i think of the plot with higher regard because i now see the morals and symbolism . rainbow is far from the worst film ever , and though out dated , i m sure i will show it to my children in the future , when i have children .

[TransformerBlockの2段目のAttentionを可視化]
i watched this movie as a child and still enjoy viewing it every once in a while for the nostalgia factor . when i was younger i loved the movie because of the entertaining storyline and interesting characters . today , i still love the characters . additionally , i think of the plot with higher regard because i now see the morals and symbolism . rainbow is far from the worst film ever , and though out dated , i m sure i will show it to my children in the future , when i have children .

图7.7.2　文章数据判定的Attention可视化之二

在第一段Attention中，除了enjoy、loved以及entertaining等单词之外，类似worst这样的Negative的单词也受到了Attention的关注，然后这些单词经过处理后被发送到第二段进行特征量的生成。

然而，第二段的Attention最终将注意力全集中在了worst上，因而做出了Negative的判定，即worst这个单词（准确地说，应该是worst这一单词位置上的特征量）是模型产生误判的原因。

如果仔细阅读评论文章，会发现原文写的是rainbow is far from the worst film ever，很明显rainbow应该是电影名称，如果直译过来就是“电影Rainbow距离史上最差电影是非常遥远的”，即“电影Rainbow是一部非常棒的电影”。

因此，不能仅仅关注worst这个单词，而必须要对far from the worst这一双重否定做到完整的理解。

然而，类似far from the worst这样的说法，即使用了far的双重否定句在学习数据中估计是非常少的，因此模型无法真正理解这类双重否定的修辞方法，因此没能对整个far from the worst进行关注，而只对worst这么一个词做出了强烈的反应。

类似双重否定这样较为复杂的修辞手法，使用bag-of-words算法是无法进行正确处理的。这次用于训练模型的电影评论数据集非常小，如果能使用更大的数据集对Transformer模型进行训练，相信一定能够很好地处理far from the worst这类句子，而且模型的精度也应该会更高。

由此可见，通过采用这类对Attention进行可视化处理的方法，除了能够取得深度学习模型做出最终推论的依据（准确地说，相当于提示）外，还能帮助我们思考如何对模型进行更好的改进。

小结

至此，就完成了本章中运用自然语言处理技术、利用Janome和MeCab + NEologd进行分词处理、使用torchtext构建DataLoader、使用word2vec和fastText实现单词的向量化处理，以及Transformer模型和IMDb数据分类处理、Attention的可视化处理等相关知识的讲解和编程实现。第8章将对在Transformer的基础上进一步进化而成的自然语言处理模型BERT（Bidirectional Encoder Representations from Transformers）的相关知识进行讲解，并编写实际的代码，重新尝试对IMDb数据进行情感分析处理。

基于自然语言处理的情感分析（BERT）

第8章

8.1 BERT的原理

本章将继续对第7章中讲解的用于处理文本数据的自然语言处理的相关技术进行学习。本章将使用BERT[1]深度学习网络模型，对在第7章中使用的IMDb数据集中的评论内容进行正面和负面的二值分类处理，实现基于BERT模型的情感分析。

BERT模型是Google于2018年下半年发表的用于自然语言处理的新型深度学习网络模型。BERT的正式名称是Bidirectional Encoder Representations from Transformers。正如其名称中最后所包含的Transformers所示，BERT是以第7章中学习的Transformer模型为基础。尽管如此，BERT与到目前为止出现过的自然语言处理用的深度学习模型之间有着天壤之别。对于与图像处理类神经网络技术相比发展极为缓慢的语言处理的深度学习而言，BERT的出现无疑为自然语言处理技术带来了一缕曙光，因而也受到了极为广泛的关注。

本节将对BERT的网络结构、BERT中特有的预先任务，以及BERT的三大特点等相关内容进行讲解。

本节的学习目标如下。

1. 理解BERT模型的结构。
2. 理解BERT的两种预先学习的语言任务。
3. 理解BERT的三大特点。

本节的程序代码

无

8.1.1 BERT模型结构概要

BERT模型的名字中就包含了Transformer这个词，它是以第7章中学习的Transformer模型为基础的一种神经网络。

图8.1.1中所示为BERT模型的结构概览。BERT模型可按照模型尺寸的不同分为两种类型，本书将对被称为BERT-Base的尺寸较小的模型进行学习。

BERT的结构与Transformer模型基本一样，也是先准备将文章转化为单词ID得到的ID序列。BERT中使用的ID序列的长度为seq_len=512。这一输入数据也与Transformer一样被传递给Embeddings模块进行处理。

在Embeddings模块中，ID序列被转换为单词的特征量向量，然后与Transformer中一样，向数据中添加单词和表示特征量向量的位置信息的Positional Embedding。BERT(BERT-Base)中使用的特征量向量的维数是768，图8.1.1中用hidden表示。

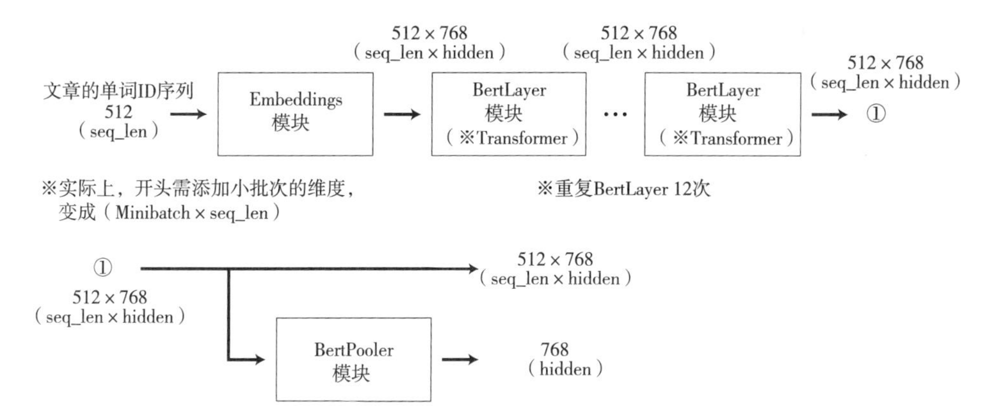

图8.1.1 BERT 模型的结构概览

Embeddings 模块生成的输出张量（seq_len × hidden）=（512 × 768）稍后被传递给BertLayer 模块。BertLayer 模块其实就是Transformer 模块，负责使用Self-Attention对特征量进行变换。BertLayer 模块的输出张量的形状与输入张量的形状相同（512 × 768）。BertLayer 模块总共要重复使用12 次。

然后，从经过BertLayer 模块12 次重复处理后得到的输出张量（512 × 768）中将开头的单词特征量（1 × 768）取出，并输入BertPooler 模块中。在BERT 中也与Transformer 一样，将开头的单词设置为[CLS]，将其作为保持输入文本的整体特征量的部分加以运用，用于解决文章的类型分类等任务。开头单词的特征量将在BertPooler 模块中进行进一步的转换。

以上就是BERT 模型的基本处理流程，最终输出的张量包括经过12 次BertLayer模块处理得到的（seq_len × hidden）=（512 × 768）张量和开头单词[CLS] 的特征量（BertPooler 模块的输出结果）、尺寸为（768）的张量这两种不同类型的张量。

8.1.2 BERT 中的两种预先学习的语言任务

如果只看上述关于BERT 的描述，可以认为BERT 只是一个包含12 个Transformer 的模型。实际上，BERT 与Transformer 最大的不同是，BERT的网络模型会使用两种不同的语言任务进行预先学习，这两种语言任务分别是Masked Language Model 和Next Sentence Prediction。

Masked Language Model 其实就是7.3 节中介绍的word2vec 的CBOW 算法的扩展版任务。CBOW 是用掩码将文章中的某个单词遮盖起来将其隐藏，然后根据被遮盖的单词前后（前后约各5 个单词）的信息对被遮盖的单词进行推测的任务。通过执行这种CBOW 任务，就可以根据被遮盖的单词与周围单词之间的关系来构建被遮盖的单词的特征量。BERT 的Masked Language Model 是在输入的512 个单词中对多个单词进行遮盖，但并不是使用被遮盖单词前后的几个单词，而是使用文章中剩下的所有没有被遮盖的单词对被遮盖的单词进行推测，并以此来获得这一单词的特征量向量的任务（图8.1.2）。

接下来，继续介绍BERT 中另一个预先学习任务Next Sentence Prediction 的相关知识。第7 章中介绍的Transformer 模型通常是输入一份文本数据进行处理；而BERT 的预先学习则是输入两份文本数据，即输入两个512 个单词的文章；这两个文章用[SEP] 隔开。这两个文章在监督数据中又分为“存在连续含义的关系很深的两个文章”和“完全没有关联，上下文无关的两个文章”两种不同的模式。Next Sentence Prediction 的任务是使用图8.1.1 中的BertPooler模块输出的开头单词[CLS] 的特征量，对输入的这两个文章究竟是属于“存在连续含义的关系很深的两个文章”还是属于“完全没有关联，上下文无关的两个文章”进行推测（图8.1.2）。

预先学习任务
Masked Language Model

（示例）
输入如下一部分单词被遮盖住的句子，并猜测其对应的是词汇表中的哪些单词

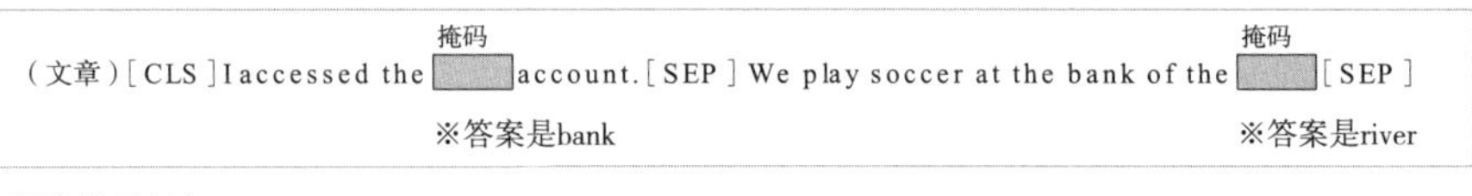

预先学习任务
Next Sentence Prediction

（示例）
输入如下所示的两句话，对这两句话的含义是否具有连续性进行判断

（文章）[CLS] I accessed the bank account. [SEP] We play soccer at the bank of the river. [SEP]
※答案是没有连续性

图8.1.2　BERT中两种不同的预先学习

连接了用于解决这两个语言任务的模块的BERT模型如图8.1.3所示，其在基础模块上新增加了MaskedWordPredictions模块和SeqRelationship模块，并对基础模块进行训练来解决Masked Language Model和Next Sentence Prediction这两种预先任务。

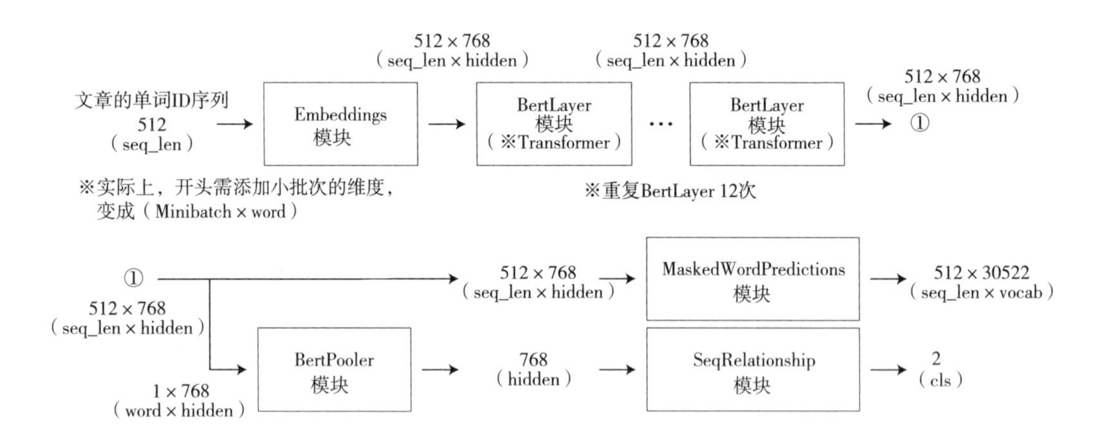

图8.1.3　连接了用于解决两个语言任务的模块的BERT型

输入MaskedWordPredictions模块的是BertLayer模块的输出结果（seq_len × hidden）=（512 × 768），然后输出的是（seq_len × vocab_size）=（512 × 30522）。vocab_size中的30522是BERT的词汇表中全部单词的数量（使用英语完成学习的情况下）。对于输入的512个单词，模块使用SoftMax函数来计算应当对应整个词汇表中的哪些单词。不过实际上并不是对输入的这512个单词全部进行推测，而仅仅是对那些被遮盖的未知单词进行推测。

SeqRelationship模块则是将BertPooler模块输出的开头单词[CLS]的特征量向量放入全连接层中，计算分类数量为2的分类处理。全连接层的输出尺寸为2，用于表示“存在连续含义的关系很深的两个文章”和“完全没有关联，上下文无关的两个文章”这两种情况中的一种。

8.1.3 BERT 的三大特点

到目前为止，我们对BERT 模型的大致结构（12 个Transformer）以及在BERT中作为预先学习进行处理的两种语言任务（Masked Language Model 和Next Sentence Prediction）的相关内容进行了讲解。接下来，对BERT 的三大特点进行介绍。这三大特点是指“能够创建依赖上下文的单词向量表现”“能够在自然语言处理任务中对模型进行微调”“可以很方便地通过Attention 来对模型的判定机制进行描述和可视化处理”。

首先，对“能够创建依赖上下文的单词向量表现”这一特点进行讲解。例如，英语中的bank单词既有“银行”的意思，也有“堤坝”的意思。无论是英语还是日语，很少有一个单词只包含一种意思的。即便翻阅语文词典，也会发现每个单词往往包含多种意思，根据上下文的不同单词表达的含义也不同。BERT 正是能够解决对这类上下文相关的单词向量的表示问题的模型。

BERT中使用了12 个Transformer 模块。在开头的Embeddings 模块中将单词ID 转换为单词向量时，无论是表示银行的bank 还是表示堤坝的bank，都是长度为768 的完全相同的单词向量。但是，经过12 个Transformer 模块的处理后，单词bank 的位置中包含的特征量向量则发生了变化。其结果就是，第12 个Transformer 模块输出的单词bank 的位置上的特征量向量会根据其代表的是银行的bank 还是堤坝的bank 的不同而不同。

该特征量向量是可以使用预先学习的Masked Language Model 进行求解的特征量向量，是根据文章中的单词bank 与其周围的单词之间的关系，经过Transformer的Self-Attention处理后产生的向量。因此，即使同样是bank 这个单词，也会根据其与周围单词之间的关联性来生成能够对应上下文内容的单词向量。我们将在8.3 节中通过编写实际的代码来对BERT 的这一特点进行确认。

接下来对BERT 的第二大特点“能够在自然语言处理任务中对模型进行微调”的相关内容进行讲解。要使用BERT 模型实现各种自然语言处理任务，首先要将在两个语言任务中学习到的权重参数设置为图8.1.1 所示的BERT 模型的权重，产生的输出结果是图8.1.1 中的（seq_len × hidden）=（512 × 768）和（hidden）=（768）这两个张量；然后将这两个张量输入需要进行执行的自然语言处理任务中的适配器模块中，就可以得到任务输出的执行结果。

例如，如果是进行正面/负面的情感分析，只需要添加一个全连接层作为适配器模块，就可以实现对文章的判定。在学习的过程中，可以对作为基础的BERT 和适配器模块的全连接层进行微调操作。

由此可见，通过在BERT 的输出端接上各种适配器模块，就能实现各种各样的自然语言处理任务。BERT 的这一特点意味着，BERT 所起到的作用与第2 章中用于物体检测的SSD，以及第4 章的姿势识别中作为OpenPose 基础网络的VGG类似，只需要使用很少量的文本数据就可以构建出性能优秀的模型。随着BERT 技术的出现，自然语言处理任务也变得像图像处理任务那样可以实现迁移学习、微调等操作，这也是BERT 为何受到了如此广泛的关注的重要原因之一。

那么为什么说BERT 所起的作用与图像处理任务的基础模型VGG 类似，能够用于迁移学习和微调等操作呢？在VGG 等图像处理任务中能够用于解决图像分类问题的网络模型，按说应该也能用于解决物体检测和语义分割等问题。BERT 也是类似的，能够解决预先任务Masked Language Model 的“将单词转换为上下文相关的特征量向量的能力”意味着能够正确地理解单词的意思，而通过预先学习NextSentence Prediction 得到的“判断文章在意思上是否连续的能力”意味着能够（大体上）理解文章的意思。由于通过预先学习理解了单词和文章的意思，因此这些知识就可以在接下来的情感分析等自然语言处理任务中灵活地运用。

今后也可能会出现Masked Language Model 和Next Sentence Prediction以外的更为优化的预先学习的语言任务，但是像“布置能够准确地理解单词和句子含义的预先任务，然后使用在这些预先任务中经过学习得到的权重作为基础，根据具体的自然语言处理任务替换相应的适配器模块，再对模型进行微调”这样的流程可能会成为自然语言处理任务的标准流程之一。作为创造了这种具有开创性的通用语言模型案例，BERT受到了广泛的关注。

BERT 的最后一大特点是“可以很方便地通过Attention 来对模型的判定机制进行描述和可视化处理”。这一点实际上与第7 章中的Transformer 的可视化是一样的。深度学习模型的可解释性和可描述性在当今的深度学习技术的研究中是非常重要的课题，由于Attention 表示的是对模型的预测结果产生了影响的单词的位置信息，对其进行可视化处理有助于人们思考和理解由模型产生的推测结果。所以，由多个Transformer组成的BERT模型也同样具有这一特点。

至此，就完成了本节中对BERT 模型的结构、其组成模块概要、BERT中执行的预先学习的内容，以及BERT具有的三大特点等相关内容的讲解。8.2 节将开始编写BERT 的实现代码。

8.2 BERT 的实现

本节将对BERT的神经网络模型进行编程实现。本章的实现参考了GitHub: huggingface/pytorch-pretrained-BERT[2] 中的源代码。此外，本章的代码以在Ubuntu 上执行为前提条件。

本节的学习目标如下。

1. 理解BERT 的Embeddings 模块的行为，并能编写相应的实现代码。

2. 理解BERT 中运用了Self-Attention 的Transformer 的组成部分BertLayer模块的行为，并能编写相应的实现代码。

3. 理解BERT 的Pooler 模块的行为，并能编写相应的实现代码。

本节的程序代码

```
8-2-3_bert_base.ipynb
```

8.2.1 需要使用的数据

首先，需要创建本章中使用的文件夹，并下载相关的文件。请先下载本书的实现代码，并打开位于8_nlp_sentiment_bert文件夹中的make_folders_and_data_downloads.ipynb文件，依次执行其中每个单元的代码。

代码执行完毕后，会自动生成图8.2.1中所示的文件夹结构。vocab文件夹中的bert-base-uncased-vocab.txt是在BERT 模型中使用的单词的词汇表，weights文件夹中的pytorch_model.bin保存的是BERT完成学习的权重参数，这两个文件是由程序自动下载到目录中的。data文件夹中保存的是与第7 章中下载的IMDb 数据相同的文件。另外，本章的下载程序还会自动生成train 和test 的tsv 文件IMDb_train.tsv和IMDb_test.tsv。

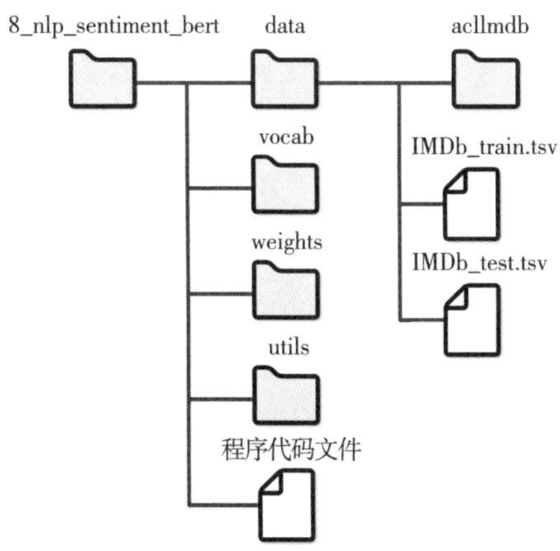

图8.2.1 第8 章的文件夹结构

8.2.2 读取BERT_Base的网络设置文件

首先，从weights文件夹中读取用于保存BERT_base模型中，诸如使用的Transformer模块是12个、特征量向量是768维等网络设置信息的文件bert_config.json。JSON文件在读入之后会被转换成字典型变量，但是编写字典型变量的代码是比较复杂。例如，要从所读取的JSON文件生成的字典变量中获取key为hidden的值，就需要使用config['hidden_size']语句。但是，如果能将该代码写成config.hidden_size的形式，效果会更好。

因此，需要事先在控制台窗口中执行pip install attrdict命令，安装attrdict软件包。利用attrdict软件包，只需要使用config = AttrDict(config)语句就可以将config变量由字典型自动转换为类对象，那样就可以使用config.hidden_size的形式来访问配置文件中的各项参数。

具体的实现代码如下所示。

```
#从config.json中读取设置信息，并将JSON的字典变量转换为对象变量
import json

config_file = "./weights/bert_config.json"

#打开文件并以JSON方式进行读取
json_file = open(config_file, 'r')
config = json.load(json_file)

#确认输出结果
config
```

【输出执行结果】

```
{'attention_probs_dropout_prob': 0.1,
 'hidden_act': 'gelu',
 'hidden_dropout_prob': 0.1,
 'hidden_size': 768,
 'initializer_range': 0.02,
 'intermediate_size': 3072,
 'max_position_embeddings': 512,
 'num_attention_heads': 12,
 'num_hidden_layers': 12,
 'type_vocab_size': 2,
 'vocab_size': 30522}
```

```
#将字典变量转换为对象变量
from attrdict import AttrDict

config = AttrDict(config)
config.hidden_size
```

【输出执行结果】

```
768
```

8.2.3 定义BERT中使用的LayerNormalization层

接下来，作为构建BERT模型的前期准备工作，将对LayerNormalization层的类进行定义。正如在第7章中曾学习过的，PyTorch中也提供了LayerNormalization的实现，但是TensorFlow与PyTorch的LayerNormalization实现是有差异的。对于张量的最后一个通道（单词的特征量向量的768维），通常需要使其服从平均数为0、标准偏差为1的分布，但是PyTorch与TensorFlow的区别在于为了防止出现零除错误，对epsilon的使用方法有所不同。由于此次使用的事先训练好的模型是由Google公司公开的基于TensorFlow的学习结果，因此接下来实现的是TensorFlow版的LayerNormalization层的类。

具体的实现代码如下所示。

```
#定义BERT中使用的LayerNormalization层
#具体的细节是按照符合TensorFlow的式样实现的

class BertLayerNorm(nn.Module):
    """LayerNormalization层"""

    def __init__(self, hidden_size, eps=1e-12):
        super(BertLayerNorm, self).__init__()
        self.gamma = nn.Parameter(torch.ones(hidden_size))  #代表weight
        self.beta = nn.Parameter(torch.zeros(hidden_size))  #代表bias
        self.variance_epsilon = eps

    def forward(self, x):
        u = x.mean(-1, keepdim=True)
        s = (x - u).pow(2).mean(-1, keepdim=True)
        x = (x - u) / torch.sqrt(s + self.variance_epsilon)
        return self.gamma * x + self.beta
```

8.2.4 Embeddings模块的实现

下面将根据图8.1.1所示的结构来一步步地实现BERT的各个组成模块代码的编写。首先是Embeddings模块，具体的实现代码如下所示。在实现代码中，笔者加入了大量的注释，请读者在阅读代码的同时多参考。

```
#BERT的Embeddings模块

class BertEmbeddings(nn.Module):
    """将文章的单词ID序列和第一句或第二句的信息转换为嵌入向量
    """
```

```
    def __init__(self, config):
        super(BertEmbeddings, self).__init__()

        #三个向量表现的嵌入

        #Token Embedding：将单词ID转换为单词向量
        #vocab_size = 30522：定义BERT的已完成学习的模型使用的词汇量
        #hidden_size = 768：定义特征量向量的长度为768
        self.word_embeddings = nn.Embedding(
            config.vocab_size, config.hidden_size, padding_idx=0)
        #（注释）padding_idx=0：指定idx=0的单词的向量设置为0。BERT的词汇表的idx=0是[PAD]

        #Transformer Positional Embedding：将位置信息张量转换为向量
        #Transformer中使用由sin、cos构成的固定值，BERT则要进行学习
        #max_position_embeddings = 512：指定文章长度为512个单词
        self.position_embeddings = nn.Embedding(
            config.max_position_embeddings, config.hidden_size)

        #Sentence Embedding：将文章的第一句和第二句的信息转换为向量
        #type_vocab_size = 2
        self.token_type_embeddings = nn.Embedding(
            config.type_vocab_size, config.hidden_size)

        #创建的LayerNormalization层
        self.LayerNorm = BertLayerNorm(config.hidden_size, eps=1e-12)

        #Dropout 'hidden_dropout_prob': 0.1
        self.dropout = nn.Dropout(config.hidden_dropout_prob)

    def forward(self, input_ids, token_type_ids=None):
        '''
        input_ids： 罗列[batch_size, seq_len]的文章的单词ID
        token_type_ids：表示[batch_size, seq_len]的各个单词是第一句还是第二句的id
        '''

        #1. Token Embeddings
        #将单词ID转换为单词向量
        words_embeddings = self.word_embeddings(input_ids)

        #2. Sentence Embedding
        #如果token_type_ids不存在，则将文章的全部单词作为第一句，设置为0
        #为此，创建与input_ids相同尺寸的零张量
        if token_type_ids is None:
            token_type_ids = torch.zeros_like(input_ids)
        token_type_embeddings = self.token_type_embeddings(token_type_ids)
```

```
        #3. Transformer Positional Embedding:
        #以[0, 1, 2, …]的形式将文章长度的数字按升序依次放入
        #[batch_size, seq_len]的张量position_ids中
        #输入position_ids，从position_embeddings层中取出768维的张量
        seq_length = input_ids.size(1)   #文章的长度
        position_ids = torch.arange(
            seq_length, dtype=torch.long, device=input_ids.device)
        position_ids = position_ids.unsqueeze(0).expand_as(input_ids)
        position_embeddings = self.position_embeddings(position_ids)

        #将三个嵌入张量相加[batch_size, seq_len, hidden_size]
        embeddings = words_embeddings + position_embeddings + token_type_
embeddings

        #执行LayerNormalization和Dropout
        embeddings = self.LayerNorm(embeddings)
        embeddings = self.dropout(embeddings)

        return embeddings
```

这里的Embeddings模块与Transformer 的Embeddings 模块最大的不同有两点，下面对这两点逐一进行讲解。

第一点不同是Positional Embedding（将位置信息转换为向量）的表现手法。在Transformer 中是使用sin、cos 进行计算得到的；而在BERT 中则需要通过训练得到，不过在训练过程中只使用了位置信息，单词向量的维度信息则没有参与到运算中。也就是说，第一个单词的768 个维度中保存着相同的position_embeddings 值；第二个单词虽然与第一个单词不同，但是在768 维的方向上保存的position_embeddings 也是相同的。

第二点不同是使用了Sentence Embedding。在BERT 中输入的是两个句子，因此为了区分第一个句子和第二个句子，就需要一个专用的Embedding。

在Embedding 模块中与Transformer 类似，是将分别计算得到的oken Embedding、Positional Embedding、Sentence Embedding 进行加法运算的结果作为模块的输出值。因此，传递给Embeddings模块的输入张量就是包含尺寸为（batch_size,seq_len）的文章单词ID 的序列的input_ids 变量和用于表示每个单词是属于第一句还是第二句的文章id 的token_type_ids 变量，输出则是（batch_size, seq_len,hidden_size）的张量。这里的seq_len 是512，hidden_size 是768。

8.2.5 BertLayer 模块

BertLayer 模块实际上就是Transformer 部分。这整个子网络总共由用于计算Self-Attention的BertAttention、用于处理Self-Attention的输出的全连接层BertIntermediate 和用于对Self-Attention的输出与BertIntermediate 中处理的特征量进行加法运算的BertOutput 三个部分组成，如图8.2.2所示。

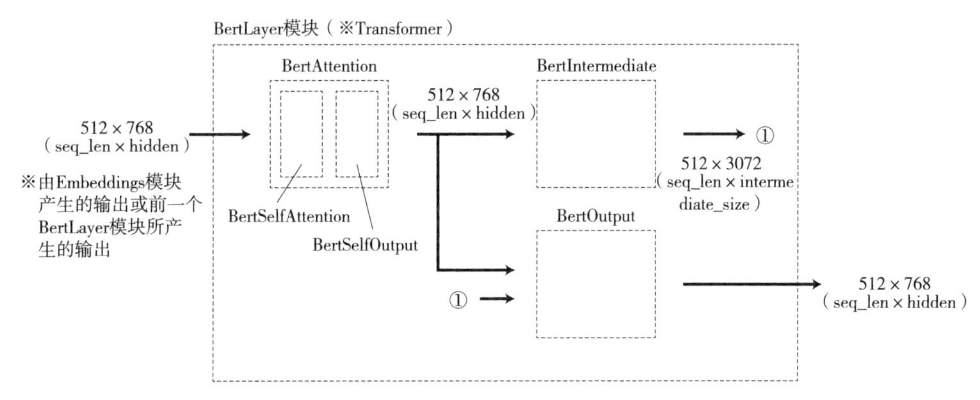

图8.2.2　BertLayer 模块的结构

传递给BertLayer模块的输出如果不是来自Embeddings 模块的输出，就是来自位于前一位的BertLayer模块的输出，其形状为（batch_size, seq_len, hidden_size）。传递给BertLayer模块的输入首先在BertAttention 中计算Self-Attention，并被转换为新的特征量。BertAttention 是由BertSelfAttention 和BertSelfOutput 组成的。BertAttention的输出在由全连接层构成的BertIntermediate 中进一步被转换为特征量。BertOutput则是将BertIntermediate 输出的3072 个通道在全连接层中转换为768 个通道，然后将与BertAttention 的输出进行加法运算的结果作为BertLayer 模块的输出。BertLayer模块的输出结果的形状与其输入相同，都是（batch_size, seq_len, hidden_size）。

BertLayer 模块的具体实现基本上与第7 章的Transformer 相同，笔者在实现代码中加入了大量的注释信息，请读者在阅读代码时参考这些注释。

需要注意的是，BertLayer 模块的实现与第7 章中的Transformer 有两个地方是不同的，下面逐一进行讲解。

第一点不同是在BertIntermediate 的全连接层之后使用的是名为GELU（Gaussian Error Linear Unit）的激励函数。GELU与ReLU函数相似，当输入为0 时，ReLU 的输出值是“咯噔”一下（不是比较平滑的变化，而是非常激烈的变化）；而GLUE 当输入在0 附近时产生的输出则比较平滑。参考文献[3] 中的Figure 1 显示的是ReLU 与GELU 函数曲线的对比，感兴趣的读者请参考。

第二点不同是Attention 部分采用的是Multi-Head Self-Attention。虽然Transformer也使用Multi-Head Self-Attention，但是在第7 章中为了方便读者理解，使用的是单头的（Single-Head）Self-Attention。Multi-Head Self-Attention实际上就是同时使用多个Self-Attention。但是，如果直接使用768 维的特征量向量执行Multi-Head，所需计算的维度就会从768以Multi-Head的数量呈倍数增长。因此，使用Multi-Head的同时，需要将特征量维数的合计值调整为768。具体方法是根据这次使用的Multi-Head数量12，将输入Self-Attention的特征量的维数分为0 ~ 63 维、64 ~ 127维等。这样，每次输入64 个维度，同时将Self-Attention的输出也设置为64 维，最后将结果合并在一起组成12 × 64 = 768 维的输出结果。

本书中的实现代码参考了引用文献[2]，但是也做了若干改动，具体的实现代码如下所示。下面的实现中增加了attention_show_flg 参数。当指定这个标识为True 时，输出结果中将包括Self-Attention的权重张量。

```
class BertLayer(nn.Module):
    '''BERT的BertLayer模块，Transformer部分'''

    def __init__(self, config):
        super(BertLayer, self).__init__()

        #Self-Attention部分
        self.attention = BertAttention(config)

        #用于处理Self-Attention的输出的全连接层
        self.intermediate = BertIntermediate(config)

        #对Self-Attention的特征量与输入BertLayer模块的原有数据进行加法运算的层
        self.output = BertOutput(config)

    def forward(self, hidden_states, attention_mask, attention_show_flg=False):
        '''
        hidden_states：Embedder模块的输出张量[batch_size, seq_len, hidden_size]
        attention_mask：与Transformer的掩码作用相同的掩码
        attention_show_flg：指定是否返回Self-Attention的权重的标识
        '''
        if attention_show_flg == True:
            '''当attention_show时，同时返回attention_probs'''
            attention_output, attention_probs = self.attention(
                hidden_states, attention_mask, attention_show_flg)
            intermediate_output = self.intermediate(attention_output)
            layer_output = self.output(intermediate_output, attention_output)
            return layer_output, attention_probs

        elif attention_show_flg == False:
            attention_output = self.attention(
                hidden_states, attention_mask, attention_show_flg)
            intermediate_output = self.intermediate(attention_output)
            layer_output = self.output(intermediate_output, attention_output)

            return layer_output  # [batch_size, seq_length, hidden_size]

class BertAttention(nn.Module):
    '''BertLayer模块的Self-Attention部分'''
    def __init__(self, config):
        super(BertAttention, self).__init__()
        self.selfattn = BertSelfAttention(config)
        self.output = BertSelfOutput(config)

    def forward(self, input_tensor, attention_mask, attention_show_flg=False):
        '''
```

```
        input_tensor：输入Embeddings模块的输出，或前一个BertLayer的输出
        attention_mask：与Transformer的掩码作用相同的掩码
        attention_show_flg：指定是否返回Self-Attention的权重的标识
        '''
        if attention_show_flg == True:
            '''当attention_show时，同时返回attention_probs'''
            self_output, attention_probs = self.selfattn(input_tensor,
                                                          attention_mask,
                                                          attention_show_flg)
            attention_output = self.output(self_output, input_tensor)
            return attention_output, attention_probs

        elif attention_show_flg == False:
            self_output = self.selfattn(input_tensor, attention_mask,
                                        attention_show_flg)
            attention_output = self.output(self_output, input_tensor)
            return attention_output

class BertSelfAttention(nn.Module):
    '''BertAttention的Self-Attention'''

    def __init__(self, config):
        super(BertSelfAttention, self).__init__()

        self.num_attention_heads = config.num_attention_heads
        #num_attention_heads': 12

        self.attention_head_size = int(
            config.hidden_size / config.num_attention_heads)  # 768/12=64
        self.all_head_size = self.num_attention_heads * \
            self.attention_head_size     # = 'hidden_size': 768

        #创建Self-Attention的特征量的全连接层
        self.query = nn.Linear(config.hidden_size, self.all_head_size)
        self.key = nn.Linear(config.hidden_size, self.all_head_size)
        self.value = nn.Linear(config.hidden_size, self.all_head_size)

        # Dropout
        self.dropout = nn.Dropout(config.attention_probs_dropout_prob)

    def transpose_for_scores(self, x):
        '''对张量形状进行变换，以供multi-head Attention使用
        [batch_size, seq_len, hidden] → [batch_size, 12, seq_len, hidden/12]
        '''
        new_x_shape = x.size()[
            :-1] + (self.num_attention_heads, self.attention_head_size)
```

```
        x = x.view(*new_x_shape)
        return x.permute(0, 2, 1, 3)

    def forward(self, hidden_states, attention_mask, attention_show_flg=False):
        '''
        hidden_states：输入Embeddings模块的输出，或前一个BertLayer的输出
        attention_mask：与Transformer的掩码作用相同的掩码
        attention_show_flg：用于指定是否返回Self-Attention的权重的标识
        '''
        #使用全连接层对输入进行变换（注意是将multi-head Attention全部集中转换）
        mixed_query_layer = self.query(hidden_states)
        mixed_key_layer = self.key(hidden_states)
        mixed_value_layer = self.value(hidden_states)

        #对张量形状进行变换，以供multi-head Attention使用
        query_layer = self.transpose_for_scores(mixed_query_layer)
        key_layer = self.transpose_for_scores(mixed_key_layer)
        value_layer = self.transpose_for_scores(mixed_value_layer)

        #对特征量进行乘法运算，将相似度作为Attention_scores进行求解
        attention_scores = torch.matmul(
            query_layer, key_layer.transpose(-1, -2))
        attention_scores = attention_scores / \
            math.sqrt(self.attention_head_size)

        #对包含掩码的部分与掩码相乘
        attention_scores = attention_scores + attention_mask
        #（备注）
        #掩码使用加法而不是乘法运算虽然看上去有些难以理解，但是稍后会
        #使用Softmax进行归一化处理
        #因此，我们希望将掩码设置为-inf。而attention_mask中原本包含的
        #就是0或-inf，因此这里使用加法运算

        #对Attention进行归一化处理
        attention_probs = nn.Softmax(dim=-1)(attention_scores)

        #进行Dropout处理
        attention_probs = self.dropout(attention_probs)

        #进行Attention Map乘法运算
        context_layer = torch.matmul(attention_probs, value_layer)

        #对multi-head Attention张量的形状进行还原
        context_layer = context_layer.permute(0, 2, 1, 3).contiguous()
        new_context_layer_shape = context_layer.size()[
            :-2] + (self.all_head_size,)
```

```
        context_layer = context_layer.view(*new_context_layer_shape)

        #当attention_show时，同时返回attention_probs
        if attention_show_flg == True:
            return context_layer, attention_probs
        elif attention_show_flg == False:
            return context_layer



class BertSelfOutput(nn.Module):
    '''用于处理BertSelfAttention的输出数据的全连接层'''

    def __init__(self, config):
        super(BertSelfOutput, self).__init__()

        self.dense = nn.Linear(config.hidden_size, config.hidden_size)
        self.LayerNorm = BertLayerNorm(config.hidden_size, eps=1e-12)
        self.dropout = nn.Dropout(config.hidden_dropout_prob)
        # 'hidden_dropout_prob': 0.1

    def forward(self, hidden_states, input_tensor):
        '''
        hidden_states：BertSelfAttention的输出张量
        input_tensor：来自Embeddings模块的输出或来自前一个BertLayer模块的输出
        '''
        hidden_states = self.dense(hidden_states)
        hidden_states = self.dropout(hidden_states)
        hidden_states = self.LayerNorm(hidden_states + input_tensor)
        return hidden_states

def gelu(x):
    '''GELU激励函数
    LELU函数为0时，变化很剧烈，输出结果不连续，因此这里采用输出结果更为连续平滑的GELU函数
    '''
    return x * 0.5 * (1.0 + torch.erf(x / math.sqrt(2.0)))

class BertIntermediate(nn.Module):
    '''BERT的TransformerBlock模块的FeedForward'''
    def __init__(self, config):
        super(BertIntermediate, self).__init__()

        #全连接层：'hidden_size': 768、'intermediate_size': 3072
        self.dense = nn.Linear(config.hidden_size, config.intermediate_size)

        #激励函数GELU
```

```
        self.intermediate_act_fn = gelu

    def forward(self, hidden_states):
        '''
        hidden_states：BertAttention的输出张量
        '''
        hidden_states = self.dense(hidden_states)
        hidden_states = self.intermediate_act_fn(hidden_states) #使用GELU进行激励
        return hidden_states

class BertOutput(nn.Module):
    '''BERT的TransformerBlock模块的FeedForward'''

    def __init__(self, config):
        super(BertOutput, self).__init__()

        #全连接层：'intermediate_size': 3072、'hidden_size': 768
        self.dense = nn.Linear(config.intermediate_size, config.hidden_size)

        self.LayerNorm = BertLayerNorm(config.hidden_size, eps=1e-12)

        #'hidden_dropout_prob': 0.1
        self.dropout = nn.Dropout(config.hidden_dropout_prob)

    def forward(self, hidden_states, input_tensor):
        '''
        hidden_states：BertIntermediate的输出张量
        input_tensor：BertAttention的输出张量
        '''
        hidden_states = self.dense(hidden_states)
        hidden_states = self.dropout(hidden_states)
        hidden_states = self.LayerNorm(hidden_states + input_tensor)
        return hidden_states
```

8.2.6 BertLayer 模块的重复部分

在BERT_Base 中重复使用了12 个BertLayer 模块（Transformer），因此将这些模块集中到名为BertEncoder 的类中实现。实际上，就是简单地将12 个BertLayer 的定义写到nn.ModuleList 中，然后对其进行正向传播处理。

具体的实现代码如下所示。下面对正向传播函数forward 的参数进行简要说明。output_all_encoded_layers 参数用于指定在返回值中将来自BertLayer的12 个模块输出特征量全部返回，还是只返回12 个模块的最后一层的特征量。当需要对12 个Transformer 模块中单词向量的变化情况进行确认时，只需将output_all_encoded_layers 参数设置为True，即可获取12 个模块的单词向量；如果只需要使用最后一个模块的输出进行自然语言处理，则将此参数设置为False，即可让BertEncoder 只输出最后一个

BertLayer模块的处理结果。

attention_show_flg参数与在BertLayer模块中使用的变量相同，用于指定是否在输出中包含Self-Attention的权重。这次的BERT_Base的Attention是在每个层使用12个Multi-Head Self-Attention，然后有12个模块，因此合计就有144个Self-Attention的权重。在BertEncoder中将attention_show_flg参数指定为True时，就会从12个BertLayer模块的最后一个中输出BertLayer模块的12个Multi-Head Self-Attention的权重。

```
#对BertLayer模块进行重复的模块重复部分

class BertEncoder(nn.Module):
    def __init__(self, config):
        '''对BertLayer模块进行重复的模块重复部分'''
        super(BertEncoder, self).__init__()

        #创建config.num_hidden_layers的值，即12个BertLayer模块
        self.layer = nn.ModuleList([BertLayer(config)
                                    for _ in range(config.num_hidden_layers)])

    def forward(self, hidden_states, attention_mask,
                output_all_encoded_layers=True, attention_show_flg=False):
        '''
        hidden_states：Embeddings模块的输出
        attention_mask：与Transformer的掩码作用相同的掩码
        output_all_encoded_layers：用于指定在返回值中输出全部TransformerBlock模块的
        结果，还是只输出最后一层的结果的标识
        attention_show_flg：用于指定返回Self-Attention的权重的标识
        '''

        #作为返回值使用的列表
        all_encoder_layers = []

        #重复执行BertLayer模块的处理
        for layer_module in self.layer:

            if attention_show_flg == True:
                '''当attention_show时，也同时返回attention_probs'''
                hidden_states, attention_probs = layer_module(
                    hidden_states, attention_mask, attention_show_flg)
            elif attention_show_flg == False:
                hidden_states = layer_module(
                    hidden_states, attention_mask, attention_show_flg)

            #在返回值中包含全部12个BertLayer产生的特征量时的处理
            if output_all_encoded_layers:
                all_encoder_layers.append(hidden_states)
```

```
        #在返回值中只包括最后的BertLayer输出的特征量时的处理
        if not output_all_encoded_layers:
            all_encoder_layers.append(hidden_states)

        #当attention_show时，也同时返回attention_probs（最后的第12个）
        if attention_show_flg == True:
            return all_encoder_layers, attention_probs
        elif attention_show_flg == False:
            return all_encoder_layers
```

8.2.7 BertPooler 模块

接下来对图8.1.1的BertPooler模块进行编程实现。BertPooler模块负责从BertEncoder的输出中，将输入文章中的第一个单词[CLS]部分的特征量张量（1 × 768维度）取出，并使用全连接层进行特征量变换。全连接层后面使用的是Tanh激励函数，输出结果的范围在-1 ~ 1。输出结果的张量尺寸为（batch_size, hidden_size）。

具体的实现代码如下所示。

```
class BertPooler(nn.Module):
    '''负责对输入文章的第一个单词[cls]的特征量进行转换并保持的模块'''

    def __init__(self, config):
        super(BertPooler, self).__init__()

        #全连接层'hidden_size': 768
        self.dense = nn.Linear(config.hidden_size, config.hidden_size)
        self.activation = nn.Tanh()

    def forward(self, hidden_states):
        #获取第一个单词的特征量
        first_token_tensor = hidden_states[:, 0]

        #使用全连接层进行特征量变换
        pooled_output = self.dense(first_token_tensor)

        #计算激励函数Tanh
        pooled_output = self.activation(pooled_output)

        return pooled_output
```

8.2.8 确认执行结果

接下来，对到目前为止实现的模块的执行结果进行确认，具体的确认代码如下所示。

首先，创建小批次尺寸为2，每个小批次的句子的长度为5 的输入数据。这个长度5 中包含两个句子。然后，创建用于表示到哪个单词为止是第一句，到哪个单词为止是第二句的句子ID 和Attention使用的掩码。此外，对于不与Attention相乘的部分，我们希望在对其进行Sigmoid 计算时结果为0，因此对这部分数据需要将其设置为负无穷。当然，设置负无穷是不现实的，因此这里将其设置为-10000。

```
#确认执行结果

#输入的单词ID序列，batch_size为2个
input_ids = torch.LongTensor([[31, 51, 12, 23, 99], [15, 5, 1, 0, 0]])
print("输入的单词ID序列的张量尺寸：", input_ids.shape)


#掩码
attention_mask = torch.LongTensor([[1, 1, 1, 1, 1], [1, 1, 1, 0, 0]])
print("输入的掩码的张量尺寸：", attention_mask.shape)

#句子的ID。在两个小批次数据中，0表示第一个句子，1表示第二个句子
token_type_ids = torch.LongTensor([[0, 0, 1, 1, 1], [0, 1, 1, 1, 1]])
print("输入的句子ID的张量尺寸：", token_type_ids.shape)

#准备BERT的各个模块
embeddings = BertEmbeddings(config)
encoder = BertEncoder(config)
pooler = BertPooler(config)

#掩码的变形，变为[batch_size, 1, 1, seq_length]
#我们希望不与Attention相乘的部分为负无穷，因此使用-10000代替进行乘法运算
extended_attention_mask = attention_mask.unsqueeze(1).unsqueeze(2)
extended_attention_mask = extended_attention_mask.to(dtype=torch.float32)
extended_attention_mask = (1.0 - extended_attention_mask) * -10000.0
print("扩展后掩码的张量尺寸：", extended_attention_mask.shape)

#进行正向传播
out1 = embeddings(input_ids, token_type_ids)
print("BertEmbeddings的输出张量尺寸：", out1.shape)

out2 = encoder(out1, extended_attention_mask)
#out2是12个[minibatch, seq_length, embedding_dim]的列表
print("BertEncoder的最后一层的输出张量尺寸：", out2[0].shape)

out3 = pooler(out2[-1])  #out2是12层的特征量列表，因此使用最后一项
print("BertPooler的输出张量尺寸：", out3.shape)
```

【输出执行结果】

```
输入的单词ID序列的张量尺寸：torch.Size([2, 5])
输入的掩码的张量尺寸：torch.Size([2, 5])
输入的句子ID的张量尺寸：torch.Size([2, 5])
扩展后掩码的张量尺寸：torch.Size([2, 1, 1, 5])
BertEmbeddings的输出张量尺寸 torch.Size([2, 5, 768])
BertEncoder的最后一层的输出张量尺寸：torch.Size([2, 5, 768])
BertPooler的输出张量尺寸：torch.Size([2, 768])
```

8.2.9 连接所有的模块组成BERT 模型

如果确认完执行结果没有问题，就可以将所有模块组装在一起形成最终的BERT 模型。完成此步之后，就实现了图8.1.1所示的BERT模型的完整结构。

```
class BertModel(nn.Module):
    '''将所有模块连接在一起形成的BERT模型'''

    def __init__(self, config):
        super(BertModel, self).__init__()

        #创建三个模块
        self.embeddings = BertEmbeddings(config)
        self.encoder = BertEncoder(config)
        self.pooler = BertPooler(config)

    def forward(self, input_ids, token_type_ids=None, attention_mask=None,
                output_all_encoded_layers=True, attention_show_flg=False):
        '''
        input_ids：[batch_size, sequence_length]的文章单词ID的序列
        token_type_ids：[batch_size, sequence_length]的，表示各个单词是属于第一句
            还是第二句的id
        attention_mask：与Transformer的掩码作用相同的掩码
        output_all_encoded_layers：用于指定是返回全部12个Transformer的列表还是只返
            回最后一项的标识
        attention_show_flg：指定是否返回Self-Attention的权重的标识
        '''

        #如果Attention的掩码或用于表示第一句还是第二句的id不存在，则创建
        if attention_mask is None:
            attention_mask = torch.ones_like(input_ids)
        if token_type_ids is None:
            token_type_ids = torch.zeros_like(input_ids)

        #掩码的变形，变为[minibatch, 1, 1, seq_length]
```

```
        #因为之后需要在multi-head Attention中使用
        extended_attention_mask = attention_mask.unsqueeze(1).unsqueeze(2)

        #掩码为0和1，但是为了符合SoftMax的计算要求，将其替换为0和-inf
        #这里使用-10000代表-inf
        extended_attention_mask = extended_attention_mask.to(
            dtype=torch.float32)
        extended_attention_mask = (1.0 - extended_attention_mask) * -10000.0

        #进行正向传播
        #BertEmbeddins模块
        embedding_output = self.embeddings(input_ids, token_type_ids)

        #对BertLayer模块（Transformer）进行重复的BertEncoder模块
        if attention_show_flg == True:
            '''当attention_show时，同时返回attention_probs'''

            encoded_layers, attention_probs = self.encoder(embedding_output,
                                                           extended_attention_mask,
                                                           output_all_encoded_layers,
                                                           attention_show_flg)

        elif attention_show_flg == False:
            encoded_layers = self.encoder(embedding_output,
                                          extended_attention_mask,
                                          output_all_encoded_layers,
                                          attention_show_flg)

        #BertPooler模块
        #使用encoder中最后一个BertLayer产生的特征量
        pooled_output = self.pooler(encoded_layers[-1])

        #当output_all_encoded_layers为False时，返回的不是列表而是张量
        if not output_all_encoded_layers:
            encoded_layers = encoded_layers[-1]

        #当attention_show时，也同时返回attention_probs（位于最后的）
        if attention_show_flg == True:
            return encoded_layers, pooled_output, attention_probs
        elif attention_show_flg == False:
            return encoded_layers, pooled_output
```

最后，对上述代码的执行结果进行确认。

```
#确认执行结果
#准备输入数据
input_ids = torch.LongTensor([[31, 51, 12, 23, 99], [15, 5, 1, 0, 0]])
attention_mask = torch.LongTensor([[1, 1, 1, 1, 1], [1, 1, 1, 0, 0]])
token_type_ids = torch.LongTensor([[0, 0, 1, 1, 1], [0, 1, 1, 1, 1]])



#生成BERT模型
net = BertModel(config)

#进行正向传播计算
encoded_layers, pooled_output, attention_probs = net(
    input_ids, token_type_ids, attention_mask, output_all_encoded_layers=False,
attention_show_flg=True)

print("encoded_layers的张量尺寸：", encoded_layers.shape)
print("pooled_output的张量尺寸：", pooled_output.shape)
print("attention_probs的张量尺寸：", attention_probs.shape)
```

【输出执行结果】

```
encoded_layers的张量尺寸：torch.Size([2, 5, 768])
pooled_output的张量尺寸：torch.Size([2, 768])
attention_probs的张量尺寸：torch.Size([2, 12, 5, 5])
```

至此，就完成了本节中对图8.1.1所示的BERT 模型的编程实现。8.3节将使用BERT 模型对bank（银行）和bank（堤坝）的单词向量表现进行比较。

8.3 利用BERT 进行向量表现的比较（bank: 银行与bank: 堤坝）

本节对BERT 中跟随上下文变化的单词向量获取的特征进行确认，将对bank（银行）和bank（堤坝）的单词向量表现进行比较。本书不采取从零开始训练BERT 模型的方式，而是直接载入已经训练好的模型（英语版）。

本节将首先对用于BERT 模型的文本数据的预处理类进行编程实现，之后将经过预处理的文本数据输入BERT 模型中，对BertLayer输出的单词的特征量向量进行比较，并确认bank（银行）和bank（堤坝）的单词向量表现是否真的会根据上下文的不同而发生变化。

本节的学习目标如下。

1. 掌握将已经完成学习的BERT 模型载入自己编写的模型中的方法。
2. 掌握用于BERT 分词处理的类、语言数据的预处理部分的代码编写方法。
3. 掌握使用BERT 将单词向量取出并对其内容进行确认部分的代码编写方法。

本节的程序代码

```
8-2-3_bert_base.ipynb
```

8.3.1 载入完成学习的模型

首先，对8.2节中实现的BERT 模型[2]中提供的已完成学习的模型的参数进行载入，即读取位于weights文件夹中的pytorch_model.bin文件。

但是，pytorch_model.bin中还同时包括用于解决作为预先学习任务的Masked Language Model 和Next Sentence Prediction 的模块，而且8.2节实现的BERT 模型与pytorch_model.bin的模块名称也有差异，因此无法直接载入该文件。

尽管如此，8.2节实现的模型只是与已经完成学习的模型的参数名不同，参数的顺序还是一样的，因此可以通过按照从前往后的顺序依次对参数进行复制来读取。

接下来，先载入已经完成学习的模型，再尝试输出参数名称。

```
#载入已完成学习的模型
weights_path = "./weights/pytorch_model.bin"
loaded_state_dict = torch.load(weights_path)

for s in loaded_state_dict.keys():
    print(s)
```

【输出执行结果】

```
bert.embeddings.word_embeddings.weight
bert.embeddings.position_embeddings.weight
bert.embeddings.token_type_embeddings.weight
...
```

接下来对8.2节中实现的BERT模型的参数名称进行确认。

```
#准备模型
net = BertModel(config)
net.eval()

#当前网络模型的参数名称
param_names = []  #用于保存参数名称

for name, param in net.named_parameters():
    print(name)
    param_names.append(name)
```

【输出执行结果】

```
embeddings.word_embeddings.weight
embeddings.position_embeddings.weight
embeddings.token_type_embeddings.weight
...
```

从上述结果中可以看到，如果已经完成学习的模型中的名称是bert.embeddings.word_embeddings.weight，那么在实现的模型中对应的名称就是embeddings.word_embeddings.weight。8.2节实现的模型中，参数名不是以bert开头的。另外，在已经完成学习的模型中还包括诸如cls.predictions.bias这类预先学习任务使用的cls模块。

这次实现的模型与已经完成学习的模型相比，虽然名称有所不同，但是实际的参数顺序相同，而且到中部为止都相同，后面的cls则不包含。因此，这里采取按照从前往后的顺序依次读取参数内容的方法来实现。

具体的实现代码如下所示。已经完成学习的模型的参数是什么、实现的模型的参数复制的是什么内容、是否存在有问题的复制数据等问题是我们需要仔细确认的。完成上述处理后，就实现了将已经完成学习的模型参数载入8.2节实现的BERT模型里的操作。

```
#state_dict的名字不同，因此从前往后依次代入
#尽管参数名称不同，但是对应顺序是一样的

#复制当前网络的信息，创建新的state_dict
new_state_dict = net.state_dict().copy()
```

```
#将完成学习的值代入新的state_dict中
for index, (key_name, value) in enumerate(loaded_state_dict.items()):
    name = param_names[index]           #获取当前网络的参数名称
    new_state_dict[name] = value        #放入数值
    print(str(key_name)+"→"+str(name))  #显示来自哪里，包含什么内容

    #如果已经将当前网络的参数全部读取进来，则终止执行
    if index+1 >= len(param_names):
        break

#将新创建的state_dict传递给之前实现的BERT模型
net.load_state_dict(new_state_dict)
```

【输出执行结果】

```
bert.embeddings.word_embeddings.weight→embeddings.word_embeddings.weight
bert.embeddings.position_embeddings.weight→embeddings.position_embeddings.weight
...
bert.pooler.dense.weight→pooler.dense.weight
bert.pooler.dense.bias→pooler.dense.bias
```

8.3.2 BERT用Tokenizer的实现

接下来，对用于BERT模型的文本数据的预处理的类Tokenizer（用于实现分词处理的类）进行编程实现。第7章使用空格对英文文章进行简单的分词处理，然而在BERT中则采用子词的概念进行分词。本书中不会涉及过多BERT详细的分词处理细节，基本上是直接使用引用[2]中的实现代码。对BERT的子词的分词处理感兴趣的读者可以直接参考论文[1]中的描述（采用的是WordPiece的手法）。

下面对负责分词处理的BertTokenizer类进行编程实现。BERT的词汇表文件是之前下载到vocab文件夹中的bert-base-uncased-vocab.txt文件，这里把该文件当作字典来使用。bert-base-uncased-vocab.txt文件中每一行都包含一个单词（准确地说是一个子词），总共有30522行，即该文件总共准备了30522个单词。输入的文章将被分割为该词汇表中包含的单词。

首先，读入作为单词字典的这个文本文件，并创建用于将单词和ID联系在一起的字典型变量vocab以及将ID和单词反向联系在一起的字典型变量ids_to_tokens。具体的实现代码如下所示。

```
#读入vocab文件
import collections

def load_vocab(vocab_file):
    """将text格式的vocab文件的内容保存到字典变量中"""
    vocab = collections.OrderedDict()          #(单词, id)顺序的字典变量
    ids_to_tokens = collections.OrderedDict()  #(id, 单词)顺序的字典变量
```

```
    index = 0

    with open(vocab_file, "r", encoding="utf-8") as reader:
        while True:
            token = reader.readline()
            if not token:
                break
            token = token.strip()

            #保存
            vocab[token] = index
            ids_to_tokens[index] = token
            index += 1

    return vocab, ids_to_tokens

#执行
vocab_file = "./vocab/bert-base-uncased-vocab.txt"
vocab, ids_to_tokens = load_vocab(vocab_file)
```

执行上述代码后，可以看到vocab和ids_to_tokens变量中包含如下内容。

vocab：

```
OrderedDict([('[PAD]', 0),
             ('[unused0]', 1),
             ('[unused1]', 2),
...
```

ids_to_tokens：

```
OrderedDict([(0, '[PAD]'),
             (1, '[unused0]'),
             (2, '[unused1]'),
...
```

通过上述代码，就实现了将BERT专用的词汇表转换为Python的字典型变量的操作。接下来，对负责实际分词处理的BertTokenizer类进行编程实现。这里将使用到utils文件夹中的tokenizer.py文件里定义的BasicTokenizer和WordpieceTokenizer类。

BertTokenizer类的函数包括用于将文章分割为单词的tokenize函数、将分割后的单词列表转换为ID的convert_tokens_to_ids函数，以及将ID转换为单词的convert_ids_to_tokens函数。具体的实现代码如下所示。

```
from utils.tokenizer import BasicTokenizer, WordpieceTokenizer

#BasicTokenizer, WordpieceTokenizer的代码是直接使用引用文献[2]的实现
```

```
# https://github.com/huggingface/pytorch-pretrained-BERT/blob/master/pytorch_
  pretrained_bert/tokenization.py
#按照sub-word进行分词处理的类

class BertTokenizer(object):
    '''实现BERT专用的文章分词处理的类'''

    def __init__(self, vocab_file, do_lower_case=True):
        '''
        vocab_file：词汇表文件路径
        do_lower_case：指定是否在预处理中将单词转换为小写字母
        '''

        #载入词汇表
        self.vocab, self.ids_to_tokens = load_vocab(vocab_file)

        #从utils文件夹中导入分词处理函数，按照sub-word对单词进行分割
        never_split = ("[UNK]", "[SEP]", "[PAD]", "[CLS]", "[MASK]")
        #上述单词不能从中间剖开，只能当作一个单词处理

        self.basic_tokenizer = BasicTokenizer(do_lower_case=do_lower_case,
                                              never_split=never_split)
        self.wordpiece_tokenizer = WordpieceTokenizer(vocab=self.vocab)

    def tokenize(self, text):
        '''将文章分割为单词的函数'''
        split_tokens = []  #分割后得到的单词
        for token in self.basic_tokenizer.tokenize(text):
            for sub_token in self.wordpiece_tokenizer.tokenize(token):
                split_tokens.append(sub_token)
        return split_tokens

    def convert_tokens_to_ids(self, tokens):
        """将分割后得到的单词列表转换为ID的函数"""
        ids = []
        for token in tokens:
            ids.append(self.vocab[token])

        return ids

    def convert_ids_to_tokens(self, ids):
        """将ID转换为单词的函数"""
        tokens = []
        for i in ids:
            tokens.append(self.ids_to_tokens[i])
        return tokens
```

8.3.3 对意思随上下文变化的bank 的单词向量进行求解

前面完成了BERT 专用的tokenizer 类的编程实现，将文章分割成了单词，并且实现了将单词转换为ID 的处理。剩下的处理与在编写第7 章的代码时类似，对输入的文本文件进行预处理，然后传递给模型进行处理即可。

接下来，我们来确认BERT是如何将单词bank根据上下文变成“银行”和“堤坝”的情况，以此作为词向量的说明。为此，准备了如下三个句子作为测试数据。

- 句子1：我访问了银行账户。

（"[CLS] I accessed the bank account. [SEP]"）

- 句子2：他将保证金汇入了这个银行账户。

("[CLS] He transferred the deposit money into the bank account. [SEP]")

- 句子3：我们在河堤上踢足球。

("[CLS] We play soccer at the bank of the river. [SEP]")

这里实际输入模型中的是英语而不是中文文本。句子1 和句子2 中的bank 对应的是“银行”，句子3 中的bank 则表示“堤坝”。将这些句子输入BERT 中，并将单词bank 所在位置上的768 维的特征量向量读取出来。读取出来的特征量来自12 个BertLayer（Transformer）模块中的第一个或者最后一个模块。然后，对768 维的特征量向量的余弦相似度进行比较，如果得到的结果是句子1 中的bank 与句子2 中的bank 相似，但是与句子3 中的bank 不相似，则说明成功地实现了上下文相关的单词向量的表现。

首先，输入句子，并使用BERT 专用分词处理对单词进行分割。

```
#句子1：我访问了银行账户
text_1 = "[CLS] I accessed the bank account. [SEP]"

#句子2：他将保证金汇入了这个银行账户
text_2 = "[CLS] He transferred the deposit money into the bank account. [SEP]"

#句子3：我们在河堤上踢足球
text_3 = "[CLS] We play soccer at the bank of the river. [SEP]"

#准备用于分词处理的Tokenizer
tokenizer = BertTokenizer(
    vocab_file="./vocab/bert-base-uncased-vocab.txt", do_lower_case=True)

#对文章进行分词处理
tokenized_text_1 = tokenizer.tokenize(text_1)
tokenized_text_2 = tokenizer.tokenize(text_2)
tokenized_text_3 = tokenizer.tokenize(text_3)

#确认
print(tokenized_text_1)
```

【输出执行结果】

```
['[CLS]', 'i', 'accessed', 'the', 'bank', 'account', '.', '[SEP]']
```

接下来单词转换为ID。

```
#将单词转换为ID
indexed_tokens_1 = tokenizer.convert_tokens_to_ids(tokenized_text_1)
indexed_tokens_2 = tokenizer.convert_tokens_to_ids(tokenized_text_2)
indexed_tokens_3 = tokenizer.convert_tokens_to_ids(tokenized_text_3)

#各个句子中bank的位置
bank_posi_1 = np.where(np.array(tokenized_text_1) == "bank")[0][0]  # 4
bank_posi_2 = np.where(np.array(tokenized_text_2) == "bank")[0][0]  # 8
bank_posi_3 = np.where(np.array(tokenized_text_3) == "bank")[0][0]  # 6

#seqId（这次没有必要知道是第一句还是第二句）

#将列表转换为PyTorch的张量
tokens_tensor_1 = torch.tensor([indexed_tokens_1])
tokens_tensor_2 = torch.tensor([indexed_tokens_2])
tokens_tensor_3 = torch.tensor([indexed_tokens_3])

#bank的单词ID
bank_word_id = tokenizer.convert_tokens_to_ids(["bank"])[0]

#确认
print(tokens_tensor_1)
```

【输出执行结果】

```
tensor([[  101,  1045, 11570,  1996,  2924,  4070,  1012,   102]])
```

将结果输入已经完成加载的学习完毕的BERT 模型中，并进行推测。指定output_all_encoded_layers = True，将12 个BertLayer 模块的所有输出返回为列表，并输出到变量encoded_layers_1 ~ 3 中。

```
#使用BERT对文章进行处理
with torch.no_grad():
    encoded_layers_1, _ = net(tokens_tensor_1, output_all_encoded_layers=True)
    encoded_layers_2, _ = net(tokens_tensor_2, output_all_encoded_layers=True)
    encoded_layers_3, _ = net(tokens_tensor_3, output_all_encoded_layers=True)
```

接下来，对每个句子从第一个BertLayer 模块（Transformer）输出的单词bank 的位置的特征量向量和第12 个模块的特征量向量进行取出。

```
#bank的初期单词向量表现
#这是从Embeddings模块中取出的，对应单词bank的ID的单词向量
#因此三句话是一样的
bank_vector_0 = net.embeddings.word_embeddings.weight[bank_word_id]

#句子1从第一个BertLayer模块中输出的bank的特征量向量
bank_vector_1_1 = encoded_layers_1[0][0, bank_posi_1]

#句子1从位于第12个BertLayer模块中输出的bank的特征量向量
bank_vector_1_12 = encoded_layers_1[11][0, bank_posi_1]

#对句子2和句子3也做同样处理
bank_vector_2_1 = encoded_layers_2[0][0, bank_posi_2]
bank_vector_2_12 = encoded_layers_2[11][0, bank_posi_2]
bank_vector_3_1 = encoded_layers_3[0][0, bank_posi_3]
bank_vector_3_12 = encoded_layers_3[11][0, bank_posi_3]
```

然后，对取出来的单词向量表现计算余弦相似度。

```
#计算余弦相似度
import torch.nn.functional as F

print("bank的初期向量与句子1的第1模块的bank的相似度：",
      F.cosine_similarity(bank_vector_0, bank_vector_1_1, dim=0))
print("bank的初期向量与句子1的第12模块的bank的相似度：",
      F.cosine_similarity(bank_vector_0, bank_vector_1_12, dim=0))

print("句子1的第1层的bank与句子2的第1模块的bank的相似度：",
      F.cosine_similarity(bank_vector_1_1, bank_vector_2_1, dim=0))
print("句子1的第1层的bank与句子3的第1模块的bank的相似度：",
      F.cosine_similarity(bank_vector_1_1, bank_vector_3_1, dim=0))

print("句子1的第12层的bank与句子2的第12模块的bank的相似度：",
      F.cosine_similarity(bank_vector_1_12, bank_vector_2_12, dim=0))
print("句子1的第12层的bank与句子3的第12模块的bank的相似度：",
      F.cosine_similarity(bank_vector_1_12, bank_vector_3_12, dim=0))
```

【输出执行结果】

```
bank的初期向量与句子1的第1模块的bank的相似度：tensor(0.6814, grad_fn=<DivBackward0>)
bank的初期向量与句子1的第12模块的bank的相似度：tensor(0.2276, grad_fn=<DivBackward0>)
句子1的第1层的bank与句子2的第1模块的bank的相似度：tensor(0.8968)
句子1的第1层的bank与句子3的第1模块的bank的相似度：tensor(0.7584)
句子1的第12层的bank与句子2的第12模块的bank的相似度：tensor(0.8796)
```

```
句子1的第12层的bank与句子3的第12模块的bank的相似度：tensor(0.4814)
```

从上述输出结果中可以看到，bank 的初期向量与句子1 在通过第一层的BertLayer模块后的单词向量的余弦相似度是0.6814。该值在通过第12 层的BertLayer模块后变成了0.2276，由此可知单词向量的表现在从初期向量到经过多层BertLayer模块的处理后产生了变化。

接下来是对句子1 和句子2 的单词bank 的相似度，以及句子1 和句子3 的单词bank 的相似度进行比较。从第一个BertLayer模块中输出的单词向量是0.8968 和0.7584，可见句子1 的bank 与句子2 和句子3 的任何一个bank 都很相似，几乎没有差别。而这两个值在经过第12 个BertLayer模块处理后，变成了0.8796 和0.4814，可见句子1 的bank 虽然与句子2 的bank 较为相似，但是与句子3 的bank 并不是很相似。也就是说，单词bank 作为“银行”这一含义使用的场合（句子1 和句子2）与作为“堤坝”使用的场合（句子3），由BERT 最终产生的单词向量发生了变化，显然已经成功地实现了对上下文相关的向量表现的获取操作。

至此，就完成了本节中对单词bank 表示“银行”这一含义的句子和表示“堤坝”这一含义的句子这两种情况，模型生成的单词向量表现是否与上下文相关这一问题进行了确认和比较。得到的结论是，在BERT 中，经过12 个BertLayer（Transformer）模块的处理后，即使是同一个单词，也可以通过Self-Attention将周围单词的信息加以运算和处理，并最终实现对上下文相关的单词向量表现的输出。

8.4节将利用BERT 的输出结果，执行类似第7 章中那样对IMDb的电影评论文章的正面/负面进行判定的情感分析操作，对BERT 模型进行学习和评估。

8.3.4 附录：预先学习任务用模块的实现

作为本节实例代码的一部分，我们在8-2-3_bert_base.ipynb 文件中也同时附加了BERT 的预先学习任务的推测部分的代码。在附录中，作为用于实现预先学习任务Masked Language Model 和Next Sentence Prediction 的适配器模块的代码，实现了图8.1.3所示的MaskedWordPredictions 模块和SeqRelationship 模块的功能。在之后的代码中，在成功加载了已完成学习的模型后，还对是否真正解决了Masked Language Model 和Next Sentence Prediction 这两个任务进行了确认。

8.4 实现BERT 的学习、推测及判定依据的可视化

本节将尝试使用BERT 构建在第7 章中也曾使用过的对电影评论数据IMDb 的正面/负面进行判定的情感分析模型。在完成了模型的构建后，还将对其实施学习和推测操作。在进行推测时，还将尝试对Self-Attention 的权重实行可视化处理，以便分析BERT 在进行推测时侧重的是哪些单词。

本章的学习目标如下。

1. 理解如何通过编写 torchtext 代码的方式来使用BERT 的词汇表。
2. 在BERT 中添加用于分类任务的适配器模块，并编程实现可用于情感分析的模型。
3. 掌握对BERT 进行微调的方法，实现对模型的训练。
4. 对BERT 的Self-Attention 的权重进行可视化处理，并尝试对推测过程和结果进行解释。

本节的程序代码

8-4_bert_IMDb.ipynb

8.4.1 读入IMDb 数据并创建DataLoader（使用BERT的Tokenizer）

本节对IMDb 数据进行读取，并将其转换成便于在深度学习中使用的DataLoader 的形式。其基本的实现流程与第7 章类似，不过这里的实现有两点不同。

第一点是在负责分词处理的Tokenizer 中使用的是BERT 专用的Tokenizer。第7 章是使用空格进行分隔的函数进行分词处理的，这里将使用在8.3 节中实现的BertTokenizer 类中的toknize 函数来处理。

第二点是在使用torchtext 编写DataLoader 时，创建词汇表TEXT.vocab 的方法不同。第7 章是使用包含在训练数据中的单词来创建词汇表的，而在BERT 中则是使用vocab 文件夹中已经事先制作好的bert-base-uncased-vocab.txt 文件内的全部30522 个单词来创建词汇表。这是因为在BERT 模型中是使用BERT 掌握的所有的单词来创建BertEmbedding 模块的。

这两点差异在编写实现代码时需要注意。

首先，编写用于对文字进行预处理和分词处理的tokenizer_with_ preprocessing 函数。8.3 节中编写的BertTokenizer 的代码可以在utils 文件夹的bert.py 文件内找到。

```
#创建同时负责预处理和分词处理的函数
import re
import string
from utils.bert import BertTokenizer
#从utils文件夹的bert.py文件中导入

def preprocessing_text(text):
```

```
    '''IMDb的预处理'''
    #删除换行符
    text = re.sub('<br />', '', text)

    #将逗号和句号以外的标点符号全部替换成空格
    for p in string.punctuation:
        if (p == ".") or (p == ","):
            continue
        else:
            text = text.replace(p, " ")

    #在句号和逗号前后插入空格
    text = text.replace(".", " . ")
    text = text.replace(",", " , ")
    return text

#准备用于分词处理的Tokenizer
tokenizer_bert = BertTokenizer(
    vocab_file="./vocab/bert-base-uncased-vocab.txt", do_lower_case=True)

#定义同时负责预处理和分词处理的函数
#指定分词处理的函数，注意不要使用tokenizer_bert，而应指定使用tokenizer_bert.tokenize
def tokenizer_with_preprocessing(text, tokenizer=tokenizer_bert.tokenize):
    text = preprocessing_text(text)
    ret = tokenizer(text)  # tokenizer_bert
    return ret
```

接下来，对数据读入后需要执行的处理进行定义，使用torchtext.data.Field设置TEXT和LABEL。此外，max_length与在第7章中Transformer的设置相同，也是256个单词。因此，DataLoader在载入数据时，如果单词数量不足256个，则应使用[PAD]将输入填充到256个单词的长度，然后在输入BERT中时进一步添加[PAD]，将数据填充为512个单词的文本数据，并在BERT模型内进行处理。

```
#定义在读入数据时，对读到的内容应做的处理
max_length = 256

TEXT = torchtext.data.Field(sequential=True,
                            tokenize=tokenizer_with_preprocessing, use_vocab=True,
                            lower=True, include_lengths=True, batch_first=True,
                            fix_length=max_length, init_token="[CLS]",
                            eos_token="[SEP]", pad_token='[PAD]',
                            unk_token='[UNK]')
LABEL = torchtext.data.Field(sequential=False, use_vocab=False)

#再次确认各个参数
#sequential: 数据长度是否可变？由于文章长度是不固定的，因此指定True，标签则指定False
#tokenize: 用于指定读入文章时所需执行的预处理和分词处理函数
```

```
#use_vocab：指定是否将单词添加到词汇表中
#lower：指定是否将英文字母转换为小写字母
#include_length：指定是否返回文章的单词数量
#batch_first：指定是否在开头处生成批次的维度信息
#fix_length：指定是否确保所有文章都为相同长度，长度不足的填充处理
#init_token, eos_token, pad_token, unk_token：指定使用什么单词来表示
#文章开头、文章结尾、填充和未知单词
```

接下来，从data文件夹中读取经过整理的IMDb数据tsv文件，并将其转换成Dataset对象。代码执行时间大约为10分钟。

```
#从data文件夹中读取各个tsv文件
#使用BERT进行处理，执行时间大约为10分钟
train_val_ds, test_ds = torchtext.data.TabularDataset.splits(
    path='./data/', train='IMDb_train.tsv',
    test='IMDb_test.tsv', format='tsv',
    fields=[('Text', TEXT), ('Label', LABEL)])

#使用torchtext.data.Dataset的split函数将数据划分为训练数据和验证数据
train_ds, val_ds = train_val_ds.split(
    split_ratio=0.8, random_state=random.seed(1234))
```

在使用torchtext编写DataLoader代码时，需要使用到将ID与单词关联在一起的字典TEXT.vocab.stoi（stoi意为string_to_ID，将单词转换为ID的字典）。因此，需要在字典型变量vocab_bert中准备好BERT的词汇表数据。虽然写成TEXT.vocab.stoi=vocab_bert的形式是最简单的，但是如果不先执行一次TEXT.bulild_vocab，TEXT对象就不会初始化vocab成员变量，会导致执行错误。为了解决这一问题，将采用如下方式来实现（或许还有更好的方法）。

```
#BERT是使用BERT掌握的所有单词来创建BertEmbedding模块的
#因此将使用全部单词作为词汇表
#为此不会使用训练数据来生成词汇表

#首先为BERT准备字典型变量
from utils.bert import BertTokenizer, load_vocab

vocab_bert, ids_to_tokens_bert = load_vocab(
    vocab_file="./vocab/bert-base-uncased-vocab.txt")

#虽然很想写成TEXT.vocab.stoi= vocab_bert (stoi意为string_to_ID，将单词转换为ID的字
#典的形式
#但是如果不执行一次bulild_vocab，TEXT对象就不会初始化vocab的成员变量
#程序会产生“'Field' object has no attribute 'vocab'”这一错误信息

#首先调用build_vocab创建词汇表，然后替换BERT的词汇表
TEXT.build_vocab(train_ds, min_freq=1)
TEXT.vocab.stoi = vocab_bert
```

这样就完成了TEXT中单词字典TEXT.vocab.stoi的创建工作，接下来继续编写DataLoader的实现部分。

```
#创建DataLoader（在torchtext中被称为iterater）
batch_size = 32  #BERT中经常使用16和32

train_dl = torchtext.data.Iterator(
    train_ds, batch_size=batch_size, train=True)

val_dl = torchtext.data.Iterator(
    val_ds, batch_size=batch_size, train=False, sort=False)

test_dl = torchtext.data.Iterator(
    test_ds, batch_size=batch_size, train=False, sort=False)

#集中保存到字典对象中
dataloaders_dict = {"train": train_dl, "val": val_dl}
```

至此，就完成了使用BERT的分词处理和词汇表，对基于torchtext方案的用于加载IMDb数据的DataLoader的代码编写。接下来，对程序的执行结果进行确认。

```
#确认执行结果，使用验证数据的数据集进行确认
batch = next(iter(val_dl))
print(batch.Text)
print(batch.Label)
```

【输出执行结果】

```
(tensor([[ 101, 2023, 3185,  ...,     0,     0,     0],
        [ 101, 2043, 1045,  ...,     0,     0,     0],
...
```

下面对小批次中的第一个文章的内容进行确认。由于DataLoader使用单词ID来表示文章，为了将ID还原成单词，需要使用tokenizer_bert.convert_ids_to_tokens函数。

```
#确认小批次中第一句话的内容
text_minibatch_1 = (batch.Text[0][1]).numpy()

#将ID还原成单词
text = tokenizer_bert.convert_ids_to_tokens(text_minibatch_1)

print(text)
```

【输出执行结果】

```
['[CLS]', 'when', 'i', 'saw', 'this', 'movie', ',', 'i', 'was', 'amazed', 'that', 'it',
'was', 'only', 'a', 'tv', 'movie', '.', 'i', 'think', 'this', 'movie', 'should', 'have',
'been', 'in', 'theaters', '.', 'i', 'have', 'seen', 'many', 'movies', 'that', 'are',
'about', 'rape', ',', 'but', 'this', 'one', 'stands', 'out', '.', 'this', 'movie', 'has',
'a', 'kind', 'of', 'realism', 'that', 'is', 'very', 'rarely', 'found', 'in', 'movies',
'today', ',', 'let', 'alone', 'tv', 'movies', '.', 'it', 'tells', 'a', 'story', 'that',
'i', 'm', 'sure', 'is', 'very', 'realistic', 'to', 'many', 'rape', 'victims', 'in',
'small', 'towns', 'today', ',', 'and', 'i', 'found', 'it', 'to', 'be', 'very', 'bel',
'##ie', '##vable', 'which', 'is',...
```

从上述结果中可以看到中间出现了bel、##ie、##vable等单词，可以看出这是将believable（可以相信的）这个单词使用子词进行分割得到的结果。

8.4.2 构建用于情感分析的BERT 模型

接下来将通过加载已完成学习的参数到BERT 模型中，并为其设置用于正面/负面分类用的适配器模块来构建基于BERT 的情感分析模型。

首先，构建BERT 的基础模型，并加载已完成学习的参数。在8.3节中实现的BertModel 类的代码可以在utils文件夹的bert.py文件中找到，因此下面将直接导入该文件。

```
from utils.bert import get_config, BertModel, set_learned_params

#读入JSON格式模型的设置文件，并转换为对象变量
config = get_config(file_path="./weights/bert_config.json")

#创建BERT模型
net_bert = BertModel(config)

#将已完成学习的参数设置到BERT模型中
net_bert = set_learned_params(
    net_bert, weights_path="./weights/pytorch_model.bin")
```

【输出执行结果】

```
bert.embeddings.word_embeddings.weight→embeddings.word_embeddings.weight
bert.embeddings.position_embeddings.weight→embeddings.position_embeddings.weight
...
```

接下来，使用一个全连接层作为用于文章分类的适配器连接到BERT 的基本模型中，BertForIMDb 是用于封装这一操作的类。在BERT 中进行分类处理时，是将文章的第一个单词[CLS] 的特征量作为整个输入文本的特征量使用的。

无论是Transformer还是BERT，都是将开头的单词的特征量作为输入的文本数据的特征量使用的，但是在具体细节上仍有差异。在BERT中使用开头单词的特征量来执行预先学习任务Next Sentence Prediction，因此在BERT中通过预先学习任务对开头单词的特征量进行学习，以便更好地理解输入文章的含义（至少是掌握能够判断输入的两句话之间是否有相关性的信息），使开头单词的特征量能够更好地反映输入文章整体的特征。而在Transformer中是不存在预先学习任务的，不过由于使用了开头单词进行文章分类，因此通过反向传播算法让开头单词的特征量学习如何表示文本数据整体的特征。而在BERT中，为了让开头单词能够更容易地掌握文本数据的整体特征，是在预先训练任务中对连接参数进行学习的。

具体的实现代码如下所示。

```
class BertForIMDb(nn.Module):
    '''在BERT模型中增加了IMDb的正面/负面分析功能的模型'''

    def __init__(self, net_bert):
        super(BertForIMDb, self).__init__()

        #BERT模块
        self.bert = net_bert      #BERT模块

        #在head中添加正面/负面预测
        #输入是BERT输出的特征量的维度，输出是正面和负面这两种
        self.cls = nn.Linear(in_features=768, out_features=2)

        #权重初始化处理
        nn.init.normal_(self.cls.weight, std=0.02)
        nn.init.normal_(self.cls.bias, 0)

    def forward(self, input_ids, token_type_ids=None,
                attention_mask=None, output_all_encoded_layers=False,
                attention_show_flg=False):
        '''
        input_ids：形状为[batch_size, sequence_length]的文章的单词ID序列
        token_type_ids：形状为[batch_size, sequence_length]，表示每个单词是属于
            第一句还是第二句的id
        attention_mask：与Transformer的掩码作用相同的掩码
        output_all_encoded_layers：用于指定是返回全部12个Transformer的列表还是只
            返回最后一项的标识
        attention_show_flg：指定是否返回Self-Attention的权重的标识
        '''

        #BERT的基础模型部分的正向传播
        #进行正向传播处理
        if attention_show_flg == True:
            '''指定attention_show时，也同时返回attention_probs'''
            encoded_layers, pooled_output, attention_probs = self.bert(
```

```
                input_ids, token_type_ids, attention_mask,
                output_all_encoded_layers, attention_show_flg)
        elif attention_show_flg == False:
            encoded_layers, pooled_output = self.bert(
                input_ids, token_type_ids, attention_mask,
                output_all_encoded_layers, attention_show_flg)

        #使用输入文章的第一个单词[CLS]的特征量进行正面/负面分类处理
        vec_0 = encoded_layers[:, 0, :]
        vec_0 = vec_0.view(-1, 768)  #将size转换为[batch_size, hidden_size
        out = self.cls(vec_0)

        #指定attention_show时，也同时返回attention_probs（位于最后一位的）
        if attention_show_flg == True:
            return out, attention_probs
        elif attention_show_flg == False:
            return out
```

最后，为刚才编写的BertForIMDb类创建一个实例对象net，并将其设置为训练模式。这样就完成了用于情感分析的BERT模型的所有创建操作。

```
#构建模型
net = BertForIMDb(net_bert)

#设置为训练模式
net.train()

print('网络设置完毕')
```

8.4.3 设置面向BERT的微调操作

接下来，尝试对BertForIMDb进行微调操作。BERT的原论文[1]中对12个BertLayer模块的所有参数都进行了微调。对12个模块的全部参数进行微调是需要耗费大量时间的操作（加上需要占用更多的GPU内存，因此需要将小批次尺寸从32调整为16），本书为了缩短网络的学习时间，只对位于最后的第12个BertLayer模块进行微调，对于第1 ~ 11个BertLayer的参数则不做任何改动。

具体的实现代码如下所示。

```
#只处理位于最后的BertLayer模块的梯度计算和添加的分类适配器

#1.首先，将所有的梯度计算设置为False
for name, param in net.named_parameters():
    param.requires_grad = False

#2.设置对位于最后的BertLayer模块进行梯度计算
```

```
for name, param in net.bert.encoder.layer[-1].named_parameters():
    param.requires_grad = True

#3.设置打开识别器的梯度计算
for name, param in net.cls.named_parameters():
    param.requires_grad = True
```

接下来，定义最优化算法和损失函数。此外，这里采用了BERT原论文[1]中推荐的参数作为最优设置参数。

```
#设置最优化算法

#BERT的原有部分作为精调
optimizer = optim.Adam([
    {'params': net.bert.encoder.layer[-1].parameters(), 'lr': 5e-5},
    {'params': net.cls.parameters(), 'lr': 5e-5}
], betas=(0.9, 0.999))

#设置损失函数
criterion = nn.CrossEntropyLoss()
#先计算nn.LogSoftmax，再计算nn.NLLLoss(negative log likelihood loss)
```

8.4.4 实施学习和验证

接下来，执行BertForIMDb的学习和验证操作。这部分内容的实现与本书到目前为止讲解的方法并没有什么不同，每执行一轮epoch大约需要20分钟（使用AWS:p2.xlarge的前提下），这次总共将执行两轮epoch学习。

具体的实现代码如下所示。此外，本节中省略了用于指示不将[PAD]与Self-Attention相乘的attention_mask，直接设置为了None。不过，由于在预先学习中对[PAD]不代表任何含义这一概念进行了一定程度的学习，因此只要是本节的内容，即使省略用于遮盖[PAD]的attention_mask，网络性能也不会有太大变化。

```
#创建用于训练模型的函数

def train_model(net, dataloaders_dict, criterion, optimizer, num_epochs):

    #确认GPU是否可用
    device = torch.device("cuda:0" if torch.cuda.is_available() else "cpu")
    print("使用的设备：", device)
    print('-----start-------')

    #将网络载入GPU中
    net.to(device)

    #如果网络结构比较固定，则开启硬件加速
```

```
torch.backends.cudnn.benchmark = True

#小批次的尺寸
batch_size = dataloaders_dict["train"].batch_size

#epoch的循环
for epoch in range(num_epochs):
    #每轮epoch的训练和验证循环
    for phase in ['train', 'val']:
        if phase == 'train':
            net.train()                              #将模型设置为训练模式
        else:
            net.eval()                               #将模型设置为验证模式

        epoch_loss = 0.0                             #epoch的损失总和
        epoch_corrects = 0                           #epoch的正确答案数量
        iteration = 1

        #保存开始时间
        t_epoch_start = time.time()
        t_iter_start = time.time()

        #以minibatch为单位从数据加载器中读取数据的循环
        for batch in (dataloaders_dict[phase]):
            #batch是Text和Lable的字典型变量

            #如果能使用GPU，则将数据送入GPU中
            inputs = batch.Text[0].to(device)      #文章
            labels = batch.Label.to(device)        #标签

            #初始化optimizer
            optimizer.zero_grad()

            #计算正向传播
            with torch.set_grad_enabled(phase == 'train'):

                #输入BertForIMDb中
                outputs = net(inputs, token_type_ids=None, attention_
                              mask=None,
                              output_all_encoded_layers=False,
                              attention_show_flg=False)

                loss = criterion(outputs, labels)  #计算损失

                _, preds = torch.max(outputs, 1)   #对标签进行预测

                #训练时执行反向传播
                if phase == 'train':
                    loss.backward()
```

```
                        optimizer.step()

                        if (iteration % 10 == 0):      #每10个iter显示一次loss
                            t_iter_finish = time.time()
                            duration = t_iter_finish - t_iter_start
                            acc = (torch.sum(preds == labels.data)
                                   ).double()/batch_size
                            print('迭代 {} || Loss: {:.4f} || 10iter: {:.4f} sec.
                                 || 本次迭代的准确率：{}'.format(
                                iteration, loss.item(), duration, acc))
                            t_iter_start = time.time()

                    iteration += 1

                    #更新损失和正确答案数量的合计值
                    epoch_loss += loss.item() * batch_size
                    epoch_corrects += torch.sum(preds == labels.data)

            #每轮epoch的loss和准确率
            t_epoch_finish = time.time()
            epoch_loss = epoch_loss / len(dataloaders_dict[phase].dataset)
            epoch_acc = epoch_corrects.double(
            ) / len(dataloaders_dict[phase].dataset)

            print('Epoch {}/{} | {:^5} |  Loss: {:.4f} Acc: {:.4f}'.format(epoch+1,
                                                                    num_epochs,
                                                                    phase,
                                                                    epoch_loss,
                                                                    epoch_acc))
            t_epoch_start = time.time()

    return net

#执行学习和验证处理，每轮epoch大约需要执行20分钟
num_epochs = 2
net_trained = train_model(net, dataloaders_dict,
                          criterion, optimizer, num_epochs=num_epochs)
```

【输出执行结果】

```
使用的设备：cuda:0
-----start-------
迭代 10 || Loss: 0.7256 || 10iter: 11.7782 sec. || 本次迭代的准确率：0.53125
迭代 20 || Loss: 0.6693 || 10iter: 11.0131 sec. || 本次迭代的准确率：0.59375
...
Epoch 1/2 | train |  Loss: 0.3441 Acc: 0.8409
Epoch 1/2 |  val  |  Loss: 0.2963 Acc: 0.8856
...
Epoch 2/2 | train |  Loss: 0.2566 Acc: 0.8957
Epoch 2/2 |  val  |  Loss: 0.2589 Acc: 0.9004
```

接下来对完成学习的网络参数进行保存，并对由测试数据得到的准确率进行确认。

```
#对完成学习的网络参数进行保存
save_path = './weights/bert_fine_tuning_IMDb.pth'
torch.save(net_trained.state_dict(), save_path)

#对使用测试数据时模型的准确率进行求解
device = torch.device("cuda:0" if torch.cuda.is_available() else "cpu")

net_trained.eval()                                    #将模型设置为验证模式
net_trained.to(device)                                #如果GPU可用，则将数据送入GPU中

#记录epoch的正确答案数量的变量
epoch_corrects = 0

for batch in tqdm(test_dl):                           #test数据的DataLoader
    #batch是Text和Lable的字典型变量
    #如果GPU可用，则将数据送入GPU中
    device = torch.device("cuda:0" if torch.cuda.is_available() else "cpu")
    inputs = batch.Text[0].to(device)                 #文章
    labels = batch.Label.to(device)                   #标签

    #计算正向传播
    with torch.set_grad_enabled(False):

        #输入BertForIMDb中
        outputs = net_trained(inputs, token_type_ids=None, attention_mask=None,
                              output_all_encoded_layers=False,
                              attention_show_flg=False)

        loss = criterion(outputs, labels)             #计算损失
        _, preds = torch.max(outputs, 1)              #进行标签预测
        epoch_corrects += torch.sum(preds == labels.data)  #更新正确答案数量的合计

#准确率
epoch_acc = epoch_corrects.double() / len(test_dl.dataset)

print('处理{}个测试数据的准确率：{:.4f}'.format(len(test_dl.dataset),
                                         epoch_acc))
```

【输出执行结果】

```
处理25000 个测试数据的准确率:0.9038
```

从以上结果中可以看到，模型的准确率达到了90%以上，而在第7章中只达到了85%，由此可见在新的模型中准确率得到了大幅提升。

8.4.5 Attention 的可视化

接下来，对BERT 的Self-Attention的权重进行可视化处理，对模型在进行推测时关注的是哪些位置上的单词等信息进行可视化。这里将进行可视化处理的文章与第7 章中使用的相同，因此将测试数据的小批次尺寸设置为64。

```
#将batch_size设置为64，创建测试数据的DataLoader
batch_size = 64
test_dl = torchtext.data.Iterator(
    test_ds, batch_size=batch_size, train=False, sort=False)
```

下面使用BertForIMDb 对测试数据的DataLoader 中最开头的64 个文章进行推测。这里设置attention_show_flg=True，将在计算最后一层的第12 层BertLayer 的特征量时使用的Self-Attention的权重，读取出来并保存到变量attention_probs 中。由于模型采用的是Multi-Headed Attention 机制，因此读取出来的是12 个Attention 的权重列表。

```
#使用BertForIMDb进行处理

#准备小批次数据
batch = next(iter(test_dl))

#如果GPU可用，则将数据送入GPU中
inputs = batch.Text[0].to(device)       #文章
labels = batch.Label.to(device)         #标签

outputs, attention_probs = net_trained(inputs, token_type_ids=None,
                                       attention_mask=None,
                                       output_all_encoded_layers=False,
                                       attention_show_flg=True)

_, preds = torch.max(outputs, 1)        #进行标签预测
```

接下来，编写一个函数，将文章与对应的Attention 权重使用不同颜色进行可视化处理，并生成HTML 格式的可视化数据。这里的实现与第7章中生成HTML 的代码基本相同。

```
#编写用于生成HTML的函数

def highlight(word, attn):
    "当Attention的值较大时，就是用较深的红色作为文字背景并输出为html数据的函数"

    html_color = '#%02X%02X%02X' % (
        255, int(255*(1 - attn)), int(255*(1 - attn)))
    return '<span style="background-color: {}"> {}</span>'.format(html_color, word)

```

```
def mk_html(index, batch, preds, normlized_weights, TEXT):
    "生成HTML数据"

    #将index的结果提取出来
    sentence = batch.Text[0][index]              #文章
    label = batch.Label[index]                   #标签
    pred = preds[index]                          #预测

    #将标签和预测结果替换成文字
    if label == 0:
        label_str = "Negative"
    else:
        label_str = "Positive"

    if pred == 0:
        pred_str = "Negative"
    else:
        pred_str = "Positive"

    #生成用于显示的HTML数据
    html = '正确答案标签：{}<br>推测标签：{}<br><br>'.format(label_str, pred_str)

    #对Self-Attention的权重进行可视化处理。由于使用了12个Multi-Head
    #因此就包含12种Attention
    for i in range(12):

        #提取index的Attention和归一化处理
        #将第0个单词[CLS]的第i个Multi-Head Attention取出
        #index表示小批次中的第几个数据
        attens = normlized_weights[index, i, 0, :]
        attens /= attens.max()

        html += '[BERT的Attention可视化_' + str(i+1) + ']<br>'
        for word, attn in zip(sentence, attens):

            #如果是单词[SEP]，则表示文章结束，因此要break
            if tokenizer_bert.convert_ids_to_tokens([word.numpy().tolist()])[0]
                                                          == "[SEP]":
                break

            #使用highlight函数进行上色处理，使用tokenizer_bert.convert_ids_to_tokens
            #函数将ID还原成单词
            html += highlight(tokenizer_bert.convert_ids_to_tokens(
                [word.numpy().tolist()])[0], attn)
        html += "<br><br>"
```

```
    #计算12种Attention的平均值，并使用最大值进行归一化处理
    all_attens = attens*0                  #创建all_attens变量
    for i in range(12):
        attens += normlized_weights[index, i, 0, :]
    attens /= attens.max()

    html += '[BERT的Attention可视化_ALL]<br>'
    for word, attn in zip(sentence, attens):

        #如果是单词[SEP]，则表示文章结束，因此要break
        if tokenizer_bert.convert_ids_to_tokens([word.numpy().tolist()])[0] == "[SEP]":
            break

        #使用highlight函数进行上色处理，使用tokenizer_bert.convert_ids_to_tokens函数
        #将ID还原成单词
        html += highlight(tokenizer_bert.convert_ids_to_tokens(
            [word.numpy().tolist()])[0], attn)
    html += "<br><br>"

    return html
```

接下来，对输入的文章数据的第三条推测结果和Attention的状态进行可视化处理。

```
from IPython.display import HTML

index = 3                    #需要输出的数据
html_output = mk_html(index, batch, preds, attention_probs, TEXT)    #生成HTML
HTML(html_output)            #使用HTML格式进行输出
```

程序输出结果如图8.4.1所示，无论是正确答案还是预测结果，显示的都是Positive。另外，Multi-Headed Attention似乎也对它们做出了相应的关注。如果观察对12个Attention取平均值后得到的结果“BERT的Attention可视化_ALL”，可以看到a wonderful film、well、a really nice movie等单词受到了很强烈的关注。这就说明模型根据这些单词序列、单词位置的特征量做出了Positive这一最终的判断。

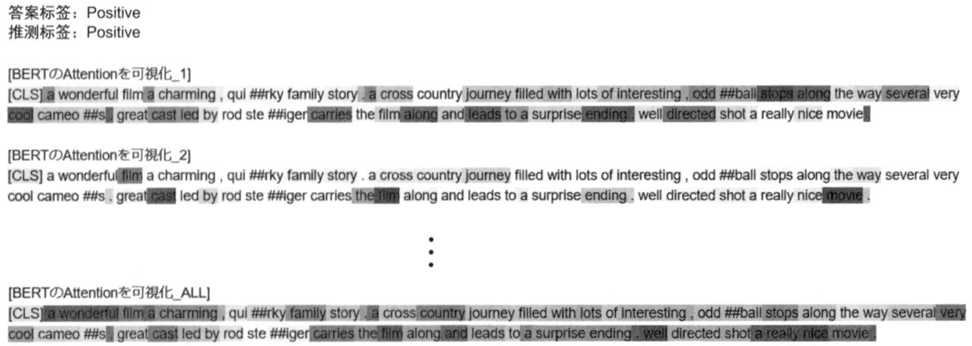

答案标签：Positive
推测标签：Positive

[BERTのAttentionを可視化_1]
[CLS] a wonderful film a charming , qui ##rky family story . a cross country journey filled with lots of interesting , odd ##ball stops along the way several very cool cameo ##s . great cast led by rod ste ##iger carries the film along and leads to a surprise ending . well directed shot a really nice movie .

[BERTのAttentionを可視化_2]
[CLS] a wonderful film a charming , qui ##rky family story . a cross country journey filled with lots of interesting , odd ##ball stops along the way several very cool cameo ##s . great cast led by rod ste ##iger carries the film along and leads to a surprise ending . well directed shot a really nice movie .

⋮

[BERTのAttentionを可視化_ALL]
[CLS] a wonderful film a charming , qui ##rky family story . a cross country journey filled with lots of interesting , odd ##ball stops along the way several very cool cameo ##s . great cast led by rod ste ##iger carries the film along and leads to a surprise ending . well directed shot a really nice movie .

图8.4.1　判定文章数据的Attention的可视化处理之一

接下来，对在第7章中未能成功判定的第61个文章的推测结果及其相应的Attention进行确认。

```
index = 61                              #需要输出的数据
html_output = mk_html(index, batch, preds, attention_probs, TEXT)  #生成HTML
HTML(html_output)                       #使用HTML格式进行输出
```

与第7章的Transformer不同，这次对于正确答案为Positive的情况，BERT的推测结果也是Positive，说明预测比较成功。从对12个Attention取平均值得到的“BERT的Attention可视化_ALL”中可以看到，is far from the worst film这一单词受到了强烈的关注。与第7章中的结果类似，这里受关注程度最高、颜色最红的单词是worst，位于其前后的单词也受到了一定程度的关注，由此可见对于双重否定句模型也做到了正确的理解，因此可以认为BERT模型成功地做出了Positive的判断。

答案标签：Positive
推测标签：Positive

[BERTのAttentionを可視化_1]
[CLS] i watched this movie as a child and still enjoy viewing it every once in a while for the nostalgia factor . when i was younger i loved the movie because of the entertaining storyline and interesting characters . today , i still love the characters . additionally , i think of the plot with higher regard because i now see the morals and symbolism . rainbow brit ##e is far from the worst film ever , and though out dated , i m sure i will show it to my children in the future , when i have children .

[BERTのAttentionを可視化_2]
[CLS] i watched this movie as a child and still enjoy viewing it every once in a while for the nostalgia factor . when i was younger i loved the movie because of the entertaining storyline and interesting characters . today , i still love the characters . additionally , i think of the plot with higher regard because i now see the morals and symbolism . rainbow brit ##e is far from the worst film ever , and though out dated , i m sure i will show it to my children in the future , when i have children .

⋮

[BERTのAttentionを可視化_ALL]
[CLS] i watched this movie as a child and still enjoy viewing it every once in a while for the nostalgia factor . when i was younger i loved the movie because of the entertaining storyline and interesting characters . today , i still love the characters . additionally , i think of the plot with higher regard because i now see the morals and symbolism . rainbow brit ##e is far from the worst film ever , and though out dated , i m sure i will show it to my children in the future , when i have children .

图8.4.2　判定文章数据的Attention的可视化处理之二

小结

至此，就完成了本节中使用BERT的分词处理和词汇表、通过torchtext加载IMDb数据的DataLoader的编程、基于BERT的情感分析模型的构建，以及使用该模型进行学习、预测和Self-Attention的可视化等操作。

至此，第8章基于自然语言处理的情感分析介绍就全部结束。从第9章开始，将学习视频分类的相关处理。

读书笔记

第9章

视频分类（3DCNN、ECO）

9.1 针对视频数据的深度学习及ECO 概要

9.2 2D Net 模块（Inception-v2）的实现

9.3 3D Net 模块（3DCNN）的实现

9.4 为Kinetics 视频数据集编写 DataLoader

9.5 ECO 模型的实现及视频分类的推测

9.1 针对视频数据的深度学习及ECO概要

本章将学习如何对视频数据进行分类处理，并对ECO（Efficient Convolutional Network for Online Video Understanding）[1]深度学习模型进行编程实现。

对视频数据进行处理包括对视频的类目进行分类处理的分类任务和将视频内容转换为文本数据的video caption等任务。本章将主要针对视频分类任务的相关知识进行讲解。

此外，本章涉及的内容将止步于模型代码的编写以及完成学习的模型的加载等操作，对于视频数据集的学习和对模型的微调等操作将不涉及。不过，即使是在视频分类的深度学习应用中，模型的学习和微调等方法与本书之前章节中讲解的内容并无不同。本章将使用包含各种不同人物动作的视频数据集来操作模型。

本节将对初次使用深度学习技术对视频数据进行处理时基本的实现思路以及需要注意的地方进行简要介绍；此外，还将对本章中将要编写的深度学习模型ECO概要进行讲解。

本节的学习目标如下。

1. 理解使用深度学习技术处理视频数据时的注意点以及相应的对策。
2. 理解ECO模型概要。

本节的程序代码

无

9.1.1 使用深度学习处理数据时的注意事项

在计算机中，视频数据实际上是静止画面的集合。通过在极短的时间内依次显示多幅图片的方式，在人类的眼中看到的这些静止画面的集合就变成了视频。

因此，我们在使用深度学习技术对视频数据进行处理时，完全可以认为“将多幅静止的图片在通道方向、高度方向或宽度方向等任意方向上进行大量的拼接，组成的一幅很长的图片就是视频”。但是，仅仅依靠这样的理解是无法实现对视频数据的处理的。

为什么这么说呢？因为如果将视频当作多幅静止图片连接而成的很长的图片来进行处理，并没有考虑到视频内的人的动作等“在时间方向上的波动”因素产生的影响。这样解释比较抽象，下面通过具体示例来进行说明。

例如，假设现有很多内容为“洗一个盘子”视频数据。很显然，虽然都是洗一个盘子，但是不同的视频中所需的时间是不同的，在视频A中洗盘子时间为3秒，而在视频B中洗盘子时间可能为3.5秒。由此可见，不同的视频数据中，完成相同动作所需的时间可能会发生变化。另外，视频A和视频B中洗盘子的开始时间也可能有差别。

由此可见，单纯地将视频数据当作一幅很长的图片进行处理的方式，对于每个视频中时间方向上的波动数据是无法很好地进行处理的。

9.1.2 使用深度学习处理视频数据的方法

我们知道，在视频数据的处理中存在时间方向上的波动问题，但是即使是静止画面的图片，也同样存在空间方向上的波动问题。

例如，对包含狗的照片进行识别的场合中，每张照片里拍摄的狗的位置多少有些不同。用于解决这类图像内物体位置发生偏移问题的正是卷积神经网络（Convolutional Network）和池化层。

如果使用卷积层的过滤器对图像的特征量进行计算，并将结果传递给池化层（如最大池化层）进行处理，就可以有效地吸收图像内物体位置发生偏移产生的影响。因此，同样也可以考虑使用卷积层来解决视频数据中时间方向上的对象偏移问题。

在普通的卷积层中，通常每个输入通道中都包含由高度和宽度定义的二维过滤器。因此，可以考虑在其中加入时间方向，使用由高度、宽度和时间三个维度定义的过滤器组成的卷积层对视频数据进行处理。这种使用三维卷积层处理视频数据的方法首次发表于2014 年，称为C3D（Convolutional 3D）[2]。

另外，还有研究者提出的方案并不是使用卷积层对时间方向的信息进行处理，而是另外准备包含时间概念的静止图片，与由视频转化为静止画面得到的图片一同进行处理。这种处理方法称为Two-Stream ConvNets [3]，其也于2014 年发表。这种Two-Stream的深度学习模型在标准的图像信息基础上，还使用了表示时间概念的信息，即光流（Optical Flow）信息。光流是指将视频切分为静止画面时，对物体在连续的两幅静止画面（帧）之间移动的轨迹用向量表示得到的图像。当两帧画面之间物体没有发生移动时，光流的矢量长度就为0；而当物体以很快的速度移动时，光流表示的就是两帧画面之间，物体移动的长度的向量。物体移动的速度越快，光流的向量也就越长。因此，只需要观察光流信息，就能准确判断物体的运动速度、视频内的物体从什么时间点开始运动等信息。因此，光流提供的信息是很难通过将视频的帧画面排列在一起就能简单获取的信息。

前面介绍了C3D 和运用光流处理的Two-Stream ConvNets两种方法，实际上C3D 在某种意义上也可看作类似光流那样，从视频数据中学习时间方向的特征量的一种方法；而Two-Stream ConvNets 则可以看作从一开始就提供了特征量的一种方法。照此理解，C3D 似乎是一种非常好的方法。但是，要从数据中学习特征量，大量的视频数据是必不可少的，这同时也意味着网络的参数会非常多，进行学习和推测都会比较花时间。

而试图解决C3D这一问题的正是本章中将要编程实现的ECO（Efficient Convolutional Network for Online Video Understanding）[1]。

ECO 是于2018年发表的一种方案，其并不是将视频的帧画面直接输入使用高度、宽度和时间的三维卷积层的C3D 中，而是先将帧画面通过二维卷积神经网络转换成尺寸较小的特征量数据，然后将这些特征量输入C3D 中进行视频处理的一种深度学习模型。

图9.1.1所示为ECO 的基本结构。首先，对视频数据进行预处理，在预处理模块中，视频数据先被分解成一帧帧图像，再进行图像的大小变换、颜色信息的归一化等处理。

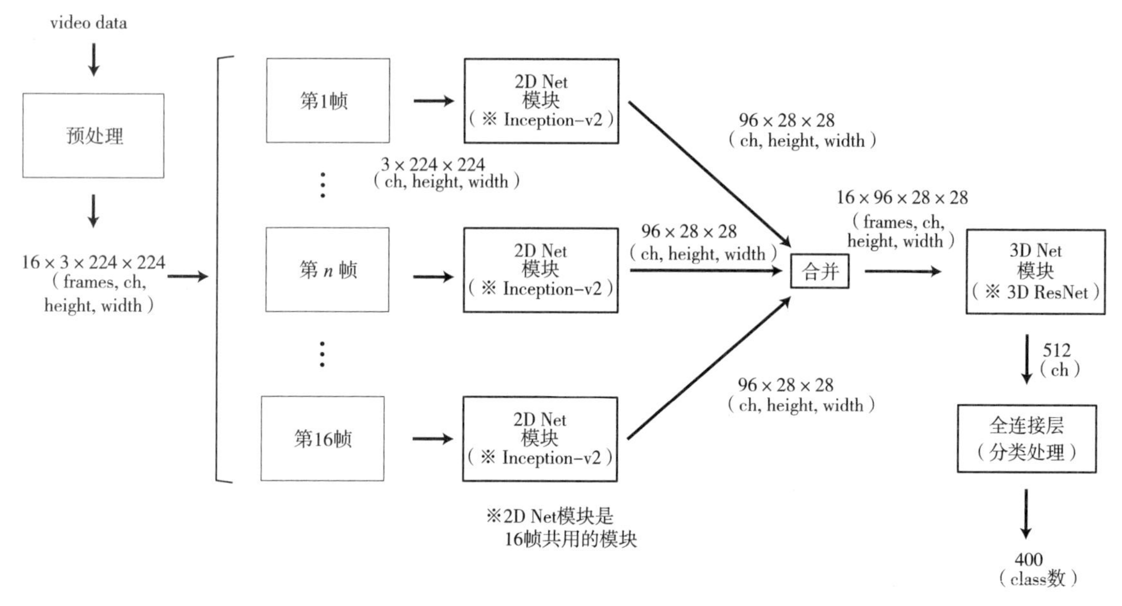

图9.1.1　ECO 的基本结构

如果使用视频数据全部的帧画面进行处理，需要处理的图像会非常多，因此ECO 是按等间隔取16 帧左右的图像进行处理的（视频的长度假设为10秒左右）。经过上述预处理，视频数据就被转换成了（frames，颜色通道，高度，宽度）=（16 × 3 × 224 × 224）的张量。图9.1.1 中省略了小批次的维度，本身张量开头的地方是包含小批次的维度的。

接下来，将16 帧图像分别输入2D Net 模块中进行处理。2D Net 模块就是单纯用于图像处理的深度学习模型。在本书之前的内容中曾介绍过VGG 和ResNet 等模型，而ECO 中使用的是Inception–v2模型。有关Inception–v2模型的详细信息将在9.2 节中进行讲解。输入给2D Net 模块的图像是（颜色通道，高度，宽度）=（3 × 224 × 224）的张量，输出的是（通道，高度，宽度）=（96 × 28 × 28）的张量。高度和宽度由224 变成了28，可见图像数据被缩小了。

16 帧的画面是分别被单独输入2D Net 模块中处理并转换成特征量的。图9.1.1 中虽然画出了三个2D Net 模块，但实际上使用的只有一个2D Net 模块。这里并不需要为每帧图像单独准备一个2D Net 模块，而只需要用一个2D Net 模块对应所有帧图像的处理即可。

然后，将16 帧图像分别经过2D Net 模块处理后得到的输出张量进行合并，得到形状为（frames，通道，高度，宽度）=（16 × 96 × 28 × 28）的张量。接下来，将该张量输入由空间和时间（frames）方向的三维卷积层组成的3D Net 模块中，从3D Net 模块中输出的是由一维的512 个元素组成的特征量。

最后，使用全连接层对3D Net 模块的输出进行类目分类处理，得到元素个数为分类数量的输出结果。如果对这些结果使用SoftMax 函数进行计算，就可以得到输入的视频属于每个分类的概率。另外，由于本章使用的已完成学习的数据的分类数量是400 个，因此图9.1.1 中显示的class 数是400 个。

以上就是基于ECO 的视频分类处理的概要。从9.2 节开始，将对ECO进行编程实现。9.2 节中将要实现的是ECO 的2D Net 模块Inception–v2。

9.2 2D Net 模块(Inception-v2)的实现

本节将对ECO的2D Net模块Inception-v2进行编程实现。本章中的实现代码参考了GitHub：zhang-can/ECO-pytorch[4]中公布的源代码。此外，执行本章中程序的前提是使用Ubuntu作为执行环境。

本节的学习目标如下。

1. 理解ECO的2D Net模块概要。
2. 掌握编写Inception-v2实现代码的方法。

本节的程序代码

```
9-2-3_eco.ipynb
```

9.2.1 ECO的2D Net模块概要

图9.2.1所示为ECO的2D Net模块的基本组成结构。输入2D Net模块的是形状为(颜色通道，高度，宽度)=(3 × 224 × 224)的张量，该张量最终被转换为(通道，高度，宽度)=(96 × 28 × 28)的张量。

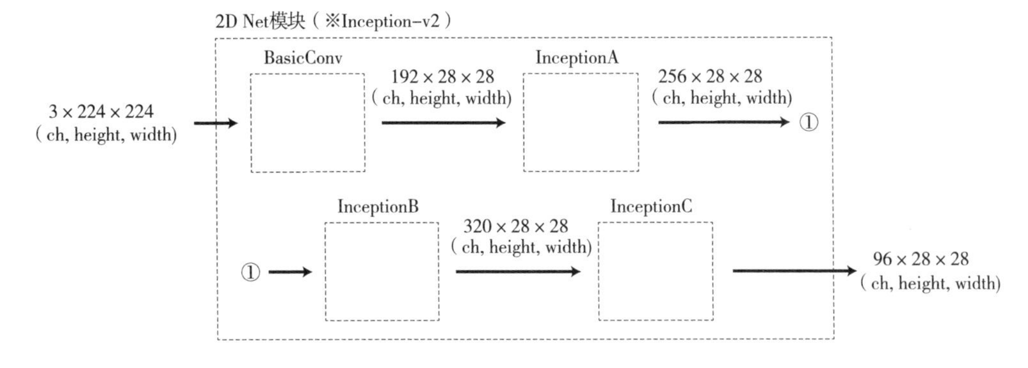

图9.2.1 ECO的2D Net模块的基本组成结构

2D Net模块中共有四个子模块，分别是BasicConv、InceptionA、InceptionB、InceptionC。其中，BasicConv是基于卷积层进行特征量变换的模块。负责将输入的图像转化为(通道，高度，宽度)=(192 × 28 × 28)的张量。此时特征量的尺寸是28。

InceptionA ~ InceptionC进一步对特征量进行转换，这几个模块的输出张量的尺寸分别是(256×28×28)、(320×28×28)、(96 × 28 × 28)。

下面对这四个模块的网络结构进行确认，并依次进行编程实现。

9.2.2 BasicConv模块的实现

图9.2.2所示为BasicConv模块的基本组成结构，可以看到BasicConv 模块是由二维卷积层、批次归一化、激励函数ReLU、最大池化层组成的很基本的一种卷积神经网络模型。

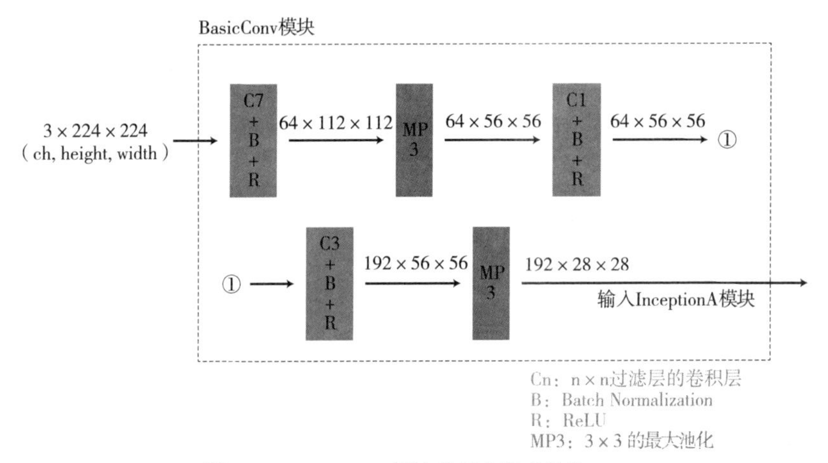

图9.2.2　BasicConv 模块的基本组成结构

BasicConv模块具体的实现代码如下所示，实际上就是对所有的网络层一层层地进行设置。

```
class BasicConv(nn.Module):
    '''ECO的2D Net模块中开头的模块'''

    def __init__(self):
        super(BasicConv, self).__init__()

        self.conv1_7x7_s2 = nn.Conv2d(3, 64, kernel_size=(
            7, 7), stride=(2, 2), padding=(3, 3))
        self.conv1_7x7_s2_bn = nn.BatchNorm2d(
            64, eps=1e-05, momentum=0.1, affine=True, track_running_stats=True)
        self.conv1_relu_7x7 = nn.ReLU(inplace=True)
        self.pool1_3x3_s2 = nn.MaxPool2d(
            kernel_size=3, stride=2, padding=0, dilation=1, ceil_mode=True)
        self.conv2_3x3_reduce = nn.Conv2d(
            64, 64, kernel_size=(1, 1), stride=(1, 1))
        self.conv2_3x3_reduce_bn = nn.BatchNorm2d(
            64, eps=1e-05, momentum=0.1, affine=True, track_running_stats=True)
        self.conv2_relu_3x3_reduce = nn.ReLU(inplace=True)
        self.conv2_3x3 = nn.Conv2d(64, 192, kernel_size=(
            3, 3), stride=(1, 1), padding=(1, 1))
        self.conv2_3x3_bn = nn.BatchNorm2d(
            192, eps=1e-05, momentum=0.1, affine=True, track_running_stats=True)
        self.conv2_relu_3x3 = nn.ReLU(inplace=True)
```

```
        self.pool2_3x3_s2 = nn.MaxPool2d(
            kernel_size=3, stride=2, padding=0, dilation=1, ceil_mode=True)

    def forward(self, x):
        out = self.conv1_7x7_s2(x)
        out = self.conv1_7x7_s2_bn(out)
        out = self.conv1_relu_7x7(out)
        out = self.pool1_3x3_s2(out)
        out = self.conv2_3x3_reduce(out)
        out = self.conv2_3x3_reduce_bn(out)
        out = self.conv2_relu_3x3_reduce(out)
        out = self.conv2_3x3(out)
        out = self.conv2_3x3_bn(out)
        out = self.conv2_relu_3x3(out)
        out = self.pool2_3x3_s2(out)
        return out
```

9.2.3 InceptionA ~ InceptionC 模块的实现

1. InceptionA 模块

图9.2.3 所示为InceptionA 模块的基本组成结构，输入数据经过分支被分别传递给卷积层、批次归一化、ReLU 中进行处理，最后对各个输出进行合并后作为模块的输出结果。

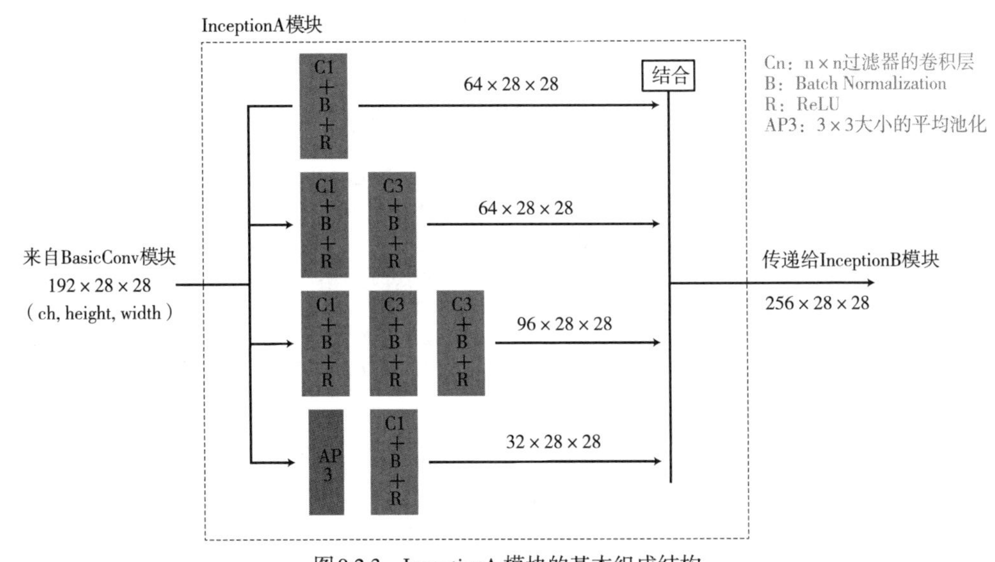

图9.2.3 InceptionA 模块的基本组成结构

Inception 这一概念是在GoogLeNet[5] 中首次被提出来的方法，其特点是对输入数据进行分支后，再交由卷积层并行地进行处理。

之所以要将多个卷积层并排放置进行处理，是为了通过这种方式来替代大尺寸过滤器的卷积层的使用。因为卷积层使用的过滤器尺寸越大，就意味着需要学习的参数也越多，运用难度也越大。例如，假设现在使用的是5 × 5 的过滤器，但是只有左上角的2×2 和右下角的3×3 位置上的权重值较大，其他部分的权重值非常小，小到几乎可以不予以考虑的程度。那么，与其使用一个5 × 5 过滤器的卷积层，不如将使用2×2 和3×3 过滤器的两个卷积层并列使用，这样需要学习的参数也要少得多。像这样避免采用尺寸较大的过滤器的卷积层的使用，采用通过多个小尺寸过滤器卷积层并列使用的方式来减少学习参数的做法就被称为Inception。

在Inception 中使用第5 章中介绍过的1×1卷积（逐点卷积）进行特征量的转换（对通道数进行维数压缩）。ECO 中使用的是Inception 的version 2。图9.2.3从上数第三行中，3 × 3 的卷积层重复出现了两次。在Inception 的version 1 中，这部分使用5 × 5 的卷积层重复了一次，而在version 2 中改为了3 × 3 的卷积层重复使用两次。

InceptionA模块具体的实现代码如下所示，实际上就是对所有的网络层一层层地进行设置。

```
class InceptionA(nn.Module):
    '''InceptionA'''

    def __init__(self):
        super(InceptionA, self).__init__()

        self.inception_3a_1x1 = nn.Conv2d(
            192, 64, kernel_size=(1, 1), stride=(1, 1))
        self.inception_3a_1x1_bn = nn.BatchNorm2d(
            64, eps=1e-05, momentum=0.1, affine=True, track_running_stats=True)
        self.inception_3a_relu_1x1 = nn.ReLU(inplace=True)

        self.inception_3a_3x3_reduce = nn.Conv2d(
            192, 64, kernel_size=(1, 1), stride=(1, 1))
        self.inception_3a_3x3_reduce_bn = nn.BatchNorm2d(
            64, eps=1e-05, momentum=0.1, affine=True, track_running_stats=True)
        self.inception_3a_relu_3x3_reduce = nn.ReLU(inplace=True)
        self.inception_3a_3x3 = nn.Conv2d(
            64, 64, kernel_size=(3, 3), stride=(1, 1), padding=(1, 1))
        self.inception_3a_3x3_bn = nn.BatchNorm2d(
            64, eps=1e-05, momentum=0.1, affine=True, track_running_stats=True)
        self.inception_3a_relu_3x3 = nn.ReLU(inplace=True)

        self.inception_3a_double_3x3_reduce = nn.Conv2d(
            192, 64, kernel_size=(1, 1), stride=(1, 1))
        self.inception_3a_double_3x3_reduce_bn = nn.BatchNorm2d(
            64, eps=1e-05, momentum=0.1, affine=True, track_running_stats=True)
        self.inception_3a_relu_double_3x3_reduce = nn.ReLU(inplace=True)
        self.inception_3a_double_3x3_1 = nn.Conv2d(
            64, 96, kernel_size=(3, 3), stride=(1, 1), padding=(1, 1))
        self.inception_3a_double_3x3_1_bn = nn.BatchNorm2d(
            96, eps=1e-05, momentum=0.1, affine=True, track_running_stats=True)
```

```
        self.inception_3a_relu_double_3x3_1 = nn.ReLU(inplace=True)
        self.inception_3a_double_3x3_2 = nn.Conv2d(
            96, 96, kernel_size=(3, 3), stride=(1, 1), padding=(1, 1))
        self.inception_3a_double_3x3_2_bn = nn.BatchNorm2d(
            96, eps=1e-05, momentum=0.1, affine=True, track_running_stats=True)
        self.inception_3a_relu_double_3x3_2 = nn.ReLU(inplace=True)

        self.inception_3a_pool = nn.AvgPool2d(
            kernel_size=3, stride=1, padding=1)
        self.inception_3a_pool_proj = nn.Conv2d(
            192, 32, kernel_size=(1, 1), stride=(1, 1))
        self.inception_3a_pool_proj_bn = nn.BatchNorm2d(
            32, eps=1e-05, momentum=0.1, affine=True, track_running_stats=True)
        self.inception_3a_relu_pool_proj = nn.ReLU(inplace=True)

    def forward(self, x):

        out1 = self.inception_3a_1x1(x)
        out1 = self.inception_3a_1x1_bn(out1)
        out1 = self.inception_3a_relu_1x1(out1)

        out2 = self.inception_3a_3x3_reduce(x)
        out2 = self.inception_3a_3x3_reduce_bn(out2)
        out2 = self.inception_3a_relu_3x3_reduce(out2)
        out2 = self.inception_3a_3x3(out2)
        out2 = self.inception_3a_3x3_bn(out2)
        out2 = self.inception_3a_relu_3x3(out2)

        out3 = self.inception_3a_double_3x3_reduce(x)
        out3 = self.inception_3a_double_3x3_reduce_bn(out3)
        out3 = self.inception_3a_relu_double_3x3_reduce(out3)
        out3 = self.inception_3a_double_3x3_1(out3)
        out3 = self.inception_3a_double_3x3_1_bn(out3)
        out3 = self.inception_3a_relu_double_3x3_1(out3)
        out3 = self.inception_3a_double_3x3_2(out3)
        out3 = self.inception_3a_double_3x3_2_bn(out3)
        out3 = self.inception_3a_relu_double_3x3_2(out3)

        out4 = self.inception_3a_pool(x)
        out4 = self.inception_3a_pool_proj(out4)
        out4 = self.inception_3a_pool_proj_bn(out4)
        out4 = self.inception_3a_relu_pool_proj(out4)

        outputs = [out1, out2, out3, out4]

        return torch.cat(outputs, 1)
```

2. InceptionB 模块

InceptionB 模块的基本思路与InceptionA 模块相同，只不过网络结构稍有区别。图9.2.4所示为InceptionB 模块的基本组成结构。

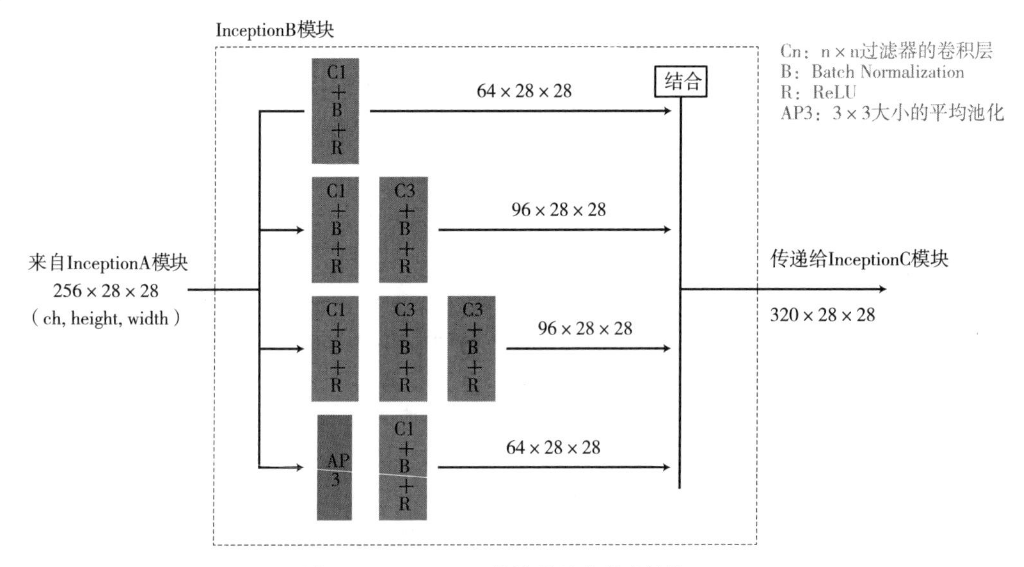

图9.2.4　InceptionB 模块的基本组成结构

InceptionB 模块具体的实现代码如下所示，实际上就是对所有的网络层一层层地进行设置。

```
class InceptionB(nn.Module):
    '''InceptionB'''

    def __init__(self):
        super(InceptionB, self).__init__()

        self.inception_3b_1x1 = nn.Conv2d(
            256, 64, kernel_size=(1, 1), stride=(1, 1))
        self.inception_3b_1x1_bn = nn.BatchNorm2d(
            64, eps=1e-05, momentum=0.1, affine=True, track_running_stats=True)
        self.inception_3b_relu_1x1 = nn.ReLU(inplace=True)

        self.inception_3b_3x3_reduce = nn.Conv2d(
            256, 64, kernel_size=(1, 1), stride=(1, 1))
        self.inception_3b_3x3_reduce_bn = nn.BatchNorm2d(
            64, eps=1e-05, momentum=0.1, affine=True, track_running_stats=True)
        self.inception_3b_relu_3x3_reduce = nn.ReLU(inplace=True)

        self.inception_3b_3x3 = nn.Conv2d(
            64, 96, kernel_size=(3, 3), stride=(1, 1), padding=(1, 1))
        self.inception_3b_3x3_bn = nn.BatchNorm2d(
            96, eps=1e-05, momentum=0.1, affine=True, track_running_stats=True)
```

```
        self.inception_3b_relu_3x3 = nn.ReLU(inplace=True)

        self.inception_3b_double_3x3_reduce = nn.Conv2d(
            256, 64, kernel_size=(1, 1), stride=(1, 1))
        self.inception_3b_double_3x3_reduce_bn = nn.BatchNorm2d(
            64, eps=1e-05, momentum=0.1, affine=True, track_running_stats=True)
        self.inception_3b_relu_double_3x3_reduce = nn.ReLU(inplace=True)
        self.inception_3b_double_3x3_1 = nn.Conv2d(
            64, 96, kernel_size=(3, 3), stride=(1, 1), padding=(1, 1))
        self.inception_3b_double_3x3_1_bn = nn.BatchNorm2d(
            96, eps=1e-05, momentum=0.1, affine=True, track_running_stats=True)
        self.inception_3b_relu_double_3x3_1 = nn.ReLU(inplace=True)
        self.inception_3b_double_3x3_2 = nn.Conv2d(
            96, 96, kernel_size=(3, 3), stride=(1, 1), padding=(1, 1))
        self.inception_3b_double_3x3_2_bn = nn.BatchNorm2d(
            96, eps=1e-05, momentum=0.1, affine=True, track_running_stats=True)
        self.inception_3b_relu_double_3x3_2 = nn.ReLU(inplace=True)

        self.inception_3b_pool = nn.AvgPool2d(
            kernel_size=3, stride=1, padding=1)
        self.inception_3b_pool_proj = nn.Conv2d(
            256, 64, kernel_size=(1, 1), stride=(1, 1))
        self.inception_3b_pool_proj_bn = nn.BatchNorm2d(
            64, eps=1e-05, momentum=0.1, affine=True, track_running_stats=True)
        self.inception_3b_relu_pool_proj = nn.ReLU(inplace=True)

    def forward(self, x):

        out1 = self.inception_3b_1x1(x)
        out1 = self.inception_3b_1x1_bn(out1)
        out1 = self.inception_3b_relu_1x1(out1)

        out2 = self.inception_3b_3x3_reduce(x)
        out2 = self.inception_3b_3x3_reduce_bn(out2)
        out2 = self.inception_3b_relu_3x3_reduce(out2)
        out2 = self.inception_3b_3x3(out2)
        out2 = self.inception_3b_3x3_bn(out2)
        out2 = self.inception_3b_relu_3x3(out2)

        out3 = self.inception_3b_double_3x3_reduce(x)
        out3 = self.inception_3b_double_3x3_reduce_bn(out3)
        out3 = self.inception_3b_relu_double_3x3_reduce(out3)
        out3 = self.inception_3b_double_3x3_1(out3)
        out3 = self.inception_3b_double_3x3_1_bn(out3)
        out3 = self.inception_3b_relu_double_3x3_1(out3)
        out3 = self.inception_3b_double_3x3_2(out3)
```

```
        out3 = self.inception_3b_double_3x3_2_bn(out3)
        out3 = self.inception_3b_relu_double_3x3_2(out3)

        out4 = self.inception_3b_pool(x)
        out4 = self.inception_3b_pool_proj(out4)
        out4 = self.inception_3b_pool_proj_bn(out4)
        out4 = self.inception_3b_relu_pool_proj(out4)

        outputs = [out1, out2, out3, out4]

        return torch.cat(outputs, 1)
```

3. InceptionC 模块

InceptionC 模块中并没有类似InceptionA模块和InceptionB模块中那样的分支处理，其由卷积层、批次归一化和ReLU组成。InceptionC模块的基本组成结构如图9.2.5所示。

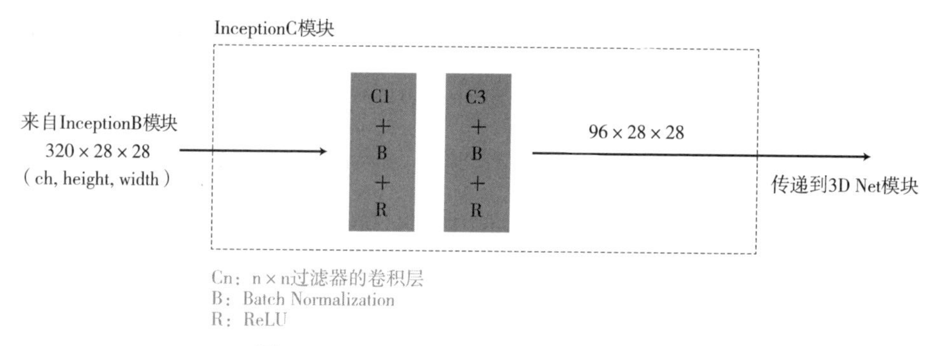

图9.2.5　InceptionC 模块的基本组成结构

InceptionC 模块具体的实现代码如下所示。

```
class InceptionC(nn.Module):
    '''InceptionC'''

    def __init__(self):
        super(InceptionC, self).__init__()

        self.inception_3c_double_3x3_reduce = nn.Conv2d(
            320, 64, kernel_size=(1, 1), stride=(1, 1))
        self.inception_3c_double_3x3_reduce_bn = nn.BatchNorm2d(
            64, eps=1e-05, momentum=0.1, affine=True, track_running_stats=True)
        self.inception_3c_relu_double_3x3_reduce = nn.ReLU(inplace=True)
        self.inception_3c_double_3x3_1 = nn.Conv2d(
            64, 96, kernel_size=(3, 3), stride=(1, 1), padding=(1, 1))
        self.inception_3c_double_3x3_1_bn = nn.BatchNorm2d(
```

```
            96, eps=1e-05, momentum=0.1, affine=True, track_running_stats=True)
        self.inception_3c_relu_double_3x3_1 = nn.ReLU(inplace=True)

    def forward(self, x):
        out = self.inception_3c_double_3x3_reduce(x)
        out = self.inception_3c_double_3x3_reduce_bn(out)
        out = self.inception_3c_relu_double_3x3_reduce(out)
        out = self.inception_3c_double_3x3_1(out)
        out = self.inception_3c_double_3x3_1_bn(out)
        out = self.inception_3c_relu_double_3x3_1(out)

        return out
```

以上就是与BasicConv模块并列在一起使用的InceptionA ~ InceptionC 模块的代码实现。综合上述代码，即可编写ECO 的2D Net 模块的类代码。

```
class ECO_2D(nn.Module):
    def __init__(self):
        super(ECO_2D, self).__init__()

        #BasicConv模块
        self.basic_conv = BasicConv()

        #Inception模块
        self.inception_a = InceptionA()
        self.inception_b = InceptionB()
        self.inception_c = InceptionC()

    def forward(self, x):
        '''
        输入x的尺寸是torch.Size([batch_num, 3, 224, 224]))
        '''
        out = self.basic_conv(x)
        out = self.inception_a(out)
        out = self.inception_b(out)
        out = self.inception_c(out)

        return out
```

最后，对上述程序的执行结果进行确认。下面对网络中各个部分的张量的变化情况进行确认，具体的方法与4.5节中介绍的利用TensorBoardX实现网络的可视化方法相同，使用TensorBoardX 实现。

```
#模型的准备
net = ECO_2D()
net.train()
```

【输出执行结果】

```
ECO_2D(
  (basic_conv): BasicConv(
    (conv1_7x7_s2): Conv2d(3, 64, kernel_size=(7, 7), stride=(2, 2), padding=(3, 3))
    (conv1_7x7_s2_bn): BatchNorm2d
...
```

接下来执行下列代码，保存用于TensorBoardX的graph数据。

```
#1.调用TensorBoardX的保存类
from tensorboardX import SummaryWriter

#2.准备用于保存到tbX文件夹中的writer
#如果tbX文件夹不存在，则自动创建
writer = SummaryWriter("./tbX/")

#3.生成输入网络中的伪数据
batch_size = 1
dummy_img = torch.rand(batch_size, 3, 224, 224)


#4.将net的伪数据
#dummy_img输入网络中时的graph保存到writer中
writer.add_graph(net, (dummy_img, ))
writer.close()

#5.打开命令行窗口，移动到tbX文件夹所在的路径中
#执行下列代码

# tensorboard --logdir="./tbX/"

#之后，访问http://localhost:6006
```

编写完上述代码后，打开命令行窗口，移动到包含tbX文件夹的9_video_classification_eco文件夹中，并执行“tensorboard–logdir="./tbX/" ”命令。当TensorBoardX成功启动后，打开浏览器并访问http://localhost:6006（如果使用AWS，设置允许对端口6006进行转发）。之后，就能看到图9.2.6所示的ECO的2D Net模块的详细结构以及每个张量的形状。

至此，就完成了本节中对ECO的2D Net模块的概要及其主要构成元素Inception–v2的编程方法的讲解。9.3节将继续对3D Net模块的概要及其编程方法进行讲解。

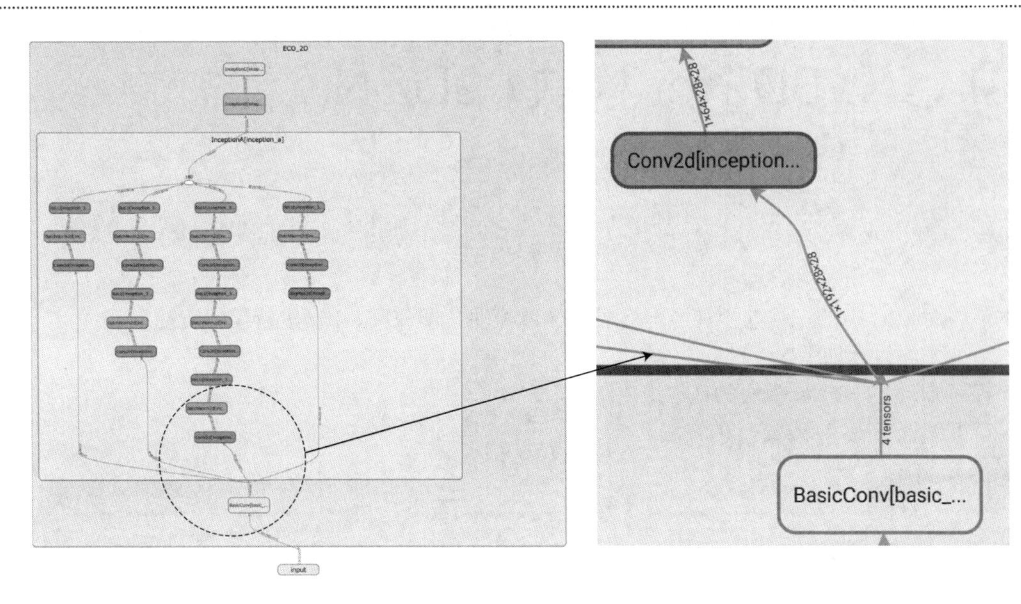

图9.2.6　使用TensorBoardX 确认ECO 2D Net 模块的构成

9.3 3D Net 模块（3DCNN）的实现

本节将对ECO中的三维卷积神经网络层3D Net模块，即3D ResNet进行编程实现。

本节的学习目标如下。

1. 理解ECO的3D Net模块的基本组成结构。
2. 掌握编程实现3D ResNet的方法。

本节的程序代码

```
9-2-3_eco.ipynb
```

9.3.1 ECO的3D Net模块概要

图9.3.1所示为ECO的3D Net模块的基本组成结构。3D Net模块的输入数据是（frames，通道，高度，宽度）=（16 × 96 × 28 × 28）的张量，该张量是视频数据中的16帧图像分别经过2D Net模块的处理后，转换成（通道，高度，宽度）=（96×28×28），然后进行合并得到的（16×96×28×28）张量。接收到该张量后，3D Net模块最终输出的是（通道）=（512）的张量。

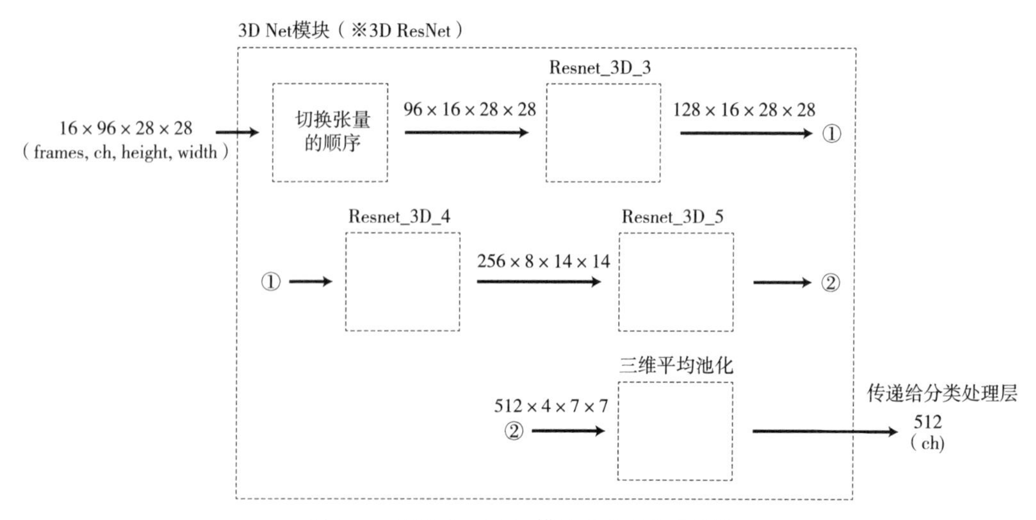

图9.3.1　ECO的3D Net模块的基本组成结构

在3D Net模块中，首先对张量的维度进行切换，将（16×96×28×28）变形为（96×16×28×28）。之所以这样处理，是因为需要将数据输入过滤器尺寸为（时间，高度，宽度）的三维卷积层中，所以需要先将张量的维度转换为（时间，高度，宽度）的顺序，以匹配过滤器的维度。

之后，通过由三维卷积网络层组成的ResNet对特征量进行转换。这里的3D ResNet实际上是3.4节“Feature模块的说明及编程实现（ResNet）”中介绍的ResNet的三维过滤器版。

最开始是在图9.3.1的Resnet_3D_3中将（96×16×28×28）的输入数据转换为（128×16×28×28），然后继续在Resnet_3D_4中转换为（256×8×14×14），在Resnet_3D_5中转换为（512 × 4 × 7 × 7）。

最终，（512 × 4 × 7 × 7）的张量被转换成（512）的特征量，不过这里使用的并不是全连接层，而是三维平均池化层。

本书到目前为止介绍的池化层都是使用尺寸比特征量的尺寸更小的过滤器在输入数据上进行滑动，对位于过滤器范围内的数据求取最大值（或者平均值），以达到即使图像内的物体位置发生了少量的变化也可以得到相同的特征量的目的。但是，这里使用的平均池化层的目的则不同，该平均池化层的过滤器尺寸是（4 × 7 × 7），与输入平均池化层的张量（512 × 4 × 7 × 7）大小完全相同。由此可见，该平均池化层的作用就是单纯地计算张量的平均值。

如果这里不使用平均池化层，而是改为全连接层，就能实现更为复杂的处理。但是，这样一来就增加了网络参数的数量，容易陷入过拟合状态。因此，在ECO中最后负责对特征量进行变换的不是全连接层，而是平均池化层，这样的实现不仅更加简洁，同时也避免了网络参数的膨胀、过拟合现象的发生等问题。像这样使用平均池化层来替代全连接层的做法被称为全局平均池化（Global Average Pooling）。

9.3.2 Resnet_3D_3 的实现

接下来，对ECO的3D Net模块进行实际的编程。这里不会专门用一个类实现对开头张量维度顺序的切换操作，而是直接在forward函数内实现，因此是由Resnet_3D_3实现的。

图9.3.2所示为Resnet_3D_3的基本组成结构，输入Resnet_3D_3的数据经过三维卷积层处理后，然后分别经由residual一侧和两次卷积层这一侧进行处理，这两路处理结果经过加法运算后，再交由批次归一化和ReLU进行计算并输出结果。

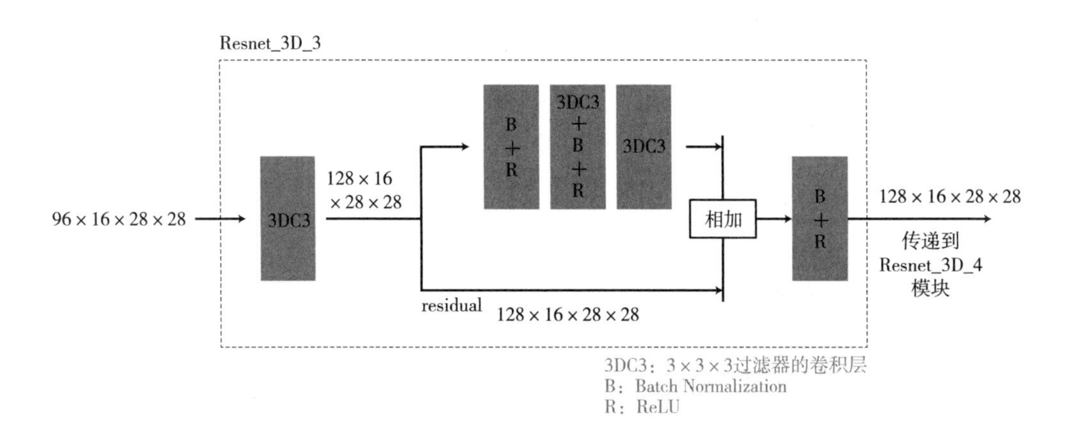

图9.3.2　Resnet_3D_3 的基本组成结构

Resnet_3D_3具体的实现代码如下所示。

```
class Resnet_3D_3(nn.Module):
    '''Resnet_3D_3'''

    def __init__(self):
        super(Resnet_3D_3, self).__init__()

        self.res3a_2 = nn.Conv3d(96, 128, kernel_size=(
            3, 3, 3), stride=(1, 1, 1), padding=(1, 1, 1))





        self.res3a_bn = nn.BatchNorm3d(
            128, eps=1e-05, momentum=0.1, affine=True, track_running_stats=True)
        self.res3a_relu = nn.ReLU(inplace=True)

        self.res3b_1 = nn.Conv3d(128, 128, kernel_size=(
            3, 3, 3), stride=(1, 1, 1), padding=(1, 1, 1))
        self.res3b_1_bn = nn.BatchNorm3d(
            128, eps=1e-05, momentum=0.1, affine=True, track_running_stats=True)
        self.res3b_1_relu = nn.ReLU(inplace=True)
        self.res3b_2 = nn.Conv3d(128, 128, kernel_size=(
            3, 3, 3), stride=(1, 1, 1), padding=(1, 1, 1))

        self.res3b_bn = nn.BatchNorm3d(
            128, eps=1e-05, momentum=0.1, affine=True, track_running_stats=True)
        self.res3b_relu = nn.ReLU(inplace=True)

    def forward(self, x):

        residual = self.res3a_2(x)
        out = self.res3a_bn(residual)
        out = self.res3a_relu(out)

        out = self.res3b_1(out)
        out = self.res3b_1_bn(out)
        out = self.res3b_relu(out)
        out = self.res3b_2(out)

        out += residual

        out = self.res3b_bn(out)
        out = self.res3b_relu(out)

        return out
```

9.3.3 Resnet_3D_4的实现

图9.3.3所示为Resnet_3D_4的基本组成结构，其中包含两次分支处理。

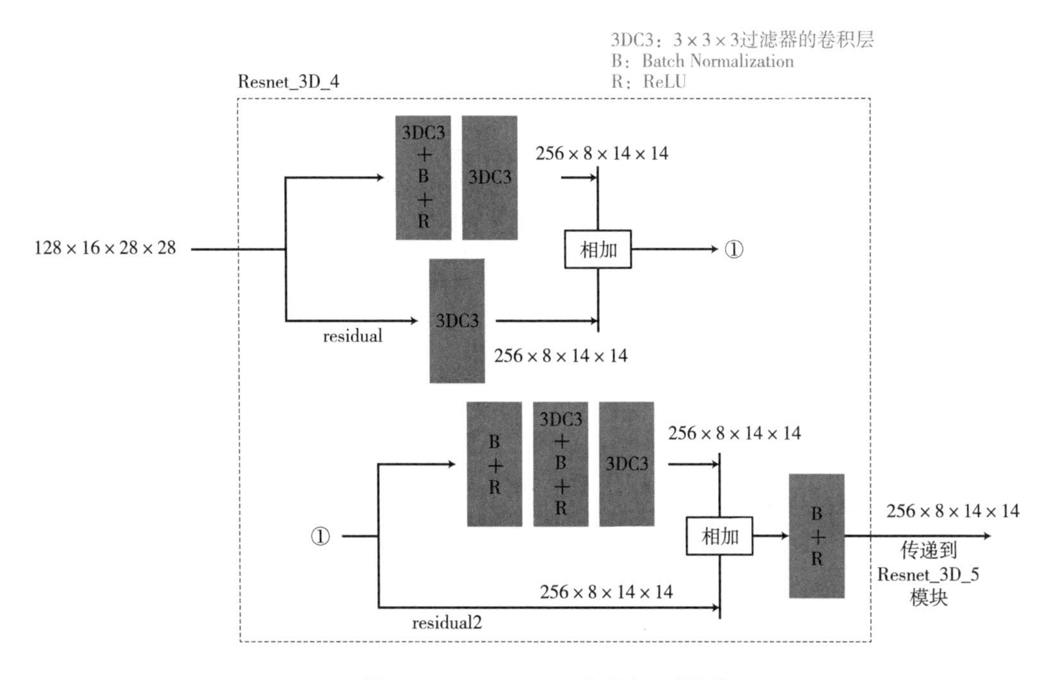

图9.3.3 Resnet_3D_4的基本组成结构

Resnet_3D_4具体的实现代码如下所示。

```
class Resnet_3D_4(nn.Module):
    '''Resnet_3D_4'''

    def __init__(self):
        super(Resnet_3D_4, self).__init__()

        self.res4a_1 = nn.Conv3d(128, 256, kernel_size=(
            3, 3, 3), stride=(2, 2, 2), padding=(1, 1, 1))
        self.res4a_1_bn = nn.BatchNorm3d(
            256, eps=1e-05, momentum=0.1, affine=True, track_running_stats=True)
        self.res4a_1_relu = nn.ReLU(inplace=True)
        self.res4a_2 = nn.Conv3d(256, 256, kernel_size=(
            3, 3, 3), stride=(1, 1, 1), padding=(1, 1, 1))

        self.res4a_down = nn.Conv3d(128, 256, kernel_size=(
            3, 3, 3), stride=(2, 2, 2), padding=(1, 1, 1))
```

```
        self.res4a_bn = nn.BatchNorm3d(
            256, eps=1e-05, momentum=0.1, affine=True, track_running_stats=True)
        self.res4a_relu = nn.ReLU(inplace=True)

        self.res4b_1 = nn.Conv3d(256, 256, kernel_size=(
            3, 3, 3), stride=(1, 1, 1), padding=(1, 1, 1))
        self.res4b_1_bn = nn.BatchNorm3d(
            256, eps=1e-05, momentum=0.1, affine=True, track_running_stats=True)
        self.res4b_1_relu = nn.ReLU(inplace=True)
        self.res4b_2 = nn.Conv3d(256, 256, kernel_size=(
            3, 3, 3), stride=(1, 1, 1), padding=(1, 1, 1))

        self.res4b_bn = nn.BatchNorm3d(
            256, eps=1e-05, momentum=0.1, affine=True, track_running_stats=True)
        self.res4b_relu = nn.ReLU(inplace=True)

    def forward(self, x):
        residual = self.res4a_down(x)

        out = self.res4a_1(x)
        out = self.res4a_1_bn(out)
        out = self.res4a_1_relu(out)

        out = self.res4a_2(out)

        out += residual

        residual2 = out

        out = self.res4a_bn(out)
        out = self.res4a_relu(out)

        out = self.res4b_1(out)

        out = self.res4b_1_bn(out)
        out = self.res4b_1_relu(out)

        out = self.res4b_2(out)

        out += residual2

        out = self.res4b_bn(out)
        out = self.res4b_relu(out)

        return out
```

9.3.4 Resnet_3D_5的实现

图9.3.4所示为Resnet_3D_5的基本组成结构，其中的网络层结构与Resnet_3D_4相同，通道数等则不同。

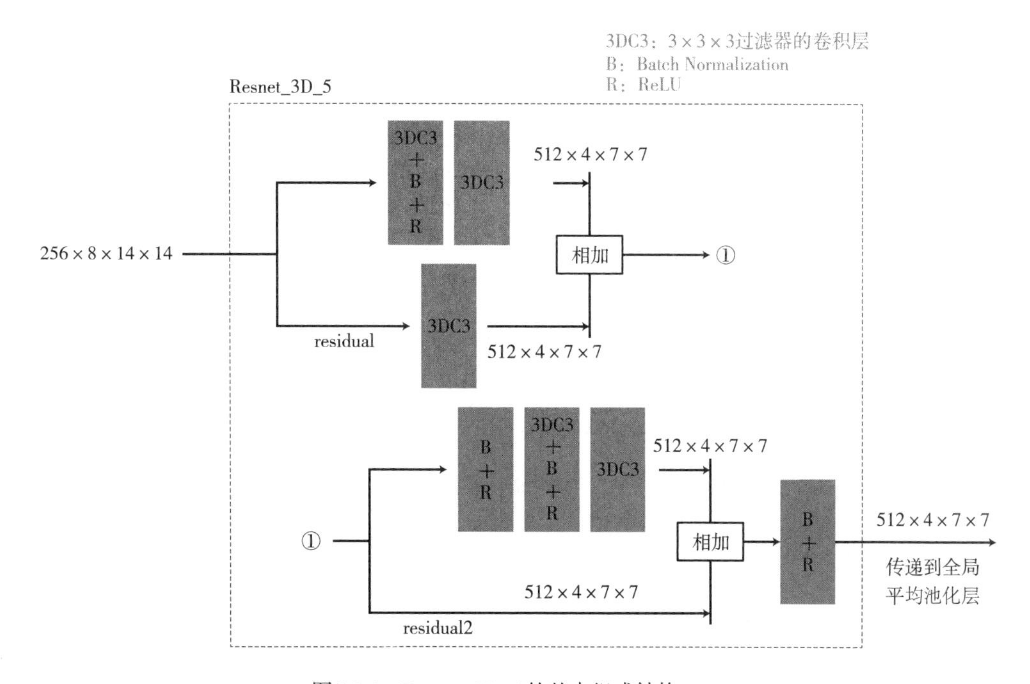

图9.3.4 Resnet_3D_5的基本组成结构

Resnet_3D_5具体的实现代码如下所示。

```
class Resnet_3D_5(nn.Module):
    '''Resnet_3D_5'''

    def __init__(self):
        super(Resnet_3D_5, self).__init__()

        self.res5a_1 = nn.Conv3d(256, 512, kernel_size=(
            3, 3, 3), stride=(2, 2, 2), padding=(1, 1, 1))
        self.res5a_1_bn = nn.BatchNorm3d(
            512, eps=1e-05, momentum=0.1, affine=True, track_running_stats=True)
        self.res5a_1_relu = nn.ReLU(inplace=True)
        self.res5a_2 = nn.Conv3d(512, 512, kernel_size=(
            3, 3, 3), stride=(1, 1, 1), padding=(1, 1, 1))

        self.res5a_down = nn.Conv3d(256, 512, kernel_size=(
```

```
            3, 3, 3), stride=(2, 2, 2), padding=(1, 1, 1))

        self.res5a_bn = nn.BatchNorm3d(
            512, eps=1e-05, momentum=0.1, affine=True, track_running_stats=True)
        self.res5a_relu = nn.ReLU(inplace=True)

        self.res5b_1 = nn.Conv3d(512, 512, kernel_size=(
            3, 3, 3), stride=(1, 1, 1), padding=(1, 1, 1))
        self.res5b_1_bn = nn.BatchNorm3d(
            512, eps=1e-05, momentum=0.1, affine=True, track_running_stats=True)
        self.res5b_1_relu = nn.ReLU(inplace=True)
        self.res5b_2 = nn.Conv3d(512, 512, kernel_size=(
            3, 3, 3), stride=(1, 1, 1), padding=(1, 1, 1))

        self.res5b_bn = nn.BatchNorm3d(
            512, eps=1e-05, momentum=0.1, affine=True, track_running_stats=True)
        self.res5b_relu = nn.ReLU(inplace=True)

    def forward(self, x):
        residual = self.res5a_down(x)

        out = self.res5a_1(x)
        out = self.res5a_1_bn(out)
        out = self.res5a_1_relu(out)

        out = self.res5a_2(out)

        out += residual  # res5a

        residual2 = out

        out = self.res5a_bn(out)
        out = self.res5a_relu(out)

        out = self.res5b_1(out)

        out = self.res5b_1_bn(out)
        out = self.res5b_1_relu(out)

        out = self.res5b_2(out)

        out += residual2  # res5b

        out = self.res5b_bn(out)
        out = self.res5b_relu(out)

        return out
```

至此，就完成了3D Net的ResNet模块中所有子模块的编程。下面将综合上述代码，完成3D Net模块类本身的编写。

```
class ECO_3D(nn.Module):
    def __init__(self):
        super(ECO_3D, self).__init__()

        #3D_Resnet模块
        self.res_3d_3 = Resnet_3D_3()
        self.res_3d_4 = Resnet_3D_4()
        self.res_3d_5 = Resnet_3D_5()

        #全局平均池化
        self.global_pool = nn.AvgPool3d(
            kernel_size=(4, 7, 7), stride=1, padding=0)

    def forward(self, x):
        '''
        输入x的尺寸为torch.Size([batch_num,frames, 96, 28, 28]))
        '''
        out = torch.transpose(x, 1, 2)   #切换张量的顺序
        out = self.res_3d_3(out)
        out = self.res_3d_4(out)
        out = self.res_3d_5(out)
        out = self.global_pool(out)

        #更改张量的尺寸
        #将torch.Size([batch_num, 512, 1, 1, 1])改为torch.Size([batch_num, 512])
        out = out.view(out.size()[0], out.size()[1])

        return out
```

最后，与9.2节中一样，将使用TensorBoardX对结果进行可视化处理。

```
#准备模型
net = ECO_3D()
net.train()
```

【输出执行结果】

```
ECO_3D(
  (res_3d_3): Resnet_3D_3(
    (res3a_2): Conv3d(96, 128, ke
...
```

接下来继续执行如下代码，保存用于TensorBoardX的graph数据。除了伪数据的张量尺寸变成了（batch_size, 16, 96, 28, 28）之外，其余部分与9.2节中的TensorBoardX部分的代码几乎一样。

```
#1.调用TensorBoardX的保存类
from tensorboardX import SummaryWriter

#2.准备用于保存到tbX文件夹的writer
#如果tbX文件夹不存在，则自动创建
writer = SummaryWriter("./tbX/")

#3.生成输入网络中的伪数据
batch_size = 1
dummy_img = torch.rand(batch_size, 16, 96, 28, 28)

#4.将net的伪数据
#dummy_img输入网络中时的graph保存到writer中
writer.add_graph(net, (dummy_img, ))
writer.close()

#5.打开命令行窗口，移动到tbX文件夹所在路径中
#执行下列代码

#tensorboard --logdir="./tbX/"

#访问http://localhost:6006
```

以上就是本节中对ECO的3D Net模块的概要及其主要组成元素3D CNN（3D ResNet）的编程方法的讲解。结合9.2节中编写的2D net模块，就能实现对ECO模型的构建。到目前为止的代码都可以在utils文件夹的eco.py文件中找到，在后面的程序中将直接导入该文件。

9.3节将下载名为Kinetics的视频数据集，对视频数据进行预处理，并对将其转换为PyTorch的DataLoader的方法进行讲解和编程实现。

9.4 为 Kinetics 视频数据集编写 DataLoader

本节将对被称为Kinetics（The Kinetics Human Action Video Dataset）[6]的包含各种人物动作的视频数据集进行处理。Kinetics 数据集可分为400 种（Kinetics-400）和600 种（Kinetics-600）动作分类的视频数据，各个分类中分别包括500 个左右的视频。视频的长度通常为10 秒左右（也有比10 秒更短的视频）。

本节使用的是Kinetics-400数据集。不过，由于下载完整的数据集比较困难，因此将从Kinetics-400 中挑选8 个视频进行下载。

本节将对Kinetics-400 视频的下载方法、预处理以及PyTorch 中使用的DataLoader 的编程方法进行讲解。

本节的学习目标如下。

1. 掌握下载Kinetics 视频数据的方法。
2. 学会如何将视频数据转换为单帧的图像数据。
3. 掌握编写ECO 中使用的DataLoader 代码的方法。

本节的程序代码

```
9-4_1_kinetics_download_for_python2.ipynb、
9-4_2_convert_mp4_to_jpeg.ipynb、9-4_3_ECO_DataLoader.ipynb
```

9.4.1 Kinetics-400视频数据的下载

位于9_video_classification_ECO 文件夹内的video_download 文件夹中有一个名为download.py 的文件，该文件是用来下载Kinetics 视频的Python 文件；另外，还有一个名为kinetics-400_val_8videos.csv 的文件，是用来指定需要下载的视频数据的文件。这次下载arm wrestling（掰手腕）和bungee jumping（蹦极）这两个分类的视频数据，各下载四份。这些视频是在Kinetics 的validation 中使用的视频数据。

Kinetics 从Youtube 下载视频数据，需要下载的视频ID 等信息保存在名为kinetics-400_val_8videos.csv 的csv 文件中。download.py 是根据该csv 文件内容下载视频数据的，该文件的实现参考了[7] 中公开的源代码，并且注释了部分代码。

通过执行download.py 下载kinetics-400_val_8videos.csv 中指定视频ID 的Youtube 视频的程序是9-4_1_kinetics_download_for_python2.ipynb。download.py 只能在Python 2 环境中执行，在Python 3 中执行会出错。为此，需要创建新的Python 2 的Anaconda 虚拟环境。在创建新的虚拟环境时，需要安装的软件包和虚拟环境的名称等信息可以在video_download 文件夹的environment.yml 文件中找到。

假设现在位于OS Ubuntu 系统的文件夹9_video_classification_ECO 的父级目录（pytorch_advanced）中。首先，需要执行source deactivate 命令，从虚拟环境中退出，然后，执行conda env create-f./9_video_ classification_eco/video_download/environment.yml 命令，根据environment.yml中指定的参数创建新的虚拟环境kinetics；随后，执行source activate kinetics 命令，进入kinetics 虚拟环境；最后，执行pip install-upgrade youtube-dl、pip install -upgrade joblib 命令，完成对软件包的升级操作。

以上就是全部准备步骤。执行jupyter notebook -port 9999 命令，打开AWS 的EC2 的Jupyter Notebook 页面，打开9-3-1_kinetics_download_for_python2.ipynb文件，执行包含如下内容的单元中的代码。

```
import os

#如果data文件夹不存在，则自动创建
data_dir = "./data/"
if not os.path.exists(data_dir):
    os.mkdir(data_dir)

#如果kinetics_videos文件夹不存在，则自动创建
data_dir = "./data/kinetics_videos/"
if not os.path.exists(data_dir):
    os.mkdir(data_dir)


#执行video_download文件夹中的Python文件download.py
#获取的Youtube数据是video_download文件夹中的kinetics-400_val_8videos.csv里指定的
#8个视频
#下载的数据保存到data文件夹的kinetics_videos文件夹中
!python2 ./video_download/download.py ./video_download/kinetics-400_val_8videos.
csv ./data/kinetics_videos/
```

执行上述代码，程序会在data文件夹的kinetics_videos文件夹中生成arm wrestling和bungee jumping两个子目录，并分别下载四个动画到其中。

9.4.2 将视频数据分割为图像数据

接下来，将下载完毕的视频数据转换为以frame 为单位的图像数据。这里使用的虚拟环境是前面创建的kinetics。

打开Jupyter Notebook 的9-4_2_convert_mp4_to_jpeg.ipynb文件，并执行下列单元中的代码。执行完毕后，程序会在data文件夹的kinetics_videos文件夹中的arm wrestling和bungee jumping文件夹里创建视频文件名的文件夹，并将jpeg 格式的以frame 为单位的图像分别保存在这两个文件夹中。

```
import os
import subprocess   #用于执行在终端窗口中执行的命令

#视频被保存在kinetics_videos文件夹中，获取分类的类目和路径
dir_path = './data/kinetics_videos'
class_list = os.listdir(path=dir_path)
print(class_list)
```

```
#将各个类别的视频文件转换成图像文件
for class_list_i in (class_list):        #按每个分类进行循环

    #获取指向分类的文件夹路径
    class_path = os.path.join(dir_path, class_list_i)

    #对每个分类文件夹中的视频文件逐个进行处理的循环
    for file_name in os.listdir(class_path):

        #将文件名分割为文件名和扩展名
        name, ext = os.path.splitext(file_name)

        #如果不是mp4文件，则不进行处理
        if ext != '.mp4':
            continue

        #获取用于保存由视频文件分割而成的图像文件的文件夹名
        dst_directory_path = os.path.join(class_path, name)

        #如果上述保存图像的文件夹不存在，则自动创建
        if not os.path.exists(dst_directory_path):
            os.mkdir(dst_directory_path)

        #获取指向视频文件的路径
        video_file_path = os.path.join(class_path, file_name)

        #执行ffmpeg，将视频文件转换为jpg（高度为256像素，并保持宽高比不变）
        #kinetics的视频长度大多是10秒，总共约有300个文件（30 frames /s）
        cmd = 'ffmpeg -i \"{}\" -vf scale=-1:256 \"{}/image_%05d.jpg\"'.format(
            video_file_path, dst_directory_path)
        print(cmd)
        subprocess.call(cmd, shell=True)
        print('\n')

print("将视频文件成功地转换成了图像文件。")
```

9.4.3 从Kinetics视频数据集中创建ECO用DataLoader

接下来，使用Kinetics的视频数据集来创建ECO中使用的DataLoader对象。退出kinetics虚拟环境，进入pytorch_p36虚拟环境（source deactivate、source activate pytorch_p36）。

本节的DataLoader的创建流程与本书之前介绍的处理图像数据的DataLoader的创建步骤完全一样，也是按照创建保存文件路径列表、定义预处理、创建Dataset、创建DataLoader的顺序创建。需要注意的是，这次处理的是由视频数据分割而成的图像数据，因此需要将多幅图像集中成一套进行处理。下面根据上述步骤逐步完成DataLoader的编写（请参考9-4_3_ECO_DataLoader.ipynb文件中的内容）。

首先创建用于保存文件路径的列表。位于data文件夹的kinetics_videos文件夹内的，按照类目命名的文件夹（arm wrestling等）中，将每个视频分割成图像的文件夹路径就是需要创建的列表。

具体的代码实现如下所示。

```
def make_datapath_list(root_path):
    """
    创建指向由视频转换成的图像数据所在文件夹的文件路径列表
    root_path : str、指向数据文件夹的root路径
    Returns:ret : video_list，指向将视频转换为图像数据所在文件的文件路径列表
    """

    #指向由视频转换成的图像数据所在文件夹的文件路径列表
    video_list = list()

    #获取位于root_path中的分类类目和路径
    class_list = os.listdir(path=root_path)

    #获取每个分类的视频文件经过图像化后所在的文件夹路径
    for class_list_i in (class_list):  #对每个分类进行循环处理

        #获取分类的文件夹路径
        class_path = os.path.join(root_path, class_list_i)

        #获取每个分类的文件夹中的图像文件夹的循环
        for file_name in os.listdir(class_path):

            #将文件名分割为文件名和扩展名
            name, ext = os.path.splitext(file_name)

            #如果不是mp4文件，则不进行处理
            if ext == '.mp4':
                continue

            #获取用于保存由视频文件分割而成的图像文件的文件夹名
            video_img_directory_path = os.path.join(class_path, name)

            #添加到vieo_list中
            video_list.append(video_img_directory_path)

    return video_list

#确认执行结果
root_path = './data/kinetics_videos/'
video_list = make_datapath_list(root_path)
print(video_list[0])
print(video_list[1])
```

【输出执行结果】

```
./data/kinetics_videos/arm wrestling/C4lCVBZ3ux0_000028_000038
./data/kinetics_videos/arm wrestling/ehLnj7pXnYE_000027_000037
```

接下来继续定义预处理部分。定义作为预处理类的 VideoTransform 类。由于本书中不进行模型训练，因此在此省略数据增强处理。

这里将实现如下五个步骤的预处理。

（1）调整图像尺寸，使图像最短的边的边长变为224。

（2）从图像中心处切取224像素 ×224像素范围内的图像（中心剪裁）。

（3）将数据转换为PyTorch 张量。

（4）数据的归一化处理。

（5）将数量为帧数的图像集中到一个张量中。

首先对 VideoTransform 类进行定义，然后对预处理类进行编程实现。注意，这里是将16帧图像集中在一起进行预处理。

```
class VideoTransform():
    """
    对由视频转换的图像进行预处理的类。在学习和推测时执行不同的操作。
    由于是对由动画分割而成的图像进行处理，因此这里是对分割后的图像进行集中处理的
    """

    def __init__(self, resize, crop_size, mean, std):
        self.data_transform = {
            'train': torchvision.transforms.Compose([
                # DataAugumentation()           #这次省略
                GroupResize(int(resize)),       #对图像集中调整大小
                GroupCenterCrop(crop_size),     #对图像集中进行中心剪裁
                GroupToTensor(),                #将数据转换为PyTorch的张量
                GroupImgNormalize(mean, std),   #对数据进行归一化处理
                Stack()                         #将多个图像按照帧数的维度进行合并
            ]),
            'val': torchvision.transforms.Compose([
                GroupResize(int(resize)),       #对图像集中调整大小
                GroupCenterCrop(crop_size),     #对图像集中进行中心剪裁
                GroupToTensor(),                #将数据转换为PyTorch的张量
                GroupImgNormalize(mean, std),   #对数据进行归一化处理
                Stack()                         #将多个图像按照帧数的维度进行合并
            ])
        }

    def __call__(self, img_group, phase):
        """
        Parameters
        ----------
```

```
        phase : 'train' or 'val'
            指定预处理的模式
        """
        return self.data_transform[phase](img_group)
```

接下来继续编写各个预处理类的代码，具体的实现如下所示。

```
#定义在预处理中使用的类

class GroupResize():
    ''' 对图像集中进行尺寸调整的类
    图像较短的一边将被调整为resize参数指定的大小
    图像的宽高比保持不变
    '''

    def __init__(self, resize, interpolation=Image.BILINEAR):
        '''准备进行缩放处理'''
        self.rescaler = torchvision.transforms.Resize(resize, interpolation)

    def __call__(self, img_group):
        '''对img_group(列表)中的每个img进行缩放处理'''
        return [self.rescaler(img) for img in img_group]

class GroupCenterCrop():
    ''' 对图像集中进行中心剪裁的类
        剪裁出（crop_size, crop_size）大小的图像
    '''

    def __init__(self, crop_size):
        '''准备进行中心剪裁处理'''
        self.ccrop = torchvision.transforms.CenterCrop(crop_size)

    def __call__(self, img_group):
        '''对img_group(列表)中的每个img进行中心剪裁处理'''
        return [self.ccrop(img) for img in img_group]

class GroupToTensor():
    ''' 将图像集中转换为张量的类
    '''

    def __init__(self):
        '''准备进行张量化处理'''
        self.to_tensor = torchvision.transforms.ToTensor()

    def __call__(self, img_group):
```

```
        '''对img_group(列表)中的每个img进行处理
        不是从0到1，而是对从0到255的值进行处理，因此需要乘以255
        之所以只处理0 ~ 255的值，是为了配合使用已完成学习的数据的格式
        '''

        return [self.to_tensor(img)*255 for img in img_group]

class GroupImgNormalize():
    ''' 对图像集中进行归一化处理的类
    '''

    def __init__(self, mean, std):
        '''准备进行归一化处理'''
        self.normlize = torchvision.transforms.Normalize(mean, std)

    def __call__(self, img_group):
        '''对img_group(列表)中的每个img进行处理'''
        return [self.normlize(img) for img in img_group]

class Stack():
    ''' 将图像集中到一个张量的类
    '''

    def __call__(self, img_group):
        '''img_group是将torch.Size([3, 224, 224])作为元素的列表
        '''
        ret = torch.cat([(x.flip(dims=[0])).unsqueeze(dim=0)
                         for x in img_group], dim=0)  #根据frames维度进行合并
        #x. flip (dims=[0])将颜色通道由RGB变为BGR的顺序
        #因为原有的学习数据是BGR格式的
        #unsqueeze(dim=0)是创建一个frame用的新的维度

        return ret
```

在进行预处理时需要注意的是，当使用GroupToTensor类集中将图像列表转换为PyTorch张量时，会将0 ~ 255的值归一化处理为0 ~ 1的值，因此在输出时需要乘以255，将其变为0 ~ 255的值。之所以要这样处理，是因为稍后将使用的已完成学习的模型处理的是0 ~ 255的值，因此这里需要进行调整来配合模型。

另外，在Stack类中将图像列表集中转换为一个张量。进行转换时，使用了x.flip（dims=[0]）将颜色通道的顺序由RGB调整为BGR，这样处理的目的也同样是配合模型的颜色通道的顺序。在调整完颜色通道的顺序后，使用unsqueeze（dim=0）语句在开头处生成新的维度。该操作是为了创建frames用的维度。然后，在这个新创建的frames维度中对16帧的数据进行合并，生成形状为（frames, color-channel,hight width）=（16, 3, 224, 224）的张量。

接下来创建Dataset。首先准备将Kinetics-400的标签名转换为ID的字典和反过来将ID转换为标

签名的字典变量。Kinetics-400的标签名与ID 的对应数据可以在video_download文件夹的kinetics_400_label_dicitionary.csv文件中找到，读取该文件，并创建字典变量。

```
#创建将Kinetics-400的标签名转换为ID的字典和反过来将ID转换为标签名的字典变量

def get_label_id_dictionary(
    label_dicitionary_path='./video_download/kinetics_400_label_dicitionary.csv'):
    label_id_dict = {}
    id_label_dict = {}

    with open(label_dicitionary_path, encoding="utf-8_sig") as f:

        #读入
        reader = csv.DictReader(f, delimiter=",", quotechar='"')

        #一行行地读入，并添加到字典变量中
        for row in reader:
            label_id_dict.setdefault(
                row["class_label"], int(row["label_id"])-1)
            id_label_dict.setdefault(
                int(row["label_id"])-1, row["class_label"])

    return label_id_dict,  id_label_dict

#确认输出结果
label_dicitionary_path = './video_download/kinetics_400_label_dicitionary.csv'
label_id_dict, id_label_dict = get_label_id_dictionary(label_dicitionary_path)
label_id_dict
```

【输出执行结果】

```
{'abseiling': 0,
 'air drumming': 1,
 'answering questions': 2,
 'applauding': 3,
 'applying cream': 4,
 'archery': 5,
 'arm wrestling': 6,
...
```

接下来使用label_id_dict对Dataset进行定义，具体的实现代码如下所示。

```
class VideoDataset(torch.utils.data.Dataset):
    """
    视频的Dataset
```

```
    """

    def __init__(self, video_list, label_id_dict, num_segments, phase, transform,
                 img_tmpl='image_{:05d}.jpg'):
        self.video_list = video_list                #指向视频图像的文件夹的路径列表
        self.label_id_dict = label_id_dict          #将标签名转换为id的字典变量
        self.num_segments = num_segments            #确定将视频分割为几份来使用
        self.phase = phase                          #train or val
        self.transform = transform                  #预处理
        self.img_tmpl = img_tmpl                    #需要读取的图像文件名的模板

    def __len__(self):
        '''返回视频的数量'''
        return len(self.video_list)

    def __getitem__(self, index):
        '''
        用于获取经过预处理后的图像的数据、标签和标签ID
        '''
        imgs_transformed, label, label_id, dir_path = self.pull_item(index)
        return imgs_transformed, label, label_id, dir_path

    def pull_item(self, index):
        '''用于获取经过预处理后的图像的数据、标签和标签ID'''

        #1.读取图像的列表
        dir_path = self.video_list[index]          #保存着图像的文件夹
        indices = self._get_indices(dir_path)     #获取需要读取的图像的idx
        img_group = self._load_imgs(
            dir_path, self.img_tmpl, indices)      #读入列表中

        #2.获取标签并转换为id
        label = (dir_path.split('/')[3].split('/')[0])
        label_id = self.label_id_dict[label]            #获取id

        #3.执行预处理
        imgs_transformed = self.transform(img_group, phase=self.phase)

        return imgs_transformed, label, label_id, dir_path

    def _load_imgs(self, dir_path, img_tmpl, indices):
        '''集中读取图像，并转换成列表的函数'''
        img_group = []                                  #保存图像的列表

        for idx in indices:
            #获取图像的路径
```

```
            file_path = os.path.join(dir_path, img_tmpl.format(idx))

            #载入图像
            img = Image.open(file_path).convert('RGB')

            #添加到列表中
            img_group.append(img)
        return img_group

    def _get_indices(self, dir_path):
        """
        返回将整个视频分割为self.num_segment份时，获取的视频的idx列表
        """

        #计算视频的帧数
        file_list = os.listdir(path=dir_path)
        num_frames = len(file_list)

        #计算获取视频的间隔宽度
        tick = (num_frames) / float(self.num_segments)
        #250 / 16 = 15.625
        #用列表求取根据视频的提取间隔进行提取时的idx
        indices = np.array([int(tick / 2.0 + tick * x)
                            for x in range(self.num_segments)])+1
        #使用250 frame提取16 frame的场合
        # indices = [  8  24  40  55  71  86 102 118 133 149 165 180 196 211 227 243]

        return indices
```

Dataset 的参数是 video_list、label_id_dict、num_segments、phase、transform、img_tmpl。其中，video_list 是 make_datapath_list 函数创建的视频文件夹的路径列表；而 label_id_dict 则是上述 Kineteics-400 的标签的字典对象。比较重要的参数是 num_segments，程序将根据该参数指定的帧数从视频中提取图像，本书中指定的是 num_segments=16；变量 phase 是用于指定 train 或 val 的变量，用于控制预处理函数 transform 的行为模式；img_tmpl 参数是图像文件名的模板。

图像文件是用 pull_item 函数取出的，其返回值是集中了 16 帧图像的张量、对应视频的标签、标签 ID 以及视频文件的名称。

pull_item 函数中使用了 _load_imgs 函数和 _get_indices 函数，其中 _load_imgs 函数负责从给定文件夹内的视频中取出 16 帧的图像，并转换为列表对象，_get_indices 函数则用于在根据视频的长度等间距地取出 16 frames 的图像时计算对应的 index。例如，当视频为 10 秒长的 250 frames 时，[8 24 40 55 71 86 102 118 133 149 165 180 196 211 227 243] 这 16 个索引就是提取出来的帧。当视频长度发生变化时，提取出来的帧的 index 也会随之发生变化。

接下来对 Dataset 的执行结果进行确认。

```
#确认执行结果

#创建vieo_list
root_path = './data/kinetics_videos/'
video_list = make_datapath_list(root_path)

#设置预处理
resize, crop_size = 224, 224
mean, std = [104, 117, 123], [1, 1, 1]
video_transform = VideoTransform(resize, crop_size, mean, std)

#创建Dataset
#num_segments用于指定将视频分割为多少份来使用
val_dataset = VideoDataset(video_list, label_id_dict, num_segments=16,
                           phase="val", transform=video_transform,
                           img_tmpl='image_{:05d}.jpg')

#提取数据示例
#输出为imgs_transformed、label、label_id、dir_path
index = 0
print(val_dataset.__getitem__(index)[0].shape)  #图像的张量
print(val_dataset.__getitem__(index)[1])        #标签名
print(val_dataset.__getitem__(index)[2])        #标签ID
print(val_dataset.__getitem__(index)[3])        #指向视频的路径
```

【输出执行结果】

```
torch.Size([16, 3, 224, 224])
arm wrestling
6
./data/kinetics_videos/arm wrestling/C4lCVBZ3ux0_000028_000038
```

最后将Dataset变为DataLoader，输出张量的尺寸是torch.Size([8, 16, 3, 224, 224])，分别表示（小批次数，frames数，颜色通道数，高度，宽度）。

```
#转换为DataLoader
batch_size = 8
val_dataloader = torch.utils.data.DataLoader(
    val_dataset, batch_size=batch_size, shuffle=False)

#确认执行结果
batch_iterator = iter(val_dataloader)    #转换为迭代器
imgs_transformeds, labels, label_ids, dir_path = next(
    batch_iterator)                      #取出第一个元素
print(imgs_transformeds.shape)
```

【输出执行结果】

```
torch.Size([8, 16, 3, 224, 224])
```

至此，就完成了从Kinetics-400数据集中下载视频，将视频按帧为单位转换为图像，以及创建ECO用的PyTorch 的DataLoader 等操作。到这里为止的内容可以在utils文件夹的kinetics400-eco-dataloader.py文件中找到。以后，将直接导入该文件来使用上述代码。9.5节将尝试构建ECO 模型，并进行实际的推测操作。

9.5 ECO模型的实现及视频分类的推测

本节将对ECO 模型进行编程实现，加载已完成学习的模型，并使用9.4节中编写的Kinetics 的DataLoader 进行视频数据的分类处理。本节不对模型进行训练，只进行推测处理。

本节的学习目标如下。

1. 掌握ECO 模型的实现方法。
2. 能够将已完成学习的ECO 模型加载到自己的模型中。
3. 掌握使用ECO 模型进行推测的方法。

本节的程序代码

```
9-5_ECO_inference.ipynb
```

9.5.1 创建Kinetics 数据集的DataLoader

9.4节中编写的DataLoader 的代码可以在utils文件夹的kinetics400_eco_dataloader.py文件中找到。这里将从该文件中导入make_ datapath_ist、VideoTransform、get_label_id_dictionary、VideoDataset 等函数和类进行使用，创建DataLoder对象。具体的实现代码如下所示。

设置的输出的小批次尺寸是8，视频分割数量为16，因此从DataLoader 中取出的元素的图像数据的尺寸为（batch_num,frames, 通道，高度，宽度）=（8,16,32,224,224）

```
from utils.kinetics400_eco_dataloader import make_datapath_list, VideoTransform,
get_label_id_dictionary, VideoDataset

#创建vieo_list
root_path = './data/kinetics_videos/'
video_list = make_datapath_list(root_path)

#设置预处理
resize, crop_size = 224, 224
mean, std = [104, 117, 123], [1, 1, 1]
video_transform = VideoTransform(resize, crop_size, mean, std)

#创建标签字典
label_dicitionary_path = './video_download/kinetics_400_label_dicitionary.csv'
label_id_dict, id_label_dict = get_label_id_dictionary(label_dicitionary_path)
```

```
#创建Dataset
#num_segments用于指定将视频分割为多少份来使用
val_dataset = VideoDataset(video_list, label_id_dict, num_segments=16,
                           phase="val", transform=video_transform,
                           img_tmpl='image_{:05d}.jpg')

#转换成DataLoader
batch_size = 8
val_dataloader = torch.utils.data.DataLoader(
    val_dataset, batch_size=batch_size, shuffle=False)

#确认执行结果
batch_iterator = iter(val_dataloader)    #变换成迭代器
imgs_transformeds, labels, label_ids, dir_path = next(
    batch_iterator)                      #取出第一位元素
print(imgs_transformeds.shape)
```

【输出执行结果】

```
torch.Size([8, 16, 3, 224, 224])
```

9.5.2 ECO模型的实现

接下来，将使用在9.2 节中基于Inception-v2实现的2D Net 模块和在9.3 节中基于3D ResNet 实现的3D Net 模块来组装ECO 模型。

在编写ECO 模型时需要注意的是，forwarod 函数的实现要稍微复杂一些。从DataLoader 中取出的张量尺寸为（batch_num，frames，通道，高度，宽度）=（8, 16, 3, 224, 224）。虽然需要将该张量传递给包含图像的卷积层的2D Net 模块进行处理，但是PyTorch 的nn.Conv2d 类只能接收（batch_num，通道，高度，宽度）这样的四维张量，即这次包含frames 的维度的五维张量无法使用。

为此，需要在2D Net 模块中对各个图像独立地进行处理，将frames 的维度与小批次的维度进行合并，强制将其变形为4维张量。具体的做法是将（batch_num，frames，通道，高度，宽度）=（8, 16, 3, 224, 224）的张量变形为（batch_num，通道，高度，宽度）=（128, 3, 224, 224）这样的四维张量，将frames 放到小批次的维度中，并在2D Net 模块中进行处理。

在2D Net 模块中处理的数据的尺寸为(128, 96, 28, 28)，为了能将其继续输入3D Net 模块中进行处理，需要将被变形为batch_num × frames 的部分还原。具体的做法是将（batch_num × frames，通道，高度，宽度）=（128, 96, 28, 28）的张量还原为（batch_num，frames，通道，高度，宽度）=（8, 16, 96, 28, 28）的张量，再将输入3D Net 模块后输出的（batch_num，通道）=（8，512）的数据传递给全连接层进行视频的分类处理。

ECO 模型的具体实现代码如下所示。此外，ECO 模型还分为Full ECO 和ECO Lite两种种类，本节中实现的是ECO Lite 模型。

```
from utils.eco import ECO_2D, ECO_3D

class ECO_Lite(nn.Module):
    def __init__(self):
        super(ECO_Lite, self).__init__()

        #2D Net模块
        self.eco_2d = ECO_2D()

        #3D Net模块
        self.eco_3d = ECO_3D()

        #进行分类处理的全连接层
        self.fc_final = nn.Linear(in_features=512, out_features=400, bias=True)

    def forward(self, x):
        '''
        输入x是torch.Size([batch_num, num_segments=16, 3, 224, 224]))
        '''

        #获取输入x的各个维度的尺寸
        bs, ns, c, h, w = x.shape

        #将x的尺寸变换为(bs*ns, c, h, w)
        out = x.view(-1, c, h, w)
        #（注释）
        #由于PyTorch的Conv2D只能接收尺寸为(batch_num, c, h, w)的输入数据
        #因此(batch_num, num_segments, c, h, w)是无法处理的
        #由于这次是对二维图像单独进行处理，因此将num_segments合并到batch_num的维度中
        #也没有问题
        #因此将形状变为(batch_num×num_segments, c, h, w)

        #2D Net模块 输出为torch.Size([batch_num×16, 96, 28, 28])
        out = self.eco_2d(out)

        #将二维图像张量转换为三维张量
        #将num_segments从batch_num的维度中还原出来
        out = out.view(-1, ns, 96, 28, 28)

        #3D Net模块 输出为torch.Size([batch_num, 512])
        out = self.eco_3d(out)

        #进行分类处理的全连接层 输出为torch.Size([batch_num, class_num=400])
        out = self.fc_final(out)

        return out
```

```
net = ECO_Lite()
net
```

【输出执行结果】

```
ECO_Lite(
  (eco_2d): ECO_2D(
    (basic_conv): BasicConv(
      (conv1_7x7_s2): Conv2d(3, 64, kernel_size=(7, 7), stride=(2, 2), padding=(3, 3))
...
```

9.5.3 已完成学习的模型的载入

使用ECO Lite 模型对Kinetics400 进行了学习的模型可以从ECO 的作者Zolfaghari 先生的GitHub 中公开下载[8]。下载ECO_Lite_rgb_model_Kinetics.pth.tar文件，并放到weights文件夹中。由于文件保存在Google Drive中，因此需手动下载。

ECO_Lite_rgb_model_ Kinetics.pth.tar与到目前为止接触过的已完成学习的模型不同，该文件的扩展名是.pth.tar。这里之所以使用tar 对pth 文件进行压缩，是因为除了作为模型的参数的static_dict 变量之外，还有其他一些信息（学习的epoch 数等）也一同保存在字典型变量中。这里不需要对tar文件进行解压缩，在PyTorch 中直接使用即可。但是，在使用模型参数时，需要使用['state_dict'] 进行指定。

与第8 章中的BERT 模型一样，已完成学习的模型的参数名称与本章中实现的模型的参数名不同。例如，已完成学习的模型中使用的是module.base_model.conv1_7x7_s2.weight，而实现代码中使用的则是eco_2d.basic_conv.conv1_7x7_s2.weight。虽然模型参数名称不同，但是模型中使用的参数的种类和顺序是完全一致的。因此，这里创建了用于将已完成学习的模型的参数名转换成本节中的代码使用的参数名的state_dict，加载该字典对象即可。

具体的实现代码如下所示。

```
#定义用于加载已完成学习的模型的函数

def load_pretrained_ECO(model_dict, pretrained_model_dict):
    '''加载已完成学习的ECO模型的函数
    这次构建的ECO与已完成学习的模型的网络层结构相同，但是名称不同
    '''

    #当前网络模型的参数名
    param_names = []  #用于保存参数名的变量
    for name, param in model_dict.items():
        param_names.append(name)

    #对当前网络的信息进行复制，生成新的state_dict
    new_state_dict = model_dict.copy()
```

```
    #将已完成学习的值代入新的state_dict中
    print("载入已完成学习的参数")
    for index, (key_name, value) in enumerate(pretrained_model_dict.items()):
        name = param_names[index]        #获取当前网络的参数名
        new_state_dict[name] = value     #代入值

        #显示从哪里载入、载入是什么等信息
        print(str(key_name)+"→"+str(name))

    return new_state_dict

#加载已完成学习的模型
net_model_ECO = "./weights/ECO_Lite_rgb_model_Kinetics.pth.tar"
pretrained_model = torch.load(net_model_ECO, map_location='cpu')
pretrained_model_dict = pretrained_model['state_dict']
#（注释）
#使用tar对pth进行压缩的原因是state_dict以外的信息也同时保存在一起
#因此，读入时就是字典型变量，所以用['state_dict']进行指定

#获取当前模型的变量名等信息
model_dict = net.state_dict()

#获取已完成学习的模型的state_dict
new_state_dict = load_pretrained_ECO(model_dict, pretrained_model_dict)

#代入已完成学习的模型的参数
net.eval()                                 #将ECO网络设置为推测模式
net.load_state_dict(new_state_dict)
```

【输出执行结果】

```
载入已完成学习的参数
module.base_model.conv1_7x7_s2.weight→eco_2d.basic_conv.conv1_7x7_s2.weight
module.base_model.conv1_7x7_s2.bias→eco_2d.basic_conv.conv1_7x7_s2.bias
...
module.new_fc.weight→fc_final.weight
module.new_fc.bias→fc_final.bias
```

9.5.4 推测（视频数据的分类处理）

最后，使用模型进行推测操作。从DataLoader中读取8份视频数据，并用ECO模型进行推测。

```
#进行推测
net.eval()  #将ECO网络设置为推测模式
```

```
batch_iterator = iter(val_dataloader)           #变换为迭代器
imgs_transformeds, labels, label_ids, dir_path = next(
    batch_iterator)                             #取出第一个元素

with torch.set_grad_enabled(False):
    outputs = net(imgs_transformeds)            #使用ECO进行推测

print(outputs.shape)                            #输出的尺寸
```

【输出执行结果】

```
torch.Size([8, 400])
```

推测的结果是（batch_num, class_num）=（8, 400）的张量。下面实现对小批次的各个数据的推测结果的前几位进行输出的处理。

```
#显示预测结果中最高的前5位
def show_eco_inference_result(dir_path, outputs_input, id_label_dict, idx=0):
    '''定义用于对小批次的各个数据进行推测的结果中排前几位的进行输出的函数'''
    print("文件：", dir_path[idx])                #文件名

    outputs = outputs_input.clone()             #创建副本

    for i in range(5):
        '''显示1~5位数据'''
        output = outputs[idx]
        _, pred = torch.max(output, dim=0)      #预测概率值最大的标签
        class_idx = int(pred.numpy())           #输出分类ID
        print("预测第{}位：{}".format(i+1, id_label_dict[class_idx]))
        outputs[idx][class_idx] = -1000         #将最大值的对象（减小）

#进行预测
idx = 0
show_eco_inference_result(dir_path, outputs, id_label_dict, idx)
```

【输出执行结果】

```
文件：./data/kinetics_videos/arm wrestling/C4lCVBZ3ux0_000028_000038
预测第1位：arm wrestling
预测第2位：headbutting
预测第3位：stretching leg
预测第4位：shaking hands
预测第5位：tai chi
```

在对掰手腕（arm wrestling）的视频进行分类处理的结果中，预测排第1位的是arm wrestling。预测

排第2位的headbutting（撞头）和预测排第4位的shaking hands（握手）由于显示的也是两个人头挨在一起，手挨在一起的动作，因此这些动作也被模型判定与掰手腕的动作类似。

接下来对第4个蹦极视频的推测结果进行确认。

```
#进行预测
idx = 4
show_eco_inference_result(dir_path, outputs, id_label_dict, idx)
```

【输出执行结果】

```
文件：./data/kinetics_videos/bungee jumping/TUvSX0pYu4o_000002_000012
预测第1位：bungee jumping
预测第2位：trapezing
预测第3位：abseiling
预测第4位：swinging on something
预测第5位：climbing a rope
```

在蹦极视频的分类处理结果中，预测排第1位的是bungee jumping（蹦极）。排在第2位trapezing（空中荡秋千）和排在第3位的abseiling（绕绳下降）等也确实是在空中进行的动作，因此从观感上的确是与蹦极比较相似的动作。

小结

至此，就完成了本节中对ECO模型的构建、加载已完成学习的模型、使用Kinetics-400的验证数据集进行推测等相关知识的讲解和编程实现。

至此，对第9章的视频分类处理的学习就结束了。本章虽然没有使用自己的数据集进行学习操作，但是通过对本章使用的已完成学习的模型进行微调等操作，也同样可以实现对我们自己的视频数据集进行分类处理。

后记

本书对深度学习应用方法中的迁移学习、运用微调的图像分类、物体检测、语义分割、姿势识别、基于GAN的图像生成和异常检测、文本数据的情感分析，以及视频数据的分类处理任务进行了讲解。

正如大家根据本书完成的实践一样，关于深度学习，只要能够灵活地定义输入/输出数据和损失函数，就会发现它是一个可以在各行各业中解决难题的、蕴藏着巨大可能性的基础技术。如果读者通过本书的学习，能够感受到些许深度学习在技术上具有的广泛应用性，笔者将会非常高兴。

本书对有关深度学习的各种应用方法进行了讲解和编程实现，但是并没有涉及对深度强化学习的讲解。因为学习深度强化学习不仅需要具备深度学习的知识，同时也需要具备强化学习的相关知识。笔者在执笔的前一本书《边做边学！深度强化学习PyTorch程序设计实践》中对深度强化学习的说明和编程方法进行了讲解，感兴趣的读者可以将这两本书结合在一起进行学习。

在机器学习和深度学习开始普及的2019年，对于简单的图像分类和物体检测等任务，已经可以无须自己编写代码，只需要利用云服务就可以很轻松地解决了。

尽管如此，笔者认为在各行各业中，依然存在很多需要理解深度学习的技术内容和企业专有领域的专业知识的工程师，亲自实现深度学习的各种应用方法才能解决的难题。

机器学习与深度学习并不是可以独自成一体的类似于“导弹”一样的武器和工具，它需要以“○○+深度学习”的形式才能发挥其真正的价值。其中，“○○”是指企业、业界或者是某一专业领域中所特有的专业知识以及需要解决的课题，如人事工作+深度学习、销售+深度学习、制造业+深度学习、医疗+深度学习、零售行业+深度学习等。

如果在本书的助力下，能够培养出活跃在企业第一线且具有专业知识+深度学习的实现能力的人才，就是对笔者最大的鼓励。

此外，近年来面向大学生等学生群体的机器学习和深度学习的培训课程也正在如火如荼地开展中。而且，各种各样的专业领域也开始将深度学习技术作为工具运用到研究和开发工作中。如果本书不仅能为企业的读者，同时也能为大学教学或者学生自学，以及研究方面乃至学术领域的发展尽一点绵薄之力，将是笔者莫大的荣幸。

最后，衷心地感谢您在百忙之中通读本书。

小川雄太郎